U0313686

中国科协三峡科技出版资助计划

节能砌块隐形密框结构

李升才 著

中国科学技术出版社
·北 京·

图书在版编目（CIP）数据

节能砌块隐形密框结构/李升才著. —北京：中国科学技术出版社，2014.9
（中国科协三峡科技出版资助计划）
ISBN 978-7-5046-6453-2

Ⅰ.①节…　Ⅱ.①李…　Ⅲ.①节能-砌块-结构设计　Ⅳ.①TU522.3

中国版本图书馆 CIP 数据核字（2013）第 254018 号

总　策　划	沈爱民　林初学　刘兴平　孙志禹	责任编辑	赵　晖　左常辰
项 目 策 划	杨书宣　赵崇海	责任校对	韩　玲
出 版 人	苏　青	印刷监制	李春利
编辑组组长	吕建华　赵　晖	责任印制	张建农

出　　版	中国科学技术出版社
发　　行	科学普及出版社发行部
地　　址	北京市海淀区中关村南大街 16 号
邮　　编	100081
发行电话	010-62103349
传　　真	010-62103166
网　　址	http://www.cspbooks.com.cn

开　　本	787mm×1092mm　1/16
字　　数	550 千字
印　　张	25.5
版　　次	2014 年 9 月第 1 版
印　　次	2014 年 9 月第 1 次印刷
印　　刷	北京盛通印刷股份有限公司

| 书　　号 | 978-7-5046-6453-2/TU·100 |
| 定　　价 | 92.00 元 |

作者简介

　　李升才（1960—），华侨大学教授。主要研究方向：工程结构抗震与防灾、新型节能结构体系、钢—混凝土组合结构等。研究成果曾获福建省第六届"海峡两岸职工创新成果展"发明创新成果金奖，发表学术论文50余篇，其中17篇被SCI、EI、ISTP等检索。主持国家自然科学基金项目1项、省部级科研项目6项，获国家专利4项。

总　序

　　科技是人类智慧的伟大结晶，创新是文明进步的不竭动力。当今世界，科技日益深入影响经济社会发展和人们日常生活，科技创新发展水平深刻反映着一个国家的综合国力和核心竞争力。面对新形势、新要求，我们必须牢牢把握新的科技革命和产业变革机遇，大力实施科教兴国战略和人才强国战略，全面提高自主创新能力。

　　科技著作是科研成果和自主创新能力的重要体现形式。纵观世界科技发展历史，高水平学术论著的出版常常成为科技进步和科技创新的重要里程碑。1543 年，哥白尼的《天体运行论》在他逝世前夕出版，标志着人类在宇宙认识论上的一次革命，新的科学思想得以传遍欧洲，科学革命的序幕由此拉开。1687 年，牛顿的代表作《自然哲学的数学原理》问世，在物理学、数学、天文学和哲学等领域产生巨大影响，标志着牛顿力学三大定律和万有引力定律的诞生。1789 年，拉瓦锡出版了他的划时代名著《化学纲要》，为使化学确立为一门真正独立的学科奠定了基础，标志着化学新纪元的开端。1873 年，麦克斯韦出版的《论电和磁》标志着电磁场理论的创立，该理论将电学、磁学、光学统一起来，成为 19 世纪物理学发展的最光辉成果。

　　这些伟大的学术论著凝聚着科学巨匠们的伟大科学思想，标志着不同时代科学技术的革命性进展，成为支撑相应学科发展宽厚、坚实的奠基石。放眼全球，科技论著的出版数量和质量，集中体现了各国科技工作者的原始创新能力，一个国家但凡拥有强大的自主创新能力，无一例外也反映到其出版的科技论著数量、质量和影响力上。出版高水平、高质量的学术著作，成为科技工作者的奋斗目标和出版工作者的不懈追求。

中国科学技术协会是中国科技工作者的群众组织，是党和政府联系科技工作者的桥梁和纽带，在组织开展学术交流、科学普及、人才举荐、决策咨询等方面，具有独特的学科智力优势和组织网络优势。中国长江三峡集团公司是中国特大型国有独资企业，是推动我国经济发展、社会进步、民生改善、科技创新和国家安全的重要力量。2011 年 12 月，中国科学技术协会和中国长江三峡集团公司签订战略合作协议，联合设立"中国科协三峡科技出版资助计划"，资助全国从事基础研究、应用基础研究或技术开发、改造和产品研发的科技工作者出版高水平的科技学术著作，并向 45 岁以下青年科技工作者、中国青年科技奖获得者和全国百篇优秀博士论文奖获得者倾斜，重点资助科技人员出版首部学术专著。

由衷地希望，"中国科协三峡科技出版资助计划"的实施，对更好地聚集原创科研成果，推动国家科技创新和学科发展，促进科技工作者学术成长，繁荣科技出版，打造中国科学技术出版社学术出版品牌，产生积极的、重要的作用。

是为序。

前　言

　　本书是在作者主持的国家自然科学基金科学部主任基金项目"节能砌块隐形密框复合墙体受力机理及设计理论（批准号：50948036）"、福建省自然科学基金计划项目"节能砌块隐形密框结构住宅墙板受压性能研究（E0540004）"、华侨大学高层次人才科研启动费项目"节能砌块隐形密框结构住宅墙板受力性能研究（04BS205）"、泉州市第四批科技三项费用重点项目"节能砌块隐形密框结构住宅抗震性能研究（2005G7）"等科研项目的研究基础上所著的。

　　全书共分两篇8章。

　　第一篇比较详细地介绍了节能砌块隐形密框结构的墙体轴心受压、偏心受压试验现象，分析了试验结果；并应用有限元方法对墙体的受力和变形性能进行分析；通过有限元分析结果与试验结果的比较分析，得到墙体轴心受压、偏心受压的设计计算公式和设计计算方法。同时，比较详细地介绍了节能砌块隐形密框结构的墙体在低周往复水平荷载作用下的试验现象，分析了试验结果，研究了结构的抗剪及抗震性能；并应用有限元方法对墙体的受力和变形性能进行了较详尽的分析；接着在理论分析基础上提出墙体在水平荷载作用下的三阶段力学模型，计算了墙体各阶段的刚度。最后在试验结果和理论分析结果的比较分析基础上，得到墙体受剪的设计计算公式和设计计算方法。

　　第二篇比较详细地介绍了节能砌块隐形密框结构的拟动力试验的试验过程和试验现象，分析了试验结果。并对节能砌块隐形密框结构进行了非线性动力反应时程分析，在试验结果和非线性动力反应分析结果比较分析的基础上，得到了该结构基于我国现行抗震设计规范的抗震设计理论及方法。然后，应用能力谱方法对节能砌块隐形密框墙体和结构进行了静力弹塑性 Push-over 分析，并在试验结果和静力弹塑性 Push-over 分析结果比较分析的基础上，得到了该结构基于性能的抗震设计理论和方法。

节能砌块隐形密框结构属于轻型节能建筑结构，主要适用于住宅等居住建筑的建造。建筑节能已成为国家发展战略的重大问题。节能建筑必将是我国建筑发展的必由之路，做好节能建筑是我国建筑业造福子孙的千秋大业，本书的出版将为我国建筑节能事业的发展做出一定的贡献。

在本书成文之时，作者特别感谢国家自然科学基金委员会、福建省科学技术厅、泉州市科技局、华侨大学等单位对本课题组的研究项目的资助，这些资助的研究成果为本书的撰写提供了宝贵的资料。非常感谢多年来在研究工作中合作的研究生们，他们的辛勤工作和配合才使试验工作得以顺利完成，他们的大量协作劳动和研究成果不断改进并充实了本书的内容。当然，本书的正式刊印和出版还有许多编辑和审校专家的努力，在此一并致谢。

限于作者的学术水平和分析能力，书中的错误或不足之处在所难免，敬请专家和读者批评指正。

2014 年 2 月于华侨大学

目　录

第二篇 节能砌块隐形密框结构研究

第一篇　节能砌块隐形密框结构基本构件

第1章 绪 论

1.1 节能砌块隐形密框结构简介

节能砌块隐形密框结构是根据混凝土小型空心砌块砌体结构及配筋砌体结构研制开发的具有轻质节能、保温隔热隔声、绿色环保、造价低廉等优点的新型结构（图1-1）。该结构是针对应用广泛的多层及中高层住宅建筑研制开发的。该结构用节能砌块隐形密框复合墙体作内、外承重墙，轻型隔墙板作隔墙，现浇钢筋混凝土板作楼板，形成节能砌块隐形密肋框架结构。节能砌块隐形密框复合墙体作为该结构的核心，是一种新的具有良好保温隔音效果的承重墙体，是由热阻节能砌块和隐形密肋框架两部分组成，砌块是以石膏、石粉、炉渣、粉煤灰等为主要原料制成的轻型保温砌块（国内有很多生产这种砌块的厂家，其形式如图1-1所示），长300mm、高300mm、厚220mm，其两端各有直径为120mm的半圆缺，上留100mm×120mm的横槽，以便浇筑钢筋混凝土隐形柱（直径为120mm的圆柱）和隐形梁（100mm×120mm的矩形梁），从而形成隐形密肋框架，在纵横墙交接处以及墙和楼板交接处加大肋梁和肋柱的配筋量，这样在小框架外又形成了大框架。这种大框架内套小密肋框架所形成的结构，不仅使结构的抗侧力刚度得到显著地改善，而且使结构的受力性能也得到明显地改善，使得一般框架结构以整体剪切变形为主变为以弯曲变形为主，减小了结构的整体变形，提高了材料的利用率，有利于结构抗震。

这种节能砌块隐形密框结构是基于混凝土小型空心砌块结构研制的，但与混凝土小型空心砌块结构恰恰相反，考虑到节能砌块的强度低，为解决材料强度与保温性能之间的矛盾，节能砌块隐形密框结构一改混凝土小型空心砌块结构以砌块为主要承载部分，而以隐形密肋框架为主要承载部分，以热阻节能砌块为辅助承载部分。这正是本结构的创新之处。在水平荷载作用下，热阻节能砌块与隐形密肋框架共同工作，一方面热阻砌块受到隐形密肋框架的约束，另一方面隐形密肋框架也受到热阻砌块的反

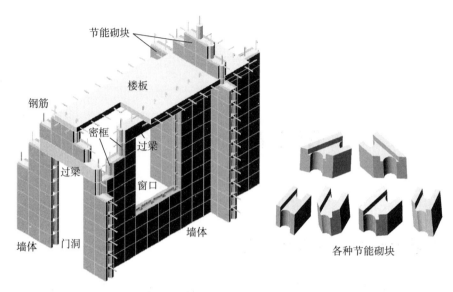

图 1-1　节能砌块隐形密框结构及节能砌块形式示意图

约束，两者互相作用，共同受力、充分发挥各自性能。因此，在节能砌块隐形密框结构中，热阻砌块不仅起维护、分割空间和保温作用，而且可作为承力构件使用，从而可有效减小隐形密肋框架截面尺寸及配筋量，降低结构经济指标。另外，节能砌块隐形密框结构改变了砌体结构受力和抗震性能差的缺点，其传力途径明确，受力合理，结构整体性好。

　　研究表明：①节能砌块隐形密框结构的综合经济指标优于砌体结构，其肋梁、肋柱折合成钢筋混凝土板仅不足 50mm 厚；②其保温隔音性能明显优于砌体结构，因为热阻节能砌块自身就是轻质材料（容重在 700kg/m³ 以下），其导热系数小（控制在 0.15W/m·K 以下），由热阻节能砌块砌筑的 220mm 厚的墙（内部含直径为 120mm 的钢筋混凝土隐形密肋柱和 100mm×120mm 的隐形密肋梁），其传热系数小于 1.16W/m²·K ［这可经计算加以说明，材料导热系数：钢筋混凝土（C20）λ=1.74W/m·K；节能砌块 λ=0.15W/m·K；水泥砂浆 λ=0.93W/m·K。按《民用建筑热工设计规范》GB 50176—93 有关公式（取墙内、外砂浆面层均为 20mm，内、外表面换热阻分别为 0.11m²·K/W、0.04m²·K/W）得墙体传

热系数 $K = \dfrac{1}{R_i + \sum R + R_e} = \dfrac{1}{0.11 + \dfrac{0.1}{0.15} + \dfrac{0.12}{1.74} + \dfrac{0.04}{0.93} + 0.04} = 1.0760\text{W/m}^2\cdot\text{K}$，计算表

明，当取节能砌块的导热系数为最大值时，墙体传热系数都可满足要求，当砌块的导热系数小于 0.15 时更能满足要求］，满足《福建省居住建筑节能设计标准实施细则》（DBJ 13—62—2004）的要求，同时也满足全国大多数地区节能传热系数限值的要求；

另外，热阻砌块极好地解决了建筑热工设计的外露构件的热桥问题，解决外墙二次贴或挂保温材料的强度和耐久性问题以及墙面不同材料引发的墙面裂缝源头问题；③节能砌块隐形密框结构的"块"与"框"取代了黏土脆性材料，既有约束"框"变位的具有柔韧性的"块"，又有约束"块"且隐在"块"内密置的均匀分布的"框"，"块"与"框"互相约束、协同工作、刚柔并济，这种结构的肋柱可深入基础、连接楼面，可形成基础和墙、墙和楼盖的可靠连接，可做到刚度、强度的均衡分布，既不像框架结构那样荷载集中，也不像砌体结构那样没有筋骨或筋骨较少，因此结构的整体性有了保证；④钢筋混凝土工程的湿法作业，以砌块作模板，不仅省去了支模工序，而且由于肋柱、肋梁的浇筑，避免了砌体结构含有通缝的弊端，从而对抗剪和抗水平地震力带来了极大地优势，使其承载力和变形能力（延性）极大地增加。⑤地震的次生灾害，如防火问题也解决的很好，这是因为材料均属防火、耐火材料；⑥在抵抗地震时，可以形成三道防线，其抗震性能非常好。密框中具有一定柔韧性的砌块在地震作用下会首先产生变形、裂缝来大量吸收和消耗地震能量，因此，在地震反复作用下砌块是第一道防线，而密框是第二道防线，密框外的大框架是第三道防线。达到裂而不倒，增强抗震性能的目的，并且节能砌块隐形密框结构设计简单、施工方便快捷。因此，节能砌块隐形密框结构的研制和开发贯彻执行了国家的技术经济、墙体改革、保温节能政策，用该结构替代砖混结构前景非常光明。

节能砌块隐形密框结构利用空心砌块作外模，内浇隐形密肋柱和隐形密肋梁，形成隐形密肋框架，这恰恰符合国家开发和应用新型建筑体系的要求，原国家发展计划委员会、科学技术部（1999）联合印发《当前优先发展的高技术产业化重点领域指南》第125项就"新型建筑体系"近期产业化的重点中指出，《隐形框架轻型节能建筑体系》被列为当前需优先开发和应用的新型建筑体系之一。节能砌块隐形密框结构的砌块具有良好的保温节能效果，另外，构成墙体的热阻节能砌块自重仅为黏土实心砖的25%左右，因而该结构属新型轻型节能建筑结构，并且其抗震性能也明显优于小型砌块结构和配筋砌体建筑，施工又容易。因而，适合当今建筑结构的发展趋势。

节能砌块隐形密框结构是砖混结构的替代产品，因此，主要用于建造住宅建筑，也可用于办公楼等其他民用建筑，由于该结构具有保温隔音效果好、结构抗震性能好、安全度高、造价低廉等优点，因而适合广大民众的需要，适应业已法定的墙改、节能、环保、抗震和农村建筑城市化的先进生产力的迫切需求的大市场。这必然带来重大的社会和经济效益。

若将节能砌块隐形密框结构应用于中高层住宅建筑，对比钢筋混凝土框架结构和轻钢结构，将带来更大的社会和经济效益。

1.2 国内外研究现状及发展趋势

1.2.1 相关结构研究现状

随着国家各部门政策要求及建立节约型社会目标的不断深入，加快传统建筑业的技术进步和优化升级，积极探索新技术、新材料、新工艺在住宅建筑中的应用，发展以减轻建筑物自重、提高受力及抗震性能、增强保温节能效果、简化施工方法、降低建设费用、绿色环保且适合于产业化发展的新型住宅结构体系是目前建筑业全新的发展方向[1-7]。近几年来，工程界及学术界对传统住宅结构的改造及优化已经取得不少成果，同时也引进了不少适合我国国情的新型节能建筑结构体系[8-11]，也研制出一些具有发展前途的新型节能结构住宅体系[12-16]。

这些新型节能建筑结构有一些已收入由中国建筑工业出版社出版发行的《小康住宅建筑结构体系成套技术指南》[17]一书中。下面介绍这些新型节能建筑结构中已经成功推广应用的几种。

1.2.1.1 密肋壁板轻框结构体系

西安建筑科技大学姚谦峰教授领导的课题组，在有关方面的支持下，历时 10 年，研究开发了以密肋复合墙板为主要承力构件的新型结构体系—密肋壁板轻框结构体系。该结构体系由密肋式复合墙板与轻型框架联合组成（图 1-2）。密肋式复合墙板不同于普通框架中的填充墙。密肋式复合墙板由相对密布的钢筋混凝土框格与粉煤灰加气砌

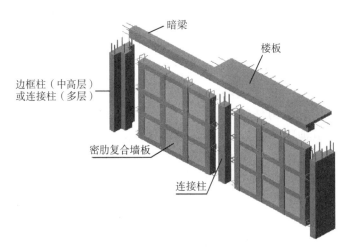

图 1-2　密肋壁板轻框结构构造

块（或其他硅酸盐砌块）经预制而成，由于框格混凝土在预制过程的收缩与渗入砌块，因而砌块的强度与变形能力得到了良好的改善。这首先使得砌块参与结构抗侧力体系成为可能。其次，由于密肋式复合墙板通过周边的预留钢筋与轻型框架整浇为一体，这不仅显著地改善了结构体系的抗侧力刚度，也明显地改善了结构的受力性能，使得框架结构以整体剪切变形为主进而变为以弯曲变形为主，减小了结构的整体变形，提高了材料的利用率。此外，由于构造了复合抗侧力结构体系，形成了多道抗震防线，因而结构的抗震性能也得到有效的改善。这种结构体系所用的粉煤灰加气砌块（或其他硅酸盐砌块）的保温隔热性能非常好，同时，在密布的钢筋混凝土框格处也作了保温隔热处理，使整个结构不存在冷（热）桥。保温隔热性能达到了国家的节能要求。这种结构体系在中高层以下的居住建筑中具有极好的应用前景，目前，已在陕西等地建成一大批住宅和学生宿舍等。但这种结构的预制复合墙板在装配过程中，水平装配缝采用销键连接，这就存在装配式大板结构水平缝透风漏雨的弊端。

1.2.1.2 CL 结构体系

CL 结构体系是近年来研究开发的一种新型节能建筑结构体系，其研制开发的基础是各种夹心板材。该体系用复合墙板作外承重墙，多孔墙板作内承重墙，预应力混凝土轻质墙板作隔墙，预应力混凝土大跨度装配整体式多孔板作楼板或现浇钢筋混凝土楼板，承重墙板交接处设暗柱，门窗边缘设加强肋，承重墙板和楼板交接处设暗梁，整个结构可全部现浇或通过暗柱和暗梁将预制墙板连接装配成整体结构，形成带边框的轻型复合剪力墙或短肢墙结构（图 1-3）。

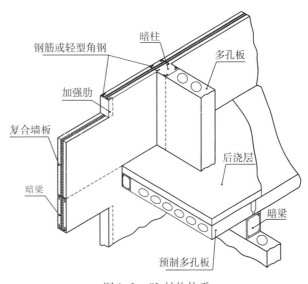

图 1-3 CL 结构体系

复合墙板作为该体系的核心，是一种新的具有良好的保温隔音效果的承重剪力墙或短肢剪力墙。该墙板是由斜拉筋连接的两层钢丝网架，中间夹以聚苯乙烯板，内外两侧浇筑混凝土板而形成的（图 1-4）。

CL 结构体系的暗梁和暗柱均与墙板等厚，使整个结构没有外漏的梁、柱，而不影响使用和美观，从而对建筑环境有很大改善；另外，这种结构可做成大开间，便于用

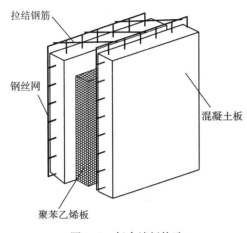

拉结钢筋

钢丝网

混凝土板

聚苯乙烯板

图1-4 复合墙板构造

户根据需要任意划分。

CL结构体系将带框夹心板直接用做承重墙板，省去了外墙后做保温层的第二道工序。目前，国内外的外墙保温措施有外墙外保温和外墙内保温，保温层与墙体结构层没有关系，它们是后粘到墙体结构层上的，这不仅施工复杂，并且由于保温层强度低还容易脱落，给室内外装修及挂空调带来困难。目前，尚未见到将保温层放在结构层内部，使保温层和结构层形成一个完整的整体的情况，CL结构体系就是将保温层放在结构层内部，使保温层和结构层形成一个完整的整体。这既达到了保温隔音的目的，施工又不复杂，还不影响室内外装修和挂空调。

从受力角度讲，CL结构体系的核心——复合墙板是带框夹心板，夹心板在边框约束下主要承受水平荷载，边框除约束夹心板外，还承受外荷载产生的弯矩。二者相互作用、共同工作。目前，已在河北、山东等地建造了一大批住宅等居住建筑。

1.2.1.3 WZ 体系

WZ体系是青岛理工大学王士风教授发明的一种新型节能住宅建筑体系。该体系的核心组件是钢筋—混凝土组合网架夹心板，简称WZ板，用WZ板构建的钢筋—混凝土组合网架夹心剪力墙建筑体系，简称WZ体系。WZ板是把小高度平面钢筋网架的两层弦杆浇注在两层混凝土板内，构成钢筋—混凝土组合网架，将组合网架混凝土板之间填充保温芯板，即构成WZ板（图1-5）。

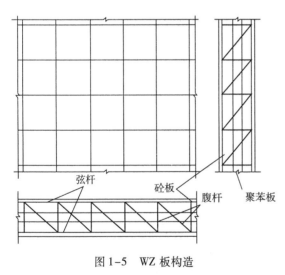

弦杆

砼板

腹杆

聚苯板

图1-5 WZ 板构造

1.2.1.4 DIPY 建筑模网

建筑模网最初由法国结构和材料专家杜朗夫妇发明，并用其名字命名为DIPY建筑模网，取得国际发明专利。这是广泛流行于欧美地区的一种低成本、高性能的建筑新体系，也是一种实用可靠的外墙外保温技术。它是一种开放性、免拆除的模板构件，当用于外墙时，与保温材料共同形成一次现浇成型的外墙外保温承重墙体[6]。国内由大连于1998年独家引进。2000年被批准为国家火炬计划项目和国家级新产品。由钢板网、加劲肋和折钩拉筋、保温层（聚苯板）构成三维开敞式空间网架内浇注密实混凝土构成建筑模网混凝土墙体，结构示意图见图1-6和图1-7。主要技术特点：①模网实现了承重墙与外保温一体化的技术，彻底取代黏土砖，混凝土内掺入一定比例的工业废料或建筑垃圾，既节约了耕地，又有利于环境保护，还可以降低工程造价；②模网实现了生产工厂化、施工装配化，施工工艺简便快捷；③模网混凝土具有特有的渗滤效应、环箍效应、限裂效应和消除由传统模板引起的容器效应，混凝土不经振捣，可实现自密实，避免其收缩产生裂缝；④优良的抗震性能：模网为三维空间体系，模网内浇筑混凝土后不用拆除，可起到钢筋骨架作用，且具有较强的抗剪强度和延性，整体性强，它是现有建筑体系中抗震性能

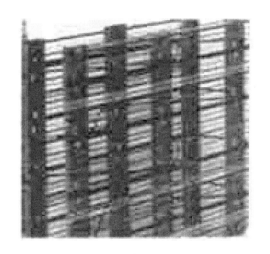

图1-6 建筑模网

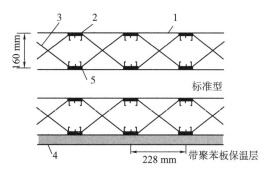

图1-7 建筑模网构造

较好的一种；⑤保温的模网混凝土墙体的总热阻可达 $1.29m^2 \cdot K/W$（传热系数为 $0.77W/m^2 \cdot K$），不仅节能达到50%的标准，而且节能第二阶段的建筑物的热损耗也比国家要求35%的标准还降低19%，并且模网的保温牢固、可靠、耐久，保温层在墙体外侧，避免产生热桥、霜冻、淌水、发霉等现象，外保温墙体具有承重、保温、防水和装饰等多种功能，是现有保温节能材料当中较好的一种。模网的建筑物隔声可达到45dB，满足《民用建筑容许噪声标准》的规定。国内以王立久教授为首的课题组首先开展了大量的试验研究工作。实践证明[7]，采用建筑模网技术，无论是缩短工期、降低造价、建筑节能，还是保护环境等诸多方面都明显优越于传统的普通混凝土技术。建筑模网在国外的应用已有多年的历史，在我国的推广面积已达7万多平方米。由于它的诸多优点，现在已引起越来越多的建筑企业和房地产商等部门的关注。随着对建筑模网各项研究工作的深入开展，其应用领域的不断开拓，建筑模网将对我国的建筑

事业做出越来越多的贡献。

1.2.1.5 德国的 Magu ICF 建筑节能体系

ICF（绝热混凝土模块的英文简称），是由墙体内外两侧的 EPS 模块（聚苯乙烯）作保温模板，采用专利技术的内连接系统，积木式搭接成空芯墙体，墙体内放置钢筋

图 1-8　Magu ICF 建筑节能体系

后，浇注免振捣混凝土，形成保温隔热现浇混凝土剪力墙承重结构（图 1-8）。作为世界上最好的建筑节能技术，是建筑领域内的一项创新。

30 多年来，Magu ICF 体系经过不断创新、发展和大量地实践，已成为世界上最好的建筑节能体系——最低的建筑成本、最好的保温隔热承重效果。Magu ICF 建筑节能体系的核心是保温隔热承重一体化，ICF 改变了传统的钢筋混凝土框架承重、砌块填充墙体的建筑施工方法，取消了外墙外保温和外墙内保温繁琐的施工，其建筑节能体系承重结构坚固可靠，保温隔热性能极好，环保、舒适、建筑成本低廉、施工简便快捷。

Teubert（图伯特）Magu ICF 全绝热建筑模块，主要由标准化、系列化的墙体模块、绝热的 Hourdis 板材（楼板和平屋顶）和全绝热屋顶板材组成，该组合系可达到 100% 的绝热，可建造零能耗房屋。Teubert Magu ICF 承重墙，采用现浇混凝土剪力墙结构，结构配筋合理，整体性强，其受力性能比传统结构优越，抗震性好。承重结构坚固可靠，具有持久的建筑寿命。

具体专有技术及工艺如下：①模块无须任何粘结，填充混凝土时，墙体不会变形的模块联锁系统专有技术；②完善的节点处理方式，无任何热桥，100% 保温绝热的模块标准化和组合系统专有技术；③高精度的模块连接，牢固可靠，易于改变墙体混凝土厚度和配筋的连接桥设计及结构专有技术；④灰泥与模块表面完美结合，内外装饰更加方便的模块表面设计专有技术；⑤每 2.5—3 分钟一个循环，生产 1.5m² 墙体模块的连续式高效全自动生产工艺，既满足了结构受力的要求，又达到了保温隔热节能的效果。

ICF 建筑节能体系集保温隔热承重于一体，建房同时一次性完成保温隔热。ICF 体系的建筑造价，低于 XPS 外墙外保温、框架结构的建筑造价和其他传统节能建筑体系

以及建筑结构的造价之和,真正实现了用普通房屋的钱建造高效节能房屋的美好愿望。

ICF 墙体厚度为 250mm,室内无梁无柱。房屋内部布局整齐合理,增加居住面积 2%。由于 ICF 体系卓越的防潮性能,地下基础部分可建为地下室,地下空间得到有效利用,扩大了建筑物的使用面积,同时,提高了一楼的居住舒适性。ICF 房屋中的分户墙和大部分室内隔热均采用 ICF 墙体。每户和每个房间都具有独立的保温隔热功能,防止能源扩散和降低能源消耗。ICF 房屋,同时具有非常好的隔音、抗震、防火和隔潮湿性能。与传统房屋相比,居住舒适性能极大地得到改善和提高——被誉为“生态建筑”。该体系的材料完全采用水泥、石子、砂、钢筋等而不使用一块砖,保护了土地资源。

EPS 模块代替并省去了传统钢(木)模板,与混凝土牢固地结合在一起,形成一体化永久的内外保温层,安全可靠。由于是全现浇混凝土剪力墙结构,为建筑师的设计创造,提供了充分的发展空间,可建造成不同风格的工业、商用和民用建筑。该体系采用建筑模块积木式插接,模块既是保温层,又是一次性永久环保模板。墙体利用机械化混凝土输送泵或人工,浇注免振捣自密实混凝土,自行填充模块内的空间。建房同时一次性完成 100% 整体绝热,与传统施工相比,砌墙工效提高 3—5 倍,节省建筑工期 50%。施工噪声小,不受季节和气候的影响,冬天和雨雪天气均可照常施工,减轻了建筑工人的劳动强度。上下水管及电线管可非常方便地置入 EPS 模块内。特殊 EPS 模块表面设计及表面与灰泥的亲合性,减少了抹免层数和厚度,有利于建筑环境的改善。

墙体内外同时用 EPS 材料绝热,传热系数仅为 $0.09 — 0.31 W/m^2 \cdot K$,这相当于 2000mm 以上厚的实心黏土砖墙,其节能效果超过了我国第三阶段的节能标准(即在节能 50% 的基础上,再节能 30%),甚至可以建造完全利用住宅建筑自由热(太阳能热、室内家用电器发热、人体新陈代谢热等)的“不采暖住宅”——微能耗和零能耗住宅。

Magu ICF 体系,为人类的可持续发展做出了巨大贡献,它将成为墙体革新和建筑节能领域的领导者。

1.2.1.6 英国的威肯 L 型墙板建筑体系

建设部住宅产业化促进中心于 1999 年把威肯建筑体系技术从英国引入中国,并由技术经济综合实力较强的中国航天建筑设计研究院(集团)进行了成功的示范应用。在住宅产业化促进中心的组织指导下,中国航天建筑设计研究院(集团)和中国建筑标准设计研究所密切合作,融合我国相关规范和标准在改进和完善的基础上,建立了完全适合中国国情的威肯 L 型墙板建筑体系。

(1)体系构成

威肯建筑体系是将墙体设计制作成 L 型钢筋混凝土预制墙板,与现浇混凝土楼板共同形成整体的装配式结构体系。威肯建筑体系的核心技术在于它的模板系统。标准的威肯墙板预制模板系统是由 L 型成组模具、热油锅炉养护系统、混凝土搅拌站、混凝土输送泵及起重运输等设备组成。模板内设置了热油管路和温控传感器，1 块固定模板和 7 块活动的 L 型钢制模板为 1 组，轴对称分布的两组模板为 1 套模具，可同时生产 14 块墙板，每年可为 10 多万平方米的住宅建筑提供预制配套墙板，由于模板具有可调性，墙板的高度、长度和厚度可按照业主要求和设计进行调整。

（2）工作流程

墙板制作的第一道工序是钢筋骨架制作，其中包括安装水、电管路及预埋件和孔洞的预留。成组模板在钢筋骨架入模前，需根据墙板的设计尺寸逐块进行侧模和底模的调整，然后清理模板表面，涂刷隔离剂。模板准备完成后，既可吊钢筋骨架入模，依靠独特的齿条传动系统，水平移动模板，使模板分开放入钢筋骨架，然后闭合液压系统以及模板四周的锁紧系统，确保墙板混凝土浇筑过程中不发生变形和移位，使生产出来的墙板表面光滑平整，具有较高的尺寸精度，钢筋骨架入模并锁紧成组模板后，既可进行墙板混凝土浇筑。混凝土的浇筑可使用塔吊吊装，也可用混凝土输送泵进行浇筑。

一台 1400kW 燃油锅炉将模板内部的热油盘管加热使模板表面升温，对模板内混凝土进行加热养护，加热养护的时间和温度与气候条件及生产周期有关，加热过程是可以自动控制的，一般加热 4 个小时以后，可把预制墙板吊出模具，在现场自然环境下养护 3 天，达到安装强度就可以进行运输和安装。

开始安装墙板之前，在基础或楼板顶面上弹出定位线，铺好水泥砂浆，L 型墙板的自立特点给安装过程带来了很大的便利，预制墙板用起重机从运输车上吊起，安放在预先铺好的水泥砂浆上，墙板吊装就位后，把上下层销键钢筋焊接牢固，用无收缩混凝土浇筑好，就可以进行现浇楼板施工。因为不需要支撑和很容易控制垂直度，所以墙板安装速度快、质量好，每班工人可以安装近 800m^2 的建筑墙板。

（3）优势与特点

威肯 L 型墙板建筑体系的优势在于快速生产、快速安装，适合大规模化生产。其住宅墙体由按住宅模数生产的 L 型墙板组成，并且把水、电、暖、通信等管路系统提前集成在预制墙板内，适宜工业化的大规模生产方式，因此威肯建筑体系适应以技术集成为主线形成的标准化、通用化、工业化住宅建筑体系，符合中国建筑工业化和住宅产业化的发展方向，L 型墙板可在现场预制、现场养护、现场吊装，有利于缩短工期节省费用，加快资金周转，L 型墙板的自立性和稳定性在放置和运输及安装过程中，有利于施工安全和降低施工成本。L 型墙板的制作过程减少了现场的湿作业，改善了施工现场的环境，减轻了工人的劳动强度，加快了施工的速度，威肯建筑体系的墙体壁薄于其他形式墙体，从而增加了房屋的使用面积。威肯建筑体系采用预制墙板与现浇混凝土楼板，共同形成整体性能良好的混凝土剪力墙结构，完全可以满足在地震多发地区使用。由于其模板的灵活性，可满足各种建筑工程的要求，特别适合于大规模住宅建设项目。威肯建筑技术将制造业的生产方式引入建筑业，用集约化组织、工业化生产的方式进行住宅建设，在同等建筑规模下，与全现浇结构体系相比，工期可提前1—2个月，建造成本可降低2%—3%，在房价比重占主导地位，降低成本将成为提高竞争力的重要手段。

采用外墙外保温的做法，保温效果好，同时克服了传统装配式建筑外墙渗漏的质量通病。经过业内专家评审，对威肯L型墙板建筑体系的优势和特点给予充分肯定，这一新型建筑体系已经获得建设部有关部门的审查批准。

（4）发展前景

实现建筑工业化、住宅产业化是建筑业改革和发展的目标。充分发挥威肯建筑体系的优势，吸收各种建筑体系之长，运用现代化大生产的技术及管理手段，实现住宅建设的高质量、高功效、低成本的目标，致力于使更多的人拥有结构合理、舒适安全、方便环保的安居环境，为全面建成小康社会共同创造我们的幸福生活和美好未来。

1.2.1.7 纳士塔建筑体系

美国最近研究出一种叫"纳士塔"的结构形式，是用带有半圆槽的砌块砌成带有隐藏在内部的纵横圆孔的墙体，里面放好钢筋，然后浇筑流态混凝土，形成带有隐形密框的砌体结构，这既省去了模板，又使混凝土被包在了内部，同时砌块还是保温效果很好的材料做成的，所以整个结构不存在热桥问题，是一种非常有发展前途的结构形式。但目前的生产工艺使流态混凝土造价较高，尚需研究出造价合理的流态混凝土来。纳士塔建筑体系是一种集轻质、保温、隔音、耐火、承重、抗震等多功能于一体的全新建筑技术体系。该技术体系是美国纳士塔公司专有的高新成熟技术，已获得ICBO（国际建筑协会）和SBCCI（国际安全评价委员会）批准，并通过ISO 9001国际质量体系认证，在中国办理了专利和商标注册。

目前，在众多的建筑材料与建筑体系中，既能保温节能，又能承受载荷的墙体为数不多。而纳士塔建筑体系作为一种新型的建筑节能绿色工程体系，其墙、楼板和屋顶是由纳士塔构件组合支撑起来的。

纳士塔构件是由聚苯乙烯泡沫塑料颗粒、水泥、添加剂和水，在专业化工厂中通过高度自动化专用设备混合铸压而成的横竖带孔槽的平板型构件，是一种新型建筑墙体材料。

纳士塔墙板是由单体、双体和边端三类标准构件，按照设计图纸要求，在施工现场或专业工厂中用粘合剂拼接而成。整个墙板的内部构成了纵横上下左右都能互相贯通的孔槽，孔槽浇灌一定强度的混凝土或穿插钢筋后再浇灌混凝土，经过一定时间的养护凝固,墙体内就组成一个能抵抗各种变形的承载负荷的刚性骨架结构,这就是纳士塔建筑墙体独有的奥妙之处。

纳士塔建筑体系是由上述承重墙体及各种形式构件和实心板材粘接组合形成的墙板、楼板、屋盖和地基支撑起来的完整的建筑体系,是一种全新的、独特的、既保温隔热又轻质承重的建筑新体系。该建筑体系具有一系列优良的技术特性。

1) 自重轻:干密度 350kg/m³。250mm、350mm 厚的纳士塔墙体能够满足南方、华北、东北地区外墙对传热系数的要求,比其他的外墙材料的重量要轻,从而减轻了基础承受的荷载,节约了对建筑物基础的投资,在同样的地基承载能力下,也可增加建筑物的层数。

2) 保温、隔热、节能:导热系数 0.083W/(m·K)。由于该体系材料的不导热性及墙体内混凝土刚性骨架的热容量大,使居室内的气温趋于恒定,而墙体表面微孔的透气性与墙两面的恒温性共同作用,又使建筑的空调与取暖能耗大大降低,节约能源 65% 以上。

3) 隔声:该体系构件有最佳的吸声和消声效果,其隔声量 ≥53db。保证并创造了居家安静的生活环境。

4) 防火:纳士塔建筑体系构件应用在防火要求很高的部位也很有效。国内外在纳士塔墙体耐火测试中均显示,该体系墙体不燃烧,并且不产生浓烟,被列为 4 小时耐火等级产品(即耐火极限为 4 小时),属非燃烧体,满足防火规范对防火墙耐火极限的要求。

5) 承重、抗震:纳士塔墙体具有较好的承载能力。无钢筋仅填有混凝土的纳士塔的平均抗压强度为 20.8MPa;配钢筋混凝土的纳士塔墙体的平均抗压强度为 32—36MPa;配钢筋混凝土的纳士塔墙柱的平均抗压强度为 36—40MPa。

6) 抗冻性:聚苯乙烯颗粒与水泥混合物使纳士塔墙体具有防火性,同时也使灌注在槽内的混凝土有较好隔热性,使其在雨、雪后的天气中都具有出色抗冻能力。

7) 耐霉性、不生虫、鼠不咬:纳士塔构件是聚苯泡沫塑料颗粒和水泥的混合物,它不像混凝土块和木头那样易吸水分,所以纳士塔构件不会发霉,不会腐烂,无生虫的空间,鼠也不咬。

使用纳士塔建筑体系技术建造房屋,就像搭积木一样简便,该体系构件在建筑房屋施工中起模板作用,且不受外界环境温度限制,冬季也可施工,是永不拆卸的模板。使用该建材建造小型民用住宅,在完成地基后,首先从一个墙角开始,可人工依次排放纳士塔构件,构件接缝处用胶粘连,建起一堵墙板,再接连建好四面墙板后,用简单工具在墙板上切割,想要的窗和门的形状就会出现。用墙板造成完整的一层房屋后,开始浇注混凝土便形成一个房屋整体结构,由此可实现一天建造一层住宅的目标。

使用该建筑体系建造楼房其最大的便捷在于可在构件工厂预制墙板。在构件生产工厂我们可按设计图纸要求，在一定的空间台面上预制好墙板，也可将门窗预制开好。该预制墙板较轻，用卡车运往施工现场，可用轻型起重机吊装到位，在现场浇筑混凝土，每 $10m^2$ 面积的墙只需 1 人工小时即可完成。它与我国现有的预制混凝土墙板的不同之处，就是可以在现场稍做裁剪调整尺寸，并可修补破碎的墙板。

总之，用纳士塔体系技术建造房屋的主要优点在于施工不用模板，省人工，省施工机械，施工快、施工期短，施工工地干净整洁，无烟灰。一切构件余废料均可回收再使用，真正做到了文明施工，是地地道道的绿色环保系统工程。

在国外，加气混凝土应用较广。罗马尼亚布加勒斯特利用加气混凝土的建筑体系，都是以加气混凝土作为内外墙；南斯拉夫采用加气混凝土板材的 IMS 建筑体系已用于住宅、办公楼、学校和工业建筑，既节约了材料又减少了劳动量。这种加气混凝土的应用也体现出许多优点：施工机械化程度高，加快了施工进度；自重轻、运输方便，减少了基础造价；由于结构构件截面减小，增大了使用面积；保温隔热、隔音效果好，节约了能源。但其仍具有轻骨料混凝土建筑的一些弊端，如初始刚度低、变形较大等。

1.2.2 相关墙体研究现状

目前，国内外竖向荷载作用下相关研究内容可供参考的主要有：文献 [18] 针对中高层配筋砌体房屋可能需要的材料性能情况，对 6 片混凝土小砌块配筋砌体墙片进行受压性能试验，研究了该类配筋砌体墙片在轴心、小偏心荷载作用下的破坏特征，对平截面假定从现象上作了一定的分析验证，进行了配筋砌体的受压承载力计算并与试验结果进行了对比分析。文献 [19] 研究了配筋混凝土小砌块剪力墙承载力性能，设计了两组共 18 片不同高宽比的墙片，并采用不同的纵向和水平配筋，所有墙片在恒定的垂直荷载下进行水平循环荷载试验，主要研究墙片的高宽比、配筋数量和轴向压力大小对承载力及破坏特征的影响。文献 [20, 21] 对 6 片不同偏心距的偏心受压空心钢筋混凝土剪力墙基本试件进行静力加荷试验，探讨了这种剪力墙体的破坏机理、变形特征以及破坏截面钢筋的应变，对比正截面承载力分析的计算与试验结果表明两者符合较好；利用正交各向同性板的稳定性理论，按照哈芬顿（Huffington）原理等效空心剪力墙的弹性常数，推导了空心剪力墙在轴力作用下的整体失稳的极限承载力公式。文献 [22] 进行了 9 根 Z 形截面柱在双向偏心集中力作用下的试验研究，揭示了 Z 形截面双向压弯柱的破坏形态及正截面承载力的一般规律。在此基础上，采用数值积分方法，编制了相应的电算程序，对其受力性能作了进一步的理论分析。文献 [23] 采用基于一种合理的钢筋和混凝土本构模型，以 x，y 方向的曲率和截面形心应变为参数，利用数值方法对钢筋混凝土异形柱构件进行非线性全过程分析，得到了弯矩—曲率全曲线，在此基础上形成钢筋混凝土异形柱非线性分析的基本方程，计算结果良好。文献 [14] 对 7 组 15 片不同形式的复合墙板 1/2 模型作了拟静力试验，研究了有无边框、边框截面和配筋、结构层组合形式、竖向荷载、施工方式等因素对复合墙板的破坏模式、变形性能、承载力、刚度及恢复力特性等抗震性能的影响，提出了带边框复合墙板的各种承载力计算方法、变形控制指标及恢复力模型等，建立了各种复合墙板的有限元模型，结合试验数据论证了模型的合理性，对复合墙异形柱组合结构 7 层楼房 1/2 模型进行了拟动力试验研究和理论研究。文献［24，25］分别对 4 组 12 片复合墙板和 2 组 15 片复合墙板试件进行了轴心受压和偏心受压试验研究，对破坏过程及破坏形态、试件的荷载侧向挠度曲线等试验结果进行了对比分析，分析了复合墙板承载力及稳定性，并得出了相应的计算方法。文献［26］进行了 5 榀 1/2 比例单层单跨密肋复合墙体在竖向荷载作用下的抗压试验，研究分析了密肋复合墙体在竖向荷载作用下的受力性能、破坏过程、破坏机理、承载能力及变形性能等；对密肋复合墙体在竖向荷载作用下的受力性能进行了线性及非线性有限元分析；提出了密肋复合墙体在偏心及轴心受压承载力极限状态下的简化计算模型及应力计算图形，并提出了偏心及轴心受压承载力实用计算公式。文献［27］进行了 9 块 1/2 比例墙板模型在竖向荷载作用下的受力性能试验，分析了墙板在竖向荷载作用下受力和变形之间的关系，得到墙体轴心受压时的高厚比限值；通过对墙板模型的抗震性能试验研究，建立了承载力极限状态下的理论简化计算模型，给出了斜截面承载力实用设计计算公式；通过对 1/4 比例两层联肢墙片模型受力性能试验研究，模拟了密肋复合墙板在小高层结构中的破坏形态，分析了其受力机理及正截面承载力；提出了密肋复合墙板实用设计的刚架斜压杆模型。文献［28］进行了 9 片钢型墙板和 13 片钢筋型墙板在轴心受压作用、偏心受压作用以及不同轴压比时水平加载等工况下的试验研究，考察了墙板的破坏模式、承载力和变形规律，依据试验和理论分析结果，给出了相应的计算方法。文献［29］对砌体墙板在平面内荷载作用下的失效准则做了分析研究，提出了作者建议的失效准则且与实验结果吻合较好。

下面简单介绍结构墙体在水平荷载作用下的受力性能的研究现状[20-46]。

中国建筑科学研究院的吴绮芸等（1980）进行了 9 个 1/2 比例砖填充框架单元模型在单向及反复水平荷载作用下的试验，并为每个填充框架设计了相对应的空框架进行对比试验。分别研究了各试件在水平荷载作用下的刚度、承载力及破坏特点，提出了填充框架的极限承载力及从弹性到破坏的三阶段刚度计算公式，并给出了构件的恢复力模型及弹塑性特征参数。

西安冶金建筑学院的童岳生等（1982）进行了 19 个 1/4 比例砖填充墙钢筋混凝土框架模型试验，试件均为单层单跨框架，共分为四类：铰接钢框架填充墙、钢筋混凝土空框架、实体砖填充墙钢筋混凝土框架及带洞口的砖填充墙钢筋混凝土框架。主要研究各试件在水平荷载作用下的力学性能，采用了单向及反复两种加载制度。得出结论：①填充墙对填充框架承载力及刚度均有相当的作用；②填充墙与框架之间的共同工作比较显著；③对于砖填充墙钢筋混凝土框架的层间相对侧移极限值可取 1%。

Liauw 和 Kwan（1983）进行了一系列小比例模型试验，并基于试验结果提出了填充墙的塑性倒塌理论，对框架定义了三种破坏模式：角部破坏及柱破坏；角部破坏及梁破坏；填充墙内部对角线压碎破坏。

Lefas 等（1990）对在抗弯框架中填充了空或实的混凝土砌块填充墙试件进行了试验。从试验中观察到，填充墙较强的试件有较强的抵抗荷载的能力及较好的能量耗散能力。然而，在峰值强度后，随着位移的增加，填充墙较强的试件的承载力下降要快得多。较强的填充墙也被认为非常容易在混凝土柱中引起脆性剪切破坏。

Kodur V K R 等（1995）完成了砌体填充的钢筋混凝土框架的性能研究。在这项研究中，框架构件按照现行规范进行设计，并侧重于填充墙平面外抗力的研究。试验的重点在于研究考虑或没有考虑现行规范规定的地震作用而分别设计的两类框架试件，同时还对试件高宽比及竖向荷载对填充框架水平承载力的影响进行了研究。最后，提出了简化计算模型及有限单元法分析模型，并验证了试验结果。

Armin B 等（1996）进行了 12 个单层单跨的 1/2 比例模型试件试验。设计了两种类型的框架，并分别用空心及实心混凝土来制成刚度不同的填充墙来考虑相关参数的影响，研究的参数包括：填充墙相对于周围框架的强度、填充墙的高宽比、竖向荷载的分布以及水平加载历程。试验结果表明，填充墙可以显著改善钢筋混凝土框架的性能；强框架和强填充墙构成的试件与弱框架和弱填充墙构成的试件相比较，表现出更好的承载及耗能能力；填充框架的抗侧能力总比纯框架的高，甚至对于最小的延性试件在侧移达到 2% 时也是如此；同样在框架较弱而填充墙较强时，在柱中出现了脆性剪切破坏。

Roger D. Flanagan 等（1999）研究了大比例模型空心黏土砌块填充平面钢框架。在试验中观察到，所有填充墙均因角部压碎导致破坏，破坏荷载与框架的特性相关性不强。提出了分析程序，将填充墙对应于角部压碎极限状态的峰值强度仅视为填充墙厚度及强度的函数，并采用分段线性斜压杆来模拟填充墙的刚度。认为填充墙的结构性能（开裂、砌块破坏以及刚度退化）与实际位移的相关性好于与无量刚的层间侧移的相关性。还测试了框架中的弯矩和轴力，表明填充墙对柱中的弯矩影响很小。

南京建筑工程学院李利群等（2001）提出了一种新型砌体结构形式——约束混凝土小型空心砌块砌体，通过在砌体中设置钢筋混凝土芯柱和水平条带，形成对砌体的纵横约束，来提高砌体的承载能力和变形能力，对设置芯柱和水平条带的几种不同形式的砌体进行了水平低周反复荷载试验研究，试验结果表明：这种新型约束砌体具有良好的抗震性能。

华侨大学李升才等（2001）通过 13 片复合墙板的 1/2 比例模型试验，论述了复合墙板的破坏形态及破坏机理，提出复合墙板的几种承载力控制指标并给出了相应的简化计算公式，可供复合墙板设计及编制相关技术规程参考。

西安建筑科技大学关海涛等（2003）在试验研究基础上，根据弹性地基梁理论，运用 ANSYS 有限元应用分析软件，对密肋复合墙板中砌块与框格的协同工作性能及砌块的受力状态进行了理论研究与有限元分析，建立了墙板的刚架—斜压杆简化计算模型，给出确定等效斜压杆宽度的实用设计图表，并就理论计算与试验结果进行了对比分析。

西安建筑科技大学黄炜等（2003）介绍了加外框密肋复合墙板在水平低周反复及单调荷载作用下墙板的主要破坏形态，分析了复合墙板肋梁、肋柱与内部填充砌块、墙板与外框的共同工作性能，对复合墙板的承载能力、刚度、变形能力、延性、耗能等抗震性能进行了研究分析，最后就复合墙板的抗震设计提出了几点讨论。

大连理工大学李宏男等（2004）通过拟静力试验，对 9 片钢筋混凝土剪力墙分别进行了在周期反复荷载作用下受力性能研究，通过比较不同轴压比和不同剪跨比的剪力墙的破坏形态、破坏程度，以及对试验现象和滞回曲线的分析，得到如下结论：随着轴压比在一定范围内的提高，相同剪跨比的剪力墙其承载能力有一定程度的提高，但墙体的延性下降，强度退化和刚度退化趋于严重。随着剪跨比的提高，相同轴压比的试件破坏形态由剪切破坏向弯曲破坏过渡，承载能力随之降低，但试件的延性提高，耗能能力大大加强。

西安建筑科技大学姚谦峰等（2004）对一种新型结构体系——密肋复合墙体进行了在水平低周反复荷载作用下的试验研究，介绍墙体的主要破坏形态和破坏过程；分析墙体的受力特点；探讨墙体的承载能力、延性、耗能等抗震性能；提出墙体的恢复力模型。试验结果表明：墙体的破坏模式主要分为剪切型破坏、弯曲型破坏、剪切滑移型破坏、复合型破坏，其中剪切型破坏属于密肋复合墙体合理的破坏模式；墙体的破坏过程大体可分为弹性阶段、弹塑性阶段、破坏阶段，其对应不同的力学模型；墙体中肋梁、肋柱与内部填充砌块、墙板与外框具有良好的共同工作特性；墙体的恢复力模型可以采用退化四线型。研究表明，密肋复合墙体是一种轻质、高强、节能、抗震的结构受力构件。

湖南大学蔡勇等（2005）提出了配筋砌块砌体剪力墙基于位移延性的设计方法。通过对两片不同长度的矩形配筋混凝土砌块砌体剪力墙墙肢的计算分析，研究了轴压比、高宽比、配筋率和灌孔率对墙体受力性能的影响，结果表明上述几种因素对配筋砌块砌体剪力墙结构的延性性能起着重要的作用。同时，提出了配筋混凝土砌块砌体剪力墙结构位移延性比的计算方法和配筋混凝土砌块砌体剪力墙弹塑性层间位移角限值 1/300 的建议，供设计时参考。

西安建筑科技大学许淑芳等（2006）通过对 8 片带缝钢筋混凝土空心剪力墙试件进行低周反复水平荷载作用下的试验，研究试件的破坏机理、变形特征、滞回曲线、延性及耗能性能。试验研究结果表明：当水平荷载较小时，带缝钢筋混凝土空心剪力墙基本处于整体工作状态；当水平作用较大时，竖缝将空心剪力墙划分为高宽比较大的条带，各条带出现反弯点，墙体破坏为拉压破坏；随着试件高宽比的增大，其承载力有所降低；其延性、耗能性能也明显提高。

Alinia M M 等（2006）对带型钢和不带型钢的剪力墙进行水平低周反复加载，对其试验结果进行研究，得出不带型钢的剪力墙滞回曲线包含面积较小，其耗能能力和延性比带型钢的剪力墙差。

Sinan Altin 等（2007）通过对 9 个 1/3 钢筋混凝土部分填充框架模型试件进行水平低周反复荷载试验研究，研究表明：部分填充框架模型的极限承载力和刚度比无填充框架模型要大。随着填充率的增大，强度和刚度显著增加。除此之外，框架和填充墙之间的连接也影响着框架的受力性能。部分填充框架把框架柱和梁很好的联系在一起，表现出良好的受力性能。

参考文献

［1］关于印发汪光焘部长、仇保兴副部长在"第二届国际智能、绿色建筑与建筑节能大会暨新技术与产品博览会"上讲话的通知，建科［2006］109 号.

［2］金羊. 节能未来建筑重中之重［N］. 中国建设报，2006.01.18.

［3］涂逢祥，王庆一. 我国建筑节能现状及发展［J］. 新型建筑材料，2004.7.

［4］建设部办公厅关于印发《建设部建筑节能"九五"计划和 2010 年规划》的通知，建办科［1995］80 号.

［5］建设部关于印发《建设部建筑节能"十五"计划纲要》的通知，建科［2002］175 号.

［6］李中富. 中国住宅产业化发展的步骤途径与策略［J］. 哈尔滨建筑大学学报，2001，33（1）：19-21.

［7］Filippín C, Beascochea A. Performance assessment of low-energy buildings in central Argentina［J］. Energy and Buildings, 2007, 39(5)：546-557.

［8］Zheng Y R, Li J W. Research of high fly ash content inconcrete with dipy construction formwork［C］. International Workshop on Sustainable Development and Concrete Technology, 2001, 347-359.

［9］王继强. 德国 MAGU ICF 保温隔热承重一体化［J］. 建设科技，2005(13)：101.

［10］周怀兵，于立民，巩书云. 威肯 L 型墙板建筑体系在中国［J］. 中国建设信息，2005(10)：32-33.

［11］张良纯. 绿色多功能建筑体系技术——纳士塔建筑体系［J］. 上海建材，2005(8)：20-21.

［12］姚谦峰，黄炜，田洁，等. 密肋复合墙体受力机理及抗震性能试验研究［J］. 建筑结构学报，2004，25（6）：68-75.

［13］黄炜. 密肋复合墙体抗震性能及设计理论研究［D］. 西安建筑科技大学博士论文，2004.

［14］张同亿. 复合墙异形柱组合结构抗震性能及设计方法研究［D］. 西安建筑科技大学博士论文，2001.

［15］姜维山，于庆荣. 混凝土结构的科学发展［J］. 建筑结构学报，2006（增刊）：97-106.

［16］郎彬，王士风. 一种新型的节能住宅建筑体系——WZ体系［J］. 青岛建筑工程学院学报，2005，26（2）：1-5.

［17］《小康住宅建筑结构体系成套技术指南》编委会. 小康住宅建筑结构体系成套技术指南［M］. 北京：中国建筑工业出版社，2001.

［18］孙恒军，周广强. 混凝土小砌块配筋砌体墙片受压性能试验研究［J］. 山东建筑大学学报，2006，21(4)：316-320.

［19］姜洪斌，唐岱新. 配筋混凝土小砌块剪力墙承载力试验研究［J］. 哈尔滨建筑大学学报，2001，34(3)：30-34.

［20］许淑芳，范仲暄，张兴虎，等. 平面内偏心受压空心钢筋混凝土剪力墙的试验研究［J］. 西安建筑科技大学学报（自然科学版），2002，34(4)：346-348.

［21］武敏刚，冯瑞玉，李守恒，等. 轴向压力作用下空心剪力墙的稳定性分析［J］. 西安建筑科技大学学报（自然科学版），2002，34(4)：358-361.

［22］徐海燕，薛海宏，袁志华. Z形截面柱正截面承载力的试验与分析［J］. 华东交通大学学报，2004，21(1)：8-11.

［23］何放龙，张作鹏，樊光发. 钢筋混凝土双向偏压异形柱构件非线性分析［J］. 湖南大学学报（自然科学版），2005，32(4)：1-5.

［24］李升才. 复合墙板轴心受压试验研究［J］. 华侨大学学报（自然科学版），2006，27（4）：384-387.

［25］李升才，于庆荣. 复合墙板偏心受压试验研究［J］. 建筑结构学报，2006（增刊）：218-224.

［26］王爱民. 中高层密肋壁板结构密肋复合墙体受力性能及设计方法研究［D］. 西安建筑科技大学博士论文，2006.

［27］赵冬. 密肋壁板轻框结构受力性能分析及计算方法研究［D］. 西安建筑科技大学博士论文，2001.

［28］臧人卓. 新型复合墙板受力性能试验研究［D］. 清华大学工学硕士学位论文，2004.

［29］Andreaus U. Failure criteria for masonry panels under in-plane loading［J］. Journal of Structural Engineering, ASCE. 1996, 122(1)：37-47.

［30］吴绮芸，田家骅，徐显毅. 砖墙填充框架在单向及反复水平荷载作用下的性能研究［J］. 建筑结构学报，1980（4）：38-44.

［31］童岳生，钱国芳. 水平荷载作用下砖填充墙钢筋混凝土框架的强度与刚度分析［R］. 陕西：西安冶金学院，1985.

［32］Liauw T C, Kwan K H. Plastic theory of non-integral infilled frames［J］. Proc. Instn. Civ. Engrs, 1983, 75, 379-396.

［33］Lefas I D, Kotsovos M D, Ambraseys N N. Behavior of Reinfirced Concrete Structural Walls：Strength, Deformation Characteristics and Failure Mechanism［J］. ACI Structure Journal, 1990, 87（1）：

345－367.

［34］ Kodur V K R, Erki M A, Quenneville J H P. Seismic design and analysis of masonry－infilled frames ［J］. Canadian Journal of Civil Engineering, 1995, 22(3): 576－587.

［35］ Mehrabi A B, Shing P B, Schuller M, et al. Experimental evaluation of Masonry－Infilled RC frames ［J］. Journal of Structural Engineering, 1996, 122 (3): 228－237.

［36］ Roger D, Flanganl, Richard M B. In－Plane Behavior of Structure Clay Tile Infilled Frames ［J］. Journal of Structural Engineering, 1999, 125 (6): 590－599.

［37］ 李利群, 刘伟庆. 约束混凝土小型空心砌块砌体抗震性能试验研究［J］. 南京建筑工程学院学报（自然科学版）, 2001, (2): 21－28.

［38］ 李升才, 江见鲸, 于庆荣. 复合剪力墙板抗剪承载力计算方法的探讨［J］. 建筑结构, 2001, 31 (9): 27－33.

［39］ 关海涛, 姚谦峰, 赵冬, 等. 密肋复合墙板简化计算模型研究［J］. 工业建筑, 2003, 33(1): 13－16.

［40］ 黄炜, 姚谦峰, 赵冬, 等. 加外框密肋复合墙板抗震性能研究［J］. 工业建筑, 2003, 33(1): 6－9.

［41］ 李宏男, 李兵. 钢筋混凝土剪力墙抗震恢复力模型及试验研究［J］. 建筑结构学报, 2004, 25 (5): 36－43.

［42］ 姚谦峰, 黄炜, 田洁, 等. 密肋复合墙受力机理及抗震性能试验研究［J］. 工业建筑, 2004, 24(6): 68－75.

［43］ 蔡勇, 施楚贤, 易思甜. 配筋混凝土砌块砌体剪力墙位移延性设计方法 ［J］. 湖南大学学报, 2005, 32(3): 53－56.

［44］ 许淑芳, 索跃宁, 张兴虎, 等. 带缝钢筋混凝土空心剪力墙试验研究 ［J］. 建筑结构学报 2006, 27(5): 149－154.

［45］ Alinia M M, Dastfan M. Cyclic behaviour, deformability and rigidity of stiffened steel shear panels ［J］. Journal of Constructional Steel Research, 2007, 63 (4): 554－563.

［46］ Sinan A. An experimental study on reinforced concrete partially infilled frames ［J］. Engineering Structures, 2007, 29(3): 449－460.

第 2 章　节能砌块隐形密框墙体轴心受压性能

2.1　节能砌块隐形密框墙体轴心受压试验方案

2.1.1　试验概况

节能砌块隐形密框结构是一种全新的建筑结构。作为该结构的核心构件——节能砌块隐形密框墙体,将原本非承重的轻质节能砌块与用来起主要承重作用的隐形密肋框架有机地组合在一起,两者互相作用,使墙体不但起到保温节能作用,而且可以作为承重构件使用。因此,有必要对这种全新的节能砌块隐形密框墙体进行轴向压力作用下的试验研究,以解决该墙体的受压设计问题。另外由于该结构自身所具有的独特构造不同于普通的框架填充墙、砌体剪力墙、混凝土剪力墙等结构,且目前国内外相似的研究成果可以参考的甚少。为了研究墙体在轴心压力作用下的受力及变形性能,本章拟对不同高厚比的墙体缩尺模型进行轴心受压试验研究和有限元分析。

2.1.1.1　试验内容

为研究节能砌块隐形密框墙体在竖向荷载作用下的受力性能、变形性能、稳定性、承载能力及荷载的分配特点等,本章对节能砌块隐形密框结构不同高厚比的墙体进行轴心荷载作用下的试验研究。考虑试验设备、试验条件及项目经费等因素,选取缩尺比例为1/2的3组(每组2片)不同高厚比的节能砌块隐形密框墙体模型,在规定试验条件下进行轴心荷载作用下的抗压试验研究。

2.1.1.2　试件设计与制作

(1)试件设计

对于节能砌块隐形密框墙体,为了测试在竖向轴心荷载作用下,高厚比对墙体的承载力、变形及稳定性等一系列受力性能的影响，设计了 3 组（每组 2 片）该墙体轴压模型，模型高度分别取为 1.65m、1.50m、1.35m；另外，由于节能砌块生产设备、加工条件限制等因素，将原先拟定的墙体模型厚度 110mm 修改为 125mm，砌块尺寸修改为如图 2-1 所示尺寸，其中隐形柱尺寸不变［直径为 60mm 的圆柱（模型）］，隐形梁截面改为大半圆，直径为 60mm。在墙体上下端部各浇筑钢筋混凝土分配梁形成试验用试件，具体各试件的编号、尺寸、混凝土设计强度、配筋情况及试验加载类型见表 2-1 和图 2-2。

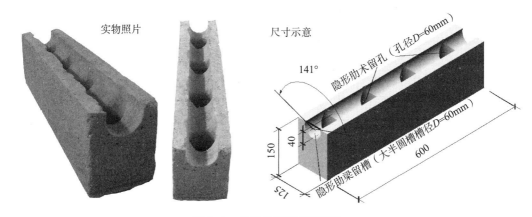

图 2-1　各墙体所用节能砌块

表 2-1　各试件的试验设计参数

试件编号	组别	试件外形尺寸 （mm×mm×mm）	高厚比	隐形密框混凝土 强度设计等级	隐形梁/柱配筋 （纵筋）
AW1-1	1	600×125×1650（2000）	13.2（16.0）	C20	1Φ6
AW1-2	1	600×125×1650（2000）	13.2（16.0）	C20	1Φ6
AW2-1	2	600×125×1500（1850）	12.0（14.8）	C20	1Φ6
AW2-2	2	600×125×1500（1850）	12.0（14.8）	C20	1Φ6
AW3-1	3	600×125×1350（1700）	10.8（13.6）	C20	1Φ6
AW3-2	3	600×125×1350（1700）	10.8（13.6）	C20	1Φ6

注：试件外形尺寸栏括号内为加上上下钢筋混凝土加载梁高度后的试件模型总高度，其中上下梁的高度分别为 150mm 和 200mm；高厚比栏括号内为试件总高度与墙厚之比。

（2）试件制作

试件的制作分为三个阶段，步骤为底梁制作→墙体砌筑→顶梁制作（图 2-3）。

1）底梁制作：绑扎钢筋，将隐形柱中的竖向钢筋预先绑扎入底梁的钢筋笼中，然后放进木制模板中浇筑成梁，其中在底梁上部留一尺寸为 60mm×50mm 的水平横槽，

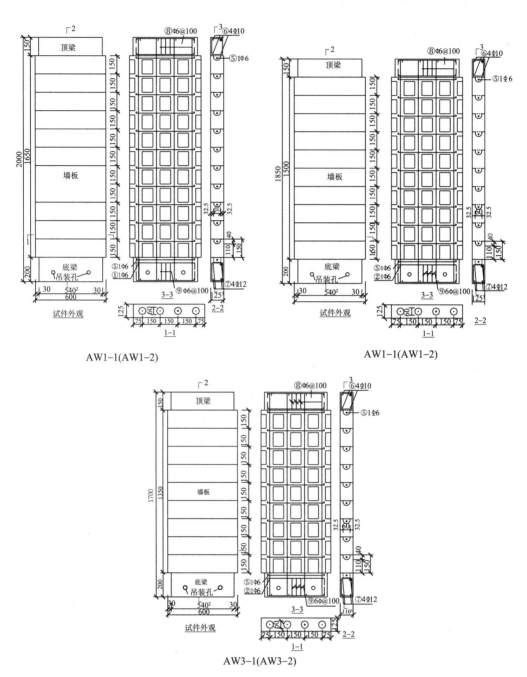

图 2-2　各试件尺寸及配筋图

在梁中预埋 PVC 管而留出两个水平孔用于吊装试件。这一步骤在实际结构施工中即为基础的制作。

2）墙体砌筑：当钢筋混凝土底梁混凝土强度达到一定值后，开始砌筑墙体。在水平横槽内放入水平筋并灌入混凝土捣实，取节能砌块使各竖向筋穿过其竖孔，置于底梁混凝土浮浆之上，接着在砌块水平槽内放入水平筋，与竖向筋绑扎后在砌块孔槽内灌浆、捣实。如此循环，直到砌筑最后一个砌块时，在几个竖孔中灌入不同量的混凝土，目的是在以后浇筑顶梁时墙体与顶梁能够连接可靠，使试件减少或不出现受力薄弱点。墙体砌筑中的关键是振捣，必须使混凝土的流浆填实砌块间的缝隙，保证墙体的强度与整体性。

3）顶梁制作：当墙体混凝土达到一定强度后，进行顶梁的制作。在墙体上部支模后，放入事先绑扎好的钢筋笼并灌入混凝土浇筑成梁。这一步骤在实际结构的施工中即为楼板或屋盖的制作。

（a）底梁制作　　　（b）墙体制作　　　（c）顶梁制作　　　（d）墙体模型

图 2-3　试件制作流程

2.1.1.3　材料的物理力学性能试验

按相应文献［1-3］所述，试验方法对组成试件的各种材料进行材料性能试验，具体如下文所述。

（1）钢筋

本试验只对试件中部的墙体进行研究，故不考虑上下梁钢筋的力学性能，对于上下梁配筋情况见图 2-2。中部墙体的隐形密框只配了一种经过冷拉的 HPB235 级光圆钢筋，该钢筋的力学性能试验结果如表 2-2 所示。

（2）混凝土

本次试验中各个试件（包括试件的顶梁、底梁，墙体内隐形密框）混凝土的骨料、配合比、设计强度等级以及抗压强度试验结果和计算结果等基本情况如表 2-3 和表 2-4所示。

（3）节能砌块

墙体所用的节能砌块采用厦门市集美区新特建材联合公司生产的蒸压加气混凝土砌块，其原尺寸为 600mm×250mm×150mm 的实心块体，经加工成为如图 2-1 所示尺寸的砌块。对该种蒸压加气混凝土进行试验后的物理力学性能列于表 2-5。

表 2-2　钢筋力学性能

钢筋直径	实测截面积（mm²）	屈服强度 f_y（MPa）	极限强度 f_u（MPa）	延伸率（%）	屈服应变（%）
Φ6	32.37	541.31	553.02	12.31	0.258

注：取钢筋弹性模量为 $2.1×10^5 N/mm^2$，由此得到屈服应变的换算值。

表 2-3　混凝土配合比、骨料情况

	混凝土设计强度等级		水泥（kg）	水（kg）	沙子（kg）	石子（kg）
混凝土设计配合比	C20		360	225	697	1045
混凝土施工配合比	C20	第一次施工	179	95	357	528
		第二次施工	179	67	371	542
材料品种			闽燕牌 325 普通硅酸盐水泥		河沙（细砂）	细石
材料产地			福建省永安闽燕水泥集团公司		福建泉州	福建泉州

注：表中混凝土施工配合比为墙体内隐形密框的混凝土配比。

表 2-4　混凝土抗压强度试验及计算结果

试件编号	构件	设计强度等级	立方体试块龄期（天）	试块抗压强度平均值（MPa）	立方体抗压强度标准值（MPa）	轴心抗压强度换算值（MPa）
AW1-1	密框	C20	29	31.21	31.21	20.88
	顶梁	C20	28	32.33	32.33	21.63
	底梁	C20	29	30.78	30.78	20.59
AW1-2	密框	C20	28	36.82	36.82	24.33
	顶梁	C20	28	25.03	25.03	16.74
	底梁	C20	29	18.06	18.06	12.08

续表

试件编号	构件	设计强度等级	立方体试块龄期（天）	试块抗压强度平均值（MPa）	立方体抗压强度标准值（MPa）	轴心抗压强度换算值（MPa）
AW2-1	密框	C20	29	32.00	32.00	21.40
	顶梁	C20	28	32.33	32.33	21.63
	底梁	C20	29	30.78	30.78	20.59
AW2-2	密框	C20	28	34.54	34.54	23.10
	顶梁	C20	28	25.03	25.03	16.74
	底梁	C20	29	18.06	18.06	12.08
AW3-1	密框	C20	29	28.58	28.58	19.12
	顶梁	C20	28	32.33	32.33	21.63
	底梁	C20	29	30.78	30.78	20.59
AW3-2	密框	C20	28	32.59	32.59	21.80
	顶梁	C20	28	25.03	25.03	16.74
	底梁	C20	29	18.06	18.06	12.08

注：混凝土轴心抗压强度取 0.88×0.76 和立方体抗压强度乘积的换算值。

表 2-5　蒸压加气混凝土砌块的物理力学性能试验结果

干容重（kg/m³）	相应含水率（%）	立方体抗压强度（N/mm²）	棱柱体抗压强度（N/mm²）	弹性模量（N/mm²）
616	13.2	2.11	1.67	1105

注：蒸压加气混凝土砌块的各种试块是经切割后加载试验，由于试块两个受压表面不能保证完全平行，其试验结果略有偏差。

2.1.2　试验方案设计

2.1.2.1　加载装置

本试验在华侨大学结构试验室进行，试验通过液压加载系统施加竖向荷载，加载装置如图 2-4 所示。

图 2-4 为竖向轴心荷载加载装置，采用千斤顶单点加载方式。竖向压力通过液压千斤顶下的分配钢梁均匀分配给墙体顶梁，再通过顶梁将压力均匀地分布给中间的墙体。试件安装时，确定台座上的位置后，在该处放置约 2cm 厚的高强水泥砂浆，使得试件安装完后其底座受力均匀。在顶梁上抹一定厚度的建筑结构修平胶用于找平并使

得顶梁与钢分配梁粘合在一起，保证两个梁间传力均匀，在钢梁上部再抹上建筑结构修平胶找平，保证钢梁和千斤顶加载头间完全结合。底梁用千斤顶顶紧固定，防止加载时发生底梁水平移动。

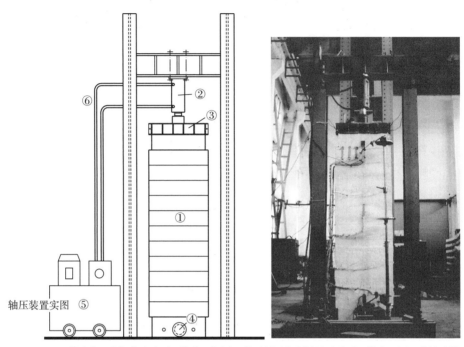

①试件；②加载千斤顶；③分配钢梁；④顶紧固定底梁用千斤顶；⑤液压源；⑥输油管

图 2-4　加载装置

2.1.2.2　加载程序

本试验是静力荷载试验，对试件进行单调加载，在短时期内平稳地一次连续施加荷载，荷载从零开始一直加到试件破坏[4]。如图 2-5 所示，试验分为两个阶段，即预载和破坏荷载阶段。预载可以使试件的支撑部位和加载部位接触良好，进入正常工作状态，可以检查全部试验装置的可靠性和全部工作仪表工作的正常性，可以及时发现问题并对试验进行调整和改

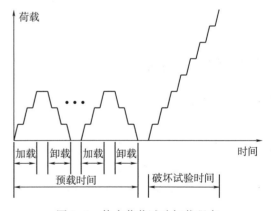

图 2-5　静力荷载试验加载程序

进。预载分为三级，每级施加预估破坏荷载的 5%，然后分三级卸载。在预载过程中检查试验装置和工作仪表工作正常后，进入破坏荷载阶段，每级加载约为预估破坏荷载的 5%。当加荷至破坏荷载的 70% 后，每级加载改为预估破坏荷载的 3%。为了保证在分级荷载下所有量测内容的仪表读数准确和避免不必要的误差，使结构在荷载作用下的变形充分发挥和达到稳定后以方便测量，每级荷载加（卸）完后的持荷时间不小于 1 分钟。

试验时，以缓慢匀速的加载方式进行。用计算机静态数据采集系统对墙体的位移、竖向荷载、钢筋和砌块的应变等作数据记录。随着荷载值的增加，实时在纸上描绘记录墙体上出现的裂缝并标记裂缝出现时刻的荷载值，并用记号笔描绘出墙体上裂缝的走向及相应裂缝出现的荷载值。用数码照相机跟踪拍摄每级加载后墙体的裂缝，变形等表观现象。

2.1.3　试验量测

本次试验的量测内容有：竖向荷载值、墙体位移、钢筋和砌块等的应变。根据荷载特性和试件特点，量测点和量测数量、量测目的会有所不同。其中轴心受压的竖向荷载由力传感器量测，试件的位移由电阻式位移计量测，钢筋及砌块上的应变由电阻应变计量测。所有数据均由 DH3816 多测点静态应变量测系统进行采集，如图 2-6 所示。

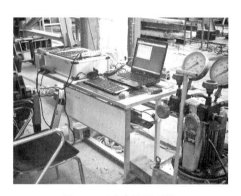

图 2-6　试验量测系统

2.1.3.1　墙体的竖向、侧向和平面外位移量测

在墙体上部中间正反面、下部中间正反面各布置竖向电阻式位移计一个；在墙体反面，上部距顶梁 200mm 处、中部、下部距底梁 200mm 处各布置一个水平向电阻式位移计，具体如图 2-7 所示。

2.1.3.2　节能砌块表面应变量测

在墙体底部，取最下面的节能砌块（试件 AW1-1 和试件 AW1-2 取最上面的节能砌块），在砌块上沿墙体宽度方向依次竖向贴电阻应变计；在沿墙体高度中部的正反面砌块上各贴一片电阻应变计，具体位置如图 2-7 所示。

2.1.3.3　隐形密框中钢筋应变的量测

取隐形柱内钢筋选定 5 个点，顺钢筋向（竖向）贴电阻应变计；取试件上、中、下隐形梁内钢筋，在各钢筋的中部顺钢筋向（水平向）贴电阻应变计。具体位置如图 2-8 所示。

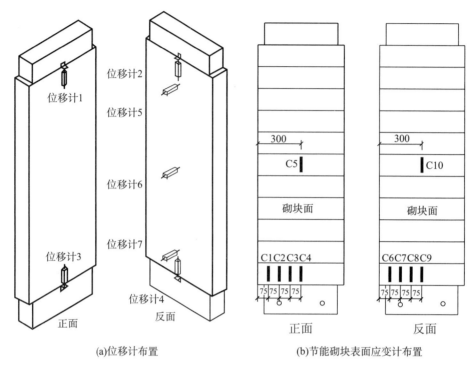

(a)位移计布置　　　　　　　　(b)节能砌块表面应变计布置

图 2-7　轴心压力试验中墙体的位移计、节能砌块表面应变计的布置图（AW1-1—AW3-2）

2.2　轴心荷载作用下墙体的受力性能试验研究

2.2.1　试验现象描述

本次试验对 3 组共 6 片墙体进行轴心荷载作用下的试验研究，由于施工估计不足等因素，对试件 AW2-1 进行加载时没有安放钢分配梁，加载千斤顶头直接压在试件顶梁上，该试验结果与其他试件有较大出入（本章后面将详细叙述）。对各试件的试验过程、现象、结果简述如下。

2.2.1.1　试件 AW1-1、AW1-2

（1）试件 AW1-1

当加载到 55kN 时，在墙体中部区域灰缝处出现第一条竖向的非结构裂缝，随着荷载的增加，在各灰缝处这种裂缝不断出现；当加载到 161kN 以后，墙体内部开始不断传来轻微的"噼啪"声；当加载到 210kN 以后，灰缝处裂缝基本不再出现，也未见墙

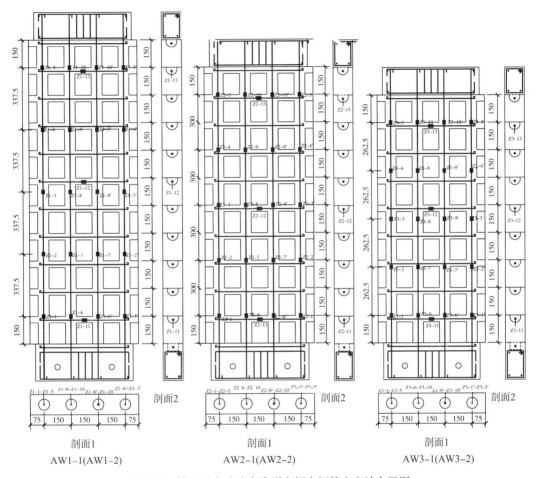

图 2-8　轴心压力试验中隐形密框内钢筋应变计布置图

体其他部位的裂缝；在 240kN 时，墙体内部"噼啪"声较明显；当加载到 331.8kN（极限荷载的 87.1%）时，墙体上部表面出现第一条竖向结构裂缝，此后墙体腰部发生平面外挠度的速率加快，竖向的结构裂缝在该处少量增加，但未见水平缝；当加载到 378kN 时，墙体腰部挠度急剧增加，该处最大位移达到 6.3mm，在极限荷载 380.8kN 时，随着一声巨响，墙体腰部突然压坏，墙体两面的砌块崩落，钢筋被压屈，混凝土被压碎（图 2-9）。

（2）试件 AW1-2

当加载到 186kN 时，在墙体下部区域灰缝处出现第一条竖向的非结构裂缝，随着荷载的不断增加；在各灰缝处的这种裂缝有所增加，当加载到 161kN 以后，墙体内部开始传来较轻微的"噼啪"声；当加载到 314kN（极限荷载的 84.3%）时，墙体上部

图 2-9　试件 AW1-1 的破坏情况

表面出现第一条竖向的结构裂缝，随着荷载继续增加，竖向结构裂缝有所增加，并向上部延伸至顶梁内，墙体顶部的平面外位移增长率加快；当加载到 339kN 时，在墙体反面接近顶梁部位砌块出现一条水平向裂缝，并快速延伸、贯通；当加载到 364.2kN 时，墙体顶部平面外位移急剧增加，该处最大位移达到 6.4mm，在极限荷载 372.7kN 时，随着一声巨响，墙体顶部砌块崩落，钢筋被压屈，混凝土被压碎，试件已经破坏并倒向一边（图 2-10）。

（3）试件 AW1-1 与试件 AW1-2 比较

1）它们的破坏点不同。究其原因，这与试件的施工、加载时的对中有一定关系。试件 AW1-1 在施工时，墙中部混凝土振捣不够密实，隐形柱与砌块粘结不好，试件 AW1-2 在加载时，千斤顶头在分配梁上的位置不够对中，结果即使试件 AW1-2 制作得比试件 AW1-1 要理想，两个试件的极限荷载却十分接近。

2）最初出现的裂缝均在灰缝处，由于加气混凝土的弹性模量与混凝土相差一个数量级以上，灰缝处在施工时有少量稀水泥砂浆勾缝，这些勾缝砂浆粘结在墙体表面，承载力本身很低。在墙体承受较小荷载时，灰缝处勾缝砂浆便出现裂缝，但经过观察，

图 2-10　试件 AW1-2 的破坏情况

墙体内灰缝层并未出现裂缝。说明这些裂缝属非结构裂缝，是不合理的施工造成的。

3）初裂荷载（结构裂缝）均出现在极限荷载的 85% 左右，由于隐形柱、隐形梁隐在墙体内，无法观察到其裂缝发展及其规律，故将墙面上出现的第一条结构裂缝所对应的荷载定为初裂荷载。在出现结构裂缝后，墙体上部相对底部均出现了平面外位移加速，表明墙体平面外纵向弯曲开始明显化，即将被压坏。

4）墙体破坏均为带有平面外弯曲现象的、突然间的脆性压坏。

2.2.1.2　试件 AW2-1、AW2-2

（1）试件 AW2-1

加载时未安放分配梁。当加载至 179.7kN（极限荷载的 64.1%）时，在墙体上部靠边部位出现第一条斜向裂缝，继续加载，裂缝有所增加，在墙体上部呈八字形分布，并且不断加宽，根据裂缝以及上隐形柱内钢筋应变断定，试件的顶梁抗弯刚度不足。当加载到 260kN 时，墙体上部的平面外位移急剧增加，该处最大位移已达 4.6mm，说明由于裂缝的加宽，施压荷载已经发生偏心；当加载到 280.2kN 时，随着一声巨响，顶梁被局部压断、压碎，钢筋外露，同时墙体反面上部砌块大面积崩落，观察隐形柱、隐形梁完好，无法继续进行加载。此时墙体的实际极限承载力远未达到。破坏时没有表现出明显的征兆，属典型的局部受压破坏（图2-11）。

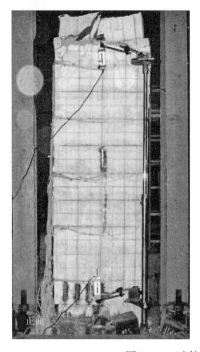

图2-11 试件AW2-1的破坏情况

（2）试件AW2-2

开始加载过程中，观察试件并无可见的变化，当加载到298.9kN（极限荷载的95.1%）时，在试件正面上部出现竖向裂缝，几乎同时在试件反面上部也出现一条水平向贯通的裂缝，此时墙体上部平面外位移开始急剧增加，顶梁侧向位移达到8.4mm，随着荷载值的增加，裂缝少量增加，并不断加宽，当加载到314.2kN时，随着一声巨响，试件上部大面积砌块连同部分混凝土一起崩落，钢筋外露。属于先天试件制作缺陷而导致加载后期发生较严重的平面外纵向弯曲的脆性破坏（图2-12）。

（3）试件AW2-1与试件AW2-2比较

1）竖向荷载传递途径不同。由于估计不足等方面原因，试件AW2-1顶梁受压发生了弯曲，导致其分配给墙体的并非均布力；试件AW2-2加放型钢分配梁后，虽然墙体顶梁也有所弯曲，但变形很小，可以近似认为墙体为受均布力。

2）裂缝发生、发展不同。加载时，试件AW2-1顶梁受弯，导致其下隐形梁受拉，结果产生"八"字形的裂缝；试件AW2-1裂缝出现是在受均布力情况下砌块发生开裂引

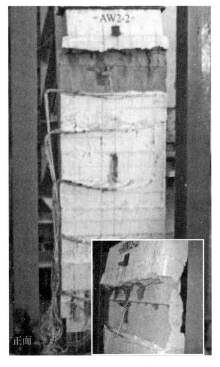

图 2-12　试件 AW2-2 的破坏情况

起的。

3）破坏形式不同。试件 AW2-1 破坏时是顶梁发生局部压坏导致无法继续加载；试件 AW2-2 破坏究其原因有：墙体最上部的两块砌块厚度达到 125mm，而它们下面第三块砌块厚度不足，在砌筑时只考虑砌块在墙体反面上下对直，这样墙体在该处有一凹陷，呈"〕"形，加载时千斤顶头不可能理想对中；当荷载达到一定值后，平面外弯矩加大且在砌块间发生应力集中，使得裂缝在砌块上出现后过早地变宽，墙体有效承载面积快速减少，顶梁一边倒的现象越来越明显，从而最终使试件在相对较小的荷载情况下发生突然间的脆性破坏。

4）该组试件均未出现类似于 AW1 组试件那样的非结构裂缝，其原因是 AW2 组试件的灰缝处理得当，然而未能改变墙体的整体缺陷。

2.2.1.3　试件 AW3-1、AW3-2

（1）试件 AW3-1

开始加载时，观察试件并无可见的变化。当加载到 175.2kN 时，从试件内部传来较轻微的"噼啪"声，观察墙体表面未发现裂缝出现；当加载到 342.9kN（极限荷载的 84.8%）时，在墙体上部出现第一条竖向裂缝，继续加载，新的竖向裂缝有所增加，原有裂缝有所加宽，除了墙体上部区域，其他部位并未发现任何裂缝出现。在上述裂缝出现以后，墙体顶部平面外位移增长率开始加快，随着裂缝进一步密集；当加载到 402.4kN 时，墙体顶部平面外位移急剧增加，最大达到 5.3mm，并在墙体反面出现一条水平向贯通的裂缝；随后在极限荷载 404.5kN 时，随着一声巨响，墙体上部砌块崩落，混凝土被压裂、压碎，钢筋被压屈，试件随即被压坏（图 2-13）。

图 2-13　试件 AW3-1 的破坏情况

（2）试件 AW3-2

对试件加载时，观察墙体表面并无可见的变化。当加载到 164.3kN 时，从试件内部传来较轻微的"噼啪"声，观察墙体表面并未发现任何裂缝出现；当加载到 339.8kN（极限荷载的 94.1%）时，在墙体上部出现第一条竖向裂缝，继续加载，新的竖向裂缝有所增加，原有裂缝有所加宽，除了墙体上部区域，其他部位并未发现任何裂缝出现。在上述裂缝出现以后，墙体顶部平面外位移增长率开始加快，随着裂缝进一步密集；当加载到 345.5kN 时，墙体顶部平面外位移急剧增加，最大达到 3.3mm，并在墙体反面出现一条水平向贯通的裂缝；在极限荷载 361.1kN 时，随着一声巨响，墙体上部砌块崩落，混凝土被压裂、压碎，钢筋被压屈，试件随即被压坏（图 2-14）。

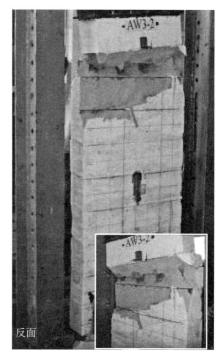

图 2-14　试件 AW3-2 的破坏情况

（3）试件 AW3-1 与试件 AW3-2 比较

1）裂缝均在 340kN 左右荷载值时出现，试件 AW3-1 的裂缝正反面分布较对称，在荷载有相对较大的增长后出现平面外位移突增，而试件 AW3-2 在裂缝出现不久便发生平面外位移突增，其正反面裂缝分布并不对称。表明砌块裂缝的出现及分布情况对墙体的整体性起到很大作用，不均匀的裂缝会使试件平面外方向变形加速，导致该方向弯矩出现且逐渐增大，其结果直接影响到墙体的极限承载力。

2）加载过程中没有发现在灰缝处有非结构裂缝出现。这更证明墙体灰缝承压能力是可以满足墙体承载要求的，其抗压承载力要高于砌块，在施工合理情况下是不会首先产生裂缝的。

3）墙体破坏均为带有平面外纵向弯曲的、突然间的脆性压坏。

2.2.1.4　协同工作性能

墙体在外力作用下，隐形密框与砌块之间的相互作用比较复杂，要完全弄清它们之间的作用机理是十分困难的，密框与砌块不但各自承担一定的荷载，而且相互之间传力，密框是主要的承重构件，密框对砌块的传力特点直接影响到砌块的受力能力；反过来，砌块对密框的反作用也同样影响到密框的受力特点及承载能力，它们共同作用的结果直接影响到墙体的整体性和承载能力，决定了密框与砌块之间协同工作的性能。

刚开始加载时，墙体表现出明显的弹性性质。不论是密框还是砌块均完全变形协调，它们的荷载应变关系表现为直线。当加载到约极限荷载的45%时，墙体内部传来"噼啪"声，分析密框及砌块荷载应变曲线均出现了较微小的突变，说明应力在密框和砌块之间发生了重分布，墙体开始表现为弹塑性，但墙体表面没有裂缝出现，密框与砌块的变形依然相当协调，墙体的弹塑性表现并不明显。当加载到约极限荷载的85%时，砌块表面开始有裂缝出现，此后由于墙体正反面砌块裂缝发展的不对称性，砌块被不对称压缩，竖向荷载出现了较严重的平面外偏心，墙体出现平面外纵向弯曲现象，密框与砌块的变形已经不可能很协调。随着荷载值的继续加大，裂缝越来越宽，砌块不堪平面外竖向偏心力首先被压碎、崩落，在此瞬间密框也被压垮，混凝土被压碎，钢筋被压屈。

观察试验后试件的破坏处，密框和砌块之间的粘结良好。可见，不论是密框、砌块还是砌块间的粘结层，均能够相互间很好的协同工作。图2-15是部分压坏后试件内部组成部分间的粘结情况。

图2-15　试件内部粘结情况

2.2.2　试验结果及分析

2.2.2.1　墙体的破坏形态

表2-6是各试件的开裂荷载和破坏荷载，从各试件的破坏特征和破坏荷载分析可知：在竖向荷载作用下，节能砌块隐形密框结构墙体的破坏主要是由于砌块率先达到其材料强度，发生荷载平面外偏心而出现该方向的弯矩，且弯矩值不断增大，进而引

起墙体平面外挠度的急剧增加而发生脆性破坏。从破坏情况看，AW1 组试件的破坏均接近它的材料强度，平面外纵向弯曲现象较弱，属于正常轴压情况下的材料破坏；AW2 组试件（不包括墙体 AW2-1），由各测点显示，所有的钢筋在极限荷载时的应变均未达到屈服值，其破坏应该属于由于先天自身缺陷而导致的平面外偏压破坏；AW3 组试件间的破坏荷载值相差较大，从两者破坏时的位移值和各材料的应变值以及破坏现象看，试件 AW3-1 的破坏与 AW1 组试件的破坏相同，试件 AW3-2 的破坏与 AW2 组试件的破坏相同。

如果砌块与密框连接较好，施工时墙体上砌块尺寸偏差小，板面平整，墙体整体平面外刚度较大，加载时千斤顶对中完美，墙体发生平面外纵向弯曲的现象应该是可以减少或避免的，这时高厚比对墙体无直接影响。由于墙体 AW2-2 施工时具有初始缺陷，加载时出现应力集中现象，继而发生荷载平面外偏心，故而其承载力相对很低，墙体 AW3-2 也具有相同原因。因此，在计算节能砌块隐形密框结构墙体的轴心受压承载力时，墙体存在的初始缺陷及荷载可能会有初始偏心等因素对墙体承载力降低的影响有待于进一步探讨和研究。

表 2-6　各试件的开裂及破坏荷载

试件编号	AW1-1	AW1-2	AW2-1	AW2-2	AW3-1	AW3-2
开裂（结构裂缝）荷载（kN）	331.8	314.0	179.7	298.9	342.9	339.8
破坏荷载（kN）	380.8	372.7	280.2	314.2	404.5	361.1
开裂荷载占破坏荷载比例（%）	87.1	84.3	64.1	95.1	84.8	94.1

2.2.2.2　位移分析

图 2-16 和图 2-17 分别为各试件墙体顶部竖向位移随荷载增加的变化曲线和各墙体平面外位移随荷载变化关系曲线。由于在试验中墙体正反面均安放位移计，竖向位移数据是取墙体正反面测得数据的均值。在试验中，用 3 个位移计量测墙体平面外的纵向位移（2.1.3 节中图 2-7），由于上下的墙体变形对中部的影响，试件中部位移实测值并非其真实的挠度，需要将该位移值作修正，修正公式为

$$v_{修正} = v_{中} - v_{上}/2 - v_{底}/2 \qquad (2-1)$$

式中：$v_{修正}$ 为试件中部（或腰部）挠度修正值，$v_{上}$、$v_{中}$、$v_{底}$ 为试件上、中、下位移实测值。

从图 2-7 可以看出，在弹性阶段（0—约 160kN），随着荷载的增加，荷载和位移关系基本为线性，荷载超过 160kN 后，随着墙体内部传来的"噼啪"声，即内部有裂缝发展，墙体进入弹塑性阶段（约 160—300kN），位移增加速度逐渐加快，混凝土的

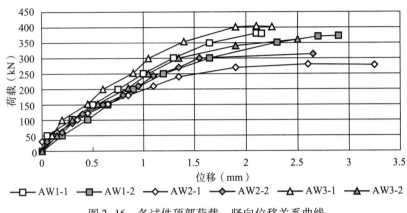

图 2-16　各试件顶部荷载—竖向位移关系曲线

材料非线性性质逐渐表露。在这一阶段，墙体表面没有出现结构裂缝，用肉眼很难观察到墙体各方面的变化，在大约 300kN 后，试件上砌块出现裂缝，从图 2-17 可以发现，所有墙体平面外位移开始急剧增加，说明试件即将被压坏，故这一阶段（约 300kN 至破坏荷载）是墙体的破坏阶段。试件 AW2-1 由于加载时未安放分配梁，墙体的顶梁抗弯刚度不足，墙体裂缝出现偏早，其在顶梁处竖向位移随荷载增加较快，在不足 300kN 时顶梁又发生局部压坏，试验结果不够理想。试件 AW1-2、AW2-2、AW3-2 在加载后期均出现了竖向位移突增现象，都表明它们在顶部区域发生了出平面的纵向弯曲变形。在荷载值相同情况下，除了试件 AW1-1，在其余试件上测得的位移值按从大到小排为沿墙体上、中、下顺序，说明墙体受压类似悬臂梁状况，也说明试件的底梁被千斤顶固定得过紧，试件底部转动较小。除去试件 AW1-1，各试件中部的修正后挠度计算值（不考虑加载后期）一直很小，加载后期的挠度突变是试件顶部发生了位移突增，而非墙体腰部的挠度突增，说明节能砌块隐形密框结构墙体跨中的平面外刚度是能够满足要求的。

2.2.2.3　隐形柱、梁的纵向钢筋应变分析

（1）隐形柱

图 2-18 至图 2-23 分别为各试件中隐形柱钢筋各测点的应变随荷载变化的曲线。图 2-24 至图 2-26 是在极限荷载时各试件在其各截面处隐形柱内钢筋应变值。从图中的钢筋应变变化和分布等特点，经分析得到以下几点认识。

1）从墙体顶部中柱和边柱的应变情况看，中柱应变大于边柱，说明加载分配钢梁的抗弯刚度并不足够大使得试件顶部可以均匀变形，墙体顶部的变形值始终大于其他部位，这最终导致了试件在顶上部被压坏。

2）从远离墙体顶部的各截面钢筋应变看，各隐形柱受力基本均匀。由于试件

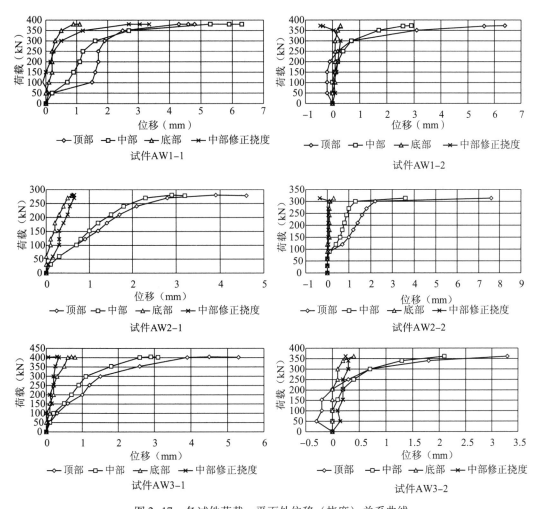

图 2-17 各试件荷载—平面外位移（挠度）关系曲线

AW1-1 施工时存在初始缺陷，其墙腰部截面受力并不均匀，左边柱钢筋应变远大于右边柱钢筋应变。各试件的测点是对称布置的，但量测应变值有所变化，除了试件在施工时存在缺陷、应变计的误差等因素，加载时存在偏心也是该情况发生的原因。对称点的应变值，除了墙体的顶部和底部，其余基本接近。

3）各边柱和各中柱钢筋的应变随着荷载的变化而相应变化的规律基本一致。各柱的应变突变、应变—荷载关系曲线的斜率变化较统一，即使在出现裂缝后以及接近破坏荷载时依然能够保持应变变化的一致性，说明墙体具有很好的整体协同工作性能。

4）从钢筋应变值大小分布看，顶部截面钢筋应变最大，其他截面应变值大小较接近，直到试件被压坏时，顶部截面钢筋基本已经屈服，而其他截面除了部分钢筋屈服外，大部分钢筋应变均未达到屈服点。这一点说明墙体在极限荷载时，顶部达到材料强度，而其他地方远未达到材料强度，这与试件在顶部被压坏的试验结果是一致的。

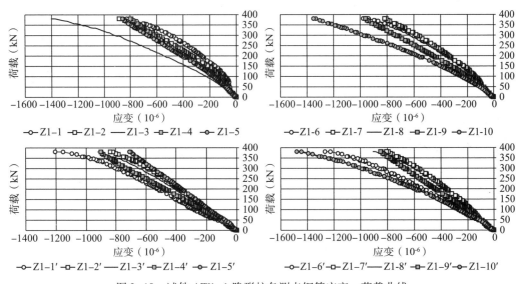

图 2-18 试件 AW1-1 隐形柱各测点钢筋应变—荷载曲线

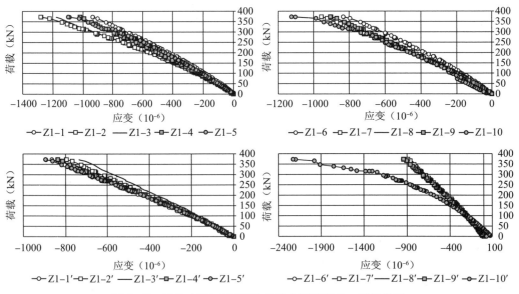

图 2-19 试件 AW1-2 隐形柱各测点钢筋应变—荷载曲线

5）所有钢筋应变均未出现在接近破坏荷载时应变值随荷载下降的现象。只有在接近破坏荷载时，顶部截面钢筋应变出现了突增，说明随着砌块的逐渐退出工作，隐形柱承受了更多的荷载值，但这一持荷过程相对较短，随着砌块的进一步破坏，试件变形继续加大，竖向荷载平面外偏心增加，墙体内有效承载面积急剧减少，隐形柱很快达到了材料强度，钢筋应变达到最大。

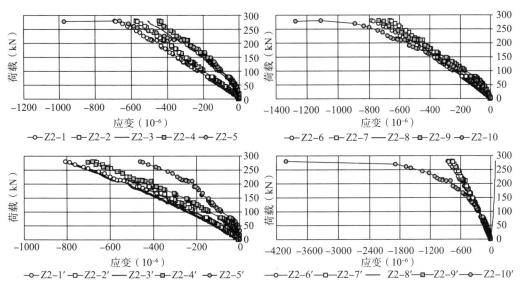

图 2-20　试件 AW2-1 隐形柱各测点钢筋应变—荷载曲线

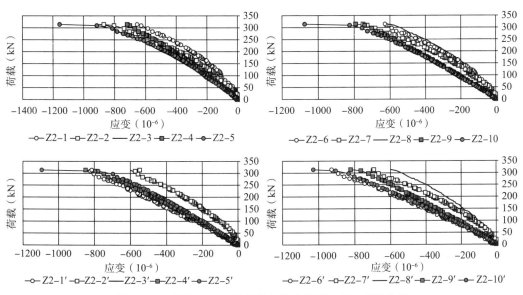

图 2-21　试件 AW2-2 隐形柱各测点钢筋应变—荷载曲线

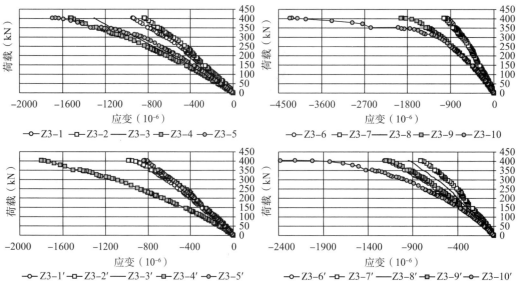

图 2-22　试件 AW3-1 隐形柱各测点钢筋应变—荷载曲线

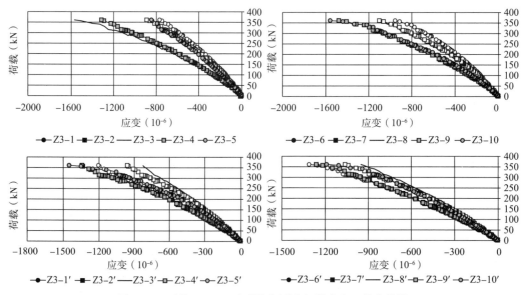

图 2-23　试件 AW3-2 隐形柱各测点钢筋应变—荷载曲线

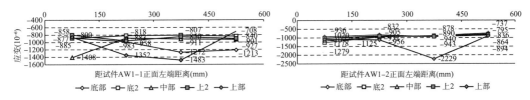

图 2-24 极限荷载时第 1 组试件各截面处隐形柱钢筋应变值

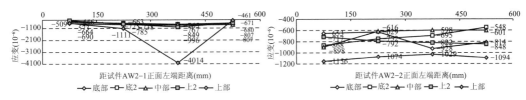

图 2-25 极限荷载时第 2 组试件各截面处隐形柱钢筋应变值

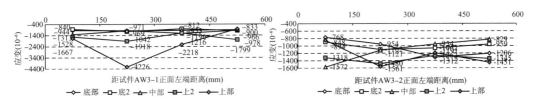

图 2-26 极限荷载时第 3 组试件各截面处隐形柱钢筋应变值

（2）隐形梁

图 2-27 至图 2-29 是各试件中隐形梁的各测点钢筋应变随荷载值增加的变化曲线。从图上应变值的变化特点分析可以得出如下几点认识。

1）隐形梁内的所有测点测得的钢筋应变基本为受拉，其中底部钢筋应变始终很小，加载初期应变值在零左右徘徊，加载后期表现为受拉，说明在试件底部隐形梁对墙体承载力的影响不大。由于试件 AW2-1 加载时未安放钢分配梁，墙体顶部隐形梁内应变增长很快，该处隐形梁起到了辅助顶梁抗弯的作用。其他试件中部和上部的钢筋应变值均比较小，应变最大值也未超过 $650\mu\varepsilon$。可见隐形梁起到了弱拉杆的作用。

2）在试件的破坏处隐形梁内钢筋应变变化明显，尤其在接近破坏荷载值时，隐形梁表现出应变突增，虽然最终应变值并不大，但隐形梁与隐形柱所形成的密肋框架对隐形柱承载力的提高及对砌块的约束作用是不可忽视的。由于隐形梁的存在，它不但可以延缓极限荷载的到来，也可以阻断砌块上裂缝的发展，防止或减少上下贯通裂缝的出现，可以约束砌块的横向变形，提高节能砌块隐形密框结构墙体的整体性和承载力。

3）仅从墙体受竖向荷载角度考虑，可以适当减小隐形柱间距或放大隐形梁间距，即优化节能砌块隐形密框结构墙体内隐形框格的尺寸。这样可以更大化地发挥隐形梁对墙体的贡献，节约材料。

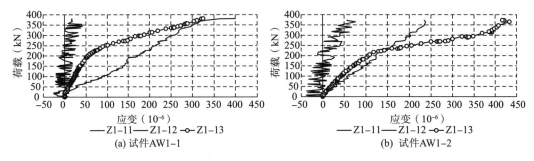

(a) 试件AW1-1　　　　　　　　(b) 试件AW1-2

图 2-27　第 1 组试件隐形梁各测点钢筋应变—荷载曲线

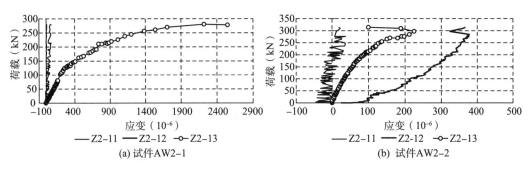

(a) 试件AW2-1　　　　　　　　(b) 试件AW2-2

图 2-28　第 2 组试件隐形梁各测点钢筋应变—荷载曲线

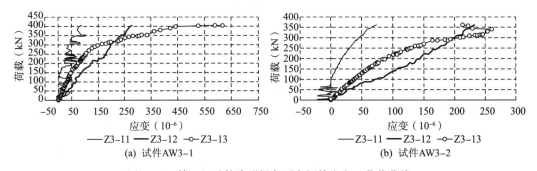

(a) 试件AW3-1　　　　　　　　(b) 试件AW3-2

图 2-29　第 3 组试件隐形梁各测点钢筋应变—荷载曲线

2.2.2.4　砌块表面应变分析

图 2-30 是各试件的砌块表面应变随荷载增加的变化曲线，图中的"砼 1"即试件上的测点"C1"，以此类推。图 2-31 是各试件在不同荷载值时相应截面应变分布曲

线。根据这些曲线的变化及应变分布特点，分析得到以下几点认识。

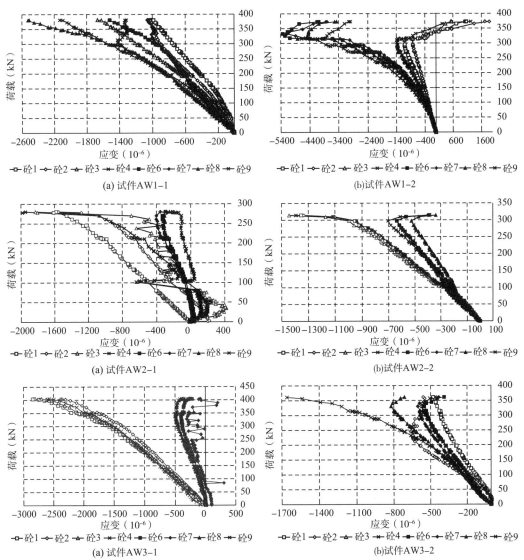

图 2-30　各试件砌块表面应变—荷载曲线

1）加载初期砌块的变形随荷载的增加而增加，能够保持整体变形协调。加载后期，随着砌块裂缝的出现，有些砌块表面出现了应变值随荷载增加而下降现象，砌块和隐形密框间产生了应力重分布。从墙体上正反两面应变变化情况来看，一边砌块应变突增，而另一边砌块应变出现突降现象看，墙体出现了平面外弯曲现象。

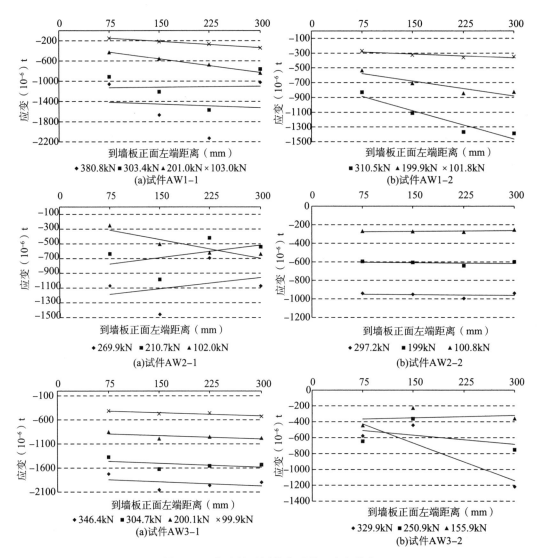

图 2-31　各试件不同荷载时截面应变分布

2）墙体正面和反面对称的测点所测得的应变值并不对称。分析认为，由于砌块两表面粗糙程度、砌块的密实情况、加载前千斤顶的对中等存在偏差，对称测点所测得的应变值出现不对称是可能的。但仅从墙体正面上或反面上的对称测点测得的应变值来看，差别并不大。

3）从墙体截面应变分布看，中间大于边缘，这一情况与钢筋应变分析时的情况相似，也说明分配梁抗弯刚度不足，使中间砌块承受更大的力。如试件 AW2-1 加载时没有安放钢分配梁，砌块应变在接近破坏荷载时的值出现急剧增加，使砌块过早地退出工作，而同时顶梁也因受力面积的变小而发生局部压坏。

2.2.2.5　墙体截面内应力分析

（1）基本假定

1）各隐形柱截面中混凝土应力为均匀分布。

2）假定隐形柱中各截面处钢筋应变实测值即为同位置处混凝土的应变值，认为隐形柱中混凝土和钢筋始终保持变形协调。

3）混凝土的应力—应变关系[5,6]。

根据式（2-2）给出的采用无量纲形式的混凝土单轴受压应力—应变全曲线方程来确定混凝土的应力—应变关系。

$$
y = \begin{cases}
\dfrac{A_1 x - x^2}{1 + (A_1 - 2)x} & x \leq 1 \\[3mm]
\dfrac{x}{\alpha_1 (x - 1)^2 + x} & x > 1
\end{cases}
\tag{2-2}
$$

式中，$y = \dfrac{\sigma}{f_c}$、$x = \dfrac{\varepsilon}{\varepsilon_c}$。其中：

σ ——混凝土压应力；

f_c ——混凝土单轴抗压强度，这里取立方体抗压强度实测值换算成轴心抗压强度的平均值；

ε ——混凝土压应变，这里取钢筋测点处应变值；

ε_c ——与 f_c 相应的混凝土峰值压应变，这里的计算值根据过镇海建议的公式 $\varepsilon_c = (700 + 172\sqrt{f_c}) \times 10^{-6}$ 得出。

A_1、α_1 分别是混凝土单轴受压应力—应变曲线上升段和下降段的参数，它们的值根据余志武建议的公式 $A_1 = 9.1 f_{cu}^{-4/9}$、$\alpha_1 = 2.5 \times 10^{-5} f_{cu}^3$ 计算。

4）由于加气混凝土砌块没有可靠的应力—应变曲线可参考，它与混凝土的弹性模量差一个数量级以上，假定加气混凝土砌块始终为弹性受力，由此可根据公式 $\sigma_{砌块} = E_{砌块} \varepsilon_{砌块}$ 计算墙体截面的砌块应力值。

（2）应力分析

图 2-32 至图 2-37 为各试件在不同荷载值时距离墙体顶部约 300mm 截面处隐形柱内混凝土及砌块应力分布情况。根据各图应力的分布特点及分布值等分析可知。

1）应力在该处分布已较均匀，混凝土的应力分布基本接近平截面分布。

2）隐形柱处应力分布较砌块应力分布要大一个数量级，隐形柱承担了较多的荷载值；由于砌块的弹性模量较混凝土小一个数量级以上，所受的竖向压应力相应小很多，所以砌块所承担的荷载值较隐形柱要小；但由于节能砌块隐形密框结构墙体截面处隐形柱和砌块所占面积分别为 15.08% 和 84.92%，砌块对墙体承载力的贡献程度不可忽视，是必须弄清的。

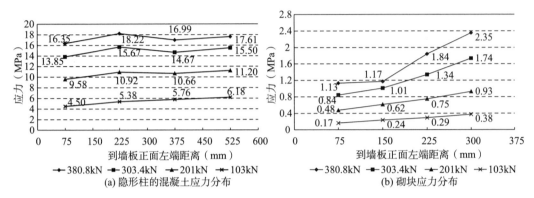

图 2-32 试件 AW1-1 截面正应力分布

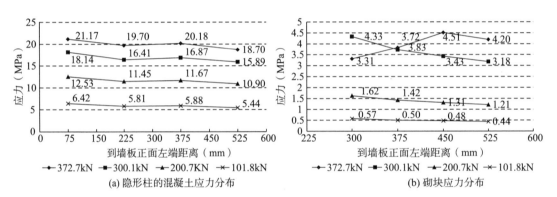

图 2-33 试件 AW1-2 截面正应力分布

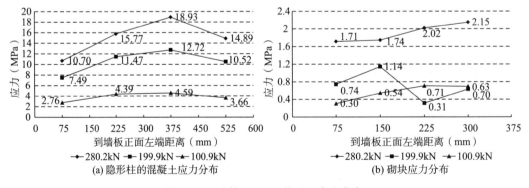

图 2-34 试件 AW2-1 截面正应力分布

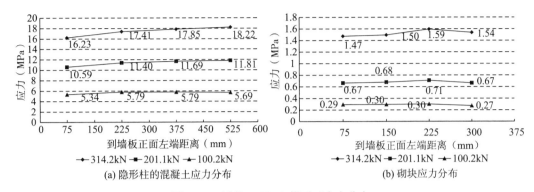

(a) 隐形柱的混凝土应力分布　　　　(b) 砌块应力分布

图 2-35　试件 AW2-2 截面正应力分布

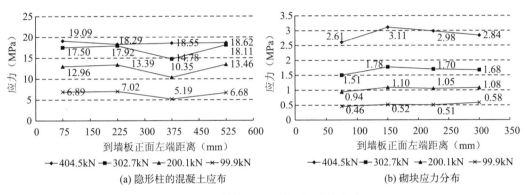

(a) 隐形柱的混凝土应布　　　　(b) 砌块应力分布

图 2-36　试件 AW3-1 截面正应力分布

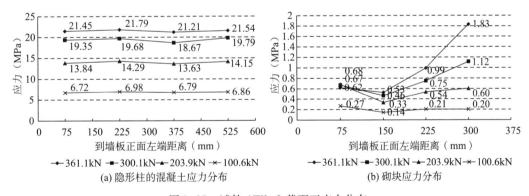

(a) 隐形柱的混凝土应力分布　　　　(b) 砌块应力分布

图 2-37　试件 AW3-2 截面正应力分布

3）由于各试件的破坏基本出现在顶部，而且破坏是在砌块出现裂缝后就很快发生，从以下各砌块应力分布在墙体中部大于边缘情况看，砌块所受不是均匀分布力，截面中间砌块在率先出现少量较粗、分布不均匀的裂缝后就马上退出工作，荷载发生平面外偏心，墙体内隐形柱受荷面积也出现偏差，使破坏很快到来。可见，加载中应该尽可能使竖向荷载均匀分布于墙体截面处，使砌块裂缝均匀出现，避免由于荷载分布不均而出现不均匀粗裂缝使试件承载力降低，试验加载与工程实际（均布荷载）存在差别。

2.2.2.6 墙体各组分承担的轴力及分配特点

（1）各组分承担轴力计算

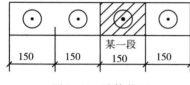

图 2-38 墙体截面

根据节能砌块隐形密框结构墙体的截面沿高度方向可分为相同的若干段（图 2-38），不考虑隐形梁对承载力的影响，取墙体截面的某一段计算其组分的轴力。

根据 2.2.2.5 的假定，可以近似计算砌块、隐形柱的轴力。

$$\begin{cases} N_b = \sigma_b A_b \\ \sigma_b = E_b \varepsilon_b \end{cases} \tag{2-3}$$

$$\begin{cases} N_c = \sigma_c A_c + \sigma_s A_s \\ \sigma_s = E_s \varepsilon_s \end{cases} \tag{2-4}$$

式中：N_b ——截面某段砌块承担轴力；

σ_b ——砌块应力；

A_b ——截面某段砌块面积；

E_b ——砌块弹性模量，取表 2-5 中的实测值；

ε_b ——砌块应变，取试验值；

N_c ——隐形柱轴力；

σ_c ——隐形柱中混凝土应力，其值按式（2-2）计算；

A_c ——隐形柱截面面积；

σ_s ——隐形柱内钢筋应力；

A_s ——隐形柱内所有钢筋截面积总和，取单根截面积 32.37mm² 的实测值；

E_s ——隐形柱内钢筋弹性模量，取 $2.1 \times 10^5 \text{N/mm}^2$；

ε_s ——隐形柱内钢筋应变，取试验值。

（2）荷载在墙体各组分间分配情况

图 2-39 是根据上述公式计算的在距离墙体顶部 200mm 截面处试件某一段隐形柱和砌块轴力随荷载增大而变化的曲线。在加载各个阶段，计算得到的隐形柱和砌块轴力的总和值与试验中施加于试件的荷载值的误差在 5% 左右。可见用以上的假定、计算

方法分析试件各组分分担的荷载值是具有一定可信度的。根据图 2-39 所示曲线的变化特点和趋势分析可知：

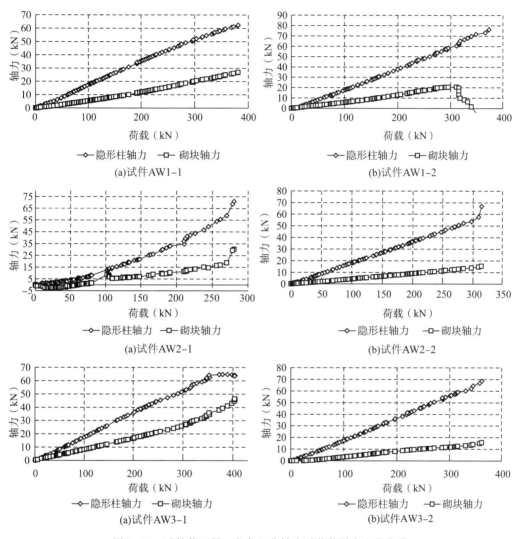

图 2-39　试件截面某一段各组分轴力随荷载增大变化曲线

1）加载过程中隐形柱和砌块基本保持受力协调，能够共同承担竖向荷载。在加载后期不论是隐形柱还是砌块，轴力均出现了突变，可见在砌块出现裂缝后，应力在隐形柱和砌块间发生了重分配。结果是砌块承担的轴力减小同时隐形柱承担的轴力增大，如此隐形柱和砌块相互协调，共同工作，直到砌块基本完全退出工作不再承担轴力时，隐形柱也被压坏。

2）虽然砌块的弹性模量比混凝土小很多，但由于墙体截面处砌块所占面积达 84.92%，经计算它对墙体承载力的贡献举足轻重，在加载过程中砌块所受荷载计算值占墙体所受总荷载计算值的平均比例从试件 AW1-1 到试件 AW3-2 分别为 25.3%、22.3%、22.8%、21.9%、33.9%、14.8%。

2.2.2.7 墙体的承载力分析

根据前面的分析，隐形柱和砌块对墙体承载力均起到重要的作用，所以墙体轴心抗压公式由隐形柱和砌块两个部分组成[6-9]。式（2-5）是不考虑墙体初始缺陷和加载时的初始偏心、忽视墙体不同高厚比对其承载力的影响，即认为墙体是理想情况下的轴心抗压承载力计算公式

$$N = n(f_c A_c + f_y A_s + f_b A_b) \tag{2-5}$$

式中：f_c——隐形柱混凝土轴心抗压强度，取立方体抗压强度实测值换算成轴心抗压强度的平均值；

f_y——隐形柱内钢筋屈服强度实测值；

f_b——砌块棱柱体抗压强度实测值；

A_c——单根隐形柱截面积；

A_s——隐形柱内所有钢筋截面积总和，取单根截面积 32.37mm² 的实测值；

A_b——墙体截面某一段砌块面积；

n——墙体截面上分段数，在图 1-1 上即为墙体单皮砌块个数，本试验试件中 $n = 4$。

由式（2-5）计算得所有试件的极限承载力和试验所得的破坏荷载比较如表 2-7 所示。

表 2-7 各试件的计算承载力和试验值比较

试件编号	AW1-1	AW1-2	AW2-1	AW2-2	AW3-1
计算承载力（kN）	412.6	451.6	418.5	437.7	392.7
试验破坏荷载（kN）	380.8	372.7	280.2	314.2	404.5
$N_{计算值} / N_{试验值}$	1.08	1.21	—	1.39	0.97

注：试件 AW2-1 破坏荷载非试件真实极限承载力。

从表 2-7 可以看出，墙体的计算承载力较试验破坏荷载大许多，同时考虑砌块受力开裂的不稳定、不均匀性（比如试件 AW2-2 的破坏荷载试验值偏低与砌块过早退出工作有关），另外对于试验得到的棱柱体抗压强度也应该相应修正，在砌块所受轴力的计算值前需乘上一个修正系数 α。将式（2-5）修正为

$$N = n(f_c A_c + f_y A_s + \alpha f_b A_b) \tag{2-6}$$

式中：α——墙体截面某一段砌块承载力修正系数，根据试验结果，笔者认为对于本试

验取 $\alpha = 0.9$；其他符号同式（2-5）。

由于式（2-5）和式（2-6）是在较理想情况下墙体承载力的计算公式，实际并非如此。从设计角度看，为了具备足够的安全储备，在确定承载力计算公式时，除了应该采用材料强度的设计值外，在式（2-6）的基础上还要考虑由于墙体初始缺陷和荷载的初始偏心使墙体发生平面外纵向弯曲而造成墙体的承载力降低的影响，在式（2-6）等号右边需先乘一个"稳定系数" φ 。所以，节能砌块隐形密框结构墙体的轴心抗压承载力计算公式为

$$N = \varphi n (f_c A_c + f_y A_s + \alpha f_b A_b) \tag{2-7}$$

式中：φ ——节能砌块隐形密框结构墙体稳定系数，其他符号同式（2-5）、式（2-6）。

对于稳定系数的影响因素和它的计算公式的确定，在 2.3.2.2 节中有详细的分析。

2.2.2.8 墙体的稳定性分析

另外，经分析墙体除了满足式（2-7）的承载力要求外，还要考虑按式（2-8）验算其稳定性。

$$q \leqslant \frac{E_c (\gamma t)^3}{10 l_0^2} \tag{2-8}$$

式中：q ——作用于墙体顶部竖向均布荷载设计值；

E_c ——混凝土的弹性模量（N/mm^2）；

t ——墙体截面厚度（mm）；

l_0 ——墙体的计算高度（mm）；

γ ——墙体截面厚度修正系数，根据本试验可取 0.64。

式（2-8）是根据《高层建筑混凝土结构技术规程》[10]中关于剪力墙稳定计算公式而得，同时根据节能砌块隐形密框结构墙体的材料组成，需要对墙体截面进行转化。考虑墙体截面高度不变，对于砌块可以按照混凝土和砌块弹性模量的比值将砌块的截面积等效为混凝土的面积，再按惯性矩相等的原则将隐形柱的圆形截面等效为矩形。关于墙体厚度的等效公式如下

砌块部分：
$$B_1 = \frac{E_b (B_0 H_1 - \pi d^2)}{E_c H_1}$$

隐形柱部分：
$$B_2 = \left(\frac{3 \pi d^4}{4 H_1} \right)^{\frac{1}{3}}$$

转化后墙厚：
$$B_3 = B_1 + B_2 \tag{2-9}$$

式中：B_0 ——转化前墙体截面厚度（mm）；

H_1 ——墙体截面高度（mm）；

d ——隐形柱截面直径（mm）；

E_b ——砌块弹性模量。

对于本试验中试件，转化后厚度为 41.0mm，明显偏薄，与试验不符。然而仅仅按照式（2-9）进行计算转化是没有考虑隐形梁柱和砌块间的协同工作的，根据试验结果分析，对于本研究的试件考虑 γ 为 0.64。

2.3 轴向压力作用下墙体的受力性能有限元分析

钢筋混凝土结构在土木工程中应用十分广泛，但对钢筋混凝土的力学性能至今还未完全掌握。由于钢筋混凝土材料性质复杂，长期以来对钢筋混凝土结构性能的研究主要依赖于试验，而试验研究既耗时又费力。随着电子计算机的发展，有限元方法等现代数值计算方法在工程结构分析中得到了越来越广泛的应用。其研究范围已从弹性力学扩展到塑性力学、损伤力学、断裂力学，从平面问题扩展到空间复杂问题。有限元方法的模拟分析时间短、费用少、力学性能评估全面及重复性好等优点可以弥补试验分析中需要大量人力、物力、财力等的缺点。利用已验证的有限元模型而得到的更多反应信息，可以建立更为合理的结构简化计算模型。ANSYS 作为当今世界最有影响力的有限元软件之一，在处理混凝土非线性问题方面具有一定优势，在同一领域处于领先地位[11-14]。

节能砌块隐形密框结构墙体的本身构造处理和连接方式以及在外力作用下的受力特性等较复杂，用有限元非线性分析方法可以给出结构内力和变形发展全过程，能够描述裂缝的形成和发展以及结构的破坏过程及其形态，能够对结构的极限承载能力和可靠度作出评估，能够揭示出结构的薄弱环节和部位，利于优化结构设计。

2.3.1 墙体非线性有限元理论基础及模型的选取

和一般连续介质力学中的有限元方法相比，在节能砌块隐形密框结构墙体的处理上有几个问题需要处理。

节能砌块隐形密框结构墙体由混凝土、加气混凝土砌块、钢筋组成，它们的本构模型的确立直接决定了有限元模型计算结果的精度。在荷载作用下，裂缝的产生和发展直接导致了墙体内混凝土、砌块、钢筋之间的应力重分布，并改变墙体的计算模型，所以计算中墙体裂缝处理重要性显而易见。如何解决不同材料在加载过程中相互间的作用关系，它们间的连接问题同样影响计算的结果。墙体截面上不同材料组分、截面形状的相对不规则性使单元的划分及单元尺寸的确定具有一定难度，单元的处理合理与否直接影响到计算所用的时间，计算结果的精度等。

2.3.1.1 墙体中不同材料的本构模型

（1）混凝土的本构关系

混凝土的本构关系主要是表达混凝土在多轴应力作用下的应力应变关系。由于混凝土材料的复杂性，虽然国内外已经提出了诸多混凝土的本构模型[5-8,15]，但还没有哪一种理论已被公认可以完全描述混凝土材料的本构关系。在单轴应力作用下，本章采用式（2-2）给出的无量纲形式的混凝土受压应力—应变全曲线方程来确定混凝土的应力应变关系。

（2）混凝土的破坏准则

混凝土破坏准则是描述混凝土达到不能承受所要求的变形或承载能力的应力或应变状态的空间坐标曲面，是一个变形或应力的瞬时状态。本章采用的是 William-Warnke 五参数破坏准则作为混凝土强度准则，能较好地反映混凝土三轴应力状态下的破坏特征。

（3）加气混凝土砌块本构模型

加气混凝土砌块是一种具有多孔结构的人造石材，其内部均匀分布着无数微小的气孔，力学性能与普通混凝土类似，但强度要低一个数量级以上。目前国内外还没有成熟的关于加气混凝土的本构关系理论，参考相关文献[15]，在单轴荷载作用下，砌块的应力应变关系曲线采用式（2-10）所列表达式给出

$$\sigma_{砌} = 0.0569 \varepsilon_{砌}^{0.6734} \tag{2-10}$$

式中：$\sigma_{砌}$、$\varepsilon_{砌}$ 分别是砌块的应力（MPa）、应变（10^{-5}）。

另外，砌块的破坏准则仍然采用 William-Warnke 五参数破坏准则，由此来分析砌块的弹塑性行为。

（4）钢筋本构模型

采用钢筋单轴的本构模型。隐形密框中钢筋均采用经过冷拉的 HPB235 级钢筋，不考虑包兴格效应。钢筋本构关系采用二折线模型即应力应变曲线分为弹性阶段、屈服阶段。

2.3.1.2　墙体中裂缝的处理

混凝土和加气混凝土砌块的特征之一是它们的抗拉强度均很低，在许多情况下，节能砌块隐形密框结构墙体是带裂缝工作的。裂缝的出现会引起附近应力的突然变化和刚度降低，这是本结构墙体有限元非线性分析的重要因素。裂缝处理得适当与否是正确地分析结构的关键问题，同时也是较难处理的复杂问题。本章所采用的混凝土和加气混凝土砌块具有相似的本构模型，所以两者均考虑为相同的裂缝处理，即混凝土裂缝的处理[11,16]。ANSYS 程序设计采用了混凝土分布裂缝模型，分布裂缝模型不是直观地模拟裂缝，而是在力学上模拟裂缝的作用，其实质是以分布的裂缝代替单独的裂缝，即在出现裂缝以后，仍假定材料是连续的，仍可用处理连续介质力学的方法来处理。这种模型假定：某一单元内的应力（实际上是某一代表点的应力）超过了开裂应力，则认为整个单元开裂；并且认为是在垂直于引起开裂的拉应力方向形成了无数平行的裂缝，而不是一条裂缝；也即是认为裂缝是分布于整个单元内部的、微小的、彼

此平行的而且是"连续"的。这样，可以把开裂单元处理为正交异性材料，这种处理方法由于不必增加结点和重新划分单元，很容易由计算机来自动进行，所以得到了广泛的应用。

程序将裂缝处理分为开裂的处理和压碎的处理，混凝土开裂后采用应力释放和自适应下降相结合的方法模拟混凝土开裂的过程；在多轴压力作用下，如果在某一积分点混凝土满足破坏准则条件，则认为混凝土压碎，这时该积分点所在单元的刚度退化为零，忽略该单元刚度对整体刚度的贡献，单元应力发生转移。

2.3.1.3 墙体中不同材料间的联结问题

（1）钢筋与混凝土的联结

目前，处理钢筋混凝土非线性有限元的单元模型主要有三种方式：分离式、组合式和整体式。

分离式模型把混凝土和钢筋作为不同的单元来处理，即混凝土和钢筋各自被划分为足够小的单元，钢筋和混凝土之间可以插入联结单元来模拟钢筋和混凝土之间的粘结和滑移，通过彼此之间的节点连接，集成构件总刚度矩阵，从而进行有限元分析。组合式模型假定钢筋与混凝土之间充分粘结，无任何粘结滑移或滑移量很小以致可以忽略。组合式模型包括常见的纤维单元和层单元以及钢筋混凝土复合单元。组合单元的刚度等于各子单元刚度之和。整体式模型认为钢筋弥散于整个单元中，综合的单元弹性矩阵为混凝土和钢筋两者的弹性矩阵之和，即 $[D] = [D_c] + [D_s]$。在整体式有限元模型中，将钢筋分布于整个单元中，并把单元视为连续均匀材料，这样可求得单元刚度矩阵。与分离式不同，它求出的是综合了混凝土与钢筋单元的刚度矩阵，这一点与组合式相同。但与组合式不同之处在于它不是先分别求出混凝土与钢筋对单元刚度的贡献然后组合，而是一次求得综合的单元刚度矩阵。

（2）混凝土与砌块的联结[17]

混凝土和砌块的联结有两种方法：①在二者之间设置接触单元；②认为二者完全固结，但分别考虑混凝土与砌块的开裂影响。

如果采用接触单元存在的问题有：复合墙体模型变得十分复杂，既要设置接触面，又要细化接触部位的网格划分；计算耗时长，且不宜收敛；接触单元的使用忽略了实际砌块和混凝土之间的拉应力，造成计算结果存在一定的误差；混凝土与砌块之间的摩擦系数不宜设定。

本章对混凝土与砌块的联结采用固结处理，其优点有：墙体模型变得比较简单，计算时间较少，容易收敛；因为混凝土与砌块的本构模型考虑了裂缝的处理，并规定了开裂面抗剪修正系数和闭合面抗剪修正系数。所以，固结处理不仅可以真实地模拟混凝土与砌块之间在出现裂缝前的三维应力状况，还可以模拟二者在出现裂缝后法向只受压不受拉和切向存在摩擦力的受力特点。

2.3.1.4　节能砌块隐形密框墙体有限元分析模型的选取

　　针对节能砌块隐形密框结构墙体在竖向荷载作用下受力性能分析的目的和内容，在建立有限元分析模型中采用了实体单元模型[18]。ANSYS 中提供的用于模拟钢筋混凝土的三维实体单元 Solid65，可以有钢筋（即整体式有限元模式），也可以无钢筋（此时，可以配合其他模拟钢筋的单元，较方便地实现组合式有限元模式）。该单元定义为 8 节点（一般为六面体），每节点 3 个自由度。单元包含混凝土材料和多至三种加筋材料（一般用来模拟 3 个正交方向的配筋）。如果不输入有关加筋材料的参数，即为前述无钢筋的情况。该单元最重要的特性是其对于混凝土材料性质的处理：混凝土可在 3 个正交方向开裂、压坏、塑性变形和徐变。开裂、压碎以前的弹塑性性能（硬化）假定为多线性等向强化模型；开裂、压碎以后的弹塑性性能（软化）采用逐级释放应力方法模拟；加筋材料可拉、压、塑性变形和徐变，但不能受剪。

　　针对计算对象的节能砌块隐形密框结构墙体的外形、截面形状、不同材料等特点，考虑密框中对钢筋的分析，采用了组合式模型。混凝土和砌块采用 Solid65 的规则六面体单元，在混凝土 Solid65 单元的实参数中不输入加筋参数，用空间杆单元 Link8 建立柱中钢筋模型，并且和混凝土单元共用节点，以保证二者变形协调。该模型的优点是可任意布置钢筋并可直观地获得钢筋的应力；缺点是生成钢筋模型时，需要考虑共用节点的位置，且容易出现应力集中及拉坏混凝土的问题。

　　节能砌块隐形密框结构墙体由隐形密框和砌块两个部分组成，由于隐形柱截面和周围砌块截面形状的不规则性，将它们的截面形状统一改为矩形，但面积与原截面面积相等。建模时将试件的加载用顶梁和底梁改为具有足够刚度的钢板。混凝土、砌块采用 Solid65 单元、密框中钢筋采用 Link8 单元，加载钢板采用 Solid45 单元。在进行实体建模时，考虑钢筋所处位置采取点—线—面—体的自底向上方式进行建模。试件的有限元分析模型和单元划分如图 2-40 所示。

2.3.2　轴心压力作用下墙体的有限元分析

　　应用 ANSYS 程序，按照上述有限元分析方法对本章 2.1.1.2 节描述的墙体试件在竖向荷载作用下进行了有限元计算与分析。为模拟实际试验加载方式，竖向荷载以均布荷载的形式作用于墙体顶部加载钢板上；约束墙体顶部平面外侧向位移，墙体底部采取完全固结方式；采用增量法对墙体进行有限元非线性分析；采用力的收敛准则。

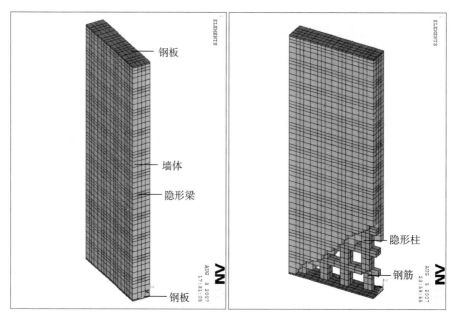

图 2-40　有限元分析模型

2.3.2.1　有限元分析程序的验证

（1）试件的极限荷载

表 2-8 列出了三组试件极限荷载的试验值及有限元计算结果及其对比。从表 2-8 中可以看出，除了第二组试件，其余试件极限荷载的计算结果和试验结果很接近，它们的平均误差不超过 5%，表明在节能砌块隐形密框结构墙体竖向荷载作用下极限荷载的计算方面，本章提出来的有限元实体模型的计算结果有较高的可靠性，满足工程精度要求。

表 2-8　轴心均布荷载作用下试件极限荷载与有限元计算结果对比

试件编号	试验值（kN）	有限元计算值（kN）	试验/计算
AW1-1	380.8	394.247	0.97
AW1-2	372.7	396.107	0.94
AW2-1	—	391.312	—
AW2-2	314.2	394.181	0.80
AW3-1	404.5	389.785	1.04
AW3-2	361.1	392.972	0.92

试件 AW2-2 的计算结果和试验结果有较大的偏差，究其原因是试件 AW2-2 存在初始缺陷，进而导致试验时极限荷载降低，这在 2.2.1.2 节中有详细的解释。

利用有限元模型计算的试件极限荷载大多略大于试验值，主要是因为实际试件在制作中均或多或少的存在初始缺陷，而有限元模型的相对实际是完美的，计算中未考虑实际的初始缺陷和初始偏心。

（2）试件竖向荷载—位移关系

图 2-41 是三组试件经有限元计算的竖向荷载和位移的关系曲线与试验实测值的比较情况。

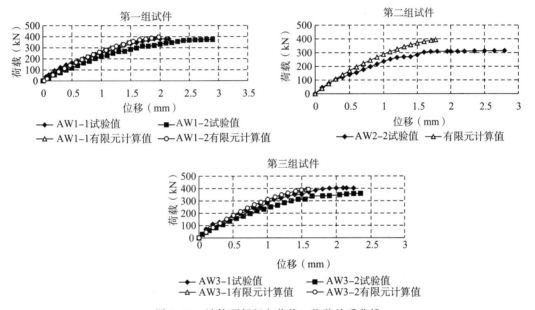

图 2-41　墙体顶部竖向荷载—位移关系曲线

从图 2-41 中可以看出，有限元计算得到的关系曲线能够与试验得出的结果吻合较好，尤其是在弹性和弹塑性阶段。这也同样提高了采用本章提出的有限元模型的可信度和可靠性。

（3）试件钢筋应变分析

图 2-42 是取试件中部的钢筋，分析它们的应变情况，将它们的有限元计算值和试验量测值进行比较。从图上可以看出，有限元计算结果曲线和试验结果曲线吻合较好，尤其是在弹性阶段和弹塑性阶段，曲线有的几乎重合，这也进一步说明本章提出的有限元模型是完全可靠的，能够满足结构分析的精度要求。

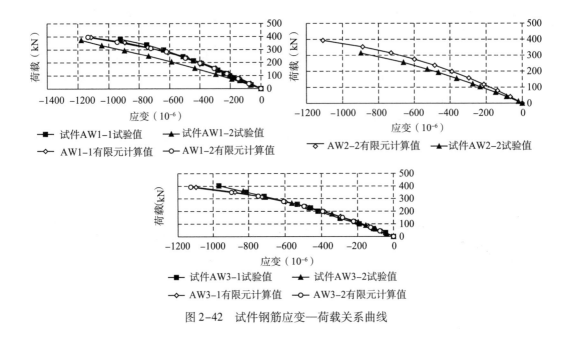

图 2-42　试件钢筋应变—荷载关系曲线

2.3.2.2　轴心压力作用下墙体的承载力有限元分析

根据试验结果和有限元分析比对可知，利用前文所述方法对节能砌块隐形密框结构墙体进行有限元模拟与实际试验结果接近，可以对有限元模型进行适当扩大参数的数值分析。本章 2.2.2.7 节中已经在对节能砌块隐形密框结构墙体在竖向荷载作用下试验结果充分分析的基础上，提出了节能砌块隐形密框结构墙体轴心抗压承载力的计算公式。但由于有限数量的试验用试件及试件的原始缺陷，使得式（2-7）中稳定系数的得出出现了困难，本节将以稳定系数 φ 为主要研究对象，考虑其主要影响因素，以有限元数值分析的方法推导出稳定系数 φ 的计算公式。基于这个目的，首先要确定不考虑墙体初始缺陷和荷载初始偏心时的承载力，接着确定考虑墙体初始缺陷和荷载初始偏心时的承载力。

（1）分析对象

参照试验用试件的参数变化规律，即不考虑模型内隐形密框的框格间距变化、截面尺寸，仅考虑模型高度变化，变化尺寸为 150mm 的倍数。建立高度从 1800mm 到 2250mm 不等的有限元分析模型，模型均采用实体建模方式，统一其组成材料的力学性能。其相关参数见表 2-9 所示。

表 2-9　墙体模型参数

墙体模型编号	外形尺寸（mm×mm×mm）	高厚比	混凝土强度等级	受压类型
AW4	600×125×1800	14.4	C30	轴心均布
AW5	600×125×1950	15.6	C30	轴心均布
AW6	600×125×2100	16.8	C30	轴心均布
AW7	600×125×2250	18.0	C30	轴心均布

（2）节能砌块隐形密框结构墙体稳定分析[19-21]

1）稳定系数 $\varphi = 1$ 时的墙体分析：

经过有限元计算分析，包括原验证用试件模型在内的墙体（统一它们组成材料的力学性能，相应改变模型编号）在没有初始缺陷和荷载初始偏心时的极限承载力列于表 2-10。从表中发现，在考虑稳定系数 $\varphi = 1$ 的情况下，式（2-7）和有限元计算得到的结果十分接近。

表 2-10　墙体极限承载力

墙体模型编号	AW3	AW2	AW1	AW4	AW5	AW6	AW7
有限元计算结果（kN）	391.9	393.4	395.0	395.4	392.9	394.9	391.4
公式（2-7）计算结果（kN）	393.1	393.1	393.1	393.1	393.1	393.1	393.1
有限元/公式	1.003	0.999	0.995	0.994	1.001	0.995	1.004

注：表中数据为混凝土抗压强度取 C30，钢筋屈服强度、钢筋截面积、砌块抗压强度取实测值的计算结果。

2）稳定分析：

a. 基本概念。关于结构的稳定可以这样定义，受一定荷载作用的结构处于稳定的平衡状态，当荷载达到某一值时，若增加一微小增量，则结构的平衡位置发生很大变化，结构由原平衡状态经过不稳定的平衡状态而达到一个新的稳定的平衡状态，这一过程就是失稳。相应的荷载称为失稳荷载或临界荷载。结构的失稳破坏一般可分为两种形式：①平衡状态分枝型失稳，当荷载达到一定数值时，如果结构的平衡状态发生质的变化，则结构发生了平衡状态分枝型失稳，它实际是随遇平衡状态；②极值点失稳，当荷载达到一定的数值后，随着变形的发展，结构内、外力之间不再可能达到平衡，这时即使外力不增加，结构的变形也将不断地增加至结构破坏。这种失稳形式通常发生在具有初始缺陷的结构中，结构的平衡形式并没有质的变化，失稳的临界荷载可以通过荷载—变形曲线的荷载极值点得到，故而称之为极值点失稳。

结构的稳定性分析（屈曲分析）在 ANSYS 中有两种方法，即特征值屈曲分析和非线性屈曲分析。

特征值屈曲分析以完善结构为研究对象，并以小位移线性理论假定为基础，即在结构受荷载变形过程中忽略结构形状的变化。特征值失稳不考虑任何非线性和初始扰动，它只是一种学术解，利用特征失稳分析可以预测出失稳荷载的上限。特征值失稳分析的优点是计算快。在进行非线性失稳分析之前，可以利用线性失稳分析了解失稳形状。特征值屈曲分析属于弹性失稳分析方法，即线性失稳的分析，它不能考虑实际结构材料性能、构件几何尺寸等方面的初始缺陷等非竖向荷载大小对墙体稳定系数的影响，从而使失稳的临界荷载要高于实际值。非线性失稳的分析是在变形后的结构上建立平衡，逐级地施加外载增量，直至切线刚度矩阵趋于奇异，它比较真实地反映了结构的实际情况。

本章通过 ANSYS 程序，对前述各墙体模型进行特征值屈曲分析和考虑初始缺陷及荷载初始偏心后墙体的承载力计算，继而确定节能砌块隐形密框结构墙体轴心抗压承载力的计算公式中稳定系数 φ 的计算式。

b. 求解策略。在未考虑材料非线性、墙体初始缺陷及荷载初始偏心等因素的条件下，将单位均布面荷载施加于墙体顶部各单元上，通过完成求静力解、特征值解及展开解等计算步骤，最终提取第一个特征值解，该解即为墙体的线性失稳临界荷载，而其位移矢量即为墙体的失稳形状。

在考虑材料非线性、墙体初始缺陷及荷载初始偏心等因素的条件下，对墙体进行非线性分析，计算极限承载力。考虑墙体在存在初始缺陷前提下，竖向均布荷载的初始偏心可以由增加墙体初始缺陷满足，为简化计算步骤，仅考虑墙体模型存在初始缺陷来进行计算分析。以墙体第一特征矢量失稳形状作为依据，在求解前使无缺陷墙体的各节点坐标发生一个初始位移，墙体初始缺陷施加的大小即通过此初始位移值反映。为确定合适的初始位移值，分析时对几块不同高厚比的墙体施加了不同大小的初始位移值，并对其结果进行了比较。同时参考相关规范，确定墙体初始缺陷的最大值。为安全计，以墙体高度为 1650mm 的试件模型 AW1 为例，取最大的初始位移值为 10mm，其他模型的初始位移值则按高度成比例调整。

c. 结果分析。图 2-43 是经过特征值屈曲分析后其中一个模型第一个特征值的位移矢量图，即墙体的失稳形状（其他模型的线型失稳形状和它类似）。从图上可以发现，在考虑墙体初始缺陷后，试件模型的线性失稳第一特征值临界状态为墙体发生同方向的出平面纵向弯曲，沿墙体高度方向的出平面最大位移发生在墙体中部区域。

表 2-11 是经过非线性计算分析后，各墙体模型出平面纵向弯曲极限荷载及其与无缺陷墙体模型极限荷载的比较。从表上可以看出：随着高厚比的增大，墙体出平面纵向弯曲的极限承载能力下降；而当墙体没有存在初始缺陷时，极限荷载与高厚比没有明显关系。表明在实际情况下，高厚比是影响墙体极限承载力的主要因素。

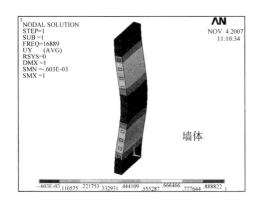 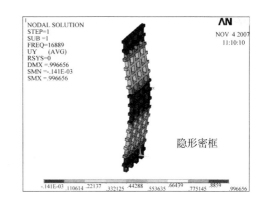

图 2-43 特征值屈曲分析第一个特征矢量图

表 2-11 墙体模型极限荷载

墙体模型编号	AW3	AW2	AW1	AW4	AW5	AW6	AW7
出平面纵向弯曲极限荷载（kN）	323.8	314.2	298.7	281.0	256.2	242.0	223.4
平变内极限荷载（kN）	391.9	393.4	395.0	395.4	392.9	394.9	391.4
上下两极限荷载比值	0.83	0.80	0.76	0.71	0.65	0.61	0.57

d. 稳定系数的提出。根据以上有限元分析结果所列的数据，应用曲线拟合得出节能砌块隐形密框结构墙体的轴心抗压承载力计算公式中稳定系数的计算式。图 2-44 是各墙体模型稳定系数与高厚比的对应关系数据点。经过对数据进行曲线拟合[22]后，得出拟合函数 φ 的计算公式（2-11）。

$$\varphi = \frac{1}{1 + 0.0034(\beta - 3.2631)^2}$$ （2-11）

式中：φ——墙体的稳定系数；

β——墙体的高厚比。

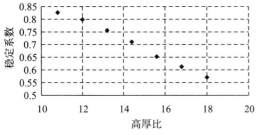 
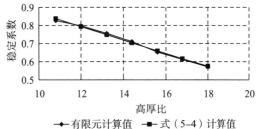

图 2-44 墙体稳定系数—高厚比关系数据点   图 2-45 稳定系数计算公式与有限元计算结果比较

　　e. 稳定系数计算公式与有限元计算结果比较。图 2-45 是利用式（2-11）计算得到的稳定系数与有限元计算结果的对比曲线，从图上可以看出，两者吻合较好，表明本章提出的墙体稳定系数计算公式是可行的，能够满足工程精度要求。

　　表 2-12 列出的是将式（2-11）代入式（2-7）以后，利用式（2-7）计算各试件的轴心受压极限承载力的计算值与试验值之间的对比情况。从表中数据能够看出式（2-7）、式（2-11）对于本试验是可被接受的。

表 2-12　轴心受压极限承载力式（2-7）计算结果与试验结果对比

试件编号	高厚比	稳定系数	设计计算承载力（kN）	试验承载力（kN）	计算/试验
AW3-1	10.8	0.84	320.2	404.5	0.79
AW3-2	10.8	0.84	345.6	361.1	0.96
AW2-2	12.0	0.79	339.1	314.2	1.08
AW1-1	13.2	0.75	300.9	380.8	0.79
AW1-2	13.2	0.75	330.1	372.7	0.89

2.4　墙体轴心受压设计方法

　　节能砌块隐形密框结构属于墙体承重体系，它依靠墙体进行抗剪、抗弯、抗压，从而形成有效的承力体系，适宜墙体较多的住宅及中小开间的办公、宿舍及酒店等建筑。同常规结构体系相比，节能砌块隐形密框结构房屋表现出来的特性不同。作为一个新型的结构，从该结构类型的提出到应用必然需要经过一个较长的研究过程。本节仅以前文中的研究成果为基础提出节能砌块隐形密框结构墙体轴心受压设计计算方法并提出相应的概念设计进行探讨。

　　同常规建筑结构的设计原则一样，节能砌块隐形密框结构的极限状态分为承载能力极限状态和正常使用极限状态。设计原则的基础是以概率理论为基础的极限状态设计方法。由于墙体中的砌块强度较低，材料变异性大，因而对于墙体构件乃至墙段的强度、刚度等均有较大的影响，以某种失效模式判别墙体构件的抗力状态时，墙体构件可靠指标的计算应能充分反映砌块材料特性的统计特征。

　　结构、构件以及连接节点，应根据承载力极限状态及正常使用极限状态的要求分别进行承载力、变形等计算及验算。

2.4.1　轴心受压承载力

　　结合前文中的相关研究成果，计算墙体正截面受压承载力时的假定与《混凝土结构设计规范》（GB 50010—2002）等相关规范相同。

式（2-7）是基于试验基础上的理论推导公式，目前对于加气混凝土受力性能的系统研究不多，且考虑到由于加气混凝土产品等级、抗压强度存在的离散性等，在设计时应考虑对墙体中砌块抗压部分贡献值的折减，在式（2-7）砌块受压承载力项尚应乘上安全保障性系数 λ。根据 2.2.2.7 节和 2.3.2.2 节的结果，节能砌块隐形密框结构墙体的正截面轴心受压承载力计算公式表达式为

$$\begin{cases} N = n\varphi(f_c A_c + f_y A_s + \lambda \alpha f_b A_b) \\ \varphi = \dfrac{1}{1 + 0.0034\,(\beta - 3.2631)^2} \end{cases} \tag{2-12}$$

式中：φ ——节能砌块隐形密框结构墙体稳定系数；

β ——墙体的高厚比；

f_c ——隐形柱混凝土轴心抗压强度设计值；

f_y ——隐形柱内钢筋屈服强度设计值；

f_b ——砌块棱柱体抗压强度设计值；

α ——墙体截面砌块承载力修正系数；

λ ——砌块抗压安全保障性系数，可根据砌块的强度离散性、等级等取 $0 \leqslant \lambda \leqslant 1$；

A_c ——单根隐形柱截面积；

A_s ——隐形柱内所有钢筋截面积总和，单根截面积取设计值；

A_b ——墙体截面重复相同的某一段（图 2-38）砌块面积；

n ——墙体截面上分段数（即图 1-1 中墙体单皮砌块个数）。

表 2-13 是利用式（2-12）对本次轴压试验各试件的计算结果与其试验结果的对比情况（考虑本次试验中砌块抗压强度实测值离散性很大，取 $\lambda_\alpha = 0.5$）。表 2-13 显示的数据说明，只要严格保证施工工艺，根据极限状态设计方法的设计概念，本章提出的节能砌块隐形密框结构墙体正截面轴心受压承载力设计公式是可以接受的。

表 2-13 轴心受压承载力式（2-13）计算结果与试验结果对比

试件编号	高厚比	稳定系数	设计计算承载力（kN）	试验承载力（kN）	计算/试验
AW3-1	10.8	0.84	284.6	404.5	0.70
AW3-2	10.8	0.84	310.0	361.1	0.86
AW2-2	12.0	0.79	305.3	314.2	0.97
AW1-1	13.2	0.75	269.1	380.8	0.71
AW1-2	13.2	0.75	298.3	372.7	0.80

表 2-14　轴心受压设计承载力验算

试件编号	AW3-1	AW3-2	AW2-2	AW1-1	AW1-2	AW4	AW5	AW6	AW7
设计计算承载力转化后均布力（N/mm）	474.3	516.7	508.8	448.5	497.2	460.9	431.8	403.7	377.0
关系	<	<	<	<	<	<	>	>	>
式（2-8）右部计算值（N/mm）	730.6	730.6	682.7	564.2	564.2	474.1	403.9	348.3	303.4
结果			满足				按式（2-8）再确定 N		

利用式（2-8）对表 2-13 中试件及表 2-11 中后 4 个模型进行验算，如表 2-14 所示。可见随着墙体高厚比的增加，墙体的承载力设计值是相对偏于安全的，也就是说用式（2-8）对墙体进行稳定验算是能够满足工程需求的。

参考文献

［1］中华人民共和国国家标准. 金属材料室温拉伸试验方法（GB/T 228—2002）［S］. 北京：中国标准出版社，2002.

［2］中华人民共和国国家标准. 普通混凝土力学性能试验方法标准（GB/T 50081—2002）［S］. 北京：中国建筑工业出版社，2003.

［3］中华人民共和国国家标准. 加气混凝土性能试验方法（GB/T 11969—11975—1997）［S］. 北京：中国标准出版社，1998.

［4］周明华，王晓，毕佳，等. 土木工程结构试验与检测［M］. 南京：东南大学出版社，2002.

［5］余志武，丁发兴. 混凝土受压力学性能统一计算方法［J］. 建筑结构学报，2003，24（4）：41-46.

［6］过镇海，时旭东. 钢筋混凝土原理和分析［M］. 北京：清华大学出版社，2003.

［7］中华人民共和国国家标准. 混凝土结构设计规范（GB 50010—2002）［S］. 北京：中国建筑工业出版社，2002.

［8］中华人民共和国国家标准. 砌体结构设计规范（GB 50003—2001）［S］. 北京：中国建筑工业出版社，2002.

［9］李升才. 复合墙板轴心受压试验研究［J］. 华侨大学学报（自然科学版），2006，27（4）：384-387.

［10］中华人民共和国行业标准. 高层建筑混凝土结构技术规程（JGJ 3—2002、J 186—2002）［S］. 北京：中国建筑工业出版社，2002.

［11］江见鲸，陆新征，叶列平. 混凝土结构有限元分析［M］. 北京：清华大学出版社，2005.

［12］李权. ANSYS 在土木工程中的应用［M］. 北京：人民邮电出版社，2005.

［13］Bathe K J. Finite Element Procedures［M］. New Jersey：Prentice Hall，Englewood Cliffs，1996.

［14］ Bathe K J. Finite Element Procedures in Engineering Analysis ［M］. New Tersey：Prentice – Hall Englewood Cliffs. 1982.

［15］ 王秀芬. 加气混凝土性能及优化的试验研究［D］. 西安建筑科技大学硕士学位论文，2006.

［16］ 吕西林，金国芳，吴晓涵. 钢筋混凝土结构非线性有限元理论与应用［M］. 上海：同济大学出版社，2002.

［17］ 朱伯龙，董振祥. 钢筋混凝土非线性分析 ［M］. 上海：同济大学出版社，1985.

［18］ ANSYS. INC. Theory Reference ［M］. New York：SASIP. Inc. 1998.

［19］ 王爱民，吴敏哲，姚谦峰. 密肋复合墙体稳定系数数值法分析及简化计算［J］. 西安建筑科技大学学报（自然科学版），2007，39(2)：149–154.

［20］ 周承倜. 弹性稳定理论［M］. 成都：四川人民出版社，1998.

［21］ 武敏刚，冯瑞玉，李守恒，等. 轴向压力作用下空心剪力墙的稳定性分析［J］. 西安建筑科技大学学报（自然科学版），2002，34(4)：359–360.

［22］ 邓建中，刘之行. 计算方法（第 2 版)［M］. 西安：西安交通大学出版社，2001.

第3章 节能砌块隐形密框墙体偏心受压性能

作为节能砌块隐形密框结构的核心构件——节能砌块隐形密框结构墙体,在第2章中研究分析了该墙体在轴心压力作用下的受力及变形性能,为了对这种全新的节能砌块隐形密框墙体进行竖向荷载作用下的设计,还要对其在偏心压力作用下的受力及变形性能进行研究和分析。本章拟对相同高度、相同配筋情况的墙体进行平面内偏心荷载作用下的试验研究和有限元分析。

3.1 节能砌块隐形密框墙体偏心受压试验方案

3.1.1 试验概况

3.1.1.1 试验内容

为进一步研究节能砌块隐形密框墙体在竖向荷载作用下的受力性能、变形性能、稳定性、承载能力及荷载的分配特点等,本章对节能砌块隐形密框结构相同高度、相同配筋情况的墙体进行平面内偏心荷载作用下的试验研究。考虑试验设备、试验条件及项目经费等因素,选取缩尺比例为1/2的4组(每组1片)相同高度、相同配筋的节能砌块隐形密框墙体模型,在规定试验条件下进行偏心荷载作用下的抗压试验研究。

3.1.1.2 试件设计与制作

(1)试件设计

对于节能砌块隐形密框结构墙体,为了测试在竖向偏心荷载作用下,不同偏心距对墙体的承载力、变形等受力性能的影响,设计了4组(每组1片)相同高度、相同配筋该结构墙体偏压模型,对模型施压偏心距分别定为200mm、150mm、100mm、50mm。另外,由于节能砌块生产设备、加工条件限制等因素,对原先拟定的墙体模型厚度及砌块尺寸的修改同第 2 章 2.1.1.2 节。在墙体上下端部各浇筑钢筋混凝土分配梁形成试验用试件，具体各试件的编号、尺寸、混凝土设计强度、配筋情况及试验加载类型见表 3-1 和图 3-1。

表 3-1　各试件的试验设计参数

试件编号	组别	试件外形尺寸（mm×mm×mm）	高厚比	偏心距	隐形密框砼强度设计等级	隐形梁/柱配筋（纵筋）
PW1	1	600×125×900（1250）	7.2（10.0）	50	C20	1Φ6
PW2	2	600×125×900（1250）	7.2（10.0）	100	C20	1Φ6
PW3	3	600×125×900（1250）	7.2（10.0）	150	C20	1Φ6
PW4	4	600×125×900（1250）	7.2（10.0）	200	C20	1Φ6

注：试件外形尺寸栏括号内为：加上上下钢筋混凝土加载梁高度后的试件模型总高度，其中上下梁的高度分别为 150mm 和 200mm；高厚比栏括号内为试件总高度与墙厚之比。

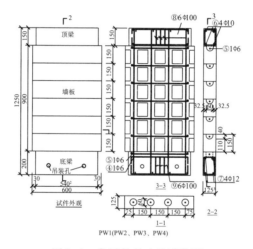

图 3-1　各试件尺寸及配筋图

（2）试件制作

同第 2 章 2.1.1.2 节。

3.1.1.3　材料的物理力学性能试验

同第 2 章 2.1.1.3 节，同样按相应文献 [1-3] 所述试验方法对组成试件的各种材料进行材料性能试验，具体如下文所述。

（1）钢筋

同第 2 章 2.1.1.3 节，本试验同样只对试件中部的墙体进行研究，不考虑上下梁钢筋的力学性能，对于上下梁配筋情况见图 3-1。中部墙体的隐形密框只配了一种经过冷拉的 HPB235 级光圆钢筋，该钢筋的力学性能试验结果如表 2-2 所示。

（2）混凝土

同第 2 章 2.1.1.3 节，本次试验中各个试件（包括试件的顶梁、底梁，墙体内隐形密框）混凝土的骨料、配合比、设计强度等级以及抗压强度试验结果和计算结果等基本情况如表 2-3 和表 3-2 所示。

（3）节能砌块

同第 2 章 2.1.1.3 节。

表 3-2   混凝土抗压强度试验及计算结果

试件编号	构件	设计强度等级	立方体试块龄期（天）	试块抗压强度平均值（MPa）	立方体抗压强度标准值（MPa）	轴心抗压强度换算值（MPa）
	密框	C20	29	32.16	32.16	21.51
PW1	顶梁	C20	28	32.33	32.33	21.63
	底梁	C20	29	30.78	30.78	20.59
	密框	C20	28	28.93	28.93	19.35
PW2	顶梁	C20	28	25.03	25.03	16.74
	底梁	C20	29	18.06	18.06	12.08
	密框	C20	29	32.45	32.45	21.71
PW3	顶梁	C20	28	32.33	32.33	21.63
	底梁	C20	29	30.78	30.78	20.59
	密框	C20	28	30.31	30.31	20.27
PW4	顶梁	C20	28	25.03	25.03	16.74
	底梁	C20	29	18.06	18.06	12.08

注：混凝土轴心抗压强度取 0.88×0.76 和立方体抗压强度乘积的换算值。

3.1.2 试验方案设计

3.1.2.1 加载装置

本试验在华侨大学结构试验室进行，试验通过液压加载系统施加竖向荷载，加载装置如图 3-2 所示。

对于偏心加载试验（图 3-2），它的试件安装与轴心加载试验方式相同（见第 2 章 2.1.2.1 节），只是沿钢分配梁方向偏移顶部的加载千斤顶，保证加载偏心距。

3.1.2.2 加载程序

同第 2 章 2.1.2.2 节。

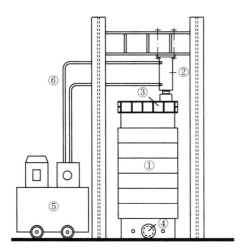

①试件；②加载千斤顶；③分配钢梁；④顶紧固定底梁用千斤顶；⑤液压源；⑥输油管

图 3-2　加载装置

3.1.3　试验量测

本次试验的量测内容同第 2 章 2.1.3 节。根据荷载特性和试件特点，量测点和量测数量、量测目的会有所不同。其中偏心受压试验的竖向荷载仍由力传感器量测，试件的位移仍由电阻式位移计量测。钢筋及砌块上的应变仍由电阻应变计量测。所有数据均仍由 DH3816 多测点静态应变量测系统进行采集（图 2-6）。

（1）试件的竖向、侧向和平面外位移量测

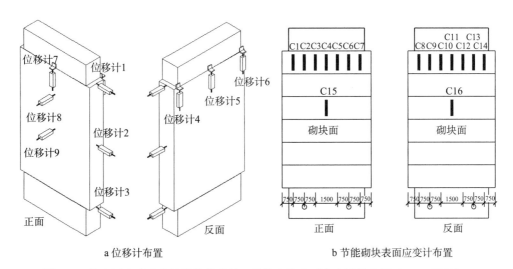

a 位移计布置　　　　　　　　b 节能砌块表面应变计布置

图 3-3　偏心压力试验中墙体的位移计、节能砌块表面应变计的布置（PW1-PW4）

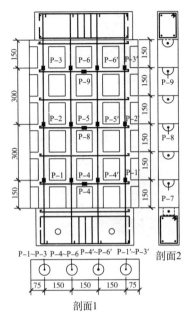

图 3-4　偏心压力试验中隐形密框内钢筋
应变计布置图（PW1-PW4）

在墙体正面：上部的中间布置竖向电阻式位移计 1 个，在距顶梁 200mm 处以及试件中部各布置 1 个水平向电阻式位移计；在试件反面：上部的左、中、右各布置竖向电阻式位移计 1 个；在试件侧边的上、中、下位置各布置 1 个水平向电阻式位移计［图 3-3（a）］。

（2）节能砌块表面应变量测

在墙体上部，取最上面的节能砌块，在砌块上沿墙体宽度方向依次竖向贴电阻应变计；在从上往下第三个砌块中间的正反面各竖向贴电阻应变计 1 片［图 3-3（b）］。

（3）隐形密框中钢筋应变的量测

取隐形柱内钢筋，选 3 点顺钢筋向（竖向）贴电阻应变计；取墙体上、中、下隐形梁内的钢筋，在各钢筋的中部顺钢筋向（水平向）贴电阻应变计（图 3-4）。

3.2　偏心荷载作用下墙体的受力性能试验研究

3.2.1　试验现象描述

3.2.1.1　试件 PW1

开始加载时，观察试件并无可见的变化。此后在一段较长的时间段内，肉眼一直观察不出试件表观状况的异样；当加载到 241.5kN 时，从墙体内部传来"噼啪"声，继续加载，"噼啪"声逐渐明显；当加载到 339.1kN 时，在没有任何征兆的情况下突然发生一声巨响，试件在中部被压坏，出现上下两部分错开现象，观察试件发现有部分砌块崩落、压碎，混凝土也被压碎，钢筋被压屈。整个加载过程中未发现试件上有任何裂缝出现。图 3-5 是试件 PW1 破坏后的正反面照片。

3.2.1.2　试件 PW2

开始加载时，观察试件并无可见的变化，并在相当长的一段时间内试件保持该种表观现象不变的状况。当加载到 130.0kN 时，从墙体内部传来"噼啪"声，继续加载，"噼啪"声逐渐明显；当加载到 165.4kN 时，附近有人振捣混凝土浇筑试件，对试验有扰动，位移计读数突增；当加载到 322.1kN 时，在试件正面的右上端出现第一条竖向

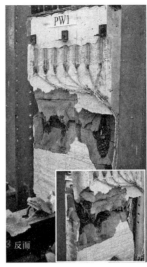

图 3-5　试件 PW1 的破坏

图 3-6　试件 PW2 的破坏

裂缝，很快该处裂缝明显变密，并于临近破坏时在试件正面左上端出现一条短而细微的水平向裂纹，该裂纹没有向试件的中部延伸；当加载到 332.5kN 时，随着一声响，试件被压垮。观察试件发现，有部分砌块崩落、压碎，混凝土也被压碎，正面左端钢筋被拉断（经分析是顶梁在破坏瞬间由于其下出现塑性铰而形成杠杆效应将左端钢筋拉断），试件正面右端钢筋被压屈。图 3-6 是试件 PW2 破坏后的正反面照片。

3.2.1.3 试件 PW3

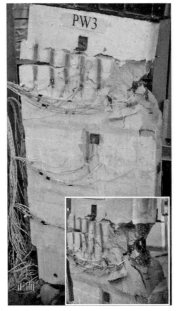

图 3-7　试件 PW3 的破坏

开始加载时，观察试件并无可见的变化；当加载到 155.0kN 时，在试件正面的左上端出现第一条水平向裂缝，随着荷载的增加，裂缝有所延伸并通向反面，并且也出现了同位置其他水平裂缝；当加载到 160.0kN 时，从试件内部开始传来"噼啪"声；当加载到 260.0kN 时，在试件正面右部出现竖向裂缝，很快在该处又出现若干其他竖缝，且快速连接、贯通；当加载到 298.3kN 时，随着一声响，试件被压垮。观察试件发现，有部分砌块崩落、压碎，混凝土也被压碎，正面左端钢筋被拉断（原因与试件 PW2 相同），正面右端钢筋被压屈。图 3-7 是试件 PW3 破坏后的正反面照片。

3.2.1.4 试件 PW4

当加载到 63.0kN 时，在试件左侧面上部出现第一条水平裂缝，随着荷载值的增加，该水平缝逐渐向试件内延伸，并在左侧面中部出现其他水平裂缝，也向试件内部延伸；当加载到 170.0kN 时，在试件右上部出现竖向裂缝，随着荷载值的进一步加大，.两种裂缝均有增加、延伸；当加载到 188kN 时，可以看见裂缝有明显增宽现象；当荷载加至 191.2kN 时，随着一串"噼啪噼啪"的声响后，试件被压坏。观察试件发现，砌块和混凝土已经被压碎，钢筋被压屈，试件破坏为缓慢的延性破坏。图 3-8 是试件

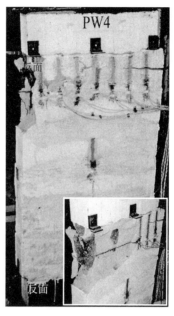

图 3-8 试件 PW4 的破坏

PW4 破坏后的正反面照片（小图是破坏处已经去掉了压碎的砌块与混凝土）。

比较分析上述各试件的受压过程以及破坏现象等情况发现：各个试件的破坏荷载按偏心距从小到大依次递减，即试件受荷时截面受压面积相应逐个减小，这符合偏心受压构件的一般受力特点。

试件 PW1 在加载过程中始终没有出现裂缝，破坏时也没有任何前兆，试件 PW2 在出现裂缝时已经接近破坏荷载，破坏时出现了砌块等崩落现象，两者均表现出明显的脆性破坏性质。试件 PW3 和试件 PW4 在加载过程中较早地出现了裂缝，并先出现在受拉侧，后出现竖向裂缝在受压侧，破坏时没有传出巨响且破坏时的预兆明显，尤其试件 PW4 的延性破坏性质表现突出。

各试件的破坏均为材料性能的破坏。从各试件的平面外位移分析看，所有试件的位移值都很小，没有出现试件平面外纵向弯曲破坏的情况。

3.2.1.5 协同工作性能

偏心受压试件在偏心荷载作用下的协同工作性能与轴心均布荷载作用下的试件类似。密框和砌块各自承担一定的荷载，并相互间传力，它们相互作用的结果直接影响到密框和砌块的受力能力和受力特点。

当开始加载时，墙体处在弹性阶段，密框和砌块处在完全变形协调的状态，砌块和密框之间传力均匀，可以将试件视为一个完全弹性的墙体。随着荷载值的增加，受荷偏心距大的试件在较小的荷载值下就会出现裂缝，进入弹塑性阶段，偏心距小的试件在荷载较大时进入该阶段。在弹塑性阶段试件的隐形密框与砌块间产生了应力重分布。在破坏阶段，偏心距大试件出现砌块压碎、剥落，砌块和密框的变形协调性能越来越差，随后混凝土也被压碎；偏心距小试件由于在受荷过程中出现的裂缝本身就较少，虽然试件内砌块和密框的变形协调性也越来越差，但不如偏心距大试件明显，最后破坏表现为墙体上砌块的突然崩落、混凝土被压碎、钢筋被压屈。试件的破坏均属于材料破坏。

图 3-9 是试件 PW4 破坏前后对比图，观察破坏处可以看到，隐形梁和隐形柱上的裂缝和旁边砌块的裂缝一致，密框和砌块间的粘结良好，再次说明密框和砌块间可以很好的协同工作。

图 3-9　试件破坏前后对比

3.2.2　试验结果及分析

3.2.2.1　墙体的破坏形态

偏心受压试件在加载时由于偏心距不同，它们的破坏形态也表现出不同的状况来。表 3-3 是各试件的开裂及破坏荷载。

试件 PW1 和试件 PW2 的破坏荷载相对较高。从它们的破坏特征和破坏荷载分析认为，在较小偏心距荷载作用下，试件的破坏主要是靠近荷载一侧受压区的混凝土及砌块率先达到材料强度，使试件整体在没有预兆的情况下发生突然间的脆性破坏而发生巨响。从破坏情况看，两试件同属于材料破坏，随着偏心距的增加荷载值略有下降。从隐形柱内纵向钢筋应变情况看，加载过程中远离荷载一侧钢筋应变基本表现为受压，即两试件基本为全截面受压（试件 PW2 在破坏荷载时远离加载点的侧边有表现为受拉的现象）。可以认为试件 PW1 和试件 PW2 的破坏为小偏心受压破坏，其破坏从受压区开始。

试件 PW3 的破坏荷载值相应又有所降低。从破坏特征和破坏荷载分析，它的破坏类似于试件 PW1 和试件 PW2，属于近荷载一侧混凝土和砌块率先压坏而使试件压坏，破坏依然是材料破坏，突然的脆性破坏，没有预兆。从隐形柱内纵向钢筋应变情况看，除近荷载一侧应变为受压外，远离荷载一侧钢筋应变始终为受拉，但直到破坏荷载时钢筋也未见屈服，微应变不足 $500\mu\varepsilon$。可见，试件在加载过程中部分受压部分受拉，可以认为试件 PW3 的破坏为小偏心受压破坏，其破坏依然从受压区开始。

试件 PW4 的破坏荷载最低。从破坏特征和破坏荷载分析，它的破坏是近荷载一侧混凝土和砌块率先达到材料强度，而远离荷载一侧钢筋由于经过冷拉而未达到其试验屈服点（但其应变值已经达到了不经过冷拉的 HPB235 级钢筋的屈服点）。试件在破坏前已显露出明显的预兆，极限荷载时表现为缓慢的延性压碎破坏。从裂缝的发生和发展情况看，试件受拉侧裂缝在接近破坏时已很明显。通过同以上 3 个试件的破坏比对分析，再考虑试件所用的钢筋经过冷拉而提高了屈服强度，试件 PW4 的破坏属于大偏心受压破坏。

表 3-3　各试件的开裂及破坏荷载

试件编号	PW1	PW2	PW3	PW4
开裂荷载（kN）	—	322.1	155.0	63.0
破坏荷载（kN）	339.1	332.5	298.3	191.2
开裂荷载/破坏荷载（%）	—	96.87	51.96	32.95

3.2.2.2　竖向位移分析

图 3-10 和图 3-11 分别是各试件侧向位移—荷载关系曲线和在不同荷载时各试件顶部竖向位移值分布情况。从曲线分布及变化特征可以看出：

1）在相同荷载下，随着偏心距的增加，各试件顶部侧向位移和近荷载部位竖向位移相应增加且增加幅度递增，远加载点部位竖向位移由向下变为向上且变幅也是递增。可见随着偏心距的增加，试件所受弯矩渐增，变形也越来越明显化。试件 PW2 位移随荷载增加偏大，这是由于在试验时附近振捣混凝土对位移计表座及试件有影响，尤其是在加载到 165.4kN 时出现了位移突增，所以图上所示曲线偏差较大。

2）各试件侧向位移从顶部到底部依次递减，试件顶部竖向位移基本呈线性关系。可见在偏心力加载过程中，试件顶部钢梁加顶梁的刚度是几乎完全满足刚度要求的。

另外，观察位移计 8 和位移计 9 测得数据的变化情况发现，各试件的平面外纵向位移很小，试件平面外刚度可满足工程实际要求。

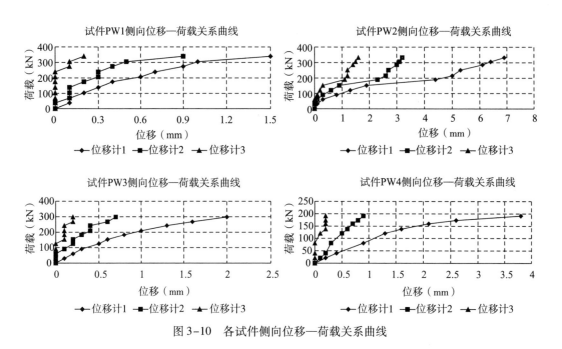

图 3-10　各试件侧向位移—荷载关系曲线

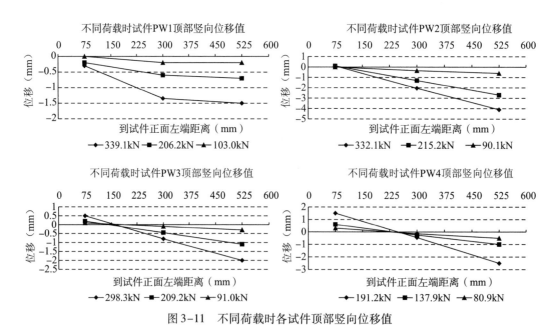

图 3-11　不同荷载时各试件顶部竖向位移值

3.2.2.3　隐形柱、梁的纵向钢筋应变分析

（1）隐形柱

图 3-12 及图 3-13 分别为各偏压试件上部截面隐形柱钢筋应变随荷载变化的关系曲线及分布情况。通过对图中钢筋应变变化以及应变分布等特点的分析比较，可以发现。

1）所有试件受压区钢筋在极限荷载时基本屈服，在试件 PW3、PW4 处出现了钢筋受拉现象，其中试件 PW4 受拉区钢筋接近屈服。

2）试件中受压区各钢筋应变随荷载变化而相应变化的规律基本一致，靠近加载点附近的钢筋应变突变、应变—荷载曲线的斜率变化较统一。在试件 PW3，PW4 的受拉区钢筋应变有明显的突变现象，是受拉区混凝土出现裂缝后立即退出工作导致钢筋承受突增荷载所致。

3）从各试件上部截面钢筋应变分布情况看，在小于 $0.8N_u$（极限荷载）的各荷载段，应变分布基本呈直线状态，在荷载值超过 $0.8N_u$ 后，由于试件内各组成部分之间协调工作性明显降低，在近加载点处钢筋应变明显增大，而远加载点的钢筋应变相应略有变小。

4）在相同偏心距情况下，随着荷载值的加大，试件截面处的中和轴相应向右偏移，截面受压区逐渐变小。在相同荷载情况下，随着偏心距的增加，远离加载点钢筋应变由受压变为受拉，受压区钢筋应变相应增加。

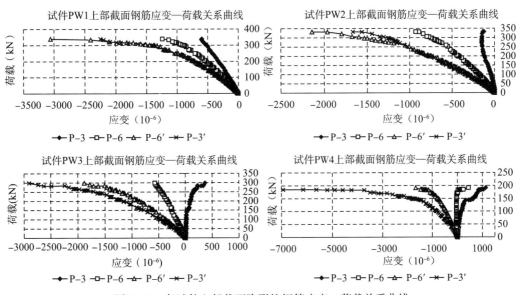

图 3-12　各试件上部截面隐形柱钢筋应变—荷载关系曲线

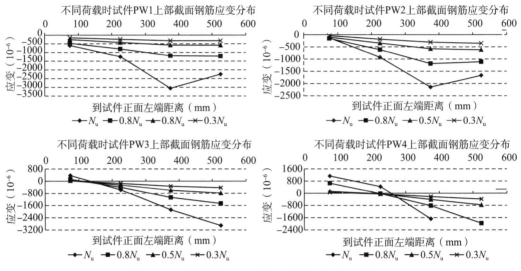

图3-13 不同荷载时各试件上部截面钢筋应变分布

（2）隐形梁

图3-14是各偏压试件隐形梁内钢筋应变随荷载变化的关系曲线。从曲线变化及应变值大小情况分析，隐形梁对抵抗偏心荷载力的贡献较小，整个加载过程中隐形梁均呈受拉状态，对隐形柱起到牵制作用，可看作为支撑构件。不过隐形梁对提高结构的整体性是不容忽视的，单从墙体受竖向荷载来看，可考虑隐形梁按构造配筋或加大隐形梁间距。

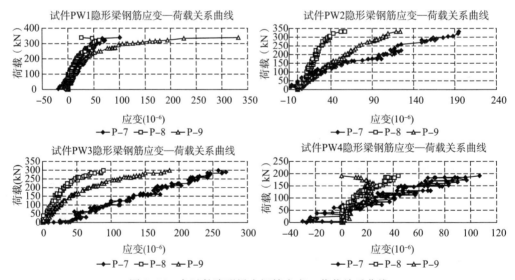

图3-14 各试件隐形梁内钢筋应变—荷载关系曲线

3.2.2.4　砌块表面应变分析

图 3-15 是各试件在中部的砌块应变随荷载的变化曲线，图 3-16 是在不同荷载时各试件上部截面砌块应变分布情况。从图中可以看出，砌块应变随荷载变化曲线平滑，应变随荷载发生突变现象不明显，试件中部的砌块始终处在受压区，荷载变化稳定，砌块基本始终变形协调。另外，在 $0.8N_u$ 以前，试件上部截面砌块应变在不同荷载时分布基本呈直线状态，这点与同截面的钢筋应变分布相同，可见它们间的协同工作性能稳定，变形协调。

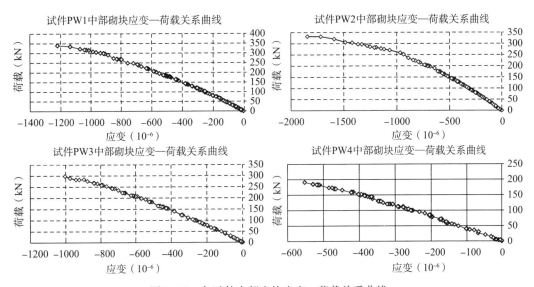

图 3-15　各试件中部砌块应变—荷载关系曲线

3.2.2.5　墙体的承载力分析

满足正截面抗压弯承载力是节能砌块隐形密框结构墙体主要的设计控制目标。根据该结构的构造特点和试验结果，在偏心荷载作用下，试件的破坏类似于钢筋混凝土剪力墙，因此，节能砌块隐形密框结构墙体偏心受压承载力的计算公式可参照钢筋混凝土偏心受压构件的计算方法得出[1-4]。

（1）墙体正截面压弯极限状态承载力的组成分析

偏心压力的作用可看作由轴向压力和弯矩共同作用下，墙体处于压弯受力状态，当距离竖向力较近侧的隐形柱正应变达到混凝土极限压应变时，则认为墙体达到压弯承载力的极限状态，此时的墙体截面极限轴向力及弯矩称为墙体的压弯极限承载力。

根据节能砌块隐形密框结构墙体的构造特点，墙体在偏心荷载作用下的荷载分配给隐形柱和砌块两部分。由平衡条件，可得节能砌块隐形密框结构墙体压弯承载力的

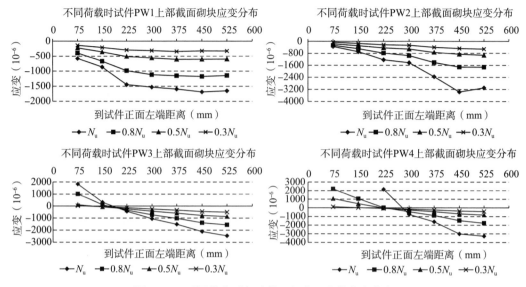

图 3-16　不同荷载时各试件上部截面砌块应变分布

组成表达式为

$$N_u = N_{bu} + N_{cu} \qquad (3-1)$$

$$M_u = M_{bu} + M_{cu} \qquad (3-2)$$

式中：N_u、M_u ——墙体截面极限轴力、弯矩；

　　　　N_{bu}、M_{bu} ——砌块承担的轴向力、弯矩；

　　　　N_{cu}、M_{cu} ——隐形柱承担的轴向力、弯矩。

由于偏压试验测点布置关系，无法较准确的分析得到荷载在隐形柱及砌块间的分配情况，但根据第 2 章 2.2.2.6 节中的分析，砌块对抵抗竖向荷载的贡献是不可忽视的。所以，分析墙体压弯承载力的计算公式时不可忽略砌块的作用，而隐形柱是压弯承载力的主要贡献者。

（2）基本假定

根据前文的分析，在提出墙体偏心受压承载力计算公式之前，作下列假定。①墙体截面应变符合平截面假定，即墙体压弯变形前后其截面应变仍保持一平截面，这点可由不同荷载时各试件顶部竖向位移曲线变化规律等到证实（图 3-11）；②不考虑截面受拉区混凝土和砌块的受拉作用；③混凝土受压的应力应变关系曲线采用《混凝土结构设计规范》[2] 中所列公式；④纵向钢筋的应力取等于钢筋应变与其弹性模量的乘积。

由于节能砌块隐形密框结构墙体构造的特殊性，隐形柱的截面为圆形，而相应的砌块的截面则是不规则的图形，这对该结构的偏心承载力计算公式的得出带来了不小麻烦，要解决这个问题，必须对墙体的截面作一转化。根据这一思想，对墙体截面的转化有以下几个思路。

　　a. 不改变原结构材料属性，只单一转换墙体截面形状，如将圆形截面改为矩形；

　　b. 将原结构材料属性改为同一材料，并同时改变墙体截面尺寸。

　　思路 a 转化方便但在不同材料的荷载分配问题、中和轴位置判断而引出相应的拉压区面积计算繁琐问题使偏心承载力计算公式的得出有难度，即使得出，计算公式也会相当繁琐，设计工作量较大，不便工程应用。

　　思路 b 转化相对难度较大，但得到的计算公式简单，便于工程应用，有利于墙体的设计计算。基于此，采用思路 b 对墙体截面进行转化并统一材料。

　　对于思路 b，假定破坏前墙体中隐形梁、隐形柱组成的框格与轻质砌块完全变形协调，且不考虑隐形梁及钢筋对墙体刚度的贡献。经分析，不论从强度还是从刚度，墙体截面端部处的砌块所作贡献很小，可以考虑墙体截面的长度(高度)尺寸定为 510mm，将该处砌块贡献转入至墙体转化后新截面。由于要同时统一材料，最理想的就是将截面统一为矩形，原钢筋位置不变。

　　按照混凝土与轻质砌块弹性模量 E 的比值将砌块的截面积等效为混凝土的面积，原隐形柱的面积按惯性矩相等的原则等效为矩形形式。等效后总面积分布均匀，并且关于墙体厚度方向的轴线对称。

　　按照混凝土与轻质砌块弹性模量的比值将砌块的截面积等效为混凝土的面积。

砌块：
$$E_b A_b = E_c A_{cb}$$
$$E_b (B_1 H_1 - 4A_c) = E_c A_{cb}$$
$$E_b \left(B_1 H_1 - 4 \frac{\pi d^2}{4} \right) = E_c B_b H$$
$$B_b = \frac{E_b (B_1 H_1 - \pi d^2)}{E_c H}$$

再按惯性矩相等的原则将隐形柱的圆形截面等效为矩形。

隐形柱：$I_{c1} = I_{c2}$
$$2 \left(\frac{\pi d^4}{64} + x_1^2 \pi \frac{d^2}{4} + \frac{\pi d^4}{64} + x_2^2 \pi \frac{d^4}{4} \right) = \frac{B_c H^3}{12}$$
$$B_c = 6 \frac{\pi d^2}{H^3} \left(\frac{d^2}{8} + x_1^2 + x_2^2 \right)$$

得到转化后墙体厚度：
$$B = B_b + B_c \tag{3-3}$$

即
$$B = \frac{E_b (B_1 H_1 - \pi d^2)}{E_c H} + 6 \frac{\pi d^2}{H^3} \left(\frac{d^2}{8} + x_1^2 + x_2^2 \right) \tag{3-4}$$

式中：H_1，H——转化前后墙体截面长度（高度），H 取长度为 510mm；

B_1，B——转换前后墙体截面厚度；

B_b，B_c——砌块与隐形柱转化后各自对墙体的贡献厚度；

A_c——单根隐形柱截面积；

d——截面直径；

A_b，A_{cb}——转化前砌块所占的截面积和砌块部分转化成混凝土部分的截面积；

E_c，E_b——混凝土和砌块的弹性模量；

x_1，x_2——隐形柱边柱、内柱的形心到整个墙体形心的距离；

I_{c1}，I_{c2}——所有隐形柱对整个墙体中性轴转化前和转化后的截面惯性矩。

（3）偏心荷载作用下承载力计算公式的提出

根据前文的分析，节能砌块隐形密框结构墙体的各试件原截面已经转换为混凝土材料的矩形截面，此时可以用剪力墙偏压承载力计算公式进行计算。

对于大偏心受压剪力墙的计算公式

$$N = \alpha_1 f_c Bx - \frac{f_{yw} A_{sw}(H_0 - 1.5x)}{H_0} \tag{3-5}$$

$$Ne = \alpha_1 f_c Bx(H_0 - \frac{x}{2}) + f_y' A_s'(H_0 - a_s') - \frac{f_{yw} A_{sw}(H_0 - 1.5x)^2}{2H_0} \tag{3-6}$$

对于小偏心受压剪力墙的计算公式

$$N = \alpha_1 f_c Bx + f_y' A_s' - \sigma_s A_s \tag{3-7}$$

$$Ne = \alpha_1 f_c Bx(H_0 - \frac{x}{2}) + f_y' A_s'(H_0 - a_s') \tag{3-8}$$

$$\sigma_s = \frac{f_y}{\xi_b - \beta_1}(\frac{x}{H_0} - \beta_1) \tag{3-9}$$

式中：N——偏心轴向力；

e——轴向力作用点到竖向受拉钢筋合力点之间的距离（mm），$e = e_0 + \frac{H}{2} - a_s$；

e_0——轴向力偏心距，$e_0 = M/N$；

α_1——系数，按《混凝土结构设计规范》（GB 50010—2002）取值；

x——截面换算受压区高度，按 $x = \beta_1 x_0$（mm）计算，x_0——实际受压区高度（mm），β_1 值按《混凝土结构设计规范》（GB 50010—2002）取值；

f_{yw}——竖向分布钢筋抗拉强度设计值（N/mm^2）；

A_{sw}——竖向分布钢筋的截面面积（mm^2）；

H_0——截面有效高度，$H_0 = H - a_s$，a_s（a_s'）——截面受拉区（受压区）端部钢

筋合力点到受拉区（受压区）边缘的距离（mm）；

f_y'、f_y——竖向受压、受拉主筋强度设计值（N/mm²）；

A_s'、A_s——竖向受压、受拉主筋截面积（mm²）；

ξ_b——界限相对受压区高度，按 $\xi_b = \dfrac{x_b}{H_0} = \dfrac{\beta_1 x_{cb}}{H_0} = \dfrac{\beta_1}{1 + \dfrac{f_y}{E_s \varepsilon_{cu}}}$ 计算；其中，x_b 为界限

状态换算受压区高度（mm），x_{cb} 为界限状态实际受压区高度（mm），E_s 为钢筋弹性模量（N/mm²），ε_{cu} 为混凝土极限压应变。

（4）计算结果及校核

通过式（3-4）到式（3-9）计算各试件的极限承载力和试验结果列于表3-4。

从表中数据可以看出，公式计算值相对于试验值是略微偏于安全的，公式计算值相对于试验值的平均误差并不大，可见本章提出来的节能砌块隐形密框结构墙体偏压承载力公式对于本试验是可以接受的，对于该公式的合理性在本章后面3.3.2.2节也作了部分验证。

表3-4 试件极限承载力按公式计算值与试验值对比

试件编号	偏心情况	偏心距（mm）	受压区高度（转化后）x（mm）	公式计算值（kN）	试验值（kN）	计算/试验
PW1	小偏心	50	408.0	317.2	339.1	0.94
PW2	小偏心	100	388.8	271.3	332.5	0.82
PW3	小偏心	150	335.2	252.5	298.3	0.85
PW4	大偏心	200	252.0	167.9	191.2	0.88

注：计算所用数据中钢筋屈服强度 f_y；混凝土抗压强度 f_c；砌块抗压强度 f_b 均为试验值；ξ_b 取0.614；受力钢筋截面积 A_s 取实测值。

3.3 偏心压力作用下墙体的受力性能有限元分析

3.3.1 墙体非线性有限元理论基础及模型的选取

3.3.1.1 墙体中不同材料的本构模型

（1）混凝土的本构关系

同第2章2.3.1.1节。

（2）混凝土的破坏准则

同第 2 章 2.3.1.1 节。

（3）加气混凝土砌块本构模型

同第 2 章 2.3.1.1 节。

另外砌块的破坏准则仍然采用 William-Warnke 五参数破坏准则，由此来分析砌块的弹塑性行为。

（4）钢筋本构模型

同第 2 章 2.3.1.1 节。

3.3.1.2 墙体中裂缝的处理

同第 2 章 2.3.1.2 节。

3.3.1.3 墙体中不同材料间的联结问题

（1）钢筋与混凝土的联结

同第 2 章 2.3.1.3 节。

（2）混凝土与砌块的联结

同第 2 章 2.3.1.3 节。

3.3.1.4 节能砌块隐形密框墙体有限元分析模型的选取

同第 2 章 2.3.1.4 节。

3.3.2 偏心压力作用下墙体的有限元分析

应用 ANSYS 程序，按照 3.3.1 节所述有限元分析方法对 3.1 节所描述的墙体在竖向荷载作用下的试件进行了有限元计算与分析[5,6]。为模拟实际试验加载方式，竖向荷载以线荷载的形式作用于墙体顶部既定偏心距的加载钢板点上；约束墙体顶部加载点平面外侧向位移，墙体底部依然采取完全固结方式；采用增量法对墙体进行有限元非线性分析；继续采用力的收敛准则。

3.3.2.1 有限元分析程序的验证

（1）试件的极限荷载

表 3-5 列出了 4 组试件极限荷载的试验值和有限元计算结果及它们的对比情况。从表中可以看出，试件 PW1 和试件 PW4 极限荷载的计算结果和试验结果很接近，它们的平均误差不超过 2%，而试件 PW2 和试件 PW3 的计算结果和试验值相差较大，这可能是单一试件的试验数据离散性本身就较大的原因。但就全体试件的数据情况看，节能砌块隐形密框结构墙体竖向偏心荷载作用下极限荷载的计算方面，本章提出来的有限元实体模型的计算结果有较好的可靠性，满足工程的精度要求。

表 3-5　偏心荷载作用下试件极限荷载与有限元计算结果对比

试件（有限元模型）编号	试验值（kN）	有限元计算值（kN）	试验/计算
PW1	339.1	339.64	1.00
PW2	332.5	264.75	1.26
PW3	298.3	220.74	1.35
PW4	191.2	184.74	1.031

（2）试件竖向荷载—位移分析

图 3-17 是四组试件在顶部中间位置竖向位移随荷载变化关系曲线的有限元计算值和试验值的对比。从图上可以看出，试件 PW3 和试件 PW4 的曲线较接近，而试件 PW1 和试件 PW2 的有限元计算得出的曲线与试验值存在较大的差别，究其原因有：试验用试件单一，试验数据存在离散性；试件 PW2 在试验加载过程中，试验现场有其他事件的影响，使得量测用位移计出现扰动；试件在制作完成后本身存在缺陷，并不是像有限元计算模型那样是完美结构。

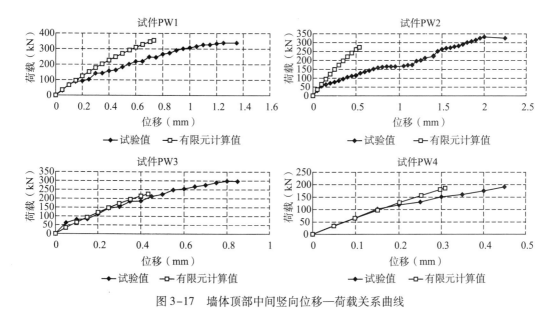

图 3-17　墙体顶部中间竖向位移—荷载关系曲线

（3）试件钢筋的应变分析

图 3-18 是墙体模型经过有限元计算结果得出的墙体上部钢筋应变随荷载变化的曲线同试验结果的对比情况。从图上可以看出，计算值和试验值比较接近，尤其是在弹性和弹塑性阶段，有些曲线几乎重合。再次表明本章提出来的墙体有限元实体模型是

可靠的，完全满足结构分析的要求。各墙体模型顶部截面应变在不同荷载时的分布情况如图 3-19 所示，其应变分布和图 3-13 十分类似。

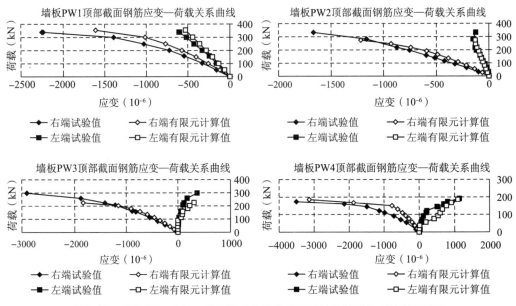

图 3-18　墙体钢筋应变—荷载关系曲线的有限元计算结果和试验结果对比

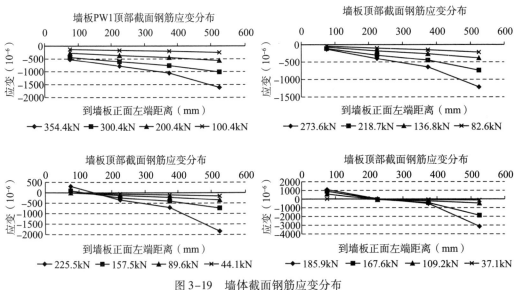

图 3-19　墙体截面钢筋应变分布

3. 3. 2. 2 偏心压力作用下墙体的承载力有限元分析

根据试验结果和有限元分析比对可知，利用前文所述方法对节能砌块隐形密框结构墙体在偏心荷载作用下进行有限元模拟与实际试验结果很接近，所以可以对该有限元模型进行扩大参数的有限元数值分析。本章 3.2 节已经在对节能砌块隐形密框结构墙体在偏心荷载作用下试验结果充分分析的基础上，提出了相应承载力计算公式。本节将采取增加两个偏心距的方式对墙体模型进行有限元分析，计算结果与 3.2.2.5 节提出的节能砌块隐形密框结构墙体偏压承载力计算公式所算结果对比，以期完善墙体偏压承载力计算公式。

（1）分析对象及分析结果

关于分析对象的相关参数，见表 3-6 所示。结构分析时只考虑偏心距的变化，其他参数如框格间距、外形尺寸均不变，以期达到与前面分析结果有可比性。

表 3-6　偏压墙体模型参数

墙体有限元模型编号	外形尺寸（mm×mm×mm）	偏心距（mm）	高厚比
PW5′	600×125×900	250	7.2
PW6′	600×125×900	300	7.2

注：模型中钢筋屈服强度 f_y；混凝土抗压强度 f_c；砌块抗压强度 f_b 分别取为 235N/mm^2、20.1N/mm^2、1.67N/mm^2；受力钢筋截面积 A_s 取实测值。

图 3-20 是表 3-6 中墙体模型经过有限元数值分析后得到的顶部截面钢筋应变在不同荷载时的分布情况。根据图 3-19 和图 3-20 的结果显示，墙体模型在加载过程中基本满足平截面的假定，从图中还可以看出，在加载后期，由于墙体开裂，受拉钢筋应力迅速增加，使得中和轴不断向右移动，最终受拉钢筋屈服，受压侧混凝土和砌块压碎，墙体被压坏。

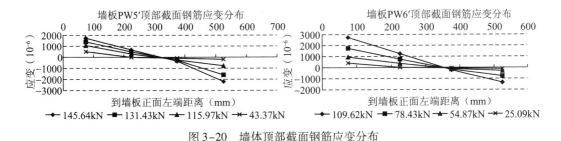

图 3-20　墙体顶部截面钢筋应变分布

（2）偏压承载力公式的验证

考虑所有有限元模型中材料的力学性能相同，仅在不同的偏心荷载工况下进行有限元数值分析，模型的编号作相应修改。表 3-7 列出了利用 3.2.2.5 节中提出的偏心荷载作用下墙体承载力公式计算该有限元模型得到的极限承载力和利用有限元数值模拟得到的该模型的极限荷载，以及它们间的对比情况。从表上的数据结果可以看出，3.2.2.5 节中式（3-4）至式（3-9）计算得出的墙体极限荷载和模拟值误差较小，平均误差为不到 5%，再次证明本章提出来的节能砌块隐形密框结构墙体偏压承载力计算公式是能够被接受的。

表 3-7 不同偏心距下墙体极限承载力

墙体有限元模型编号	偏心距（mm）	受压区高度（转化后）x（mm）	公式计算值（kN）	模拟值（kN）	公式/模拟
PW1′	50	480.0	338.02	354.4	0.95
PW2′	100	407.2	283.43	273.6	1.04
PW3′	150	325.6	222.23	225.5	0.99
PW4′	200	256.8	172.15	185.9	0.93
PW5′	250	183.2	120.90	145.6	0.83
PW6′	300	160.8	105.31	109.6	0.96

注：计算所用数据中钢筋屈服强度 f_y；混凝土抗压强度 f_c；砌块抗压强度 f_b 分别取为 235N/mm²、20.1N/mm²、1.67N/mm²；ξ_b 取 0.614；受力钢筋截面积 A_s 取实测值。

3.4 墙体偏心受压设计方法

3.4.1 偏心受压承载力

节能砌块隐形密框结构墙体平面内偏心受压承载力计算公式的表达式为：
对于大偏心受压

$$N = \alpha_1 f_c Bx - \frac{f_{yw} A_{sw}(H_0 - 1.5x)}{H_0} \tag{3-10}$$

$$N_e = \alpha_1 f_c Bx \left(H_0 - \frac{x}{2}\right) + f_y' A_s'(H_0 - a_s') - \frac{f_{yw} A_{sw}(H_0 - 1.5x)^2}{2H_0} \tag{3-11}$$

对于小偏心受压

$$N = \alpha_1 f_c Bx + f_y' A_s' - \sigma_s A_s \tag{3-12}$$

$$Ne = \alpha_1 f_c Bx \left(H_0 - \frac{x}{2}\right) + f_y' A_s'(H_0 - a_s') \tag{3-13}$$

$$\sigma_s = \frac{f_y}{\xi_b - \beta_1} \left(\frac{x}{H_0} - \beta_1\right) \tag{3-14}$$

其中

$$B = \frac{E_b B_1 H_1^3}{E_c H^3} + \frac{6\pi d^2}{H^3}\left(1 - \frac{E_b}{E_c}\right)\left(\frac{d^2}{8} + x_1^2 + x_2^2\right) \tag{3-15}$$

式中：N ——偏心轴向力；

$\quad\quad e$ ——轴向力作用点到竖向受拉钢筋合力点之间的距离（mm）；

$\quad\quad \alpha_1$ ——系数，按《混凝土结构设计规范》（GB 50010—2002）取值；

$\quad\quad x$ ——截面换算受压区高度，β_1 值按《混凝土结构设计规范》（GB 50010—2002）取值；

$\quad\quad f_{yw}$ ——竖向分布钢筋抗拉强度设计值；

$\quad\quad A_{sw}$ ——竖向分布钢筋的截面面积（mm²）；

$\quad\quad H_0$ ——截面有效高度，$H_0 = H - a_s$，a_s（a_s'）——截面受拉区（受压区）端部钢筋合力点到受拉区（受压区）边缘的距离（mm）；

$\quad\quad f_y'$、f_y ——竖向受压、受拉主筋强度设计值（N/mm²）；

$\quad\quad A_s'$、A_s ——竖向受压、受拉主筋截面积（mm²）；

$\quad\quad \xi_b$ ——界限相对受压区高度，按 $\xi_b = \dfrac{\beta_1}{1 + \dfrac{f_y}{E_s \varepsilon_{cu}}}$ 计算；其中，E_s 为钢筋弹性模量（N/mm²），ε_{cu} 为混凝土极限压应变；

$\quad\quad H_1$、H ——转化前后墙体截面长度（高度），H 取墙体两边柱间的中心距；

$\quad\quad B_1$、B ——转换前后墙体截面厚度；

$\quad\quad d$ ——单根隐形柱的截面直径；

$\quad\quad E_c$，E_b ——混凝土和砌块的弹性模量；

$\quad\quad x_1$，x_2 ——隐形柱边柱、内柱的形心到整个墙体形心的距离。

关于式（3-10）至式（3-15）的实用性，表 3-4 和表 3-7 中的相关数据显示是可以证实的。本章未对墙体平面外的偏压做试验研究，平面外偏压设计及计算在这里不作探讨。

3.4.2　墙体概念设计及构造

概念设计一般指不经数值计算，尤其在一些难以作出精确力学分析或在规范中难以规定的问题中，从整体的角度来确定建筑结构的总体布置和抗震细部措施的宏观控制。对节能砌块隐形密框结构墙体在竖向荷载作用下的试验及理论研究结果分析得到以下一些观点进行探讨。

3.4.2.1　平面布置

建筑的平面布置宜简单、规则，刚度和荷载均匀对称，减少偏心（图 3-21）。对于较复杂平面宜使纵、横墙布置对称，使得扭转造成的影响较小。根据试验结果，墙体的截面布置形式宜为"工"、"L"、"T"、"十"、"∠"等形状，这样能够有效地提高墙体平面外刚度，减小纵向弯曲的可能性，减少扭转的影响，而实际结构中纵、横墙相互交叉，故墙体平面外刚度可以得到保证。

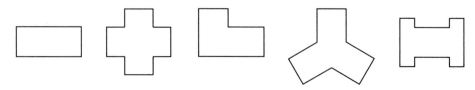

图 3-21　建筑平面布置

3.4.2.2　竖向布置

建筑的竖向体型宜规则、均匀，避免有过大的外挑和内收，应力求使立面设计成矩形，不应采用竖向布置严重不规则的结构（图 3-22）。

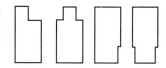

图 3-22　建筑竖向布置

3.4.2.3　其他布置及构造

根据试验结果及参考相关规范[2,7,8]，对于该结构：

1）墙体与楼板的连接处必须作加强处理，必要时可以在该处设置一道暗梁，暗梁的截面宽度不大于砌块的宽度。墙体转角处的隐形柱也应该作强化处理，可以采取增加配筋量或改隐形柱为暗柱等措施满足。实际结构在纵、横墙交接处及墙和楼板交接处均加大了隐形柱、隐形梁的配筋量。

2）若在墙体上开洞，洞口边应支模浇筑成暗梁、暗柱形式（图 3-23），上部过梁宜采取现浇形式和墙体形成整体，过梁伸入墙体部分的长度应考虑墙体局部抗压强度且梁端应至少伸入至墙体第二个隐形柱处，过梁混凝土的强度等级不宜低于灌孔混凝土的强度等级。

图 3-23　洞口边缘做法

3）隐形梁对墙体抵抗竖向荷载的贡献很小。若单从考虑竖向荷载的角度进行设计，对于隐形梁可以按构造进行配筋，但配筋必须满足相关规范中最小配筋量的要求。

4）混凝土设计强度等级不宜低于 C20，隐形梁柱的钢筋保护层在室内正常环境不宜小于 20mm，在室外或潮湿环境不宜小于 30mm。

5）隐形梁柱的纵向钢筋直径不宜大于 25mm；配置在孔洞或空腔中的钢筋面积不

应大于孔洞或空腔面积的 6%；隐形柱内两平行钢筋间的净距离不应小于 25mm；当计算中充分利用竖向受拉钢筋强度时，其锚固长度 L_a，对 HRB335 级钢筋不宜小于 $30d$；竖向受拉钢筋不宜在受拉区截断；钢筋骨架中的受力光面钢筋，应在钢筋末端作弯钩，在焊接骨架、焊接网以及轴心受压构件中，可不作弯钩；

6）应在墙的转角、端部和孔洞的两侧配置竖向连续的钢筋，钢筋直径不宜小于 12mm。

参考文献

［1］过镇海，时旭东．钢筋混凝土原理和分析［M］．北京：清华大学出版社，2003．

［2］中华人民共和国国家标准．混凝土结构设计规范（GB 50010—2002)［S］．北京：中国建筑工业出版社，2002．

［3］李升才，于庆荣．复合墙板偏心受压试验研究［J］．建筑结构学报，2006（增刊），27［S（1）］：218-224．

［4］黄炜．密肋复合墙体抗震性能及设计理论研究［D］．西安建筑科技大学博士学位论文，2004．

［5］李新．配筋砌块短肢砌体剪力墙偏心受压性能的试验研究［D］．哈尔滨工业大学硕士学位论文，2006．

［6］郑述海．混凝土灌芯速成墙板偏心受压性能的试验研究与有限元分析［D］．天津大学硕士学位论文，2004．

［7］中华人民共和国国家标准．砌体结构设计规范（GB 50003—2001)［S］．北京：中国建筑工业出版社，2002．

［8］中华人民共和国行业标准．高层建筑混凝土结构技术规程（JGJ 3—2002、J 186—2002)［S］．北京：中国建筑工业出版社，2002．

第4章 节能砌块隐形密框墙体受剪及抗震性能

4.1 节能砌块隐形密框墙体拟静力试验方案

节能砌块隐形密框结构是一种轻质、高强、节能、抗震的建筑结构新体系。它主要由节能砌块隐形密框墙体与楼板现浇而成。其中，节能砌块隐形密框墙体是在砌筑好的砌块（该砌块是以炉渣、粉煤灰等工业废料为主要原料的加气混凝土轻质砌块）形成的纵横槽孔内浇筑混凝土隐形肋梁、肋柱而成，它利用密布的隐形肋梁、肋柱与其间的轻质砌块形成具有共同工作性能的复合墙体（图4-1、图4-2）。

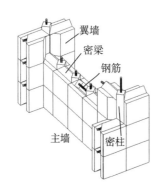

图4-1 密框结构墙体模型构造

图4-2 墙体所需的3种砌块及其组合形式

4.1.1　试件设计与制作

4.1.1.1　试件选取

原型结构为 3 层公寓建筑，总高 8.4m，层高 2.8m，楼板厚度为 100mm，原型结构的平面和剖面图见图 4-3 和图 4-4；抗震性能试验试件原型取为该建筑结构底层墙体。对用于抗震试验墙体的尺寸而言墙体的高宽比是与其尺寸直接相关的一个因素。目前做墙体低周反复加载试验常用的是悬臂式的试验装置，采用这种装置施加水平荷载时，墙体会产生一定的弯距，墙体的高宽比越大，弯距作用越明显。鉴于国内外模型的相似问题没有完全解决，为使试件接近实际墙体受力状态，宜采用较大的尺寸；本次试验模型墙体尺寸选为原型的 1/2；根据实验室的条件，并考虑到和其他单位试验的对比性，墙体高宽比定为 1/2，墙体长取 2700mm，高取为 1350mm，模型试件见图 4-5 所示。

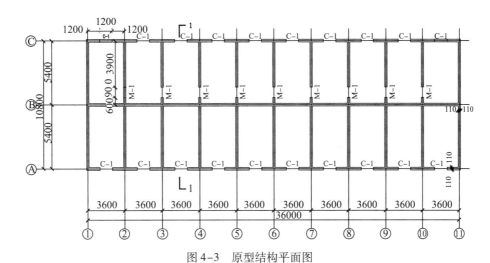

图 4-3　原型结构平面图

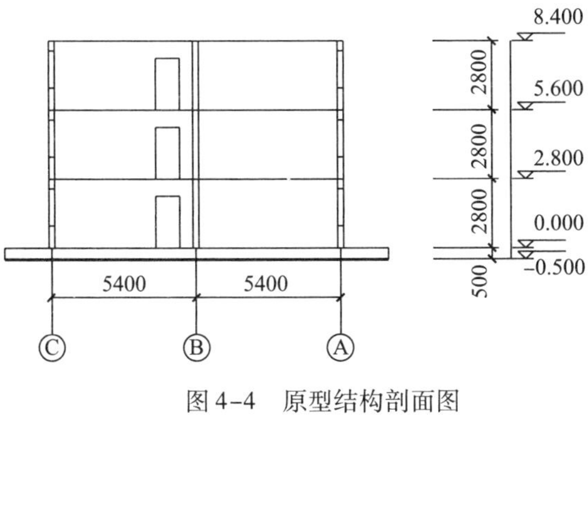

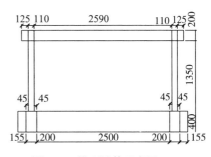

图 4-4　原型结构剖面图

图 4-5　模型墙体示意图

4.1.1.2 试件设计与配筋

本次试验共选 1/2 模型试件 3 组，每组两块，每组第一块肋梁、肋柱浇注材料为 C20 细石混凝土，第二块为 M20 高强砂浆。该模型墙体是由热阻节能砌块和隐形密肋框架两部分组成，砌块是以炉渣、粉煤灰等工业废料为主要原料的加气混凝土砌块（图 4-6），其两端有等腰直三角槽口，上下留同样尺寸的三角横槽，以浇筑钢筋混凝土隐形柱（对角线为 60mm 的菱形柱）和隐形梁（截面尺寸同隐形柱），从而形成隐形密肋框架，在主翼墙交接处以及墙和顶、底梁交接处加大肋梁和肋柱截面配筋直径及配筋量[1,2]，这样在小框架外又形成了大框架（图 4-7，其配筋见表 4-1）。

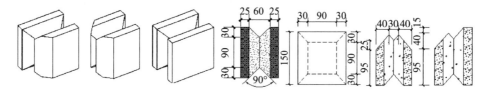

图 4-6　墙体模型所用砌块（单位：mm）

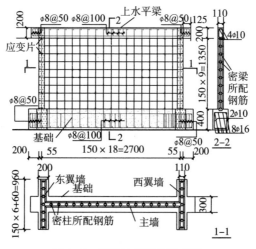

图 4-7　模型试件配筋示意图

4.1.1.3 材料性能

试件中钢筋材料的力学性能[3]见表 4-2；砌块选用加气混凝土砌块，材料力学性能[4]见表 4-3；试件中混凝土材料的力学性能[5]见表 4-4。

表4-1 试件配筋

试件编号	配筋情况（HPB235）			
	边肋柱	内肋柱	顶底肋梁	中肋梁
EW1-1 EW1-2	1φ8	1φ6	1φ8	1φ6
EW2-1 EW2-2	1φ10	1φ8	1φ8	1φ6
EW3-1 EW3-2	2φ8	2φ6	1φ10	1φ8

表4-2 钢筋材性试验结果

规格	直径（mm）	屈服强度（MPa）	极限强度（MPa）	弹性模量（×10⁵N/mm²）
φ6	6	248	331	2.1
φ8	8	276	310	2.1
φ10	10	289	306	2.1

表4-3 砌块材性试验结果

砌块材料	抗压强度（MPa）	抗拉强度（MPa）	干容重（kN/m³）	弹性模量（N/mm²）
加气混凝土砌块	1.67	0.17	6	1105

表4-4 浇注材料材性试验结果

试件编号	构件	设计强度等级	$f_{cu,m}$（MPa）	f_{cm}（MPa）
EW1-1	密框	C20	16.53	12.56
	顶梁	C20	37.74	28.68
EW1-2	密框	M20	16.45	12.50
	顶梁	C20	22.80	17.33
EW2-1	密框	C20	19.24	14.62
	顶梁	C20	36.18	27.50
EW2-2	密框	M20	17.51	13.31
	顶梁	C20	22.74	17.28
EW3-1	密框	C20	22.79	17.32
	顶梁	C20	30.09	22.87
EW3-2	密框	M20	17.16	13.04
	顶梁	C20	21.97	16.70

注：$f_{cu,m}$ 为立方体抗压强度平均值（实测值）；f_{cm} 为轴心抗压强度平均值（由于是在实验室进行试验，不考虑修正系数，即 $f_{cm}=0.76f_{cu,m}$ ）。

4.1.1.4 相似关系

本次试验模型与原型按相似关系取原型的 1/2，模型与原型材料相同。根据相似关系[6]：$S_L = L_1/L_2$；$S_X = S_L$；$S_m = 1/S_L$；$S_A = S_{L2}$；$S_P = S_{L2}$；$S_M = S_{L3}$。

其中，S_L 为几何相似关系；S_X 为位移相似关系；S_m 为质量密度相似关系；S_A 为面积相似关系；S_P 为集中力相似关系；S_M 为弯矩相似关系。

可得出模型的相似条件，见表 4-5。

表 4-5　相似关系

构件	材料特性 E、G	长度	面积	质量	位移	剪力	弯距
原型	1	1	1	1	1	1	1
模型	1	1/2	1/4	1/4	1/2	1/4	1/8

4.1.1.5 试件制作

（1）模型试件制作过程

1/2 模型试件制作过程如图 4-8、图 4-9 所示。该试验墙体具体的制作方法、养护及步骤严格按照《建筑砌体工程施工工艺标准》的要求完成。

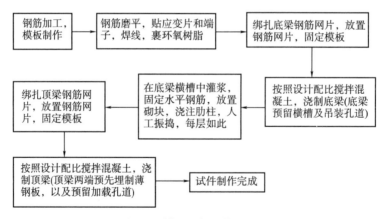

图 4-8　模型试件制作流程图

制作过程中采取的一些措施：

1）为了保证局部抗压强度及能够水平加载，在主墙顶梁两端预埋薄钢板，保证梁端局部承压承载力及加载端头与顶梁垂直。

2）为了防止加载过程中顶梁拉坏，在翼墙顶梁靠近主墙顶梁两侧预留 4 孔，用于以后插入 4 根圆钢采用厚钢板与加载端相连进行加载。

　　3）因为试件相对体积和质量都比较大，试件的吊装工作要使用吊车，为了不因为吊装影响试验结果，在试件制作前根据实验室的实际情况，以及侧向支撑的布置和拍照的方便性等条件对底梁预留吊装孔道。

　　（2）材性试件制作[5]

　　灌芯材料的质量对抗震试验的结果影响非常大，因此，灌芯材料的制作严格按照国家标准《砌体工程施工质量及验收规范》的要求完成。模型墙体的制作过程中，细石混凝土灌芯墙体每片留取 1 组（3 块）150mm 的混凝土立方体试块，高强砂浆灌芯墙体每片留取 1 组（6 块）70.7mm 的砂浆立方体试块，然后测定标准养护 28 天时的抗压强度。

图 4-9　模型试件制作过程图

4.1.2　加载方案及装置

　　结构抗震试验分为两大类：结构抗震静力试验和结构抗震动力试验。在试验室经常进行的主要有拟静力试验、拟动力试验、模拟地震振动台试验[7,8]。

　　大部分工程结构在工作时承受的是静力荷载，一般可以通过重力或各种类型的加载设备来实现并满足加载要求。静力试验的加载过程是荷载从零开始逐步增加一直到结构破坏为止，也就是在一个不长的时间内完成试件加载的全过程。最大的优点是加载设备相对来说比较简单，荷载可以逐步施加，并可根据试验要求，分阶段观测结构的受力和变形发展，给人最明确和清晰的破坏概念，缺点是不能反映应变速率对结构的影响。拟静力试验是结构试验中最常见的基本试验，其经济性和实用性使它具有广泛的应用。

　　结构拟静力试验主要有单向反复加载和双向反复加载两种加载方式。为了研究地震对结构构件的空间组合效应，克服采用结构构件单向加载时不考虑另一方向地震力同时作用对结构影响的局限性，可在 x，y 两个主轴方向同时施加低周反复荷载，但由于墙体在地震中主要承受单向作用，因此本试验采用单向反复加载方式。

目前，国内外较为普遍采用的单向拟静力加载主要有三种：位移控制加载、力控制加载、力—位移混合控制加载。由于本次试验研究的是一种新型墙体，对其受力状态没有很好的把握，以至于对进行试验的第一片墙体 EW2-1 采用力—位移混合加载时，试件达到极限荷载以后发生局部破坏，导致加载结束，之后其他 5 片墙体采用位移控制加载。位移控制加载是在加载过程中以位移（包括线位移、角位移、曲率或者应变等）作为控制值，按一定的位移增幅进行循环加载。当试件滞回曲线具有明显转折点时，以此时位移的倍数为控制值。在位移控制加载中，根据位移控制的幅值不同，又可分为变幅加载、等幅加载和变幅等幅混合加载。为了综合研究构件的性能，其中包括等幅部分的强度和刚度变化，以及在变幅部分、特别是大变形增长情况下强度和耗能能力的变化，本次试验采用变幅等幅混合加载，每级循环一次；墙体达到极限荷载后，按对应极限荷载位移倍数加载，每级循环两次，直至破坏。

由于进行试验的是新型结构墙体，对实际受力状态把握的不是太准确，所以实际加载过程中，在初始制定加载制度的基础上按照各个墙体的滞回曲线发展状况进行了调整。本次试验各个墙体具体加载制度如表4-6所示。为方便分析，加载制度如图4-10所示，试验装置如图4-11所示。

表4-6　模型墙体加载制度

试件编号	变幅等幅位移具体加载过程（低周反复加载）（mm）
EW1-1	0.7,1.0,1.3,1.8,2.3,2.8,3.3,3.8,4.3,4.8(2),5.8(2),6.8(2),8.8(2),12.9(2)
EW1-2	0.7,1.0,1.3,1.8,2.3,2.8,3.3,3.8,4.3,4.8,5.3,5.8(2),8.7(2)
EW2-1	70,90,110,130,150,170,190,210
EW2-2	0.7,1.0,1.3,1.8,2.3,2.8,3.3,3.8,4.3,4.8,5.3,5.8,6.3,6.8(2),10.2(2)
EW3-1	0.7,1.0,1.3,1.8,2.3,2.8,3.3,3.8,4.3,4.8,5.3,6.3(2),7.2(2),9.6(2),14.4(1)
EW3-2	0.7,1.0,1.3,1.8,2.3,2.8,3.3,3.8,4.3,4.8,5.3,6.3,7.3,8.3(2),12.4(2)

注：试件 EW2-1 的加载过程为力的单位(kN)。

4.1.3　测试方案和测点布置

为了分析模型墙体在外部荷载作用下各肋梁、柱内和墙体应力，在边肋梁、柱和内肋梁、柱的钢筋上粘贴 1mm×2mm 钢筋应变片，在墙体底部两侧粘贴长标距混凝土应变片，应变片布置见图4-12；为了测量墙体在水平荷载作用下变形情况以及消除基础侧移，特在加载端一侧布置了 4 个位移计，位移计布置见图4-11；加荷千斤顶端部装有荷载传感器，所有荷载大小以及电子位移计测量的位移和应变信号均通过 MTS-GT

控制系统和 DH-3816 数据采集仪自动采集并绘制试件的滞回曲线，用以判别试件的屈服和加载的控制。

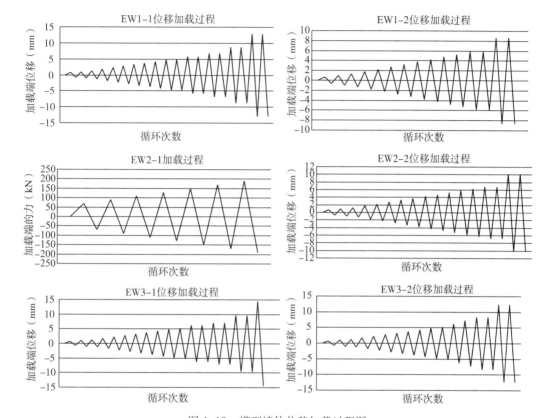

图 4-10 模型墙体位移加载过程图

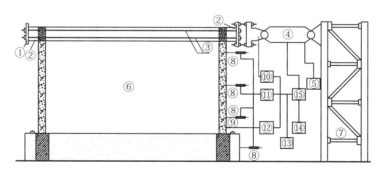

①钢板；②加载端头；③φ35 高强度加载圆钢；④电液伺服作动器；⑤液压源；⑥试件；⑦反力架；
⑧位移传感器；⑨应变传感器；⑩荷载调节器；⑪位移调节器；⑫应变调节器；⑬记录及显示装置；
⑭指令发生器；⑮伺服控制器

图 4-11 加载系统

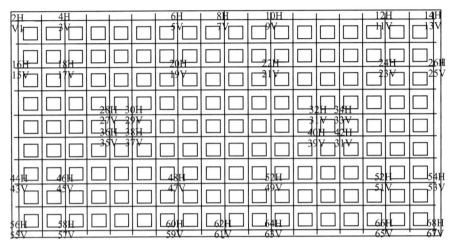

图 4-12   模型试件应变片布置

4.2   节能砌块隐形密框墙体拟静力试验研究

4.2.1   试验过程及现象

为了表述方便，将主墙分为正面（应变片接线引出面）和反面，将翼墙分为西墙内外侧和东墙内外侧，将墙体顶部水平推力用 P 来表示，墙体受推时 P 为正，受拉时 P 为负。墙体位移控制中，墙体的位移 Δ 定义为墙体加载点和底梁顶部的相对侧移，其正负规定与水平推力的正负规定一致。每个循环都是先推后拉，并根据试验过程每个循环分为相应的 4 个阶段：推出（Ⅰ）、归零（Ⅱ）、拉出（Ⅲ）、归零（Ⅳ），并把Ⅰ和Ⅱ两阶段称为正向加载；Ⅲ和Ⅳ两阶段称为反向加载。为了使表达更清楚明白，现将表述中常用到的关于墙的特殊位置在图 4-13 和图 4-14 中详细标出。

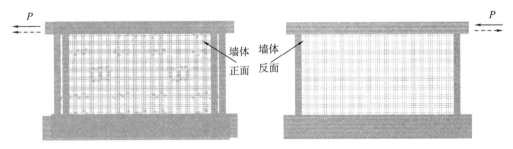

图 4-13   墙体正反面加载标识图

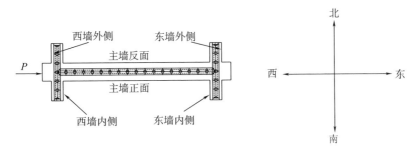

图 4-14　墙体各部分名称标识图

4.2.1.1　EW1-1 试件试验现象

（1）主墙

1）正面：加载前墙体无初始裂缝。当水平荷载加到 70kN 时，在墙体右下角端开始出现一条"＼"形裂缝；当反向加载到 -80kN 时，在墙体上层出现一条水平裂缝，底层中间部位以及右上角端出现"／"形裂缝，此时滞回曲线包络线开始出现第一个明显的转折点，钢筋应变开始有所增加，我们定义此阶段为墙体开裂阶段。当加载到 90kN 时，墙体左下角端处裂缝有所延伸，墙体底层距右边肋柱大约 1/4 墙长处出现一条竖向裂缝，并且在右上角端处开始出现"＼"形裂缝，与原来该处的"／"形裂缝垂直；继续加载，在墙体底部裂缝明显增多，其中在左右下角端处较密集；当加载至 150kN 时，墙体底部裂缝增速趋缓；当达到 160kN 时，墙体裂缝均匀分布，且墙体上部裂缝迅速增加，其中在左右上角区及上中部区域较密集；整块墙面交叉裂缝明显，主要在 4 个角区和中上部区域，部分钢筋已经屈服，此时认为进入墙体屈服阶段。当加载至 180kN 时，裂缝明显增宽，其中右上角端"＼"形裂缝宽度已达 5mm，同时整块墙体相当多的裂缝已经贯通；当加载至 210kN 时，在墙体与上梁和基础连接处突然出现水平向完全贯通的裂缝，同时两个对角处"＼"形裂缝和"／"形裂缝也贯通形成大"×"形裂缝，抹面开始鼓起剥落，其中在上部两个角区尤为严重；当加载至极限荷载 220kN 时，右上角区砌块突然鼓出，大部分钢筋已经屈服，墙体的加载端位移已很明显。荷载开始进入下降阶段后，墙体裂缝继续加宽，上侧右角端砌块鼓出很多，砂浆层开始剥落；到 85% 极限荷载左右时，右角区砂浆层全部掉落，部分砌块角端掉落，绝大部分钢筋屈服，此时墙体破坏（图 4-15）。

2）反面：加载前墙体无初始裂缝。当反向加载到 -30kN 时，在墙体右下角区产生第一条"＼"形裂缝；加载至 -40kN 时，上述裂缝斜向上延伸；加载至 50kN 时，右上

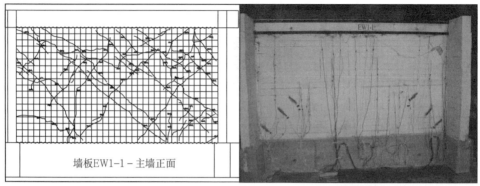

主墙正面裂缝情况　　　　　　　　右上角抹面开始鼓出剥落

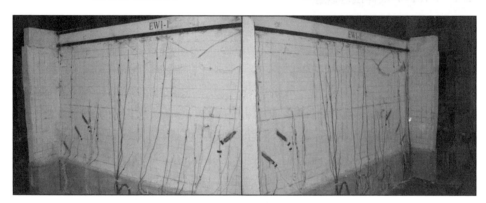

右上角抹面进一步开裂鼓出　　　　右上角抹面进一步剥落

图4-15　EW1-1破坏后主墙正面裂缝分布图

角开始出现一条"╱"形裂缝；加载至60kN时，该条裂缝沿斜向上下延伸，在墙体右下角区也出现"╱"形裂缝，与第一条裂缝垂直；当加载至90kN时，墙体下部裂缝明显增多，且分布较均匀，同时在上部的角区有零星短裂缝出现。当加载至160kN以后，墙体下部裂缝增速趋缓，同时上部裂缝迅速增加，其中在上部的两角区和中部较密集。整块墙体交叉裂缝明显，主要在4个角区及板中。当加载至175kN时，在墙体与上梁连接处出现水平向贯通的裂缝；当加载至197kN时，墙体与下部基础连接处也出现同样贯通的裂缝。此时墙体左上角区的一条"╲"形裂缝宽度已达4mm，并且整块墙体多数裂缝已经贯通；当加载至210kN时，抹面开始剥落，其中在两个上角区尤为严重；当加载至220kN时，左上角区砌块突然鼓出，同时大部分钢筋已经屈服，墙体上出现几个贯通的大"╳"形缝，加载端头位移明显。荷载开始进入下降阶段后，墙体裂缝继续加宽，上侧左角端砌块鼓出很多，砂浆层开始掉落，到85%极限荷载左右时，左角区砂浆层全部掉落，部分砌块角端掉落，绝大部分钢筋屈服，此时墙体破坏（图 4-16）。

（2）翼墙（图 4-17）

1）西墙内侧：当水平加载至 70kN 时，在墙体从下向上 1/3 处出现第一条水平向贯通的裂缝；当加载至 150kN 时，在墙体从上向下 1/3 处出现第二条水平向贯通的裂缝；继续加载，裂缝有所增加，基本为水平向和从主墙延伸过来的竖向裂缝。外侧：情况基本同内侧。

2）东墙：情况基本与西墙相似。

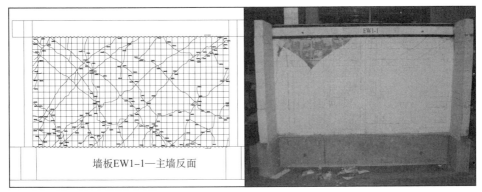

主墙反面裂缝情况　　　　　　　　　　　左上角抹面开始鼓出剥落

右上角抹面进一步开裂剥落　　　　　　　左上角抹面进一步剥落

图 4-16　EW1-1 破坏后主墙反面裂缝分布图

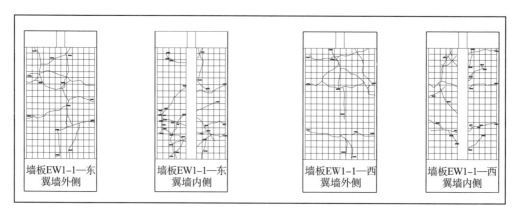

图 4-17　EW1-1 破坏后翼墙裂缝分布图

4.2.1.2　EW2-1 试件试验现象

（1）主墙

1）正面：由于固定压梁螺栓时用力过大，墙体出现初始应力，致使墙体中部偏左部位有 4 条初始裂缝。当加载到 30kN 时，墙体右上角出现第一条"╲"形裂缝；当加载至 60kN 时，上述裂缝平行向下位置出现第二条"╲"形裂缝，当反向加载至 -65kN 时，在墙体左下角区出现第一条"╱"形裂缝，与前述裂缝垂直；继续加载，裂缝有所增加，但初始裂缝并没有延伸；当加载至 100kN 时，墙体左侧底层和右上角区出现一系列短裂缝；当加载至 150kN 以后，整块墙体裂缝迅速增加，并且分布较均匀；在加载 190kN 时墙体上裂缝已很密集，但并没有贯通的大"╳"形裂缝；当加载至 210kN 时，在墙体从上向下 1/4 密肋梁处突然发生水平向错动，产生水平剪切裂缝，加载端头位移明显，荷载开始下降，此时墙体发生局部剪切破坏（由破坏处墙体上下层浇筑时间差引起）。此时抹面开始剥落，主要发生在墙体上部区域，最终只有少数钢筋屈服，是一种不合理的破坏形态（图 4-18）。

2）反面：墙体上初始裂缝（出现原因同正面）较多，且分布较均匀。当加载至 40kN 时，在墙体右下角出现第一条"╱"形裂缝；当反向加载至 -60kN 时，在墙体中部靠右出现一条"╲"形裂缝，与上述裂缝垂直；继续加载，裂缝有所增加；当加载至 90kN 时，出现一系列较短的裂缝，主要分布在墙体中上部；当加载至 130kN 以后，裂缝增速加快；在 190kN 时已相当密集，并且分布较均匀，但没有出现贯通的大"╳"形裂缝；当加载至 210kN 时，在墙体从上向下 1/4 密肋梁处突然发生水平向错动，产生水平剪切裂缝，加载端头位移明显。抹面开始剥落，主要发生在墙体的上中部，最终只有少数钢筋屈服，是一种不合理的破坏形态（图 4-19）。

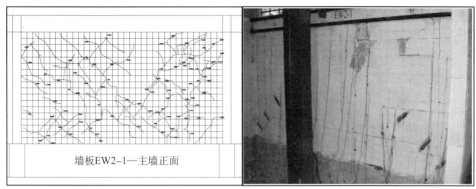

| 主墙正面裂缝情况 | 右上部抹面开始鼓出剥落 |

| 中上部抹面进一步鼓出剥落 | 中上部抹面进一步剥落 |

图 4-18　EW2-1 破坏后主墙正面裂缝分布图

与墙体 EW1-1 不同点：①墙体 EW2-1 裂缝一开始主要出现在墙体中上部，以后随着荷载增加，上下部裂缝增速加快，裂缝密集且分布均匀，没有出现较大的完全贯通的斜裂缝；②墙体上砌块没有鼓出，钢筋没有发生屈服；③墙体 EW2-1 发生水平向局部剪切破坏，出现贯通的剪切裂缝。

出现上述不同点，其主要原因是 EW2-1 中竖向钢筋用量的增加，使得墙体中销栓作用增强，有效地抑制了裂缝的扩展；且由于施工原因使墙体上部出现局部薄弱层，所以使得 EW2-1 发生水平向局部剪切破坏，钢筋没有得到充分利用，只有少数钢筋屈服。

（2）翼墙（图 4-20）

基本情况同 EW1-1。

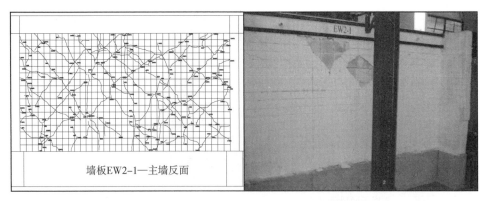

主墙反面裂缝情况　　　　　　　　　中间上部抹面开始鼓出剥落

中间上部抹面进一步鼓出剥落　　　　　　中间抹面继续剥落

图4-19　EW2-1破坏后主墙反面裂缝分布图

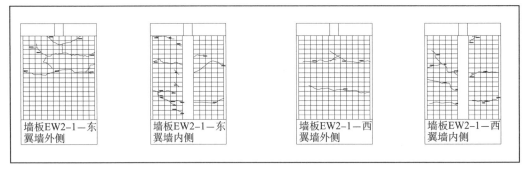

图4-20　EW2-1破坏后翼墙裂缝分布图

4.2.1.3 EW3-1 试件试验现象

（1）主墙

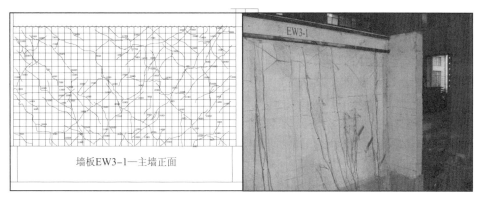

主墙正面裂缝情况　　　　　　　　　墙体上部抹面开始鼓出剥落

墙体上部抹面进一步鼓出剥落　　　　部分砌块掉落，肋梁柱外露

图4-21　EW3-1破坏后主墙正面裂缝分布图

1）正面：墙体右边区域有少许初始裂缝，出现原因同 EW2-1。当加载至 50kN 时，在墙体左下角区出现第一条"╲"形裂缝；当反向加载至-60kN 时，墙体右侧上部和右下角区出现一系列"╱"形裂缝；继续加载，裂缝有所增加；当加载至 100kN 时，墙体出现一系列较短的裂缝，主要分布在两下角区和上部中间区域（其中初始裂缝延伸有限），把此阶段作为墙体开裂阶段。当加载至 140kN 以后，裂缝增加明显，主要分布在墙体下部和中部；当加载到接近 200kN 时，裂缝已经相当密集且分布较均匀，裂缝最宽已达 5mm；当加载至 218kN 时墙体右上角区砌块突然鼓出，同时在墙体与顶梁连接处出现水平向贯通的裂缝，并且墙面上已布满"╳"形裂缝；当荷载达到极限荷载 220kN 时，上层的部分砌块鼓出，尤其上层中间部位鼓起最多；当下降到 85% 极

限荷载时，墙体上层中间部位的砌块随着抹面的剥落也同时掉落，观察到里面的横向肋梁已经碎裂，钢筋外露，但只有少数钢筋屈服（图4-21）。

2）反面：主要在墙体两个下角区有部分初始裂缝，出现原因同EW2-1。当加载至60kN时，在墙体右下角区出现两条"／"形裂缝；当反向加载至-60kN时，在墙体左上角和右下角出现一系列"＼"形裂缝，与前述裂缝垂直；继续加载，当加载至100kN时，裂缝有所增加（其中初始裂缝延伸有限），主要在墙体下部较密集。当加载到140kN以后，上部裂缝增加明显，此时整块墙体裂缝分布较均匀；继续加载，当170kN、200kN、218kN时在上部从左往右分别于角区和中部的砌块鼓出；当荷载达到218kN时，在墙体与上梁连接处出现水平向贯通的裂缝，并且墙体上最宽裂缝达到了4mm，墙面上已布满"╳"形裂缝；当达到极限荷载220kN时，角区和中部的砌块鼓出更为严重，尤其是右半墙上部区域；当荷载下降到85%极限荷载时，右半墙上部区域部分鼓出的砌块随着抹面的剥落也同时掉落，观察到里面的横向肋梁已经碎裂，钢筋外露，但只有少数钢筋屈服（图4-22）。

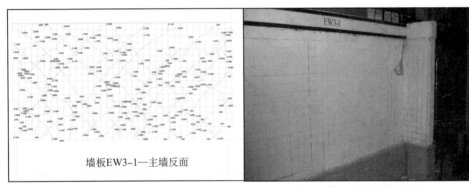

墙板EW3-1—主墙反面

主墙反面裂缝情况　　　　　　　　　　墙体右上角抹面开始鼓出剥落

墙体右侧上部抹面大片剥落，左侧抹面开始鼓出　　墙体中上部抹面大片剥落，出现砌块掉落，肋梁柱外露

图4-22　EW3-1破坏后主墙反面裂缝分布图

与墙体 EW1-1 和墙体 EW2-1 不同点：①裂缝分布最密集，砌块破损最严重，钢筋大部分没有屈服；②墙面上贯通的"╳"形裂缝大小介于墙体 EW1-1 和墙体 EW2-1 之间。

主要原因是 EW3-1 中竖向钢筋和横向钢筋配筋量的增加对砌块的约束作用增强，使得砌块和肋梁、柱混凝土的作用发挥得更加充分，然而钢筋没有得到充分利用，且横竖向筋的同时增强并没有有效地抑制裂缝的发展。

（2）翼墙（图 4-23）

基本情况同墙体 EW1-1。

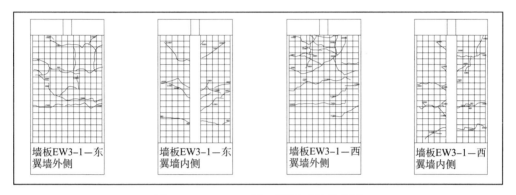

墙板EW3-1—东翼墙外侧　　墙板EW3-1—东翼墙内侧　　墙板EW3-1—西翼墙外侧　　墙板EW3-1—西翼墙内侧

图 4-23　EW3-1 破坏后翼墙裂缝分布图

4.2.1.4　EW1-2 试件试验现象

（1）主墙

1）正面：加载前墙体无初始裂缝。当水平荷载加到第四个循环，正向加载到 134kN 时，在墙体左下角区出现第一条斜裂缝；当反向加载到-115kN 时，在墙体右端中部区域出现第二条斜裂缝，与第一条裂缝垂直，并分别沿 45 度角上下延伸至右上角端和下部中间；继续加载，在墙体除上部的其他 3 个边缘区域裂缝有所增加；当加载至第七个循环 177kN 以后，裂缝迅速增加，主要分布在墙体下部 2/3 区域（两个上角区有所增加），此时整块墙面交叉裂缝明显，并且开始贯通。当加载至第九个循环 193kN 以后，裂缝增速趋缓，同时原有裂缝明显增宽，其中右下方的一条斜裂缝已达 5mm；当加载至极限荷载 212kN 时，裂缝基本贯通并且抹面开始鼓出，其中在中部略偏下部位尤为严重。此后进入位移循环两次阶段，以 5.8mm 位移第二次循环时，荷载下降到 188kN，裂缝明显加宽，中下部鼓出极为严重，并且开始剥落；在以 8.7mm 位移进行循环时，此时荷载下降到约 85% 极限荷载，墙体下部抹面大片剥落，一部分砌块鼓出严重，大部分钢筋已经屈服，墙体破坏（图 4-24）。

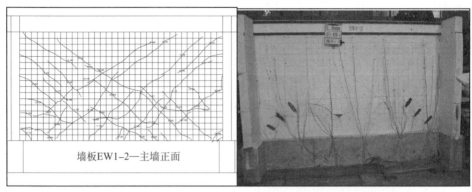

主墙正面裂缝情况　　　　　　　　　　墙体下部抹面开始鼓出剥落

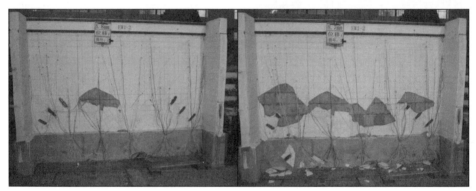

墙体下部抹面继续鼓出剥落　　　　　　墙体下部抹面大片剥落

图 4-24　EW1-2 破坏后主墙正面裂缝分布图

2）反面：加载前墙体无初始裂缝。当水平荷载加到第三个循环，反向加载到 -98kN 时，在墙体左下区域出现第一条斜裂缝；当加载至第四个循环 134kN 时，墙体右下角区出现第二条斜裂缝，与第一条裂缝垂直；当反向加载至 -115kN 时，出现第一条从左上角区贯通至板下边缘中部的斜裂缝；继续加载，当加载至第六个循环 165kN 以后，从墙体两个上角端到下边缘中部分别出现了 3 条贯通的斜裂缝，且在板中下部两两垂直，同时除上部区域外，其他边缘的裂缝有所增加；当加载至第七个循环 177kN 以后，裂缝迅速增加，主要分布在墙体下部 2/3 区域，整块墙体交叉裂缝明显，在墙体中部尤为明显，此时一部分钢筋屈服；当加载至第九个循环 193kN 以后，裂缝增速趋缓，但原有裂缝明显增宽，其中左下方的一条斜裂缝宽度接近 5mm；当加载至极限荷载 212kN 时，裂缝基本贯通并且抹面开始鼓出，其中在中部略偏下部位尤为严重。此后进入位移循环两次阶段，以 5.8mm 位移第二次循环时，荷载下降到 188kN，裂缝明显加宽，中下部鼓出极为严重，并且开始剥落；在以 8.7mm 位移进行循环时，此时荷载下降到约 85% 极限荷载，墙体下部抹面大片剥落，一部分砌块鼓出严重，大部分钢筋已经屈服，墙体破坏（图 4-25）。

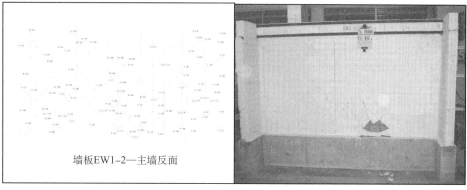

| 主墙反面裂缝情况 | 墙体下部抹面开始鼓出剥落 |

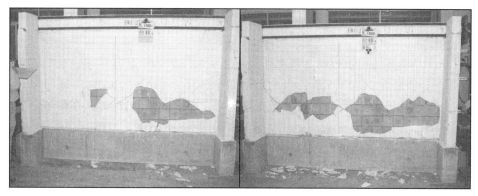

墙体下部抹面继续鼓出剥落　　　　　　墙体下部抹面大片剥落

图 4-25　EW1-2 破坏后主墙反面裂缝分布图

（2）翼墙（图 4-26）

1）西墙内侧：在加载初期，在距墙体底部约 1/3 范围内出现一系列由于受弯引起的水平裂缝。当水平反向加载至第八个循环 183kN 时，在距墙体顶部约 1/3 处出现从主墙延伸过来的斜向和水平向裂缝；当加载至 85% 极限荷载时，底部水平裂缝略有延伸。外侧：当加载至第七个循环 177kN 时，在距墙体顶部约 1/3 处出现第一条水平裂缝；当加载至第八个循环 183kN 时，该裂缝向右延伸至贯通；当加载至极限荷载 212kN 时，在距墙体底部约 1/3 处出现另一条贯通的水平裂缝，同时中上部裂缝略有所增；当反向加载至 204kN 时，由于主墙对翼墙的顶推作用，使得在墙体中下部出现一条竖向裂缝；继续加载，墙体中部区域裂缝有所增加。

2）东墙。情况基本同西墙。

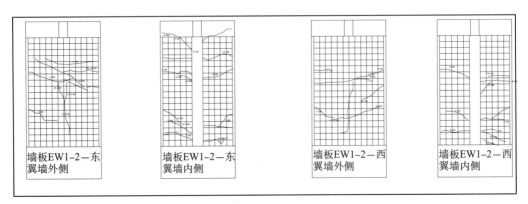

| 墙板EW1-2—东翼墙外侧 | 墙板EW1-2—东翼墙内侧 | 墙板EW1-2—西翼墙外侧 | 墙板EW1-2—西翼墙内侧 |

图4-26　EW1-2破坏后翼墙裂缝分布图

4.2.1.5　EW2-2试件试验现象

（1）主墙

1）正面：墙体无初始裂缝。当水平荷载加至第三个循环105kN时，在墙体左上角区出现第一条斜裂缝；继续加载，当加至第四个循环141kN时，在同一区域出现另一条与第一条裂缝平行的斜裂缝；当反向加载至第五个循环-160kN时，在墙体右下角区出现斜裂缝，与第一条裂缝垂直；当加载至第七个循环196kN以后，裂缝迅速增加，从墙体两个上角端到下边缘中部分别出现了3条贯通的斜裂缝，且在板的中下部两两垂直；当加载至第十二个循环248kN以后，裂缝增速趋缓，此时在墙体中部和两个下角区裂缝略有增加，整块墙体裂缝已经相当密集，在墙体中部交叉裂缝尤为明显，主裂缝基本贯通，一部分钢筋屈服；当加载至极限荷载255kN时，板中部交叉裂缝增宽同时板中抹面开始鼓出。此后进入位移循环两次阶段，以6.8mm位移第一次循环时，裂缝明显加宽，中部抹面鼓出极为严重，并且开始剥落；第二次循环时，中部抹面鼓出更为严重，并且进一步剥落，且右下角斜向裂缝明显增宽，抹面开始鼓出，出现剥落现象；在以10.2mm位移进行第二次循环时，荷载下降到约85%极限荷载，墙体右侧中下部抹面大片剥落，大部分钢筋已经屈服，墙体破坏（图4-27）。

2）反面：墙体无初始裂缝。当水平荷载反向加至第四个循环-134kN时，在墙体左下角区出现第一条斜裂缝；当加载至第六个循环184kN时，在墙体右上角区出现斜裂缝，与第一条裂缝垂直；当加载至第七个循环196kN以后，裂缝迅速增加，从墙体两个上角端到下边缘中部分别出现了4条贯通的斜裂缝，且在板的中下部两两垂直；当加载至第十二个循环248kN以后，裂缝增速趋缓，此时在墙体中部及四个角区裂缝有所增加，墙体上裂缝已经相当密集，在墙体中部交叉裂缝尤为明显，主裂缝基本贯

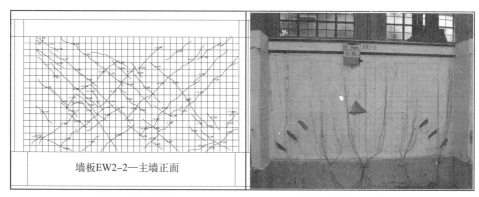

| 主墙正面裂缝情况 | 墙体中部抹面开始鼓出剥落 |

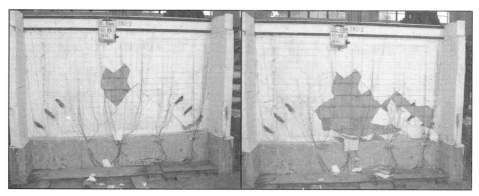

裂缝明显增宽，中下部抹面进一步鼓出剥落　　　　中下部抹面大片鼓出剥落

图4-27　EW2-2破坏后主墙正面裂缝分布图

通；当加载至极限荷载255kN时，板中部交叉裂缝增宽同时板中抹面开始鼓出。此后进入位移循环两次阶段，以6.8mm位移第一次循环时，裂缝明显加宽，中部抹面鼓出极为严重，并且开始剥落；第二次循环时，中部抹面鼓出更为严重，并且大片剥落；在以10.2mm位移进行第二次循环时，荷载下降到约85%极限荷载，墙体中下部抹面几乎全部剥落，大部分钢筋已经屈服，墙体破坏（图4-28）。

　　与墙体EW1-2比较：①相同点：墙体上砌块没有鼓出；在刚开始加载时均未出现裂缝，当各自加载至一定大小以后，裂缝增速突然增加；当荷载接近最大值时，裂缝增速趋缓；在荷载下降到约85%极限荷载时，在墙体中部偏下区域抹面大面积剥落；②不同点：墙体EW2-2的最大荷载达到255kN，而墙体EW1-2的最大荷载只有212kN，墙体EW2-2上的最大裂缝不如墙体EW1-2的明显，墙体EW2-2短裂缝增多。

　　主要原因是EW1-2和EW2-2都采用高强砂浆灌芯，其整体性能较好，砌块的作用可得到充分的发挥，所以其破坏过程极为相似；且由于 EW2-2 的竖向钢筋截面增大，销栓作用增强，使得在砌块和肋梁、柱高强砂浆对墙体贡献减少以后，能够比 EW1-2 的抗剪能力大大增强，也有效地抑制了裂缝的发展。

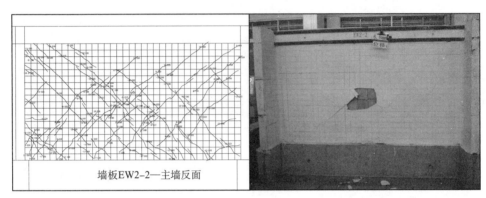

| 主墙反面裂缝情况 | 墙体中部抹面开始鼓出剥落 |

| 墙体中部抹面进一步鼓出剥落 | 墙体中下部抹面大片鼓出剥落 |

图 4-28　EW2-2 破坏后主墙反面裂缝分布图

（2）翼墙（图 4-29）

基本情况类似于墙体 EW1-1。

4.2.1.6　EW3-2 试件试验现象

（1）主墙

1）正面：墙体两个下角区有初始裂缝，出现原因同 EW2-1。当水平荷载加至第一个循环 57kN 时，在墙体左上角区出现第一条斜裂缝；当反向加载至 -63kN 时，墙体右上角区出现第二条斜裂缝，和第一条裂缝垂直；继续加载，当加载至第四个循环 126kN 时，第一、二条裂缝分别延伸至墙体下缘中部，同时出现几条与它们平行的斜裂缝，分别垂直；当加载至第十个循环 233kN 以后，墙体下部裂缝增速趋缓，上部增

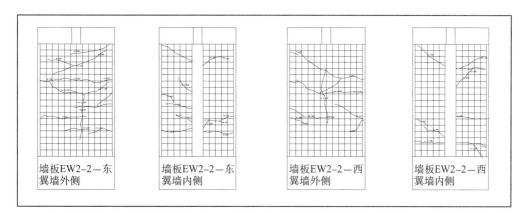

| 墙板EW2-2—东翼墙外侧 | 墙板EW2-2—东翼墙内侧 | 墙板EW2-2—西翼墙外侧 | 墙板EW2-2—西翼墙内侧 |

图 4-29　EW2-2 破坏后翼墙裂缝分布图

速不变，此时整块墙体多处出现交叉裂缝，分布密且较均匀。当加载到极限荷载 270kN 时，交叉裂缝多处贯通，板中及两上角区抹面鼓出，最大裂缝已达 5—6mm。此后进入位移循环两次阶段，以 8.3mm 位移第二次循环时，裂缝明显加宽，板中及两上角区抹面鼓出更为严重；在以 12.4mm 位移进行第一次循环时，贯通裂缝明显加宽，板中及两上角区抹面鼓出极为严重，且右上角出现剥落；进行第二次循环时，荷载下降到约 85% 极限荷载，墙体中上部抹面鼓出极为严重且有剥落趋势，少数钢筋屈服，此时墙体破坏（图 4-30）。

2）反面：墙体 4 个角区有初始裂缝，出现原因同 EW2-1。当水平荷载反向加至第一个循环 -63kN 时，在墙体左上角区初始斜裂缝有所延伸；当加载至第四个循环 126kN 时，墙体右上角区出现斜裂缝，和前述裂缝垂直；继续加载，整块墙体出现相当数量狭长且互相垂直的斜裂缝；当加载至第十个循环 233kN 以后，墙体下部裂缝增速趋缓，上部增速不变，此时整块墙体多处出现交叉裂缝，分布密且较均匀。当加载到极限荷载 270kN 时，交叉裂缝多处贯通，板中及两上角区抹面鼓出，最大裂缝已达 5mm。此后进入位移循环两次阶段，以 8.3mm 位移第一次循环时，裂缝明显加宽，板中及两上角区抹面鼓出更为严重，墙体中部大片抹面剥落；在以 12.4mm 位移进行第一次循环时，贯通裂缝明显加宽，板中及两上角区抹面鼓出极为严重，且右上角出现剥落；进行第二次循环时，荷载下降到约 85% 极限荷载，墙体中上部以及中间下部抹面大部分剥落，少数钢筋屈服，此时墙体破坏（图 4-31）。

与墙体 EW1-2 和墙体 EW2-2 比较：①相同点：墙体上砌块没有鼓出；在最大荷载时，在墙体中部区域抹面大面积剥落；②不同点：三者比较，EW3-2 裂缝分布最密集，砌块破碎最严重，最大荷载达 270kN，裂缝增加情况不同，在角部有抹面剥落。

主要原因是 EWX-2（X=1，2，3）都采用高强砂浆灌芯，其整体性能较好，砌块的作用可得到充分的发挥，所以其破坏过程极为相似；且由于 EW3-2 的横向钢筋和竖

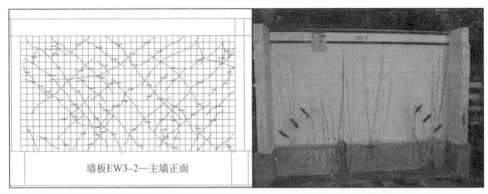

主墙正面裂缝情况　　　　　　　　　　　墙体交叉裂缝密集

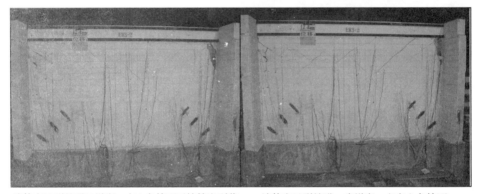

墙体交叉裂缝明显增宽，右上角抹面开始鼓出剥落　　墙体交叉裂缝进一步增宽，左右上角抹面
　　　　　　　　　　　　　　　　　　　　　　进一步鼓出剥落

图4-30　EW3-2破坏后主墙正面裂缝分布图

向钢筋用量同时增大，对墙体约束作用增强，使得在砌块和肋梁、柱高强砂浆对墙体贡献减少以后，能够比 EW1-2 的抗剪能力大大增强，也有效地抑制了裂缝的发展。

（2）翼墙（图4-32）

基本情况类似于墙体 EW1-2。

综合上述情况，对 EWX-1（X=1，2，3）和 EWX-2（X=1，2，3）进行比较，前者三块墙体采用细石混凝土灌芯，后者采用高强砂浆灌芯。因为施工原因，细石混凝土浇捣不够密实。对于墙体 EW2-2 和 EW3-2，由于高强砂浆浇捣密实、整体性较好，随着钢筋量的增加，其极限荷载较大。然而，细石混凝土灌芯的墙体，其黏滞能力较强，用较少量的钢筋可以达到较高的承载力，且破坏状态良好。如果施工时采取措施，使细石混凝土浇捣密实的话，其性能要比高强砂浆好。

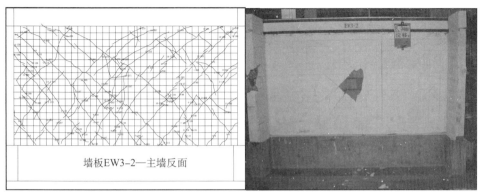

墙板EW3-2—主墙反面

主墙反面裂缝情况　　　　　　　　　　　　中部抹面开始鼓出剥落

交叉裂缝明显增宽，墙体抹面进一步鼓出剥落　　　墙体抹面大片鼓出剥落

图4-31　EW3-2破坏后主墙反面裂缝分布

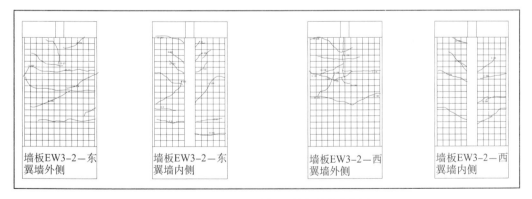

墙板EW3-2—东翼墙外侧　　墙板EW3-2—东翼墙内侧　　墙板EW3-2—西翼墙外侧　　墙板EW3-2—西翼墙内侧

图4-32　EW3-2破坏后翼墙裂缝分布图

4.2.2 试验结果分析

4.2.2.1 试验结果

试验结果整理如下(表4-7、表4-8)。

表4-7　试验结果列表

试件编号	加荷方向	开裂		屈服		极限		破坏	
		荷载(kN)	位移(mm)	荷载(kN)	位移(mm)	荷载(kN)	位移(mm)	荷载(kN)	位移(mm)
EW1-1	推	80.9	0.96	164.03	2.3	214.4	4.29	181.9	9.82
	拉	85.1	1.28	167.45	3.81	192.9	6.83	164.4	9.76
EW1-2	推	134.4	1.79	177.56	2.27	211.9	5.27	176.6	9.12
	拉	115.6	1.8	167.45	2.32	203.6	5.36	172.6	8.11
EW2-1	推	90.1	1.1	170.07	2.04	210.1	4.36	210.1	4.36
	拉	90	1.26	189.97	3.04	205.3	5.41	205.3	5.41
EW2-2	推	110.7	1.36	209.38	2.88	255.5	6.25	214.4	9.83
	拉	134.3	1.82	217.37	3.37	252.2	5.81	214.5	8.47
EW3-1	推	94.4	1.23	203.43	2.74	218.5	5.25	185.3	7.15
	拉	99.1	1.29	188.83	2.77	224.2	5.95	190.4	7.19
EW3-2	推	125.7	1.8	218.5	3.26	271.34	8.3	230.4	11.2
	拉	140.7	1.74	225.81	3.26	272.6	7.27	231.2	10.63

表4-8　试验结果整理

试件编号	开裂		屈服		极限		破坏	
	荷载（kN）	位移(mm)	荷载（kN）	位移(mm)	荷载（kN）	位移(mm)	荷载（kN）	位移(mm)
EW1-1	83	1.12	165.7	3.06	203.7	5.56	173.2	9.77
EW1-2	125	1.8	172.5	2.3	207.8	5.32	174.6	8.62
EW2-1	90.1	1.18	180	2.54	207.7	4.89	-	-
EW2-2	122.5	1.59	213.4	3.13	253.9	6.03	214.5	9.15
EW3-1	96.8	1.26	196.1	2.76	221.4	5.6	187.9	7.17
EW3-2	133.2	1.77	222.1	3.26	272	7.79	230.8	10.92

分析试验结果可知：

1）从墙体框格采用细石混凝土与高强水泥砂浆的情况看：钢筋混凝土肋梁、柱能够比钢筋砂浆肋梁、柱更有效地阻断斜裂缝发展，框格采用钢筋混凝土的墙体裂缝通常是越过隐形密框呈跳跃式非连续地发展，而框格采用钢筋砂浆的墙体其裂缝通常是连续发展，形成较长的裂缝带。

2）从墙体抹面看：墙体 EWX-1 （X=1，2，3）反面抹灰厚于正面，加大抹面厚度可以提高试件刚度，但同时也会增加斜裂缝数量（这可从正、反面裂缝的发展和分布情况得知）。一旦抹面退出工作，墙体耗能能力将会降低。

3）从配筋量看：增加配筋量有助于提高结构的承载力，但同时也会增加结构表面裂缝，试件 EW2-Y 及 EW3-Y （Y=1，2）内部大多数受力钢筋并未屈服，且混凝土的破坏突然，压碎严重，属于超筋破坏。从经济和施工角度分析也不可取。

4）从极限荷载看：除试件 EW1-1、EW1-2 外，EWX-2 比 EWX-1 （X=1，2，3）极限承载力提高很多，分析认为，这与施工时浇筑差异（高强砂浆与细石混凝土相比，浇筑密实且整体性好，钢筋作用发挥较充分）有关；而从试件 EW1-1 与试件 EW1-2 破坏时大多受力钢筋已经屈服来看，结构内部材料间相互作用协调，属于适筋破坏。

5）从最终破坏情况分析：试件 EWX-2 （X=1，2，3）没有出现砌块大量鼓出现象，可见采用水泥砂浆可以有效提高结构的整体性，能够增加节能砌块与隐形密框的粘结度，但这种试件的破坏具有脆性性质，隐形密框对裂缝的阻断作用弱于 EWX-1 （X=1，2，3）；试件 EW2-1 是发生水平滑移后破坏的，说明该试件存在一个抗剪强度低于斜截面抗剪强度的水平面。

表 4-9　试件破坏模式

破坏模式	试件编号
剪压破坏	EW1-1、EW1-2、EW2-2
斜压破坏	EW3-1、EW3-2
水平剪切滑移破坏	EW2-1

4.2.2.2　破坏模式分析

本试验中试件破坏大体可分为剪压破坏、斜压破坏和水平剪切滑移破坏[9-11]，各试件破坏模式归类列于表 4-9。

（1）剪压破坏

剪压破坏是一种节能砌块隐形密框结构墙体比较理想的破坏模式，发生在密框合理、配筋适当的情况下。过程大致可分为 3 个阶段。

1）弹性阶段，荷载较小时，墙体的荷载—变形曲线基本为线性关系，荷载约为极限荷载的40%时墙体开裂，该裂缝的出现，对墙体的刚度无明显影响。

2）开裂阶段，随荷载增加，新旧裂缝沿墙体对角线逐渐向两端发育，由于密框的阻断，裂缝越过密框呈跳跃式非连续发展。在砌块开裂阶段构件的刚度有所退化，但不明显。砌块裂缝发展到一定阶段，随荷载增加，靠近墙体对角线处的几条斜裂缝会贯穿与之相交的肋梁柱并向对角线延伸，形成主斜裂缝带。此阶段个别裂缝也会与边肋柱中由弯曲产生的水平裂缝连通，墙体的刚度也会有较明显的退化。

3）破坏阶段，密框的开裂说明墙体中配筋适当时，随荷载增加，密框中钢筋会逐渐达到屈服。此后随密框中钢筋变形及主斜裂缝带中裂缝宽度的发展，主斜裂缝带的长度方向沿斜向上下迅速延伸，裂缝密集交叉区域砌块首先压碎，从而使墙体承载能力达极限值。

（2）斜压破坏

斜压破坏的受力与破坏的基本特征是：约极限荷载的40%时墙体开裂。随荷载增加，新旧裂缝沿墙体对角线逐渐向两端跳跃发育，与此同时，在墙体对角线两侧砌块的对角线上也产生一些新的裂缝。由于框格的约束，裂缝一般开展不会很大。墙体的最后破坏是以其主对角线方向的砌块被斜向压碎为标志，此时只有少数钢筋屈服。

斜压破坏多发生在墙体截面上平均剪应力较大，并且配筋量较大时有足够的水平钢筋抗剪的情况。

（3）水平剪切滑移破坏

水平剪切滑移破坏的受力与破坏的基本特征是：约极限荷载的40%时墙体开裂。随荷载增加，新旧裂缝沿墙体对角线逐渐向两端跳跃发展，裂缝开展不大。在反复荷载下，随着裂缝密集区域节能砌块被逐渐压裂压碎而退出工作，该区域附近肋梁最先成为主要受剪构件，待到该处混凝土压裂压碎而退出工作后，这时试件的抗剪强度降低，会出现一沿破坏肋梁方向的剪切薄弱面，发生水平裂缝。水平裂缝由两端向中间逐步延伸，使试件水平抗剪面积愈来愈小，剪切摩擦条件进一步恶化，最终沿这水平面出现大量滑移而破坏，此时同样只有少数钢筋屈服。

水平剪切滑移破坏产生的根本原因是存在一个抗剪强度低于斜截面抗剪强度的水平面，它发生于砌块与密框咬合不足，密肋中混凝土不密实的情况。只要保证施工工艺，就可避免此种破坏。

4.2.2.3 滞回曲线

结构或者构件在反复荷载作用下得到的荷载—变形曲线叫做滞回曲线，又称为恢复力曲线。滞回曲线能反映试件在反复荷载作用下的受力性能，包括裂缝的开闭、钢筋的屈服和强化、粘结退化和滑移、局部混凝土的酥裂剥落以及破坏等，它概括了强度、刚度和延性等，能全面地描述试件的弹性及非弹性性质及其抗震性能。滞回曲线通常可归纳为四种基本形态，即梭形、弓形、反 S 形和 Z 形。在多数构件中，往往开始是梭形，然后发展到弓形、反 S 形或 Z 形，后三种形式主要取决于滑移量，滑移的量变引起图形的质变[12,13]。滞回曲线越饱满，表明构件消耗地震能量的能力越强，抗震性能越好。本次试验各模型墙体的荷载—位移如图 4-33 所示。

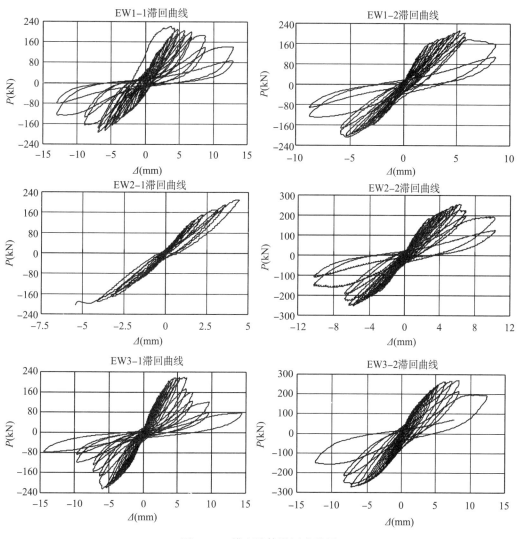

图 4-33　模型墙体滞回曲线图

（1）模型墙体滞回曲线共性特征

由滞回曲线图可以看出砌块开裂前，墙体的变形以弹性变形为主，荷载位移曲线基本呈线性发展。在墙体开裂初期，墙体刚度略有退化，卸载时形成滞回环面积较小，随着荷载增大裂缝进一步增多，卸载到零点时，滞回曲线有一定的捏拢趋势，但不是很严重，滞回曲线呈现弓形，表明试件还未出现非常明显的剪切变形及滑移。继续加载达到极限荷载时，墙体刚度有一定退化，滞回环面积趋于饱满，在靠近坐标原点附近，有明显的捏拢趋势，滞回环曲线呈反 S 形，表现出更多的剪切变形及滑移的影响。达到极限荷载后，随着每级控制位移的增加，相同位移的两次循环中荷载衰减量增加，滞回环处于半稳定状态。此后在逐级增大位移循环时，由于砌块和混凝土的剥落、钢筋的屈服，刚度衰减幅度较大，滑移现象已非常突出，卸载刚度退化幅度也较大，滞回环中部捏拢现象越来越明显。试件滞回曲线仍然呈现反 S 形，但非常靠近位移轴。

（2）模型墙体滞回曲线差别

EW1-2 初始刚度较小，其他几块模型墙体初始刚度较大且接近相同；达到极限荷载以前，EW3-1 和 EW3-2 刚度下降较快，而 EW1-1 刚度下降最慢；达到极限荷载以后，同级位移循环时，EW3-1 和 EW3-2 荷载衰减较快，而 EW1-1 荷载衰减较慢；达到极限荷载 85% 以前，EW1-1、EW1-2、EW2-2 滞回环相对较为饱满。

（3）结论

1）模型墙体中，肋梁柱用细石混凝土灌芯时，钢筋量增加，耗能能力并没有得到增强；用高强砂浆灌芯时，耗能能力得到一定的增强。

2）模型墙体中肋梁、柱钢筋量较大时，其刚度衰减较快，同级位移循环时，荷载衰减较快。

4.2.2.4 骨架曲线

在试件反复加载的滞回曲线图上，将同方向各次加载的峰点（开始卸载点）相连可得骨架曲线[7]。在多数情况下，骨架曲线与单调加载时的荷载—变形曲线十分接近。骨架曲线在研究非弹性地震反应时是很重要的，它是每次循环的荷载—位移曲线达到最大峰点的轨迹，在任一时刻的运动中，峰点不能越出骨架曲线，只能在到达骨架曲线以后沿骨架曲线前进[6]。骨架曲线反映了构件受力与变形的各个不同阶段及特性（承载力、刚度、延性、耗能及抗倒塌能力等），是确定恢复力模型中特征点的依据。节能砌块隐形密框墙体骨架曲线如图 4-34 所示。

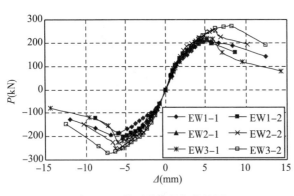

图 4-34　模型墙体骨架曲线图

从骨架曲线可以看出，墙体的破坏大致经历了三个阶段：荷载达到最大荷载的 50% 左右以前，荷载位移曲线接近线性变化，为弹性工作阶段；以后在荷载达到最大值的过程中，墙体裂缝发展明显，荷载位移曲线刚度降低明显，为弹塑性工作阶段；超过最大荷载后，墙体承载力随位移的增加而下降，为墙体工作的破坏阶段。

开裂前墙体的荷载位移曲线基本呈线性，变形为弹性。墙体砌块开裂初期，曲线上显示刚度基本没有变化；随着荷载增大，当试验墙体上出现主斜裂缝带时，曲线上出现拐点，刚度减小；当荷载达到极限荷载时，裂缝明显增宽，抹面和砌块鼓出剥落时，墙体的弹塑性变形发展比较明显。关于各墙体刚度及强度变化，滞回曲线部分已经详述，对于骨架曲线更具体的分析，见 4.3 节。

为了研究不同灌芯材料对墙体受力性能的影响，分别画出两种不同灌芯材料的模型试件的骨架曲线，如图 4-35 和图 4-36。由图可以看出，对于混凝土灌芯和高强砂浆灌芯的模型试件，弹性工作阶段，荷载位移曲线接近线性变化。对于前者，在弹塑性工作阶段，其骨架曲线正向几乎重合，反向时 EW1-1 比 EW2-1 和 EW3-1 刚度衰减较快；在破坏阶段，正反向图形接近对称，EW3-1 强度衰减较快，而 EW1-1 强度衰减较为缓慢；表明对于混凝土灌芯试件，钢筋量的增加，其抗剪强度有一定的提高，但耗能能力较差。对于后者，在弹塑性阶段和破坏阶段，正反向图形几乎对称，但是随着钢筋量的增加，不仅抗剪强度提高很多，而且其耗能能力也有一定的提高。

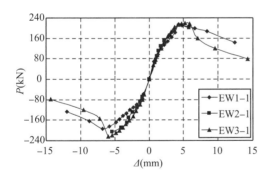

图 4-35 混凝土灌芯模型试件骨架曲线

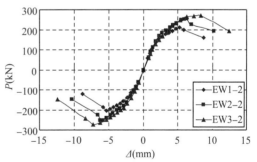

图 4-36 高强砂浆灌芯模型试件骨架曲线

4.2.2.5 墙体刚度退化性能

在位移不断增大的情况下，刚度一环比一环的减少，这就是刚度退化[6]。从荷载—位移曲线可以看出，刚度与应力水平和反复次数有关，在加载过程中刚度为变值，为了满足地震反应分析需要，常用割线刚度代替切线刚度[14]。本章根据文献 [14] 把割线刚度定义为每级往复荷载绝对值之和与其对应的墙体顶部的位移绝对值之和的比，亦称等效刚度，用式(4-1)表示。

$$K_i = \frac{|+P_i| + |-P_i|}{|+\Delta_i| + |-\Delta_i|}$$

(4-1)

式中：$+P_i$——第 i 次正向水平荷载峰值；

$-P_i$——第 i 次反向水平荷载峰值；

$+\Delta_i$——第 i 次正向水平荷载峰值对应的位移；

$-\Delta_i$——第 i 次反向水平荷载峰值对应的位移。

各试件的刚度退化曲线如图 4-37 所示。

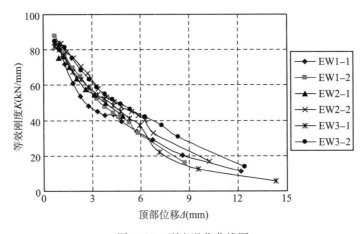

图 4-37　刚度退化曲线图

从图 4-37 可以看出：

1）刚度—位移曲线大致经历了 3 个阶段：初始加载期的刚度急剧下降阶段、刚度下降趋势缓和阶段和刚度大体保持稳定阶段。

2）对于所有试件，Δ 较小（$\Delta \leqslant 1\text{mm}$）情况下，试件的刚度变化情况基本一致。这主要是因为，加载初期，墙体变形较小，肋梁、柱尚没有对墙体变形形成"约束"作用，这阶段墙体的变形主要与加气混凝土砌块的强度有关。

3）在 Δ 较大（$1\text{mm} \leqslant \Delta \leqslant 6.5\text{mm}$）的情况下，无论高强砂浆还是混凝土灌芯的模型墙体中，EW2 和 EW3 刚度退化情况接近相同，且都比 EW1 刚度退化慢。这说明了墙体变形增大以后，随着肋梁中钢筋用量的增大，对变形的约束作用增大，但是肋柱中钢筋量增大并没有起到明显的作用。

4）在 Δ 继续增大（$\Delta \geqslant 6.5\text{mm}$）的情况下，高强砂浆灌芯的模型墙体中，随着钢筋量的增大，刚度退化减慢；混凝土灌芯的模型墙体中，随着钢筋量的增大，刚度退化增快。这表明：对于前者，钢筋用量的增大能够充分地发挥其对墙体的约束作用；而对于后者，钢筋用量最少的试件，其配筋量是比较适合的。出现上述特点的原因是高强砂浆灌芯模型墙体浇筑密实，整体性较好。

5）总体来说，高强砂浆灌芯的模型墙体与混凝土灌芯的模型墙体相比，其刚度退化缓慢。

4.2.2.6　墙体的变形性能

大量的震害实例表明，刚度过大的结构容易遭到破坏，这是因为结构的刚度越大吸引地震力越大，其塑性变形能力一般越小，因而耗能能力越差[15,16]。可见结构或构件的变形性能也应是抗震设计中着重考虑的一个方面，而不应仅仅依靠传统的强度概念进行弹性设计。结构或构件的塑性变形能力是结构或构件的延性性质的表现。延性与强度同等重要，而且延性更有意义，它是结构抗震能力的重要指标。

延性是指结构破坏之前，在其承载力无显著降低的条件下经受非弹性变形的能力。结构的延性也就是结构在外荷载（或基础沉降）作用下，其变形超过屈服，结构进入塑性阶段后，在外荷载继续作用下，变形继续增长，而结构不致破坏的性能。

延性系数[16,17]是反映结构构件进入塑性阶段后变形能力的指标。从历次世界各地大地震的灾害结果分析，结构对于本地区设防烈度的地震几乎没有强度储备，抗震结构是通过提高结构的延性来抵御强震作用的，高延性有较大的塑性变形能力，使结构内部发生内力重分布，降低了结构的破坏概率。延性系数分为曲率延性系数和位移延性系数，位移延性系数又分为角位移延性系数和线位移延性系数，线位移延性系数的计算比较简便，本章用线位移延性系数对构件的延性性能进行考察。

线位移延性系数的表达式为

$$\mu = \frac{\Delta_u}{\Delta_y} \tag{4-2}$$

式中：Δ_u——极限位移；Δ_y——屈服位移。

屈服是对构件状态的描述，屈服点是骨架曲线明显变弯、位移增长速度大于荷载增长速度，结构发生显著塑性变形的那一点。从试验中得到的荷载变形曲线中没有明显的屈服点，实践中对没有明显屈服特征的骨架曲线确定屈服点采用的方法有：能量法、图解法、Park 法[17]等，本章采用图解法如图 4-38 所示。

从原点作弹性理论值切线，与过极限荷载点 B 的水平线相交于 A 点，过 A 点作垂线和骨架曲线相交于 C 点，连接 OC 延长后和 AB 交于 D 点，过 D 点作垂线和骨架曲线相交于 E 点即得到屈服点，这是一种确定屈服点的方法；另一种办法是用骨架曲线所包围面积互等的办法确定等效的屈服点，

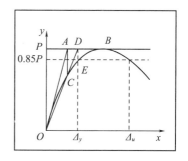

图 4-38　图解法确定屈服点

但是面积确定因人而异,对同一曲线的确定也会出现很多结果,因此,本章中采用前一种办法。本章中采用荷载下降到极限荷载85%时在骨架曲线上所对应的点来确定极限位移。

表4-10 墙体延性系数

编号	EW1-1	EW1-2	EW2-1	EW2-2	EW3-1	EW3-2
延性系数	3.19	3.75	1.93	2.92	2.6	3.35

本次试验墙体线位移延性系数如表4-10所示。

表4-10中可以看出EW1-1、EW1-2和EW3-2延性相对较好,该层间侧移延性系数是可满足一般抗震要求的,且可以看出钢筋量的增多并没有使其延性增强,反而有所下降。由此可见,虽然模型墙体的破坏形式主要是剪切破坏,但只要设计合理,仍可获得较好的变形能力,这里所谓设计合理主要是指合理控制截面的剪压比和合理配置肋梁、柱的钢筋量。

4.2.2.7 墙体的耗能性能

在结构抗震研究中,耗能能力是抗震性能的评价指标,尽管一次地震引起的构件最大位移小于允许的最大位移,但由于地震的多次震动,多次的能量不断地输入结构,能量的积累也能导致结构的破坏,试件的耗能能力采用滞回曲线所包围的面积进行衡量。常用指标有功比指数、能量耗散系数 E,等效粘滞阻尼系数 $h_e^{[18,19]}$ 等。

现用功比指数来作为衡量墙体试件的耗能能力指标。在 i 次循环后,某象限的功比指数为

$$I_w^s = \frac{\sum P_i \Delta_i}{P_y \Delta_y} \tag{4-3}$$

式中:

P_i、Δ_i ——第 i 次循环时卸载点的荷载和位移值;

P_y、Δ_y ——为屈服时的荷载和位移值。

本次试验墙体功比指数如表4-11所示。

表4-11 墙体的功比指数

编号	EW1-1	EW1-2	EW2-1	EW2-2	EW3-1	EW3-2
功比指数	14.13	13.6	5.13	14.3	10.97	14.85

从表4-11可以看出,混凝土灌芯材料的模型墙体EW2-1和EW3-1比高强砂浆灌

芯的模型墙体 EW2-2 和 EW3-2 功比指数偏低，即耗能能力较差；但前者中模型墙体 EW1-1 和后者对应模型墙体 EW1-2 功比指数接近，即耗能能力接近。表明钢筋量较少的试件中，灌芯材料对耗能能力的影响较小，钢筋用量增大的情况下，高强砂浆灌芯的试件比混凝土灌芯试件耗能能力要好。

4.2.2.8 钢筋的应力、应变相关分析

（1）钢筋应变分布规律

图 4-39（a）和图 4-39（b）中表示的是各试件在极限荷载时水平筋及竖向筋在不同水平位置的应变分布情况，其中，系列 1 — 6 代表水平筋及竖向筋从墙体顶层到底层的钢筋应变。

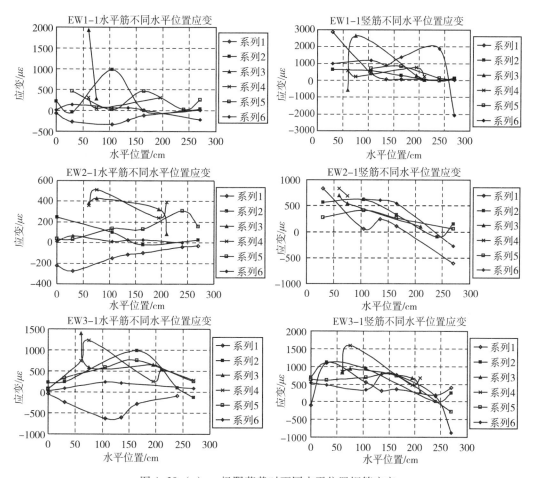

图 4-39（a）　极限荷载时不同水平位置钢筋应变

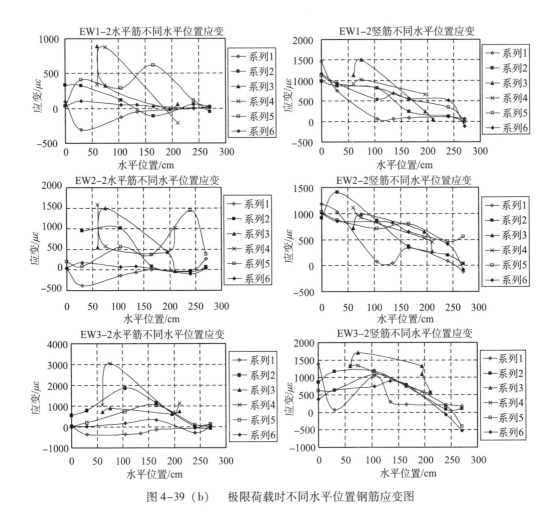

图 4-39（b）　极限荷载时不同水平位置钢筋应变图

1）共性特点。对于水平筋来说，系列 1 和系列 6，即顶层和底层钢筋应变值较小，基本在水平坐标轴附近波动，钢筋应变最大值出现在中间部位；对于竖向筋来说，最大钢筋应变值出现在加载侧，且应变值基本呈现从加载侧沿水平位置单调递减的规律。说明中间部位的水平筋受剪力作用较大，而加载侧竖向筋受弯矩作用较大。

2）存在差别。对于细石混凝土灌芯的试件来说，在达到极限荷载时，第三组试件水平筋和竖向筋应变值都较大，说明钢筋强度得到了较为充分的发挥，而第二组试件应变值最低，钢筋强度发挥最不充分，但第一组试件竖向筋强度发挥得相当充分。对于高强砂浆灌芯的试件来说，在达到极限荷载时，第二组和第三组试件的钢筋作用发挥的较为充分，第一组试件竖向筋强度发挥的较为充分。

3）结论。①对于水平筋中间部位钢筋量和钢筋截面可以适当变大，顶层和底层可以适当减小；②对于竖向筋左右两侧钢筋量和钢筋截面可以适当加大，中间部位可以适当减小；③综合考虑其应变分布和经济效应，在第一组模型墙体中，对于高强砂浆灌芯的墙体，其配筋较为合理（如果采用，其横向钢筋量可以适当减少）。

（2）钢筋应变总体分析

以下取试验中得到的具有代表性的钢筋荷载应变图进行分析，应变分布图见图4-12所示。

a. 边肋柱钢筋应变分析（图4-40）

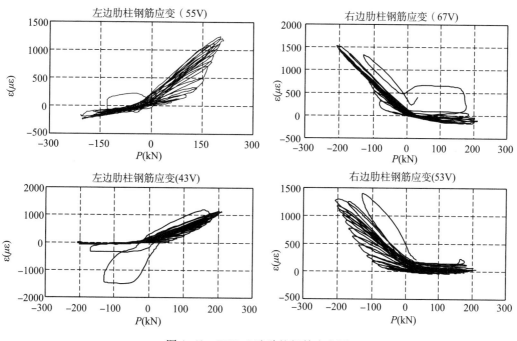

图 4-40 EW1-2 边肋柱钢筋应变图

1）边肋柱钢筋应变在低周反复荷载作用下受墙体整体弯曲作用明显，表现为一侧受拉，另一侧受压。

2）在墙体开裂前，边肋柱钢筋应变随荷载的增减呈线性变化，且大致对称分布，达到最大荷载后，边肋柱内钢筋开始屈服，依然主要承受拉、压应力。

3）边肋柱钢筋应变从上到下由主要为剪切应变向主要为弯曲应变过渡[20,21]。

b. 内肋柱钢筋应变分析

1）距边第二内肋柱（图4-41）。在墙体开裂前，砌块的抗震作用较大，边内肋柱主要与边肋柱一道抵抗弯矩；墙体开裂后，砌块承载力迅速下降，由砌块承担的剪力逐渐卸载给附近的肋梁及肋柱。墙体的力学模型由弯曲型受力的整体弹性板过渡为剪弯型受力的刚架斜压杆，该内肋柱内钢筋通过销栓作用承担部分剪力，故其应变逐渐由拉压型向受拉型过渡。

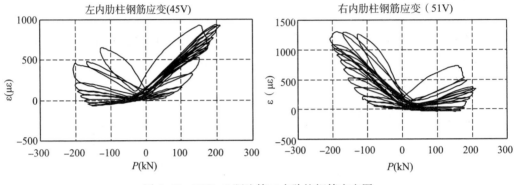

图4-41　EW1-2距边第二内肋柱钢筋应变图

2）内肋柱（图4-42）。内肋柱内钢筋主要通过横筋销栓作用承担剪力，墙体开裂前钢筋应变较小；继续加载应变迅速增长，达到最大荷载时，有少数肋柱钢筋屈服；墙体破坏时，肋柱钢筋大多数达到屈服。

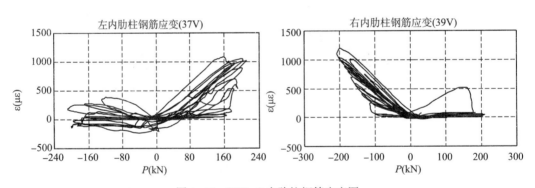

图4-42　EW1-2内肋柱钢筋应变图

c. 肋梁钢筋应变分析（图4-43）

墙体开裂前，肋梁钢筋应变很小；当裂缝延伸至肋梁内后，肋梁钢筋应变有明显突变，应变曲线呈 V 形；继续加载，钢筋应变迅速增长，当中间一部分肋梁钢筋屈服时，墙体达到屈服荷载；在以大位移循环时，肋梁钢筋大部分屈服，最后墙体达到破坏。同时，从试验中发现，砌块的大量开裂，以至肋梁、肋柱的开裂都未能引起承载力的降低，而大量肋梁钢筋屈服使得墙体的抗剪承载力开始迅速降低，说明肋梁钢筋对墙体的抗剪承载力贡献较大。

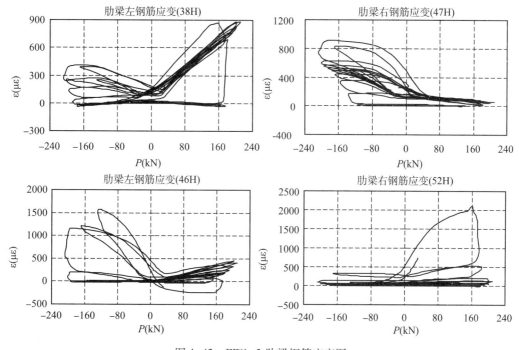

图 4-43　EW1-2 肋梁钢筋应变图

综上所述,肋梁主要承担水平剪力,并对砌块形成有效约束,限制框格内砌块裂缝的延伸和发展;距边第二内肋柱在弹性阶段分担部分整体弯矩,在弹塑性阶段分担部分水平荷载;内肋柱分担部分水平荷载;砌块对墙体的抗侧刚度贡献较大,分担部分的水平荷载,对肋梁、肋柱施加反约束作用,提高墙体的承载能力;边肋柱主要承担墙体的整体弯矩,同时,对墙体的承载能力、刚度以及抗震性能的改善都具有一定的作用。

4.3　节能砌块隐形密框墙体恢复力模型

4.3.1　恢复力模型研究的必要性

一般结构在地震作用下都会有变形过程,如前所述,恢复力特性包含了结构在地震中强度、刚度、延性、能量耗散等特征,这些都是衡量结构抗震性能的重要指标。因此,对恢复力特性的研究基本上就是对结构抗震性能的研究。对恢复力特性研究有以下几点原因。

1）在一次地震实现中，输入地面运动加速度以后，结构的反应是和结构恢复力特性直接相关的。在非弹性地震反应的计算中，由于给定的恢复力特性是根据试验资料并按一定条件加以模拟化的。因此，给定的恢复力特性是否正确地反应结构的真实情况，将在很大程度上影响计算结果。

2）有必要研究在低周反复荷载下进入塑性阶段的结构构件的强度和构造安全措施，改进抗震设计。

3）结构的恢复力模型是非线性分析（包括非线性静力分析和非线性动力分析）不可缺少的依据，以用于状态的确定和刚度的修正。

4.3.2　恢复力模型介绍

在结构弹塑性分析中，构件的恢复力模型及其参数的确定是分析和计算的基础。恢复力模型描述了结构或构件在外荷去除后恢复原来形状的能力，包含了刚度、承载力、延性和耗能等非线性力学特点，只有合理地建立起基本构件的恢复力模型和准确地确定模型参数，数值计算结果才能准确的反映实际结构的真实弹塑性反应。正因为如此，国内外许多学者在这方面做了许多工作[22-24]。目前的恢复力模型大致分为两大类：一类是折线型，另一类是光滑型。折线型的恢复力模型主要有双线性模型、三线性模型、滑移滞回型模型，在这些模型的基础上进一步考虑刚度的退化，强度的退化等因素将得到更为复杂的恢复力模型；光滑型模型主要通过微分方程的形式来表示各种不同受力状态的构件恢复力滞回曲线和承载力、刚度的退化效应。恢复力曲线模型一般包括骨架曲线、滞回特征、刚度退化规律三个组成部分，确定恢复力曲线的方法有试验拟合法、系统识别法、理论计算法。目前在针对不同类型的结构选择合适的恢复力模型方面相对容易些，然而困难的是如何确定这些恢复力模型中的参数。由于这些参数与结构形式、受力特征、材料性能等众多的因素有关，迄今还没有十分可靠的方法来计算这些参数，也正因为如此，本章在有关分析的基础上，根据经验来确定恢复力模型及其参数。

4.3.3　恢复力模型的组成和获取

恢复力模型包括骨架曲线和滞回规律两大部分。滞回规律为所有的状态点 (x, y) 划定了界限，滞回规律体现了结构的高度非线性。针对钢筋混凝土结构，由于材料本身的不均匀，骨架曲线要能反映开裂、屈服、破坏等特征，每种特征有相应的破坏准则。例如，受拉区外侧混凝土达到抗拉强度时算作开裂，受拉钢筋屈服算作结构的屈服以及受压区混凝土达到极限压应变算作结构的破坏等。滞回部分要能反应结构的承载力退化、刚度退化和滑移等特征，这就说明动力作用下的结构具有某种记忆，使得下一步状态点的确定，不仅取决于本状态点的位置，还和历史上经过的状态点有关。

因此，恢复力模型的描述必须遵照一定的方法使得计算每一步都准确、有序。

常用骨架曲线可分为双线型、三线型和四线型三种（图 4-44），其选用与具体的材料、结构和受力状态有关。骨架曲线的关键点通常有开裂点、屈服点和极限破坏点，可由经验公式、程序计算或拟静力试验得到。

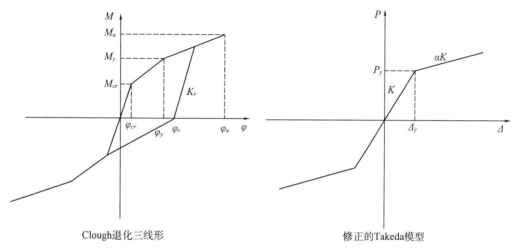

图 4-44　墙体骨架曲线的典型形式

4.3.3.1　滞回规律的典型形式

滞回规律要能反映刚度退化、强度退化、滑移等特征，但不一定将这三种特征都包含在内，且包含的程度也各有不同。例如，Clough 退化三线型可以反映一定的刚度退化和捏拢效应，卸载刚度 $K_r = (\varphi_y/\varphi_r)^\xi$ 中的参数 ξ 的大小决定刚度退化的程度。总结可知，可简化为用以下三个参数来描述。

1）参数 α：控制刚度退化特征，并用来计算骨架曲线上状态点的卸载刚度，而其他状态的卸载刚度取决于同一方向上的变形最大点。卸载刚度可直接表达为 α、骨架曲线上关键点和状态点的函数形式，即 $K_r = f(\alpha, \Delta_y, \Delta_r)$ 或者是卸载时指向反方向的最大变形值得以更新时才进行更新，这条规律对编程很重要。

2）参数 β：控制滑移特征。滑移分为剪切滑移和粘结滑移两种，都表现为某一方向卸载至零并开始反方向加载时，有一个位移显著增大的阶段，而后向着骨架曲线上某一点继续前进。β 用来决定滑移结束点的位置，其横坐标可以由该方向的最大变形点的卸载直线同 X 轴或某一特定直线的交点来确定，纵坐标是将开裂点或屈服点的纵标乘以 β 系数得到。

3）参数 γ：控制承载力退化特征。承载力退化体现在再加载时的指向上。一般在滑移之后，会指向骨架曲线上曾达到的最大变形点，而这时如果指向 $\left[\gamma f(\Delta_{\max}),\ \Delta_{\max}\right]$ $(\gamma < 1)$ 或 $\left[f(\gamma\Delta_{\max}),\ \gamma\Delta_{\max}\right](\gamma > 1)$ 就体现出明显的承载力退化特性。这个参数涉及滞回的稳定性，与轴力的存在有关。

4.3.3.2　恢复力模型的几个主要特征

恢复力模型的主要特征反应了结构的受力特性，对这些特征的计算或识别可以定性或定量地评定结构的抗震性能。

（1）曲线图形

各种构件恢复力特性可以归纳为四种形态：梭形、弓形、反 S 形和 Z 形。

梭形：例如，受弯、偏压以及有足够弯起钢筋的弯剪构件等。

弓形：反映了一定的滑移影响。例如，剪跨比较大，剪力较小并配有一定箍筋的弯剪构件和偏压构件等。

反 S 形：反映了更多的滑移影响。例如，一般框架和有剪力墙的框架、梁柱节点和剪力墙等。

Z 形：反映了大量的滑移影响。例如，小剪跨而斜裂缝又可以充分发挥的构件以及锚固钢筋有较大滑动的构件。

（2）承载力

承载力是一个重要的指标。在地震波的袭击下，首先碰到的就是承载力问题。从整个抗震设计史来看，最早被人们认识的就是承载力问题。在动态设计中，如果最大位移反应能控制在承载力极限以内，则结构就不会发生严重的破坏。同时，承载力高的构件的吸能和耗能的能力，至少在承载力极限范围内比承载力低的构件要大。

（3）变形

在工程结构中，抵抗强震的袭击往往要利用屈服后的变形。这可从骨架曲线确定的延性系数来表示。一般认为，框架结构抵抗强震，结构的角位移延性系数至少需要 3—5。这样在比较两种构件的抗震性能时，从它们延性系数的绝对值和相对值都可以进行判断。在保证承载力的大变形条件下，延性越大地震作用越小，因此，延性对比是抗震能力判别的又一个方面。

（4）钢筋混凝土恢复力特性的共同特点

钢筋混凝土结构，不管何种结构形式，由于材料本身特点，恢复力特性都有一些共同点，这些规律总结于现有的研究成果，可为今后的研究提供方向或为一些初步的判断提供依据[25-27]。

1）在一次荷载作用下其轨迹是向上凸起的。

2）随着荷载每次反复，变形加大，刚度降低。

3）在荷载反向时，曲线有指向前半个循环最大值的趋势。

4）进入新的大变形时，曲线向上凸起，在一个稳态循环中，曲线成为反 S 形。

5）结构随循环次数的增加而逐渐损坏，同样的变形量对应的荷载值逐渐减少，这在剪切破坏时更为显著。

6）曲线所包含的面积随着变形的增大而增大，其速率一般比变形速率更快。

4.3.4 节能砌块隐形密框墙体骨架曲线

采用试验拟合法和理论计算法[15,17,29]确定节能砌块隐形密框墙体骨架曲线。参考各个试件的实测骨架曲线（图 4-45），墙体开裂前荷载—位移曲线基本上呈线性关系，开裂后刚度明显降低，但荷载—位移曲线退化缓慢，一直到试件屈服，刚度又出现明显退化。因此，对于节能砌块隐形墙体的等效骨架曲线，可以简化为四折线型（图 4-46）。

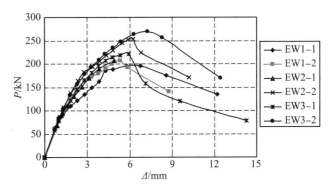

图 4-45 试验实测骨架曲线

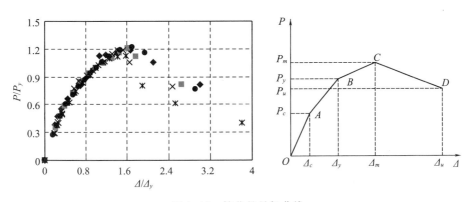

图 4-46 简化的骨架曲线

在简化的骨架曲线中，A 点定义为试件的开裂点，一般指试件骨架曲线中第一个明显的拐点，虽然此时墙面中有可能已经出现了少量裂缝，但对试件的整体性能影响很小，荷载—位移曲线还基本上呈线性关系；B 点定义为试件屈服点，因为试件在开裂后刚度明显降低，但是在此以后的相当一段荷载历程中，刚度缓慢退化；试件屈服后，进入较大的变形阶段，C 点为极限荷载点，D 点为极限位移点。其中在图中，A 点对应的 P_c 为开裂荷载，Δ_c 为开裂位移；B 点对应的 P_y 为屈服荷载，Δ_y 为屈服位移；C 点对应的 P_m 为试件极限荷载，Δ_m 为极限荷载对应的位移；D 点对应的 P_u 为试件极限位移对应的荷载，Δ_u 为试件极限位移。综合本次试验数据可得：$\alpha_2 = 0.68$，$\alpha_3 = 0.17$，$\alpha_4 = -0.13$。

表 4-12 中的 K_1 为试验的弹性阶段刚度，K_2 为试验的弹塑性阶段刚度，K_3 试验极限荷载时的刚度，K_4 为破坏荷载时的刚度。试件各个阶段的刚度均采用割线刚度，K_1、K_2、K_3、K_4 分别采用式（4-4）、式（4-5）、式（4-6）和式（4-7）计算。

表 4-12　本次试验计算刚度

试件编号	K_1（N/mm）	K_2（N/mm）	K_3（N/mm）	K_4（N/mm）	K_2/K_1	K_3/K_1	K_4/K_1
EW1-1	74.11	44.95	14.62	-7.21	0.606	0.197	-0.097
EW1-2	69.44	52.20	13.52	-10.06	0.752	0.195	-0.145
EW2-1	76.36	57.63	11.79	—	0.755	0.154	—
EW2-2	77.04	55.43	14.46	-12.05	0.719	0.188	-0.156
EW3-1	76.83	52.26	10.37	-10.40	0.680	0.135	-0.135
EW3-2	75.25	44.67	12.38	-9.98	0.594	0.165	-0.133

$$K_1 = \frac{|+P_c| + |-P_c|}{|\Delta_c| + |\Delta_c|} \tag{4-4}$$

$$K_2 = \frac{|+P_y| + |-P_y| - |P_c| - |-P_c|}{|+\Delta_y| + |-\Delta_y| - |\Delta_c| - |-\Delta_c|} \tag{4-5}$$

$$K_3 = \frac{|+P_m| + |-P_m| - |P_y| - |-P_y|}{|+\Delta_m| + |-\Delta_m| - |\Delta_y| - |-\Delta_y|} \tag{4-6}$$

$$K_4 = \frac{|+P_u| + |-P_u| - |P_m| - |-P_m|}{|+\Delta_u| + |-\Delta_u| - |\Delta_m| - |-\Delta_m|} \tag{4-7}$$

4.3.5　节能砌块隐形密框墙体的恢复力模型

总结上面对节能砌块隐形密框墙体的骨架曲线以及刚度退化的分析，同时考虑其试件破坏的渐次性，试验的全过程恰恰也体现了墙体耗能的设计原则，并利用荷载反向时曲线指向最大值的规律，节能砌块隐形密框墙体的恢复力模型可以取为退化四线型模型，如图 4-47 所示。

退化四线型模型各阶段刚度计算采用下面公式，对于其中开裂点、屈服点的控制，可以采用表 4-12 给出的统计数值进行控制。

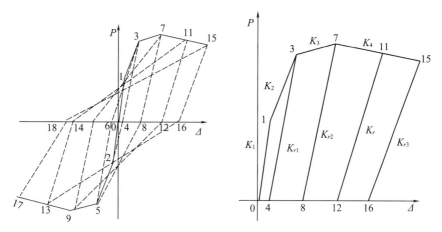

图 4-47 四线型恢复力模型

（1）刚度的计算

$$K_1 = \alpha_1 K \tag{4-8}$$

α_1 为墙体试验初始刚度与理论弹性刚度的差异系数，取 $\alpha_1 = 0.85$；K 为理论弹性刚度计算值。其公式是

$$K = \frac{1}{\delta_b + \delta_s} = \frac{1}{\left(\dfrac{H^3}{3EI} + \dfrac{\mu H}{GA}\right)} \tag{4-9}$$

其中，H 为墙体高度；A 为墙体横截面积，$A = Lt$；t 为墙体厚度；μ 为截面剪应力不均匀系数，工字型截面取 $\mu = A/A'$，A' 为腹板截面积；I 为墙体截面惯性矩，$I = tL^3/12$；E 为墙体弹性模量；G 为墙体剪切模量。

$$K_2 = \alpha_2 K_1 \tag{4-10}$$

α_2 为试验回归系数，取 $\alpha_2 = 0.68$。

$$K_3 = \alpha_3 K_1 \tag{4-11}$$

α_3 为试验回归系数，取 $\alpha_3 = 0.17$。

$$K_4 = \alpha_4 K_1 \tag{4-12}$$

α_4 为试验回归系数，取 $\alpha_4 = -0.13$。

（2）各关键点荷载的确定

抗剪承载力极限荷载 P_m 由本章后面的公式（4-26）计算。

对于灌芯材料为细石混凝土其开裂荷载：

$$P_c = 0.43 P_m \tag{4-13}$$

对于灌芯材料为高强砂浆其开裂荷载：

$$P_c = 0.48P_m \qquad (4-14)$$

屈服荷载和破坏荷载：

$$P_y = P_u = 0.85P_m \qquad (4-15)$$

（3）各关键点位移的确定

开裂位移：

$$\Delta_c = P_c / K_1 \qquad (4-16)$$

屈服位移：

$$\Delta_y = (P_y - P_c) / K_2 + \Delta_c \qquad (4-17)$$

极限荷载对应位移：

$$\Delta_m = (P_m - P_y) / K_3 + \Delta_y \qquad (4-18)$$

极限位移：

$$\Delta_u = (P_u - P_m) / K_4 + \Delta_m \qquad (4-19)$$

（4）卸荷刚度

将墙体的恢复力模型取为退化四线型，其刚度的退化规律主要针对卸载刚度（图4-47）。统计墙体在屈服点、最大荷载点、极限位移点三处的标准滞回环，并以此为边界条件，通过插值可以构造出墙体在三个阶段的卸载刚度，其公式如下

$$K_r = (\Delta_c / \Delta_r) 0.5 K_1 \qquad (\Delta_k < |\Delta_r| \leqslant \Delta_y) \qquad (4-20)$$

$$K_r = (\Delta_y / \Delta_r) 0.61 K_1 \qquad (\Delta_y < |\Delta_r| \leqslant \Delta_m) \qquad (4-21)$$

$$K_r = (\Delta_m / \Delta_r) 0.63 K_1 \qquad (\Delta_m < |\Delta_r| \leqslant \Delta_u) \qquad (4-22)$$

式中：K_r——墙体卸载刚度；Δ_r——卸载时墙体的侧移。

（5）恢复力模型路径

1）加载至开裂点 1 以前，加载刚度、卸载刚度、反向加载刚度均为弹性刚度。

2）正向加载至开裂点 1 以后，到屈服点 3 为屈服前刚度 K_2，开始卸荷，卸载刚度指向 4；反向加载指向 2，再至反向屈服点 5，后开始反向卸荷至 6，最后正向加载到 3。第一圈路径为 1→3→4→2→5→6→3。

3）由屈服点 3 继续正向加载，到最大荷载点 7 为屈服后刚度 K_3，开始卸荷，卸载刚度指向 8；反向加载指向 5，再至反向最大荷载点 9，后开始反向卸荷至 10，最后正向加载到 7。第二圈路径为 3→7→8→5→9→10→7。

4）由最大荷载点 7 继续正向加载，到负刚度 K_4 上任一点 11，开始卸荷，卸载刚度指向 12；反向加载指向 9，再至点 11 的反向对称点 13，后开始反向卸荷至 14，最后正向加载到 11。第三圈路径为 7→11→12→9→13→14→11。

5）由点 11 继续正向加载，到负刚度 K_4 上的极限位移点 15，开始卸荷，卸载刚度指向 16；反向加载指向 13，再至反向极限位移点 17，后开始反向卸荷至 18，最后正向加载到 15。第四圈路径为 11→15→16→13→17→18→15。

4.3.6　骨架曲线特征点拟合

根据 4.3.5 节提出的方法进行节能砌块隐形密框墙体刚度和骨架曲线特征点计算。模型墙体刚度计算结果见表 4-13 所示。

表 4-13　刚度计算结果

试件编号	K	K_1	K_2	K_3	K_4
EW1-1	88.70	75.40	51.27	12.82	-9.80
EW1-2	88.67	75.37	51.25	12.81	-9.80
EW2-1	89.36	75.96	51.65	12.91	-9.87
EW2-2	88.94	75.60	51.41	12.85	-9.83
EW3-1	90.04	76.53	52.04	13.01	-9.95
EW3-2	88.87	75.54	51.37	12.84	-9.82

骨架曲线特征点计算结果见表 4-14 和表 4-15 所示，在表中下标带 .e 项为试验结果，下标带 .c 项为计算结果。

表 4-14　骨架曲线特征点计算结果与试验结果比较（1）

试件编号	P_c (kN)		Δ_c (kN)		P_y (kN)		Δ_y (kN)	
	$P_{c.e}$	$P_{c.c}$	$\Delta_{c.e}$	$\Delta_{c.c}$	$P_{y.e}$	$P_{y.c}$	$\Delta_{y.e}$	$\Delta_{y.c}$
EW1-1	83	86.47	1.12	1.15	165.7	170.94	2.96	2.79
EW1-2	125	96.24	1.8	1.28	172.5	170.43	2.71	2.72
EW2-1	90.1	93.91	1.18	1.24	180	185.64	2.74	3.01
EW2-2	122.5	118.18	1.59	1.56	213.4	209.27	3.23	3.34
EW3-1	96.8	108.53	1.26	1.42	196.1	214.54	3.16	3.46
EW3-2	133.2	129.55	1.77	1.71	222.1	229.42	3.76	3.66

表 4-15　骨架曲线特征点计算结果与试验结果比较（2）

试件编号	P_m (kN)		Δ_m (kN)		P_u (kN)		Δ_u (kN)	
	$P_{m.e}$	$P_{m.c}$	$\Delta_{m.e}$	$\Delta_{m.c}$	$P_{u.e}$	$P_{u.c}$	$\Delta_{u.e}$	$\Delta_{u.c}$
EW1-1	203.7	201.1	5.56	5.15	173.2	170.94	9.79	8.23
EW1-2	207.8	200.5	5.32	5.07	174.6	170.43	8.62	8.14
EW2-1	207.7	218.4	5.09	5.55	—	185.64	—	8.87
EW2-2	253.9	246.2	6.03	6.21	214.5	209.27	9.3	9.97
EW3-1	221.4	252.4	5.6	6.36	187.9	214.54	8.82	10.17
EW3-2	272	269.9	7.79	6.81	230.8	229.42	11.92	10.93

图 4-48 为计算确定骨架曲线与试验所得骨架曲线的对比图。可以看出，采用本文所建议方法确定的恢复力模型骨架曲线与试验结果较为接近。

4.4　节能砌块隐形密框墙体斜截面抗剪承载力实用设计计算公式

4.4.1　斜截面承载力影响因素分析

节能砌块隐形密框墙体在极限状态下的破坏裂缝见图 4-49 所示，从图中可以看出其破坏现象和剪力墙、砖砌体墙体有明显的不同，没有出现主斜裂缝，裂缝较多分布均匀且宽度相当，主要原因是和节能砌块隐形密框墙体相比后两种墙体材料是比较均匀的，在达到材料破坏强度时局部发生破坏，同时也是整个构件破坏的原因，但节能砌块隐形密框墙体是由不同强度的材料组成，在外力作用下低强度材料先发生破坏，然后高强度材料发挥作用，局部材料的破坏并不会导致整个构件的破坏，同时这种局部破坏使得整个构件中的材料都能发挥其性能：在图中低强度砌块先发生破坏，然后裂缝从砌块延伸到肋梁、柱和裂缝相交肋梁、柱截面中的钢筋发挥出其作用；在墙体中砌块和肋梁柱均匀布置数量较多，使得在同一肋梁或肋柱的多处位置钢筋发挥抵抗水平荷载的作用，因此，在同截面处节能砌块隐形密框墙体配筋量由于自身的优良性能大大小于剪力墙中的配筋量，和其他两种墙体相比较，节能砌块隐形密框墙体充分发挥材料性能，明显增加了墙体的抗震性能。

节能砌块隐形密框墙体抗剪极限承载力的主要组成是：砌块裂缝面咬合作用、内肋梁柱灌芯材料裂缝面骨料咬合作用、边肋柱灌芯材料裂缝面骨料咬合作用、内肋柱和边肋柱中垂直钢筋的销栓作用以及肋梁中水平钢筋抗拉作用等，这些抗剪成分的作用和相对比例，在墙体的不同受力阶段随裂缝的形成和发展而不断变化，节能砌块隐

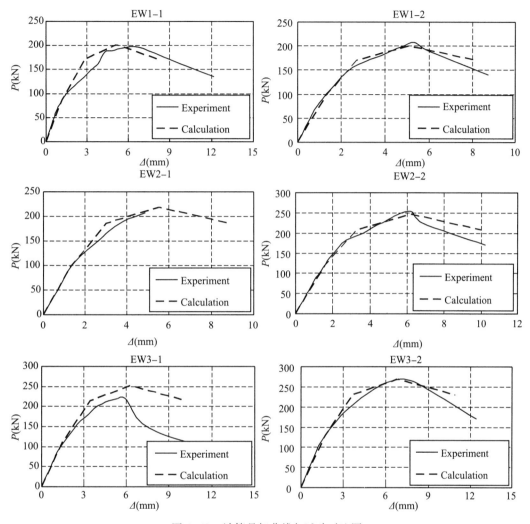

图 4-48　计算骨架曲线与试验对比图

形密框墙体极限抗剪承载力组成应该包含这些因素的贡献。

在墙体受力的开始阶段，水平剪力主要由内肋柱和边肋柱灌芯材料承担，水平钢筋和垂直钢筋的应力都很小；砌块中出现裂缝后水平剪力在一段过程中主要是由砌块裂缝面咬合作用和灌芯材料承担，水平和垂直钢筋的应力很小；当肋梁灌芯材料首先开裂后，肋梁中的钢筋应力迅速增加，水平剪力的组成为砌块裂缝面咬合作用、灌芯材料裂缝面骨料咬合作用以及穿越肋梁裂缝的水平钢筋抗拉作用；当内肋柱和边肋柱中的灌芯材料开裂后，又会增加边肋柱中灌芯材料裂缝面的骨料咬合作用、内肋柱和

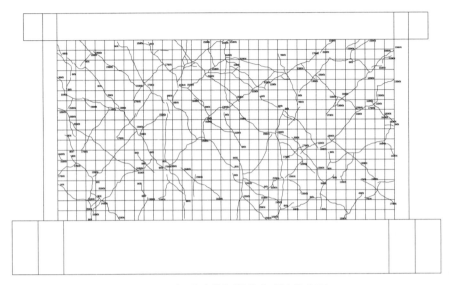

图 4-49　标准墙体极限荷载裂缝分布图

边肋柱中垂直钢筋的销栓作用，这些作用综合起来即为节能砌块隐形密框墙体抗剪极限承载力。

由试验的结果看出，节能砌块隐形密框墙体的抗剪承载能力构成很复杂。从墙体的构造形式和试验时的破坏状况可以看出影响抗剪承载力的因素很多，主要有这么几个方面：剪跨比、肋柱钢筋、肋梁钢筋、肋梁柱截面面积、灌芯材料强度、砌块强度、框格划分、配筋率等，下面主要对这些因素结合试验进行分析。

4.4.1.1　剪跨比

墙体在受到弯矩和剪力情况下发生破坏，弯矩和剪力的相对比例对构件的受力情况和破坏形态影响明显，此时用参数 λ 来表示两者相对大小，即 $\lambda = M/Vh_0$，称为广义剪跨比[30]，在考虑墙体时，可用墙体的高度和宽度的比值来表示，称为高宽比，即 $\lambda = h/b$。

剪跨比对承载力的影响主要反映在应力状态和破坏形态，剪跨比小时趋于剪切破坏，大时趋于弯曲破坏，剪切破坏的抗侧承载力远大于弯曲破坏的抗侧承载力。当剪跨比由小到大增加时，构件的破坏形态从灌芯材料抗压强度控制的斜压型转变为剪压区和斜裂缝骨料咬合控制的剪压型，当剪跨比更大时，再转变为灌芯材料抗拉强度控制的斜拉型，为受弯控制破坏。

由于节能砌块隐形密框墙体的结构形式和配筋砌块砌体剪力墙以及剪力墙结构的墙体有一定的相似性，后者研究已经比较成熟，在规范中都有明确的公式，参考其中对剪跨比的考虑，随着剪跨比的增大墙体的抗剪承载力减小，在节能砌块隐形密框墙体的抗剪中考虑剪跨比的反比例影响，如我国现行砌体结构设计规范[2]对配筋砌块剪力墙中用 $1/(\lambda - 0.5)$，美国规范用 $1.6(1 - \lambda)$，现行混凝土结构设计规范中[1]用 $1.75/(\lambda + 1)$ 来考虑；剪跨比与灌芯材料、轴压比两者对抗剪承载力的贡献相关，现行砌体结构设计规范包含砌块和轴压力的影响，但是混凝土结构设计规范中没考虑剪跨比和轴压比的相关性。

当剪跨比增加到一定程度，随着数值的增大，抗剪强度的降低趋于稳定，同时又不能太小，为了和实际相符合，对剪跨比的值给予一定的限制范围。砌体结构设计规范中对配筋砌块剪力墙有这样的考虑，当小于 1.5 时取 1.5，大于 2.2 时取 2.2。由于节能砌块隐形密框墙体关于这方面的研究还比较少，本次试验考虑实际的最大和最小的剪跨比值，暂不考虑超过两个界限值时的情况。

4.4.1.2　肋柱钢筋

墙体中出现贯通肋柱的裂缝后，竖向钢筋的变形特征是被裂缝分开的两个部分发生相对错动，钢筋本身的应变变化不是很大，与裂缝相交的垂直钢筋不能完全达到屈服，试验结果表现了这个特点。肋柱钢筋的抗剪作用主要是通过销栓作用提供，由于销栓作用主要靠和钢筋粘结在一起的灌芯材料提供，而灌芯材料的抗拉强度不是很高，容易出现沿钢筋方向出现撕裂现象，这时销栓作用急剧降低，所以灌芯材料的强度大小影响销栓作用的发挥。

肋柱钢筋的抗剪作用除了直接承受水平荷载通过销栓作用抗剪外，还因为肋柱钢筋能限制斜裂缝开展和延伸，有利于发挥裂缝面材料的咬合作用，加大剪压区面积，间接地提高墙体的抗剪承载力和延性。

对于墙体中竖向钢筋的抗剪承载力的贡献大小问题，认识还不是很一致。在现行砌体结构设计规范给出的配筋砌块砌体剪力墙斜截面承载力公式和现行混凝土结构设计规范中给出的钢筋混凝土剪力墙斜截面承载力公式中并未直接体现竖向钢筋的作用，而是包含在其他项中综合考虑，这种考虑主要是因为抗剪作用的复杂性，但在建筑抗剪设计规范中对小砌块墙体的抗剪受剪承载力计算中给出了竖向钢筋作用项。节能砌块隐形密框墙体和混凝土小砌块剪力墙、钢筋混凝土剪力墙有一定的相似性，本章拟借鉴给出抗剪公式中竖向钢筋的作用。

4.4.1.3　肋梁钢筋

肋梁钢筋的抗剪作用除了直接承受部分水平荷载外，还因为其存在限制了斜裂缝的开展宽度，增加了加气混凝土砌块开裂后的开裂面咬合作用，肋梁钢筋和肋柱钢筋构成的骨架使砌块受到约束，有利于抗剪承载力的提高。肋梁钢筋对开裂荷载的影响很小，但是当肋梁、肋柱开裂灌芯材料退出工作时，钢筋应变增长很快，实现应力的转移。

肋梁钢筋和肋柱钢筋一起对提高构件的抗剪能力和变形能力有很大帮助。从本次试验测量得到的应变显示，肋梁水平钢筋在通过斜截面直接受拉抗剪，在墙体开裂前几乎不受力，墙体开裂直到极限荷载时，水平钢筋受力大部分达到屈服。但在估计肋梁的抗剪作用时注意到，并不是和剪切裂缝相交的所有肋梁钢筋都能屈服得到充分利用。在极限状态时的钢筋应力值，在很大程度上取决于斜裂缝的位置、开展宽度以及和钢筋的相交角度。在混凝土小砌块剪力墙的研究过程中，对水平钢筋的作用进行了深入的研究，作用项影响系数的取值比较大。

4.4.1.4　内肋梁、内肋柱截面尺寸

内肋柱的作用主要是承担竖向荷载，从墙体的破坏形态看，在很多的内肋梁、内肋柱中出现裂缝并贯通整个截面，内肋梁、内肋柱互相构成的约束限制了砌块裂缝的发展。

内肋柱的作用和混凝土小砌块剪力墙中的芯柱类似，后者对不同填芯率已经进行了很深入地研究。通过对 6 片设置芯柱和水平条带的约束混凝土小砌块墙体[20]进行的低周反复荷载试验进行分析，得到随填芯率的增加，开裂荷载和极限荷载近似线性增加，反映出水平条带和芯柱能有效增强抗剪能力；另外在 P—Δ 曲线下降段的强度退化缓慢，说明芯柱的设置能提高墙体的变形能力。而且在芯柱相同的情况下，减小水平条带的截面，墙体的变形能力及延性有所降低，说明水平条带的设置对提高墙体变形能力有一定的作用。

内肋梁、内肋柱截面积增大时贯通裂缝截面的灌芯材料表面积增大，内肋梁、内肋柱共同构成的约束作用使砌块裂缝分布范围增大、数量增多，砌块裂缝面面积加大。与混凝土小砌块剪力墙[31,32]的破坏形态相比，明显增加了剪切破坏面的面积，灌芯材料和砌块破坏面咬合作用对提高墙体的抗剪承载力作用很大。

4.4.1.5　灌芯材料、砌块强度

以往相关墙体研究资料表明：墙体弯剪破坏最终由混凝土材料的破坏控制，随混凝土强度的提高弯剪承载力提高。不同剪跨比的构件，承载力取决于混凝土的抗拉或抗压强度，提高混凝土的强度等级，弯剪承载力的提高显著。以往研究表明，当在其他条件相同时，偏心受压作用下混凝土构件的剪切强度随混凝土强度的提高而增大。

砌块强度对承载力的影响很大，在文献［33］的研究中发现格构板式轻型墙体的极限承载力是不填砌块空框架的 5.07 倍，文献［34］的试验中标准密肋复合墙体和未填砌块空框架相比，前者的承载能力是后者的 3.58 倍。因此，砌块强度是重要的影响因素。

4.4.1.6 边肋柱

由于节能砌块隐形密框墙体结构自身的特点，在墙体的两端均有边肋柱，当边肋柱的截面面积和墙体中的内肋柱截面面积之和的相对大小发生变化时，墙体的破坏形态便会发生变化。假设仅当边肋柱存在时，在水平荷载作用下由于柱子本身的剪跨比很大，这时在柱中便发生弯曲破坏；在和内肋梁、内肋柱构成的墙体共同作用的情况下，墙体的抗剪作用限制了柱子的侧移，同时也限制了边肋柱中弯矩作用的发挥。可见能通过对边肋柱和墙体刚度的相对强弱进行调整，实现对墙体整体的破坏形态进行控制，在进行墙体的设计时可以充分利用这个特点。

边肋柱在斜截面抗剪中的作用是通过柱子截面本身来完成的，包括灌芯材料和钢筋两个方面。钢筋自身通过销栓作用抗剪外，还会限制裂缝的发展，特别是对墙体中裂缝的发展起到限制作用，提高墙体中各材料裂缝中的裂缝面咬合。因此，在抗剪承载力公式中应该合理给出边肋柱的抗剪作用项。

4.4.2 斜截面承载力公式的建立

4.4.2.1 基本假定

1）选用墙体的弹塑性阶段刚架斜压杆[35]模型为极限抗剪计算模型，承载力计算符合叠加原理。

2）墙体达到抗剪承载能力极限状态时，并没有实际意义上的斜截面主裂缝，而是大量沿框格对角线分布的弥散裂缝，为了便于墙体受剪承载力的研究，本章提出墙体的名义破坏斜截面。它大致沿墙体的对角线分布，是墙体中开裂与损伤相对集中的条状区域。

3）墙体达到抗剪承载能力极限状态时，引用经典的剪摩理论[36]来确定肋梁、肋柱、砌体的开裂区与未开裂区的抗剪强度。

4）墙体达到抗剪承载能力极限状态时，与名义破坏斜截面相交的肋梁钢筋均达到屈服强度，肋柱钢筋部分达到屈服强度。

4.4.2.2 斜截面承载力计算公式

本章将影响墙体受剪承载力的主要因素归结为：未开裂区灌芯材料、砌块的受剪承载力（$V_c + V_q$），开裂区灌芯材料、砌块的受剪承载力（$V_{ck} + V_{qk}$），肋梁水平钢筋的受剪承载力（V_{sh}），肋柱垂直钢筋的受剪承载力（V_{sv}）。这些主要抗剪因素的作用和相对比例，在墙体不同受力阶段随裂缝的形成和发展而不断地发生变化。

如图 4-50 所示，在墙体开裂之前，几乎全部剪力由灌芯材料和砌块承担，肋梁纵筋的应力很低；首先砌块中出现主拉斜裂缝（$V \geqslant V_A$），并形成均布于整片墙体的细小裂缝，开裂区砌块承受的剪力逐渐增大；随着裂缝的不断发展（$V \geqslant V_B$），相继延伸到肋梁和肋柱，肋柱纵筋主要提供销栓力，开裂区灌芯材料提供的抗剪作用也明显增大；随着荷载的增大（$V \geq V_c$），斜裂缝继续发展，肋梁中的钢筋应力迅速增加，肋梁纵筋开始发挥相应抗拉作用，承担的剪力逐渐增大，并有效地约束斜裂缝开展；荷载继续增大，个别肋梁纵筋率先屈服，此时斜裂缝开展较宽，开裂区灌芯材料、砌块的受剪承载力逐步减小，而肋柱纵筋的销栓力和未开裂灌芯材料及砌块承担的剪力稍有增加；最终，斜裂缝沿名义破坏斜截面通长弥散分布，几乎全部的肋梁纵筋屈服，墙体达到抗剪承载力极限状态（$V = V_D$）。

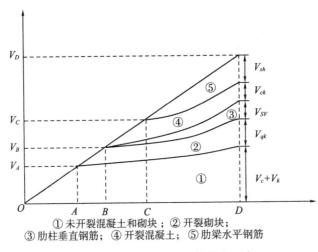

① 未开裂混凝土和砌块；② 开裂砌块；
③ 肋柱垂直钢筋；④ 开裂混凝土；⑤ 肋梁水平钢筋

图 4-50　不同受力阶段抗剪力组成

　　根据节能砌块隐形密框墙体极限抗剪计算模型，精炼出墙体受剪承载力的主要影响因素，在名义破坏斜截面建立墙体斜截面极限抗剪计算公式如下

$$V = V_c + V_{ck} + V_q + V_{qk} + V_{sh} + V_{sv} \tag{4-23}$$

式中：V ——计算墙体剪力；

　　　　V_c ——名义破坏斜截面上未开裂区灌芯材料受剪承载力的水平分量；

　　　　V_{ck} ——名义破坏斜截面上开裂区灌芯材料受剪承载力的水平分量；

　　　　V_q ——名义破坏斜截面上未开裂区砌块受剪承载力的水平分量；

　　　　V_{qk} ——名义破坏斜截面上开裂区砌块受剪承载力的水平分量；

　　　　V_{sh} ——肋梁纵筋的受剪承载力；

　　　　V_{sv} ——肋柱纵筋的受剪承载力（包括直接作用的销栓力 V_d 和间接作用对抗剪的贡献）。

　　目前，国内外抗剪承载力公式的形式[37-39]比较统一，为应用方便，本章提出的斜截面抗剪公式参考规范中钢筋混凝土剪力墙公式的模式，结合剪摩理论[36]并体现了墙

体中砌块划分对承载力的影响，推导公式模式如下

$$V = \frac{c}{\lambda - 0.5} \left[\alpha_1 (f_{ca}A_{ca} + f_q A_q) + \alpha_2 f_{cz} A_{cz} + \alpha_3 f_{cl} A_{cl} \right]$$
$$+ d \left[\alpha_4 f_{ya} A_{sa} + \alpha_5 f_{yz} A_{sz} + \alpha_6 f_{yl} A_{sl} \right] \tag{4-24}$$

式中：V——计算墙体的剪力；

λ——计算截面的剪跨比，此处取为墙体高宽比（即 $\lambda = h/b$），参照规范取 $1.5 \leqslant \lambda \leqslant 2.2$，当 $\lambda < 1.5$ 时，取 $\lambda = 1.5$，当 $\lambda > 2.2$ 时，取 $\lambda = 2.2$；

A_{ca}、A_q、A_{cz}、A_{cl}——边肋柱截面面积、砌块截面面积、内肋柱截面面积、内肋梁截面面积；

f_{ca}、f_q、f_{cz}、f_{cl}——边肋柱灌芯材料、砌块、内肋柱灌芯材料、内肋梁灌芯材料的抗压强度设计值；

f_{ya}、f_{yz}、f_{yl}——边肋柱、内肋柱、内肋梁中纵筋的抗拉强度设计值；

A_{sa}、A_{sz}、A_{sl}——边肋柱、内肋柱、内肋梁中纵筋的面积；

α_1——边肋柱灌芯材料和砌块作用影响系数；

α_2——内肋柱灌芯材料作用影响系数；

α_3——内肋梁灌芯材料作用影响系数；

α_4——边肋柱钢筋作用影响系数；

α_5——内肋柱钢筋作用影响系数；

α_6——内肋梁钢筋作用影响系数。

因为公式中的系数主要通过试验得到，试验数据不足是确定系数的一个主要矛盾。由于节能砌块隐形密框墙体和配筋砌块剪力墙、钢筋混凝土剪力墙的相似之处，结合节能砌块隐形密框墙体和上述两种墙体的破坏形态和受力特点进行分析，考虑配筋砌块剪力墙和钢筋混凝土剪力墙斜截面承载力公式中对应项的取值，对公式（4-24）中的作用影响系数进行确定。

对于边肋柱作用和砌块影响系数 α_1，在考虑地震作用组合的剪力墙中取为 0.04[11]，因为是单纯的混凝土截面抵抗剪切作用，和其他混凝土构件的作用相似，考虑边肋柱在整个受力中分为不同层，本章取系数值 0.03 考虑边肋柱混凝土作用；考虑到砌块剪切破坏和混凝土破坏的相似性，把两者一起考虑。

对于 α_2 作用系数，是内肋柱灌芯材料的抗剪作用影响系数，取系数值为 0.04 主要考虑内肋柱在整个受力中比边肋柱的抗剪作用要大。肋梁混凝土的抗剪作用影响系数 α_3 用肋梁的截面积考虑是因为斜裂缝的发展方向一般为 45°，根据试验结果，由于试件没有施加竖直压力，肋梁混凝土极易被拉裂，其对抗剪承载力的贡献要小于肋柱，本章取值为 0.02。

对边肋柱和内肋柱垂直钢筋作用影响系数 α_4、α_5，参考建筑抗震设计规范中对小砌

块墙体的抗剪受剪承载力计算给出的竖向钢筋作用系数[40]（0.05），作者认为两者同样在45°抗剪时前者转动能力更大，材料性能发挥地更好，系数也应该比后者大，因此确定影响系数 α_4 为 0.06、α_5 为 0.04。

水平钢筋的影响系数 α_6，在考虑地震作用组合的钢筋混凝土剪力墙[1]斜截面抗剪受剪承载力时取为0.8，而在考虑地震作用组合的配筋砌块砌体剪力墙[2]斜截面抗剪受剪承载力时取为0.72，这是因为一般都会出现主斜裂缝，在裂缝处水平钢筋基本都可以达到屈服。而节能砌块隐形密框墙体中裂缝的出现不同于上述两种剪力墙，不存在主斜裂缝，和肋梁相交的裂缝数量大且发展程度相对很小，梁中钢筋的应力发展很小，和肋柱相比较肋梁柔度较大，每跨小梁两端很容易发生转动，影响了肋梁中钢筋作用的发挥，且钢筋沿纵向不同部位均发挥作用，在同一根钢筋中不同部位的钢筋应变值是不同的，应该考虑这种钢筋应力的不均匀性。本章根据试验中实测确定系数值为 0.15。

代入上述参数得到下式

$$V = \frac{c}{\lambda - 0.5}\left[0.03(f_{ca}A_{ca} + f_q A_q) + 0.04f_{cz}A_{cz} + 0.02f_{cl}A_{cl}\right]$$
$$+ d\left[0.06f_{ya}A_{sa} + 0.04f_{yz}A_{sz} + 0.15f_{yl}A_{sl}\right] \tag{4-25}$$

用表4-16中的斜截面承载力进行分析，用线性回归法求得其参数 $c = 2.5$，$d = 2$；代入式回归结果整理得到斜截面抗剪承载力公式。

表4-16　试验结果与计算结果比较

试件编号	试验值 V_s /kN	计算值 V_j /kN	$\lvert V_s - V_j \rvert / V_s$
EW1-1	203.7	201.1	1.3%
EW1-2	207.8	200.5	3.5%
EW2-1	207.7	218.4	5.2%
EW2-2	253.9	246.2	3.0%
EW3-1	221.4	252.4	14%
EW3-2	272.0	269.9	0.8%

$$V = \frac{1}{\lambda - 0.5}\left[0.075(f_{ca}A_{ca} + f_q A_q) + 0.1f_{cz}A_{cz} + 0.05f_{cl}A_{cl}\right]$$
$$+ \left[0.12f_{ya}A_{sa} + 0.08f_{yz}A_{sz} + 0.3f_{yl}A_{sl}\right] \tag{4-26}$$

用式（4-26）对本次试验的试件进行计算，与试验结果的对比列于表4-16。

从表4-16可以看出，所得结果除试件 EW3-1 外，计算值与试验值吻合较好。试件 EW3-1 由于模型限制，隐形密框肋柱相对配筋较多，致使混凝土无法浇注密实，较大影响了抗剪承载力。

4.5 水平荷载作用下节能砌块隐形密框墙体非线性有限元分析

4.5.1 引言

节能砌块隐形密框墙体非线性有限元分析的目的，是认识节能砌块隐形密框墙体在各类荷载作用下的受力性能和破坏机理，为节能砌块隐形密框结构的合理设计提供依据。

为了更好的认识节能砌块隐形密框墙体的受力性能和破坏机理，对下列一些基本问题的深入研究是必需的。包括：①在多轴应力状态下砌块与混凝土本构关系的分析模型的建立；②开裂及剪切机理的进一步研究和有限元描述；③各种单元的最优选择；④裂缝模式的选择；⑤非线性计算的各种算法及其稳定性问题。

本节将就非线性有限元分析方法中所涉及的有限元模型、加气混凝土砌块和混凝土及钢筋的本构关系以及数值分析等内容进行了详细的论述。

4.5.2 非线性有限元分析理论基础

4.5.2.1 有限元模型的选择

用有限元法分析混凝土结构与一般固体力学中有限元分析在基本原理方法上是一样的，但在结构的离散化上有其特殊性。在建立其有限元模型时必须考虑到由于材料的不均匀性所产生的影响。节能砌块隐形密框墙体由钢筋、混凝土、节能砌块三种材料组成，因此，有限元模型的建立与一般由一种均匀连续的材料组成的结构不同，需要考虑三种材料之间的相互关系。通常采用的有限元模型的形式包括分离式、整体式和组合式三种[41]。

当需要对结构构件内微观受力机理进行分析研究时，可以采用分离式模型。分离式模型是将钢筋、混凝土和砌块各自划分为足够小的单元，按照钢筋、混凝土和砌块的不同受力性能，选择多种不同的单元形式。混凝土和砌块，可以采用三角形单元、矩形四节点单元、四面体单元或六面体块单元划分，而钢筋则可采用一维杆系单元以简化计算。为了能模拟钢筋和混凝土之间的粘结和相对滑移，可以在钢筋单元和混凝土单元之间插入联结单元[42]。如果两者粘结很好且无相对滑移，可视为刚结而不用联结单元。总体刚度矩阵按公式（4-27）形成。

$$[K] = \sum [K_m]^e + \sum [K_c]^e + \sum [K_s]^e \tag{4-27}$$

式中：$[K_m]^e$ ——e 单元砌块的刚度矩阵；

$\qquad [K_c]^e$ ——e 混凝土单元的刚度矩阵；

$\qquad [K_s]^e$ ——e 单元钢筋的刚度矩阵。

分离式模式的优点是能够模拟出结构的微观受力机理，但缺点也是显著的，其过程复杂，单元划分很细，从而导致计算工作量大，对计算机的容量和速度都有很高的要求。

本章对节能砌块隐形密框结构住宅墙体受力的全过程进行有限元分析，不仅需要描述墙体的破坏过程、破坏形态，还要对墙体各个阶段的内力和极限承载能力作出评估，而钢筋应力、应变的发展对其作用是至关重要的，所以本章采用分离式模型。在建立墙体有限元模型时，作以下两点假设。

1）由于钢筋一般是配置在肋梁、肋柱的形心位置，它较一般的混凝土构件具有更厚的保护层。因此，可以假定钢筋与混凝土之间没有相对滑移。

2）由于肋梁、肋柱现浇混凝土且加气混凝土砌块含有大量的微孔洞，在接触面上混凝土浆液渗入到砌块内，从而使二者连接良好。因此，可假设肋梁柱与砌块之间没有空隙且在共同受力过程中不会产生现对位移。

4.5.2.2 混凝土的本构关系

在混凝土结构的数值分析中，必须考虑混凝土结构组成材料的受力性能。其中，混凝土本构关系模型对钢筋混凝土结构的非线性分析有重大影响。在建立混凝土的本构关系时往往基于已有的理论框架，再针对混凝土的力学特性，确定甚至适当调整本构关系中各种所需材料参数。

本章采用的是目前较为常用的弹塑性增量理论，这一理论在实际应用中需要按加载过程进行积分，计算比较复杂。随着计算机的发展和计算方法的进步，这一理论得到了越来越广泛的应用。

弹塑性增量理论需要确定三方面内容，即屈服准则、流动法则和硬化法则。

（1）屈服准则

在本章中，混凝土肋梁柱和节能砌块采用的是 Von Mises 屈服准则。Von Mises 屈服准则可描述为：当应力强度达到一定数值时，材料开始进入塑性状态。其屈服函数为

$$(\sigma_1 - \sigma_2)^2 + (\sigma_2 - \sigma_3)^2 + (\sigma_3 - \sigma_1)^2 = 2k^2 \qquad (4-28)$$

将公式表示为八面体剪应力

$$\tau_{oct} = \sqrt{\frac{2}{3}J_2} = \frac{\sqrt{2}}{3}k \qquad (4-29)$$

式中：

$\qquad \sigma_1$、σ_2、σ_3——第 1、第 2、第 3 主应力；

τ_{oct} ——八面体剪应力；

J_2 ——应力偏张量的第二不变量；

k ——应力强度。

Von Mises 屈服准则的屈服面为与静水压力轴平行的圆柱体，偏平面上为圆形（图 4-51）；$\sigma_3 = 0$ 的平面二轴强度轨迹为椭圆形（图 4-52）。

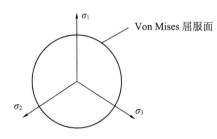

图 4-51　偏平面上的屈服面投影

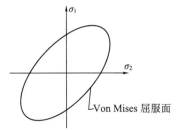

图 4-52　二轴应力下的屈服面

（2）流动法则

对弹塑性材料达到屈服条件后，其变形可分为弹性变形与塑性变形两部分。弹性变形的大小是与应力状态有关的，易于确定。塑性变形的确定，按照 Mises 提出的塑性位势理论，经过应力空间任何一点 M，必有一塑性位势等势存在，它可用公式（4-30）表示

$$g(\sigma_{ij}, H) = 0 \tag{4-30}$$

而塑性变形增量 $d\varepsilon_{ij}^p$，其变形方向与塑性位势面正交，即

$$d\varepsilon_{ij}^p = d\lambda \frac{\partial g}{\partial \sigma_{ij}} \tag{4-31}$$

其中，$d\lambda$ 为一个非负的比例系数。式（4-31）虽不能确定塑性变形的大小，但可以确定塑性变形的方向，所以叫流动法则。由于它表示塑性变形方向与塑性等势面正交，因此可确定塑性增量各分量之间的比值。

（3）强化法则

屈服面随着塑性变形等内变量的变化而发展的规律称为强化法则。由于强化规律比较复杂，人们依据材料的实验资料建立了多种强化模型。其中最常用的有等向强化模型和随动强化模型。

本章选用随动强化模型。随动强化模型假定后继屈服面的大小、形态与初始屈服面相同，在强化过程中，后继屈服面只是初始屈服面整体在应力空间作平动。参见图 4-53。

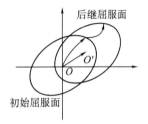

图 4-53　随动强化模型

从图上看出，材料在经受塑性变形的方向上，屈服面有所增大，而在塑性变形的反方向，屈服面则降低了，这对于材料处于反复加载或循环加载的情况下，可能出现的反向屈服的问题，还是比较符合实际的。

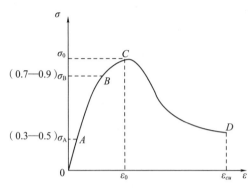

图 4-54　混凝土的典型应力—应变关系曲线

（4）混凝土的应力—应变关系

混凝土的应力—应变关系是根据试验结果进行统计回归分析后得到的。长期以来，各国学者做了大量的试验研究，试验表明，混凝土在短期一次加载单轴受压时的应力—应变曲线如图 4-54 所示[43]。

国内外学者对混凝土应力—应变关系进行过深入的研究，提出过很多本构方程，目前国际上较常用的有 Hongestad 方程和 Rüsch 方程两种（图 4-55、图 4-56）。

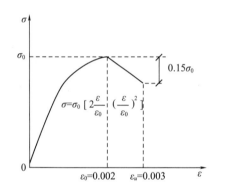

图 4-55　Hongnestad 混凝土应力应变曲线

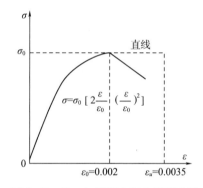

图 4-56　Rüsch 混凝土应力应变曲线

我国《混凝土结构设计规范》（GBJ 50010—2002）基本上采用了类似 Rüsch 建议的曲线，只是在上升段曲线随混凝土强度有所变化，具体表达式为

当 $\varepsilon \leqslant \varepsilon_0$ 时

$$\sigma = f_c\left[1 - \left(1 - \frac{\varepsilon}{\varepsilon_0}\right)^n\right] \tag{4-32}$$

当 $\varepsilon_0 \leqslant \varepsilon \leqslant \varepsilon_{cu}$ 时

$$\sigma_c = f_c \tag{4-33}$$

式（4-32）中

$$n = 2 - \frac{1}{60}(f_{cu,k} - 50) \leqslant 2.0 \qquad (4-34)$$

对于混凝土强度等级等于或小于 C50 时，式（4-32）至式（4-34）中 $\varepsilon_0 = 0.002$，$\varepsilon_{cu} = 0.0033$，$n = 2$。

1964 年 Saenz 提出一个关于应力应变曲线的公式：

$$\sigma = \frac{E_0 \varepsilon}{1 + \left(\dfrac{E_0}{E_s} - 2\right)\left(\dfrac{\varepsilon}{\varepsilon_0}\right) + \left(\dfrac{\varepsilon}{\varepsilon_0}\right)^2} \qquad (4-35)$$

式中：E_0——初始弹性模量；

$E_s = \dfrac{\sigma_0}{\varepsilon_0}$——应力达峰值时的割线弹性模量；

σ_0、ε_0——应力达峰值时的应力、应变。

式（4-35）能很好的反应混凝土的应力—应变曲线，特别是上升段公式并不复杂，因而引起广泛的注意。

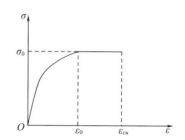

图 4-57　本章采用的混凝土单轴
受压应力—应变关系

本章混凝土单轴受压应力—应变关系的上升段采用 Saenz 建议的公式来描述，曲线达到极限应力后，采用理想塑性模型描述，曲线如图 4-57 所示。其数学表达式为

$$\left. \begin{array}{ll} \sigma = \dfrac{E_0 \varepsilon}{1 + \left(\dfrac{E_0}{E_s} - 2\right)\left(\dfrac{\varepsilon}{\varepsilon_0}\right) + \left(\dfrac{\varepsilon}{\varepsilon_0}\right)^2} & (\varepsilon \leqslant \varepsilon_0) \\[4mm] \sigma = \sigma_0 & (\varepsilon > \varepsilon_0) \end{array} \right\} \qquad (4-36)$$

（5）混凝土的破坏准则

各种材料在多轴应力作用下的破坏是工程科学中的重要问题，很早就有科学家进行了大量的试验和理论研究。著名的古典强度理论就是其中具有代表性的研究成果。近年来断裂力学和损伤理论也取得了很大的成果。但是，这些强度理论大多数都是对某种特定的材料试验而建立的。目前还没有一种强度理论可以普遍地适用于各种材料，特别是对于混凝土材料，由于其组成成分的复杂性，上述理论只能勉强地解释个别应力状态下的破坏或强度，至今还没有一个完善的混凝土强度理论可以概括、分析和论证混凝土在各种应力状态下的破坏或强度。混凝土的破坏准则一般包括 3—5 个参数，能比较准确地描述复杂的破坏曲面的破坏准则有：Ottosen 四参数破坏准则、过—王准

则、江见鲸五参数准则及 William-Warnke 五参数准则等。本章选用 William-Warnke 五参数准则。

William-Warnke 考虑到三参数模型子午线为直线的缺点，将拉、压子午线改为二次抛物线，提出了更普遍的拉、压子午线表达式

$$\left.\begin{aligned}\frac{\tau_{mt}}{f_c{}'} = \frac{\rho_t}{\sqrt{5}f_c{}'} = a_0 + a_1 \frac{\sigma_m}{f_c{}'} + a_2 \left(\frac{\sigma_m}{f_c{}'}\right)^2 \qquad \theta = 0^\circ \\ \frac{\tau_{mt}}{f_c{}'} = \frac{\rho_t}{\sqrt{5}f_c{}'} = b_0 + b_1 \frac{\sigma_m}{f_c{}'} + b_2 \left(\frac{\sigma_m}{f_c{}'}\right)^2 \qquad \theta = 60^\circ \end{aligned}\right\} \qquad (4\text{--}37)$$

由于拉、压子午线交于静水压力坐标轴上，因此有 $a_0 = b_0$，所以只需要五个参数来确定。其偏平面仍采用三参数模型的椭圆曲线概念。模型的偏平面和子午线符合式（4-38）所列情况时，均呈外凸状，如图 4-58 所示。

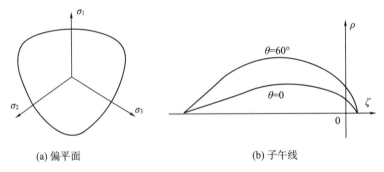

（a）偏平面   （b）子午线

图 4-58   W-W 五参数模型

$$\left.\begin{aligned} a_0 > 0 \quad a_1 \leqslant 0 \quad a_2 \leqslant 0 \\ \\ b_0 > 0 \quad b_1 \leqslant 0 \quad b_2 \leqslant 0 \\ \\ \frac{\rho_t(\sigma_m)}{\rho_c(\sigma_m)} > \frac{1}{2} \end{aligned}\right\} \qquad (4\text{--}38)$$

确定参数的条件：①单轴抗压强度 $f_c{}'$；②单轴抗拉强度 f_t；③二轴等压强度 f_{bc}；④在拉子午线上的三轴强度 f_1；⑤在压子午线上的三轴强度 f_2。

4.5.2.3　加气混凝土节能砌块的本构模型

（1）单轴本构关系

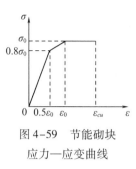

图 4-59　节能砌块
应力—应变曲线

加气混凝土轻质砌块是一种具有多孔结构的人造石材，其内部均匀地分布着无数的微小气孔，其受力性能[44]与普通的混凝土相似，但是质地更"脆"。单轴荷载下，加气混凝土轻质砌块的受压应力—应变全曲线，峰值点突出，曲线陡峭。本章将其应力—应变曲线的上升段简化为二段直线，并在应力达到峰值点后，不考虑下降段。如图 4-59 所示。

其数学表达式为

弹性阶段：

$$\sigma = \frac{0.8\sigma_0}{0.5\varepsilon_0}\varepsilon \tag{4-39，a}$$

弹塑性阶段：

$$\sigma = \frac{\sigma_0 - 0.8\sigma_0}{\varepsilon_0 - 0.5\varepsilon_0}\varepsilon \tag{4-39，b}$$

水平段：

$$\sigma = \sigma_0 \tag{4-39，c}$$

（2）破坏准则

本章在节能砌块隐形密框墙体的有限元模型论述中，考虑到由于节能砌块和混凝土具有一定的相似性：①相对于各自的抗压强度，抗拉承载力都很低；②在单向或双向受压状态时都表现出明显的非线性和各向异性特征[45]。因此，本章仍采用 Mises 屈服准则和 William-Warnke 五参数破坏准则分析加气混凝土轻质砌块的弹塑性行为。

4.5.2.4　钢筋的本构关系

钢筋的受力性能比较清楚，最常用的本构模型有：理想弹塑性模型、双折线弹塑性模型、硬化弹塑性模型和弹性—理想塑性—硬化塑性模型[43]，如图 4-60 所示。本章中，钢筋的应力—应变关系采用理想弹塑性模型［图 4-60（a）］。

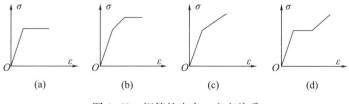

| (a) | (b) | (c) | (d) |

图 4-60　钢筋的应力—应变关系

4.5.2.5 墙体裂缝的处理

混凝土和加气混凝土轻质砌块的抗拉强度很低，在很多情况下墙体是带裂缝工作的，裂缝引起周围应力的突然变化和刚度降低，是节能砌块隐形密框墙体非线性有限元分析的重要因素。因为本章所采用的混凝土和砌块具有相似的本构模型，这里只介绍混凝土裂缝的处理，砌块裂缝的处理同理。

目前，混凝土裂缝处理的方法很多，ANSYS 程序设计采用了混凝土分布裂缝模型，并将裂缝处理分为开裂处理和压碎处理。分布裂缝模型不是直观模拟裂缝，而是在力学上模拟裂缝的作用，其实质是以分布的裂缝代替单独的裂缝，即在出现裂缝以后，仍假定材料是连续的，可用处理连续介质力学的方法来处理。这种处理方法由于不必增加节点和重新划分单元，很容易由计算机来自动进行。

4.5.2.6 非线性求解方法

用静力有限元分析结构时，最终归结为解方程组的问题。但由于材料的非线性，使问题的解决变的复杂。常用的解非线性有限元方程的方法有增量法、迭代法和增量迭代法。

1）增量法。即逐步增量法，是把荷载划分为许多荷载增量，每施加一个荷载增量，计算结构的位移和其他反应时，认为结构是线性的，即结构的刚度矩阵是常数。在不同的荷载增量中，刚度矩阵是不同的，它与结构的变形

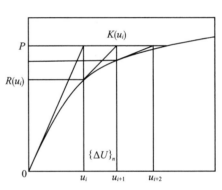

图 4-61　Newton-Raphson 迭代法

有关。所以增量法实质上是用分段线性的折线去代替非线性的曲线。

2）迭代法。常用的迭代法有 Newton-Raphson 法（切线法），修正 Newton-Raphson 法（初始切线法）和拟 Newton-Raphson 法（割线法）等。图 4-61 为 Newton-Raphson 法（切线法）的迭代过程。

在 $\{U\}_n$ 处展开，并用 u_n 表示 $\{U\}_n$

$$\{F(u)\} = [F(u_n)] + \frac{\partial\{F(u)\}}{\partial\{U\}}\bigg|_{u=u_n}(\{U\} - \{U\}_n)$$

$$= (\{R(u_n)\} - \{P\}) + \frac{\partial\{F(u)\}}{\partial\{U\}}\bigg|_{u=u_n}(\{U\} - \{U\}_n) \quad (4-40)$$

$$= (\{R(u_n)\} - \{P\}) + [_K(u_n)]_T(\{U\} - \{U\}_n) = 0$$

设

$$\left.\begin{array}{l}\{U\} = \{U\}_{n+1} \\ \{\Delta U\}_n = \{U\} - \{U\}_n\end{array}\right\} \quad (4-41)$$

则得到

$$\left.\begin{array}{c} \{\Delta U\} = K(u_n)_T^{-1}\big[\{P\} - \{R(u_n)\}\big] \\ \{U\}_n = \{U\}_{n-1} + \{\Delta U\}_n \end{array}\right\} \qquad (4\text{-}42)$$

逐步迭代就可得到解。

3）混合法。即混合使用增量法和迭代法求解。一般采用在一个增量步中采用迭代方法。

4.5.2.7　收敛判据

在使用迭代法和混合法时，必须给出收敛判据，否则无法中止迭代。当判据给得不恰当时，就不太精确或计算时间过长，甚至计算失败。

（1）位移收敛判据

$$\Big(\sum_{i=1}^{m}|\Delta U_{ni}|^2\Big)^{1/2} \leqslant \alpha\Big(\sum_{i=1}^{m}|U_{ni}|^2\Big)^{1/2} \qquad (4\text{-}43)$$

式中：i 为节点序号；m 为节点总数；收敛判据容差 α；可取 $0.1\% \leqslant \alpha \leqslant 5\%$。

当材料硬化严重时，位移增量的微小变化，将引起失衡力很大的偏差，或两次迭代得到的位移增量跳动较大时，可能将本来收敛的问题判断为不收敛，此时不能用该判据。

（2）力收敛判据

$$\Big(\sum_{i=1}^{m}|P - R(u_{ni})|^2\Big)^{1/2} \leqslant \alpha\Big(\sum_{i=1}^{m}|P_i|^2\Big)^{1/2} \qquad (4\text{-}44)$$

同位移收敛判据：i 为节点序号；m 为节点总数；收敛判据容差 α；可取 $0.1\% \leqslant \alpha \leqslant 5\%$。

当材料软化严重时，或材料接近理想塑性时，失衡力的微小变化，将引起位移增量的很大的偏差，可能将本来收敛的问题判断为不收敛，此时不能用该判据。

（3）能量收敛判据

同时控制位移增量和失衡力，因此是比较好的判据。它将每次迭代后的内能——失衡力在位移上所做的功与初始内能增量相比，即

$$\Big(\sum_{i=1}^{m}|\{\Delta U\}_n^T\{P - R(u_{ni})\}|^2\Big)^{1/2} \leqslant \alpha\Big(\sum_{i=1}^{m}|\{\Delta U\}_1^T\{P - R(u_i)\}|^2\Big)^{1/2}$$

$$(4\text{-}45)$$

4.5.3　节能砌块隐形密框墙体有限元分析

本章采用通用有限元程序 ANSYS 对节能砌块隐形密框墙体进行非线性有限元分

析。ANSYS 程序功能强大、建模直观，其 APDL 参数化设计语言简捷实用。结构部分主要包括前处理、计算、后处理以及优化设计等功能，适合节能砌块隐形密框墙体的全过程有限元分析。

4.5.3.1　单元的选择

ANSYS 有限元程序根据自由度、节点数和数学描述等不同因素设置了 200 种单元形式，根据本章的具体情况，选择了三种单元，分别是：用 Solid65 单元[46]模拟密框肋梁、肋柱和加气混凝土轻质砌块，用 Link8 单元[47]模拟钢筋，用 Solid45 单元模拟顶梁和底梁混凝土。

Solid65 单元是具有特殊用途的 8 节点三维实体单元，每个节点 3 个平动自由度，是 ANSYS 有限元程序中特设的混凝土单元。此单元在多轴应力状态下采用 William-Warnke 五参数破坏准则，并可以考虑混凝土的开裂（Crack）和压碎（Crush）。在 ANSYS 程序设计时，对混凝土 Solid65 单元采用了以下基本假定：①在每一个节点处允许沿 3 个垂直方向开裂；②在开裂节点处用连续的模糊裂缝带代替离散的裂缝；③混凝土为各向同性材料；④在混凝土开裂和压碎之前，混凝土具有塑性特征。

Link8 单元是 2 节点三维杆单元，每个节点 3 个平动自由度，只能产生轴向应力和轴向变形，在钢筋混凝土有限元分析中常用来模拟混凝土中的钢筋。

Solid45 单元是通用的 8 节点三维实体单元，每个节点 3 个平动自由度。

4.5.3.2　单元的划分及连接

（1）单元网格划分

有限元分析中一个重要的步骤是单元划分，合适的单元划分可以保证模型的收敛性和可靠性，同时尽可能地减少所占内存和计算时间。但是，网格的疏密并没有明确的方法可以确定。网格过密，占用大量的内存和机时，同时对于非线性分析会造成数值计算的不稳定性；网格过疏，则会使分析结果不精确。通常采用试划，观察计算结果，选用结果比较接近时的划分。

墙体有限元模型分为 6 个部分：砌块、肋梁、肋柱、钢筋、顶梁和底梁。网格采用正交划分。沿墙厚方向间距为 35mm、40mm、35mm，在墙体平面内，砌块单元间距为 45mm，肋梁、肋柱单元间距 30mm。建立墙体模型时，先建立混凝土和砌块实体单元，在捕捉关键点建立钢筋杆单元。其有限元模型如图 4-62 所示。

（2）单元的连接

隐形密框的肋梁、肋柱中钢筋与混凝土采用分离式模型。钢筋单元与混凝土单元具有共同节点，各单元连接方式见图 4-63 所示。

4.5.3.3　计算参数设置

墙体中的混凝土、加气混凝土轻质砌块和钢筋分别采用前文中所描述的本构关系

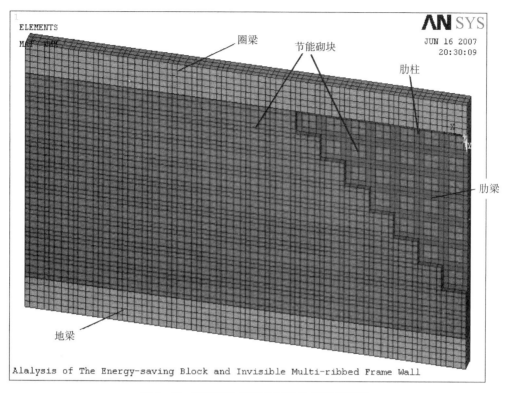

图 4-62 节能砌块隐形密框墙体有限元模型

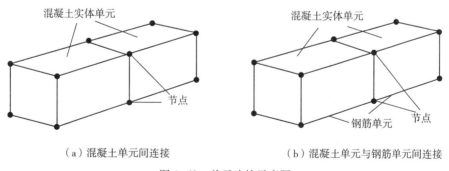

（a）混凝土单元间连接　　　　（b）混凝土单元与钢筋单元间连接

图 4-63 单元连接示意图

和破坏准则。

1）混凝土的极限抗压强度 f_{cu} 取自混凝土试块的试验值，峰值应变 ε_0、极限应变 ε_{cu} 按文献［1］选取，弹性模量 E_c、抗拉强度 f_t 和抗压强度 f_c 按文献［43］计算。开裂裂缝的剪力传递系数 β_t、闭合裂缝的剪力传递系数 β_c 根据文献［46］经试算选取。

具体计算公式及数值如下式

$$E_c = \frac{10^5}{2.2 + \frac{34.7}{f_{cu}}} \; ; \; f_t = 0.395 f_{cu} 0.55 \; ; \; f_c = 0.67 f_{cu} \; ;$$

$$\varepsilon_0 = 0.002 \; ; \; \varepsilon_{cu} = 0.0033 \; ; \; \beta_t = 0.5 \; ; \; \beta_c = 0.95$$

2）加气混凝土轻质砌块各参数取自其材性试验，具体数值为

$$E_m = 1105 \text{ MPa} \; ; \; f_c = 1.67 \text{ MPa} \; ; \; f_t = 0.17 \text{MPa} \; ;$$

$$\varepsilon_0 = 0.0025 \; ; \; \varepsilon_{cu} = 0.004 \; ; \; \beta_t = 0.25 \; ; \; \beta_c = 0.9$$

3）钢筋的弹性模量根据文献［1］选取，屈服强度 f_y 取自试验值。其数值为

$$E_s = 2.1 \times 10^5 \text{ MPa} \; ; \; f_y = 475 \text{MPa}$$

4.5.3.4　边界条件及加载

模拟试验中的边界条件，墙体底面为固结条件，限制底面所有节点上的 3 个平移自由度，使其在 X、Y、Z 3 个方向不发生移动。同时约束墙侧面 Z 向自由度，不考虑墙体平面外位移。

模拟试验中的加载方案：①仅施加单调水平荷载，再加载梁端部钢板中心施加水平荷载，分析过程采用分级加位移的方法控制；②先加竖向荷载，再加水平单调荷载，首先通过墙体的加载梁的顶面施加均布荷载，一步完成，然后再加载梁的端部钢板中心施加水平荷载，方法同①。

4.5.3.5　求解方法及收敛准则

应用 ANSYS 提供的增量求解法，对增量方程的平衡迭代采用 Newton－Raphson 法（切线法）。且采用力和位移相结合的收敛判据，力收敛容差取 5%，位移收敛容差则取 3%。

4.5.4　结果的对比与分析

4.5.4.1　骨架曲线的对比分析

在墙体试验中，对墙顶加载梁施加低周反复荷载，可以绘制试件在加载循环过程中的荷载—位移滞回曲线；利用滞回曲线得到墙体的荷载—位移骨架曲线。许多试验表明，相同参数的构件，反复荷载试验的骨架曲线与单调荷载试验的荷载—位移曲线，形状相似，各项指标变化规律相同。本章在进行非线性有限元分析时，将原模型中的反复荷载简化为单调荷载。

（1）试验骨架曲线与计算荷载—位移曲线对比

图 4-64 至图 4-66 分别为 EW1-1、EW2-2 和 EW3-2 的试验骨架曲线与其在单调荷载下计算荷载—位移曲线。各控制点荷载位移的计算值与试验值如表 4-17 所示。

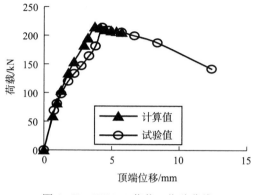

图 4-64 EW1-1 荷载—位移曲线

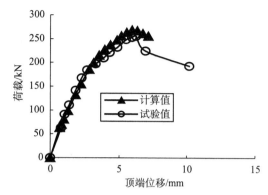

图 4-65 EW2-2 荷载—位移曲线

（2）误差原因分析

从表 4-17 可知，有限元分析模型的初裂荷载远小于试验中观察到第一条裂缝的荷载。这是因为在试验分析中，主要是人为地观察裂缝，只有在裂缝发展到混凝土表面并足够宽时才能被观察和记录；而在有限元分析中，一旦混凝土单元内部的高斯积分点计算所得的应力大于混凝土抗拉强度，就有裂缝出现，并用小圆圈在模型图中表现出来，可以被观察到。

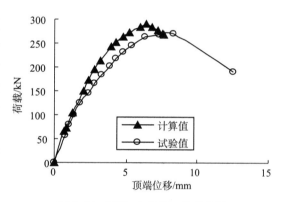

图 4-66 EW3-2 荷载—位移曲线

表 4-17 试件试验值与计算值

	试件编号	开裂荷载（kN）	开裂荷载对应位移（mm）	极限荷载（kN）	极限荷载对应位移（mm）
EW1-1	计算值	59	0.68	215	3.74
	试验值	81	0.96	214	4.29
	误差（计-试）/试	27%	29%	0.5%	12.8%
EW2-2	计算值	70	0.8	269	5.96
	试验值	93	1.03	255	6.25
	误差（计-试）/试	25%	22%	5.5%	4.6%

续表

试件编号		开裂荷载（kN）	开裂荷载 对应位移（mm）	极限荷载（kN）	极限荷载 对应位移（mm）
EW3-2	计算值	67	0.71	290	6.38
	试验值	87	1.04	271	8.3
	误差（计-试）/试	23%	32%	7%	23%

注：表中开裂荷载为试件出现第一条裂缝时的荷载。

从荷载—位移曲线图4-64至图4-66可以看到，计算曲线和试验曲线拟合较好。计算曲线基本位于试验曲线的上方，造成此现象的主要原因有以下3条。

1）分析模型的刚度与试验相比，在整个加载过程中普遍偏大。试件在浇筑和养护过程中，由于人为因素造成的混凝土刚度和强度的减弱；有限元计算模型不考虑材料中的微缺陷，这样就使有限元计算模型中的材料均匀性更好，强度更高；同时本章在进行有限元分析时未考虑砌块与混凝土以及钢筋与混凝土之间的粘结滑移。

2）分析采用的是单调加载，而试验是反复加载。由于试件在反复荷载下的累积损伤要大于单调加载的情况，降低了试件的承载力。这与文献［16］指出的单调加载曲线略高于反复加载曲线的结论相符合。

3）有限元位移解的下限性质以及数值计算方法的近似性[48]导致计算值的刚度较高，承载力偏大。

4.5.4.2　裂缝发展过程分析

图4-67至图4-71为EW1-1在初裂、屈服、极限以及破坏各阶段，有限元分析的墙体裂缝发展与试验观察结果的对比。经分析可得到以下几点认识。

1）由图4-67至图4-70可见，有限元模型中，单调加载的墙体首先在下部角端出现弯曲裂缝，继而向墙体中部扩展并形成斜裂缝。

2）从墙体屈服后到荷载极限这一过程中，不断有新的裂缝涌现，裂缝基本沿对角线上下分布。

3）到达极限荷载后，裂缝在原有基础上延伸、加宽。最终构件破坏时，裂缝几乎遍及整个墙体。由于密框中肋梁、肋柱的阻隔，裂缝呈跳跃状分布。

通过对模型计算所得的裂缝图与试验观察所得裂缝图对比分析，可以发现二者的开裂位置以及裂缝的发展过程符合较好。

图4-72、图4-73分别为试件EW2-2、EW3-2破坏时有限元模拟得到的裂缝分布图。由于隐形密肋框架配筋量的不同，致使裂缝疏密有所差别，与图4-27、图4-28、图4-30和图4-31实际裂缝分布图相比较，吻合较好。

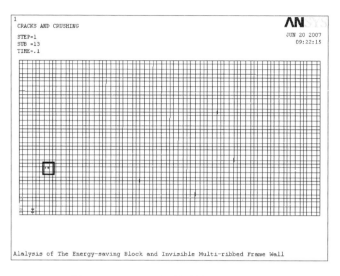

图 4-67　EW1-1 初始裂缝（$F=59$kN）

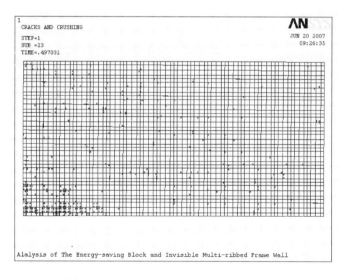

图 4-68　EW1-1 屈服后裂缝（$F=170$kN）

4.5.4.3　钢筋的应变分析

应用有限元分析，通过对数据的后处理，可以得到完整的钢筋应力应变分布。图 4-74 至图 4-76 为最大荷载时水平筋在不同位置计算结果与试验结果的对比。

通过图 4-74 至图 4-76 对钢筋应变的对比分析，计算钢筋应变发展趋势与试验钢

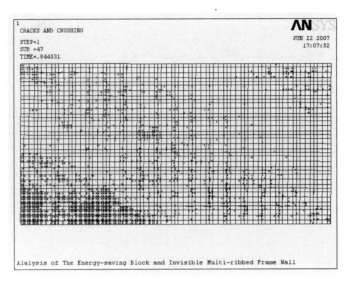

图4-69　EW1-1极限荷载对应裂缝（$F=215$kN）

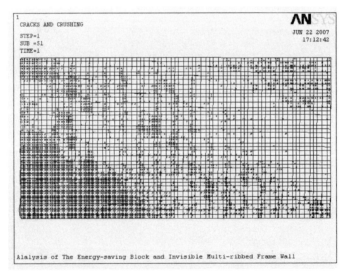

图4-70　有限元分析得EW1-1最终裂缝

筋应变发展趋势符合较好，基本上能反映最大荷载时钢筋的受力情况。但是由于计算中钢筋采用理想弹塑性模型，并未考虑钢筋的强化阶段以及在反复荷载下的粘结滑移。这导致了计算值与试验值的偏差，应进一步研究其关系，采用更为合理的模型。

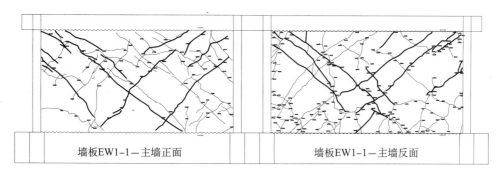

| 墙板EW1-1—主墙正面 | 墙板EW1-1—主墙反面 |

图 4-71　试验观察得 EW1-1 最终裂缝

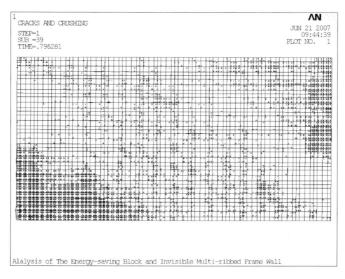

图 4-72　有限元分析得 EW2-2 最终裂缝

4.5.4.4　有限元计算程序的验证

通过通用有限元分析软件 ANSYS 对节能砌块隐形密框墙体在单调加载下进行非线性有限元分析，进一步了解了墙体在水平力作用下的受力机理。利用计算和试验结果，对比分析其荷载—位移曲线、裂缝发展过程、钢筋应变以及承载力，可见分析模型受力过程较好的反映了实际情况，计算数据与试验结果也比较吻合。因此，在确定合理的材料本构关系及破坏准则的前提下，利用 ANSYS 有限元分析程序计算节能砌块隐形密框墙体非线性过程，能够较好的反应试件的受力变化发展趋势，可以预测相同墙体在不同参数下的受力情况，作为后续试验及理论研究的参考。

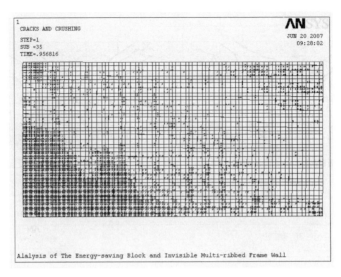

图 4-73　有限元分析得 EW3-2 最终裂缝

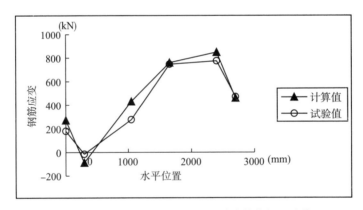

图 4-74　EW1-1 高 1050 处水平筋计算值与试验值

4.6　水平荷载作用下节能砌块隐形密框墙体受力性能理论分析

节能砌块隐形密框墙体是节能砌块隐形密框结构的核心构件，全面认识其受力性能，对今后的研究工作至关重要。在上一节中利用 ANSYS 软件已经建立了节能砌块隐形密框墙体的非线性有限元模型，并证明了该有限元模型的适用性。本节将采用上一节的建模方式，重点研究剪跨比（即高宽比）、轴压比等对节能砌块隐形密框墙体性能的影响；并着重研究节能砌块隐形密框墙体中框格单独地受力性能以及框格与砌块共同作用机理。

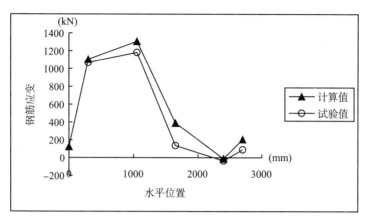

图 4-75　EW2-2 高 1050 处水平筋计算值与试验值

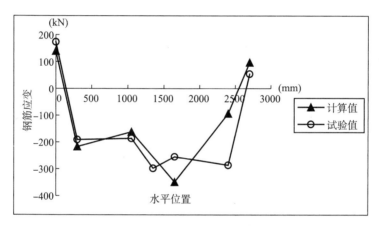

图 4-76　EW3-2 顶肋梁水平筋计算值与试验值

4.6.1　墙体受力性能的主要影响因素

4.6.1.1　剪跨比（高宽比）的影响

墙体在受到弯矩和剪力的情况下发生破坏，弯矩和剪力的相对比例对构件的受力情况和破坏形态影响明显。不同的弯矩 M 和剪力 V 的组合将使墙体产生不同的破坏形态。引用一个无量纲参数 λ 来表示 M 和 V 的这种组合关系。分别定义广义剪跨比［式（4-46，a）］和计算剪跨比［式（4-46，b）］。

$$\lambda = \frac{M}{Vh_0} \qquad (4-46，a)$$

$$\lambda = \frac{a}{h_0} \qquad (4\text{-}46, \text{ b})$$

在承受顶端水平集中荷载作用的墙体中，式中 h_0 为截面的有效高度，即墙宽 b；"剪跨" a 就是水平集中荷载作用点到墙底的距离，即墙高 h。所以，对砌体墙 λ 可定义为高宽比，即

$$\lambda = \frac{h}{b} \qquad (4\text{-}46, \text{ c})$$

采用与前文 EW2-2 相同的分析模型，通过改变墙体的宽度来改变剪跨比（高宽比），以得出其对节能砌块隐形密框墙体受力性能的影响。墙体的剪跨比分别为 0.5、0.82、1、1.29、1.8。表 4-18 为各墙体模型尺寸。

其计算荷载—位移曲线如图 4-77 所示；不同剪跨比下墙体极限荷载及位移计算值和墙体的延性系数分别如表 4-19、表 4-20；不同剪跨比下墙体刚度衰减过程如图 4-78 所示。

表 4-18　墙体模型尺寸

试件编号	截面尺寸 $b{\times}h$ （mm×mm）	剪跨比（$\lambda = h/b$）
EW2-2	2700×1350	0.5
S-EW1	1650×1350	0.82
S-EW2	1350×1350	1.0
S-EW3	1050×1350	1.29
S-EW4	750×1350	1.8

表 4-19　不同剪跨比下墙体极限荷载及位移计算值

模拟试件编号	剪跨比（$\lambda = h/b$）	极限荷载（kN）	极限荷载对应位移（mm）
EW2-2	0.5	255	6.25
S-EW1	0.82	133.5	6.4
S-EW2	1	106.8	7.8
S-EW3	1.29	70.4	8.9
S-EW4	1.8	32.4	5.5

表 4-20　不同剪跨比下墙体延性系数

剪跨比	0.5	0.82	1.8	1.29	1.8
延性系数	2.92	3.71	4.59	4.86	5.09

通过对图 4-77、图 4-78 和表 4-19、表 4-20 分析可知：

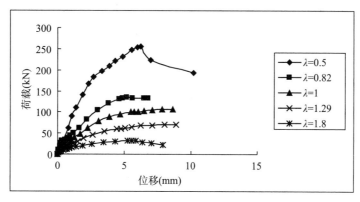

图 4-77　不同剪跨比下墙体荷载—位移曲线

随着水平位移的增大，墙体刚度衰减可分三个阶段：①开始加载到墙体明显开裂，墙体的刚度迅速下降；②墙体从开裂到屈服，其刚度持续下降，下降速率较上一阶段减缓；③屈服后到荷载极限，墙体的刚度仍缓慢下降并趋于水平。

随着剪跨比的增大，节能砌块隐形密框墙体三个阶段的刚度均呈不同程度的下降。剪跨比越大，墙体刚度下降幅度也越大。但墙体延性系数反随剪跨比的增大而增大，相对于剪跨比从 0.5—1.8，其相应的延性系数从 2.92 增加到 5.09，增幅明显。

剪跨比对承载力的影响主要反映在应力状态和破坏形态，由图 4-79（a）、（b）、（c）可以看出，2700mm×1350mm 试件（剪跨比 0.5）明显呈剪切破坏，其斜裂缝沿墙体对角线上下分布；1350mm×1350mm 试件（剪跨比 1.0）裂缝几乎遍布于墙体表面，仍有斜裂缝沿对角线方向，但出现了很多水平弯曲裂缝，剪切破坏和弯曲破坏同时存在；750mm×1350mm 试件（剪跨比 1.8）则没有明显的斜裂缝出现，是明显的弯曲破坏。这与一般的墙体破坏是相同的，即剪跨比小时趋于剪切破坏，大时趋于弯曲破坏。当剪跨比由小到大增加时，构件的破坏形态从混凝土抗压强度控制的斜压型转变为剪压区和斜裂缝骨料咬合控制的剪压型；当剪跨比更大时，再转变为混凝土抗拉强度控制的斜拉型，为受弯控制破坏。

由计算结果可知，随剪跨比的增大，墙体的抗剪承载力逐渐降低。当增加到一定

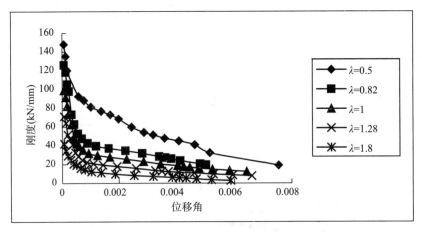

图 4-78 不同剪跨比墙体刚度衰减过程

程度，抗剪强度的降低趋于稳定。因此剪跨比不能太小或太大，为了和实际相符合，应给予节能砌块隐形密框墙体的剪跨比一定的限制范围。

以上说明了节能砌块隐形密框墙体的剪跨比对其各方面的性能影响比较显著。由于本章只对相关内容做了有限元理论分析，试验研究还比较少，实际工程中剪跨比对墙体性能的影响还有待进一步的研究。

4.6.1.2 轴压比的影响

正压力对抗剪承载力的影响比较复杂。轴压比概念的引入是用来考虑垂直正压力的大小，从试验研究成果看，节能砌块隐形密框墙体承受竖向荷载时砌块中的应力很小，主要是密框中肋柱承担垂直荷载作用，钢筋的应变很小，忽略其影响。在节能砌块隐形密框墙体中，用竖向荷载与墙体密框中肋柱截面面积比值来定义轴压比，即

$$\mu = \frac{N}{f_c A_c} \qquad (4-47)$$

式中：A_c——墙体密框中肋柱截面面积之和；

N——墙体所承受的垂直荷载。

本小节研究的内容是：节能砌块隐形密框墙体在尺寸、材料和配筋一定的条件下，轴压比的改变对墙体受力性能的影响。模型所用材料和配筋同试件 EW2-2，其截面尺寸以及所施加竖向荷载如表 4-21 所示。

表 4-21　模型截面尺寸及竖向荷载

模拟试件编号	截面尺寸 b×h （mm×mm）	竖向荷载 （kN）	轴压比
S-EW2	1350×1350	0	0.0
	1350×1350	62	0.3
	1350×1350	104	0.5
	1350×1350	145	0.7
	1350×1350	187	0.9

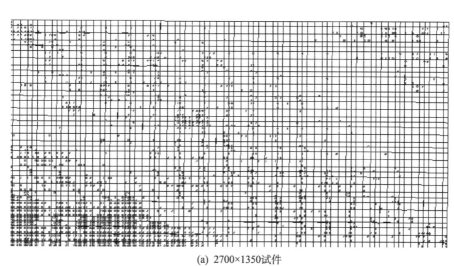

(a) 2700×1350试件

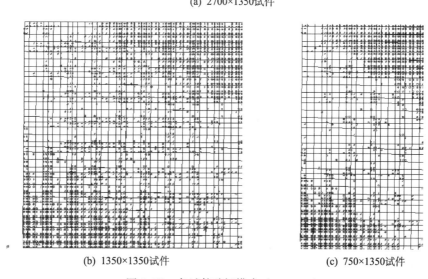

(b) 1350×1350试件　　　　　　　(c) 750×1350试件

图 4-79　各试件破坏模式（mm×mm）

计算荷载—位移曲线如图 4-80 所示。不同轴压比下墙体极限荷载及位移计算值和墙体的延性系数分别如表 4-22、表 4-23 所示；不同轴压比下墙体刚度衰减过程如图 4-81 所示。

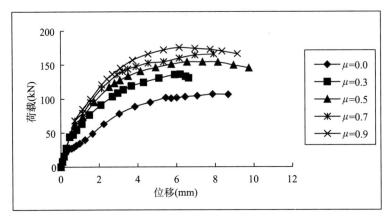

图 4-80 模型 S-EW2 不同轴压比下荷载—位移曲线

表 4-22 模型 S-EW2 不同轴压比下荷载及位移计算值

模拟 试件编号	轴压比	开裂荷载 （kN）	开裂荷载 对应位移 （mm）	极限荷载 （kN）	极限荷载 对应位移 （mm）
	0.0	28.9	0.68	106.8	7.8
	0.3	54.1	0.82	136.1	6.2
S-EW2	0.5	73.6	1.13	154.3	6.5
	0.7	79.2	1.14	166.0	6.9
	0.9	68.0	0.73	175.8	6.2

表 4-23 模型 S-EW2 不同轴压比下墙体延性系数

轴压比	0	0.3	0.5	0.7	0.9
延性系数	4.59	4.13	3.74	3.36	2.88

由图 4-80、图 4-81 和表 4-22、表 4-23 可知，随着轴压比的增加，墙体的三个阶段的刚度都有所增加。轴压比从 0 增加到 0.3，墙体刚度增加较大，对应地，墙体的抗剪承载力也由 106.8kN 增加到 136.1kN，增幅达 27.4%；轴压比从 0.3—0.7，墙体的刚度增加放缓，增幅相对比较均匀；当轴压比为 0.9 时，墙体的刚度与轴压比为 0.7 时几乎没什么变化，抗剪强度有微弱的增加。

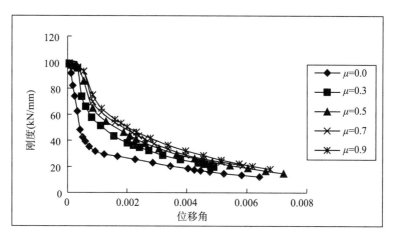

图 4-81　模型 S-EW2 不同轴压比下墙体刚度衰减过程

　　同时，随着轴压比的增加，墙体的延性系数从 4.59 下降到 2.88，说明墙体抗剪承载力的增大是以延性的降低为代价的。在低轴压比状态下，延性系数的降低幅度相对不明显，高轴压比状态下，延性系数下降很快。因此，利用增大轴压比来提高墙体极限承载力是有条件的，即将轴压比控制在一合适的范围内。

　　另外，从表 4-22 中开裂荷载以及对应位移可看出，垂直正压力能增大墙体中受压区面积，限制裂缝的过早出现，延缓裂缝的发展过程，增加混凝土和砌块裂缝面的骨料咬合作用，这是轴压比的增大进而提高墙体的抗剪能力的原因。但当轴压比过大时，混凝土有可能被压碎，使得墙体承载能力反而有所降低，从承载力方面讲也应适当控制正压力的大小，防止出现对墙体抗剪能力的减弱。

4.6.1.3　隐形密框配筋影响

　　本小节有限元模型、各材料参数均与前两节相似，模型尺寸为：墙体 1350mm×1350mm×110mm（高×宽×厚），轴压比均为 0.3，墙体隐形密框中肋梁、肋柱配筋采用如下组合：φ6×φ6、φ6×φ8、φ8×φ6 以及 φ8×φ8（肋梁×肋柱）。计算结果分析如图 4-82、图 4-83 以及表 4-24、表 4-25 所示。

　　由图 4-82 和图 4-83 可知，虽然墙体肋梁、肋柱采用了不同配筋，但其初始刚度基本一致。在墙体弹性和屈服阶段内，刚度也基本没有大的改变，只有到了后期的弹塑性阶段，随着肋梁、肋柱配筋的增加，墙体刚度略有提高，但增幅有限。表 4-24 计算结果显示，随着配筋的增加，墙体的极限承载力有不同幅度的提高。此外，墙体的延性系数也由 3.70 增加到 4.21。

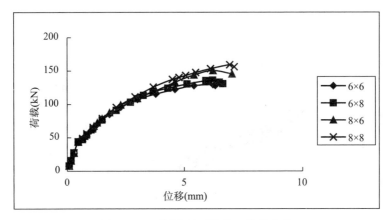

图 4-82　不同配筋下荷载—位移曲线

表 4-24　肋梁、肋柱不同配筋墙体计算结果

模拟试件编号	肋梁配筋	肋柱配筋	极限荷载（kN）	极限荷载对应位移（mm）
S-EW5	φ6	φ6	129.5	6.1
S-EW6	φ6	φ8	136.1	6.2
S-EW7	φ8	φ6	150.3	6.5
S-EW8	φ8	φ8	159.1	6.9

表 4-25　肋梁、肋柱不同配筋墙体延性系数

配筋（肋梁×肋柱）	φ6×φ6	φ6×φ8	φ8×φ6	φ8×φ8
延性系数	3.70	4.13	4.17	4.21

比较试件 S-EW5 与 S-EW6、S-EW5 与 S-EW7 两组数据，前者只增加了肋柱的配筋，后者则只增加了肋梁的配筋。前者抗剪承载力由 129.5kN 提高到 136.1kN，延性系数从 3.70 提高到 4.13；后者抗剪承载力由 129.5kN 提高到 150.3kN，延性系数从 3.70 提高到 4.17，说明增加肋梁配筋比增加肋柱配筋影响效果显著。

通过节能砌块隐形密框墙体抗剪性能试验研究以及本章的有限元计算，可分析肋梁、肋柱钢筋的作用机理如下。

1）墙体中出现贯通肋柱的裂缝后，竖向钢筋的变形特征是被裂缝分开的两个部分发生相对错动，钢筋本身的应变变化不是很大，与裂缝相交的垂直钢筋不能完全达到屈服，试验结果表现了这个特点。肋柱钢筋的抗剪作用主要是通过销栓作用提供。

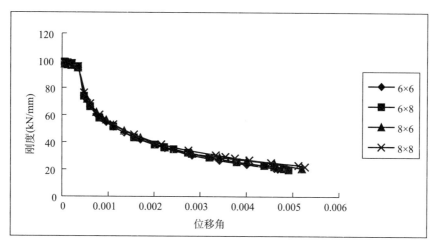

图 4-83　不同配筋下墙体刚度衰减过程

肋柱钢筋的抗剪作用除了直接承受水平荷载通过销栓作用抗剪外，还因为肋柱钢筋能限制斜裂缝开展和延伸，有利于发挥裂缝面材料的咬合作用，加大剪压区面积，间接地提高墙体的抗剪承载力和延性。

2）肋梁钢筋的主要作用是横穿破坏性斜裂缝传递水平剪力。其抗剪作用除了直接承受部分水平荷载外，还因为其存在限制了斜裂缝的开展宽度，增加了节能砌块和混凝土密框开裂后的开裂面咬合作用，从而保留了较大的抗剪混凝土剪压区，增加了墙体的抗剪承载力。肋梁钢筋对开裂荷载的影响很小，在墙体开裂前几乎不受力，墙体开裂直到极限荷载时，钢筋应变增长很快，实现应力的转移。但并不是和剪切裂缝相交的所有肋梁钢筋都能屈服得到充分利用。在极限状态时的钢筋应力值，在很大程度上取决于斜裂缝的位置、开展宽度以及和钢筋的相交角度。

肋梁钢筋的存在使肋柱钢筋的销栓作用得到加强。由于垂直钢筋的销栓作用取决于相邻混凝土的连接作用，而混凝土的抗拉能力较差，起连接作用的这部分混凝土很容易被撕裂。一旦混凝土产生撕裂裂缝，销栓作用就会突然削弱。当肋梁配有合适数量的钢筋时，且肋梁钢筋与肋柱钢筋绑扎在一起，肋梁钢筋会向肋柱钢筋提供可靠的侧向支撑作用，从而使肋柱钢筋的销栓作用得以加强。

3）整体上，肋梁钢筋和肋柱钢筋随肋梁、肋柱一起构成骨架使节能砌块受到约束，提高了墙体的抗剪承载力。从试验量测到有限元计算，均可说明肋梁钢筋和肋柱钢筋一起对提高墙体的抗剪能力和变形能力有很大帮助。

4.6.1.4 小结

影响节能砌块隐形密框住宅墙体抗剪性能的因素是多方面的，本章只分别考虑了墙体剪跨比、轴压比以及肋梁、肋柱配筋对其抗剪性能的影响。还有很多其他因素，诸如隐形密框的混凝土强度、肋梁、肋柱的截面形式以及节能砌块的强度和材料的选取，还有各因素的综合效应，均会对墙体抗剪性能有不同程度的影响。这就需要后续的试验及理论研究来完善，本章不再赘述。

4.6.2 框格单元与节能砌块受力分析

节能砌块隐形密框墙体中的隐形密框是主要的受力构件。本章前面所作的研究基本上是对墙体整体宏观性能的研究。本节将提取单个的框格与砌块组成墙体的基本单元，对其受力性能及相互作用机理进行研究。

4.6.2.1 框格单元的受力性能

对没有节能砌块的纯框格单元，考虑到对称性，由结构力学中力法可求解，如图4-84所示。

建立方程

$$\begin{cases} \delta_{11}x_1 + \delta_{12}x_2 + \Delta_{1p} = 0 \\ \delta_{21}x_1 + \delta_{22}x_2 + \Delta_{2p} = 0 \end{cases} \tag{4-48}$$

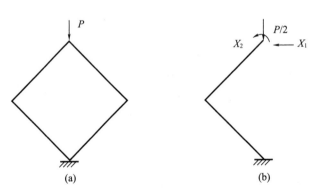

(a)   (b)

图4-84 力法求框格单元示意图

求解该方程，得到框格的弯矩图（图4-85）。纯框格单元弯矩图极值点明显，分布在4个角点处。由于顶点作用有集中力，弯矩沿构件长度方向斜直线分布。

在前文的基础上建立框格的有限元模型，根据有限元模拟分析框格单元的破坏过程。在初始阶段，荷载较小，构件内相应的内力不大，没有超过构件控制截面的抗力，构件处于弹性阶段。当构件截面产生的最大弯曲内力超过构件抗力时，构件出现弯曲裂缝。此后继续加载，直至极限状态——构件最大弯曲内力截面压区混凝土压碎，构件达到极限承载力。

在整个加载阶段，构件的轴向内力均未达到其抗压极限承载能力，整个结构的承载能力主要受构件的弯曲性能影响。

由以上的破坏机理分析可见，纯框格的破坏模式为框架的受弯破坏，在 4 个角点的弯矩值最大，弯矩起控制作用，在 4 个角区出现了塑性铰后，结构变为机动体系，承载力下降。

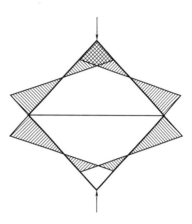

图 4-85　框格的弯矩图

图 4-86 是应用有限元软件计算框格极限荷载时第一主应力以及裂缝分布情况。从图中可以清楚地看到，框格到达极限荷载时，在 4 个角点出现了大量的受弯裂缝，形成塑性铰。

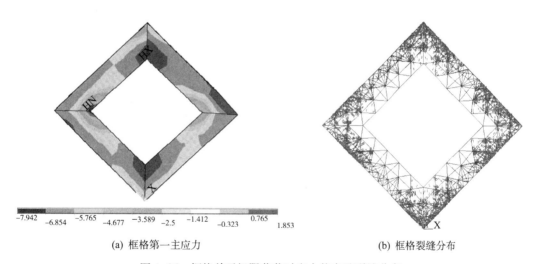

| −7.942 | −5.765 | −3.589 | −1.412 | 0.765 |
| | −6.854 | −4.677 | −2.5 | −0.323 | 1.853 |

(a) 框格第一主应力　　　　　　　　　　(b) 框格裂缝分布

图 4-86　框格单元极限荷载时应力状态及裂缝分布

4.6.2.2　节能砌块受力分析

根据主拉应力破坏理论，当砌块的主拉应力大于材料的抗拉强度时，裂缝便会产生。由材料力学知识，从砌块的受力状态得到主拉应力以及主平面位置

$$\sigma_t = -\frac{\sigma}{2} + \sqrt{\left(\frac{\sigma}{2}\right)^2 + \tau^2} \tag{4-49}$$

$$\alpha_0 = \frac{1}{2}\text{tg}^{-1}\left(-\frac{2\tau}{\sigma}\right) \tag{4-50}$$

砌块在荷载作用下的正应力和剪应力分别为

$$\begin{cases} \sigma = \dfrac{N}{bh} \\ \tau = \dfrac{VS}{Ib} \end{cases} \tag{4-51}$$

将上式代入式（4-49），让主拉应力等于砌块的抗拉强度可以得到砌块的开裂计算公式

$$V = \frac{Ib}{S}\sqrt{f_t\left(f_t + \frac{N}{bh}\right)} \tag{4-52}$$

将式（4-51）代入式（4-50）即可得砌块的开裂方向

$$\alpha_0 = \frac{1}{2}\text{tg}^{-1}\left(-\frac{2VSh}{IN}\right) \tag{4-53}$$

4.6.2.3　框格单元与节能砌块相互作用

在节能砌块隐形密框墙体中，砌块所受到的力除肋梁传递的水平剪力和压力外，还有肋柱对砌块的挤压力以及砌块与肋柱之间的摩擦力作用。将一个节能砌块与约束该砌块的肋梁肋柱看作一个基本单元，其受力状态如图4-87所示。

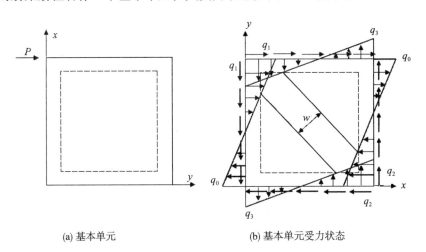

(a) 基本单元　　　　　(b) 基本单元受力状态

图4-87　墙体基本单元受力状态

图中，P 为水平力；q_0 为肋柱对砌块的挤压力；q_1 为肋柱与砌块间的摩擦作用；肋梁传递的水平剪力和压力分别为 q_2、q_3；w 为砌块受压实际宽度。

框格与砌块组成的基本单元受力过程可以分为以下四个阶段。

第一阶段为开始加载到初裂之前。肋梁、肋柱产生较小的弯矩与轴向力；同时，由于砌块受到肋梁、肋柱的约束，处于多轴应力状态。

第二阶段为初裂阶段。当竖向位移增加到一定数值时，砌块的拉应力达到其抗拉强度而开裂，第一条裂缝出现在砌块中对角线位置。当砌块率先开裂后，基本单元刚度下降，变形突然增加，造成肋梁、肋柱变形和内力急剧上升，达到抗拉强度发生开裂。

第三阶段为裂缝扩展阶段、随着竖向位移的增加，单元裂缝逐渐增多延伸，结构的整体刚度进一步下降。肋梁、肋柱的弯曲应力继续上升，使旧有的裂缝深度与长度增加，并不断出现新的裂缝，截面中和轴高度向受压区移动，并逐渐形成塑性铰。

第四阶段为破坏阶段。此阶段，砌块在较大的竖向位移下逐渐被压碎。框格形成塑性铰，施加于单元的外荷载达到峰值。与此同时，框格对砌块的约束迅速减小，砌块对框格的压应力也迅速减小。继续施加竖向位移，单元承载力下降，砌块压碎塑性区扩大。

（1）基本单元中砌块受力分析

对于基本单元中砌块受力情况，根据文献［49］得到其主拉—主压应力迹线图（图4-88）。由图可见，在砌块的中央区域主拉应力最大。由于砌块是线弹性脆性材料，拉应力最大值对砌块的承载能力起到控制作用。为了分析中央区域应力变化过程，根据圣维南原理，将砌块受力简化为集中力。其内力可等效为图4-89所示状态。

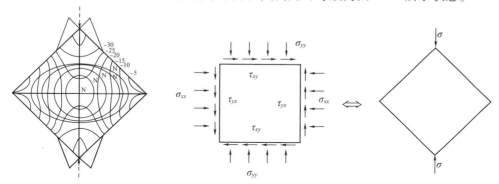

图 4-88　主拉—主压应力迹线图　　　　图 4-89　砌块内力等效图

（2）基本单元中框格受力分析

对于框格单元，由于受到了砌块的反约束作用，弯矩图发生了改变，极值点出现在中间距离外荷载点较远的一端及上下角点处，但不在左右角点处。其弯矩及破坏模式如图4-90所示。

本章用 ANSYS 软件模拟了肋梁、肋柱与砌块组成的基本单元在竖向位移下的受力情况。其受力过程以及裂缝开展过程与上述理论分析基本一致，如图4-91所示。

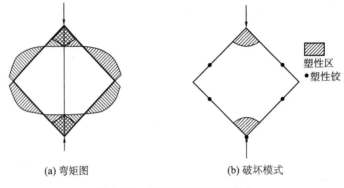

(a) 弯矩图　　　　　　　　　(b) 破坏模式

图 4-90　框格弯矩及破坏模式

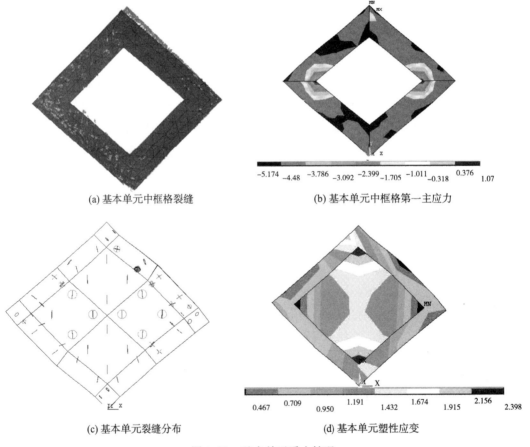

(a) 基本单元中框格裂缝　　　　　　　(b) 基本单元中框格第一主应力

(c) 基本单元裂缝分布　　　　　　　　(d) 基本单元塑性应变

图 4-91　基本单元受力情况

4.6.3 隐形密框与节能砌块相互作用机理

在墙体有限元计算中，将节能砌块单元杀死，可计算得到隐形密框的承载力及其荷载位移曲线。图 4-92 所示为隐形密框有限元模型。试验得到的标准墙体 EW3-2 和隐形密框的荷载位移曲线如图 4-93 所示，两者区别在于后者没有填充砌块。

对比两者的极限荷载，前者是后者的 2.68 倍。从前面的破坏过程可以看出，在大位移循环的情况下，墙体中砌块的破坏相当严重，这里认为砌块在大位移最终变形后退出工作，此时节能砌块隐形密框墙体的承载力也是隐形密肋框架的 2.1 倍，可以看出砌块在整个受力过程中和框格协同工作发挥整体作用。砌块在受力过程中限制了墙体整体的变形，节能砌块隐形密框墙体中的肋梁、肋柱的变形因此很小，梁柱截面的破坏程度较小，成倍地提高了试件的极限荷载。在用位移控制反复加载的过程中，砌块的作用在位移不大时仍很明显，随着位移的加大和反复次数的增加，

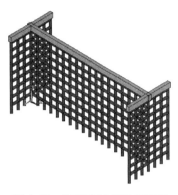

图 4-92 隐形密框有限元模型

砌块的作用不断地减小，直到最终框格中的砌块退出工作，由于隐形密框和砌块的协同工作，有效地减小了框格破坏程度，对肋梁、肋柱工作性能有很大的保护作用。

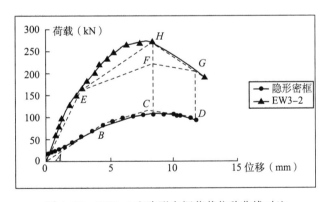

图 4-93 EW3-2 和隐形密框荷载位移曲线对比

在图 4-93 中，CH 段可以理解为砌块对隐形密框的加强作用，极限承载力得到大幅度提高。在大位移循环对应的荷载处，由于砌块和框格协同工作的加强作用，墙体抗剪承载力仍是纯隐形密肋框架的 2.1 倍，DG 段可以理解为砌块和框格的协同工作效用。令 CF 等于 DG，则 FH 段即为在墙体工作过程中砌块作用的最大值。在位移加大反复加载的过程中，砌块作用由在 FH 段的最大值减小到 G 点达到最小，因此，可以认

为砌块在极限荷载后的作用是一个不断衰减的过程，随着位移和反复次数的增加，砌块不断地退出工作，最后完全失去作用。

可以看出，填入节能砌块后的墙体承载能力比隐形密框承载力大幅度提高，这可以从两个方面进行解释：一是加气混凝土节能砌块在表面有很多小孔容易吸水，砌块在整个墙体的制作过程中作为隐形密框的模板，在混凝土的浇筑过程中浆液渗入砌块，使之和肋梁、肋柱接触面上的强度和刚度发生变化，对肋梁、肋柱起到了加强作用，相当于增加了肋梁、肋柱的截面面积，使得隐形密框刚度发生变化，提高了墙体的侧向承载力；二是隐形密框中填充的节能砌块相当于斜压杆，在受力过程中承担了部分荷载，使框格所受荷载和变形减小，斜压杆大大增强了墙体的抗侧能力，有效地减小了混凝土构件的破坏程度。

从开始加载到极限荷载的过程中砌块的作用可以理解为由砌块材料形成的一定截面的斜压杆，厚度和试件一致，斜压杆的截面由有效宽度确定，在达到极限荷载之前宽度一定，斜压杆的截面大小不发生变化，墙体侧向变形由斜压杆的长度变化和隐形密框中肋梁、肋柱变形组成，斜压杆的长度变化受到砌块材料的弹塑性变形影响，肋梁、肋柱变形也进入弹塑性阶段。超过极限荷载之后，砌块的宽度处于衰减的过程，从最大值的 FH 段衰减到 G 点变为零，在这个过程中，斜压杆的宽度也从开始阶段的宽度最大值衰减为零。但砌块与隐形密框的协同作用仍有效。

通过以上分析可以看出节能砌块隐形密框墙体各部分的构造、功能和相互关系。整个墙体的计算模型可以看作是一个带有斜压杆的刚架。在弹性阶段和弹塑性阶段，刚架和斜压杆都发生弹性变形、弹塑性变形，斜压杆的宽度保持不变，主要是材料发生变形；在破坏阶段，斜压杆的宽度不断地减小，是一个损伤不断积累的过程，直到最后斜压杆完全失去作用，在墙体受力过程中的不同时刻，可以计算出斜压杆的作用大小。

4.7　分阶段简化力学模型

节能砌块隐形密框墙体作为节能砌块隐形密框结构的核心，是由热阻节能砌块和隐形密肋框架两部分组成的承重墙体。砌块是以炉渣、粉煤灰等工业废料为主要原料的加气混凝土砌块，砌块两侧设有半圆槽，上部设有横槽以浇注钢筋混凝土形成隐形柱和隐形梁，从而形成了隐形密肋小框架，在纵横墙交接处以及墙和楼板交接处加大肋梁和肋柱配筋量，在小框架外又形成了大框架。像密肋壁板轻框结构一样，这种大框架内套小密肋框架所形成的结构，不仅使结构的抗侧力刚度得到显著的提高，而且使结构的受力性能也得到明显的改善。节能砌块隐形密框墙体受力性能的试验现象表明，墙体按照砌块—密肋—大框架的顺序依次破坏，其抗侧刚度是一个逐步衰减的过程。本章借鉴黄炜博士关于密肋复合墙板提出的三阶段力学模型[50]，针对节能砌形密框墙体的特殊构造及其受力性能，对不同受力阶段的墙体提出了不同的力学模型（图4-94）。

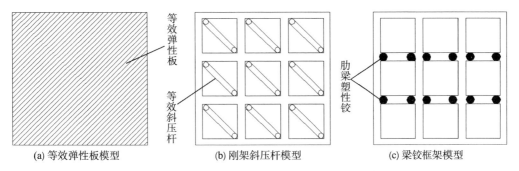

(a) 等效弹性板模型　　　　(b) 刚架斜压杆模型　　　　(c) 梁铰框架模型

图 4-94　节能砌块隐形密框墙体的三阶段力学模型

（1）开裂前——复合材料等效弹性板模型

墙体从加载到砌块出现裂缝前，处于弹性阶段，墙体是一个整体受力构件，此时的小隐形密框和大框架组成的纯框架与节能砌块变形协调，在宏观上，墙体可视为一种以节能砌块为基体，混凝土小隐形密框及大框架为增强纤维的复合材料等效弹性板。此时可根据复合材料等效弹性板模型，将墙体中的砌块和混凝土两种材料等效成单一的复合材料，再按照匀质墙体计算其弹性抗侧刚度。

（2）裂缝发展阶段——刚架斜压杆模型

从出现裂缝直至达到极限荷载的过程中，墙体裂缝充分发展，属于弹塑性阶段。墙体中的砌块从轻微弥散开裂到严重破碎直至剥落，砌块受压区主要集中在加荷角区附近，多出现沿砌块主对角线的斜裂缝，表明砌块主要承受沿对角线方向的压力。因此，可将砌块等效为铰接于受压对角线顶点的具有一定宽度的斜向支撑，从而将此阶段的墙体简化为由密肋梁柱组成的刚架和与之铰接的砌块等效斜压杆组成的刚架斜压杆模型。裂缝的发展导致斜压杆等效轴向刚度逐步衰减，即斜压杆等效宽度逐步减小，刚架斜压杆抗侧刚度也逐步衰减。

（3）破坏阶段——梁铰框架模型

当荷载超过极限荷载后，墙体承载力随位移的增加而下降，墙体抗侧刚度急速下降，是墙体的破坏阶段，此时墙体中的砌块出现了较大的剪切滑移变形，以致砌块严重破碎直至剥落，最终退出工作。此时墙体主要受力构件是密框和大框架，其中肋柱和外大框架出现轻微破坏，而肋梁破坏明显，出现多处塑性铰区。此阶段的墙体即可简化为梁铰框架模型。

4.7.1 复合材料等效弹性板模型

复合材料广泛应用于工业、工程领域及日常生活，它是两种或两种以上材料通过复合工艺而形成的多相材料，最基本的两相是连续的基体和被基体所包容的纤维。复合材料性能取决于原材料的种类、形态、比例、配置及复合工艺条件等因素，通过人工调节和控制这些因素，可获得不同性能的复合材料。影响复合材料的有效弹性模量的因素有：复合材料中各组成材料的弹性常数和复合材料内部的微结构特征，包括夹杂的形状、几何尺寸、分布状况及夹杂之间的相互作用等。作为固体力学的一个新的学科分支，复合材料可分为单层复合材料和多层复合材料[51]，而单层复合材料按所含纤维的方向，又可分为单向单层复合材料与双向单层复合材料。

4.7.1.1 复合材料的研究方法

（1）相关假定及简化计算模型

连续纤维在基体中呈同向平行排列的复合材料称单层连续增强复合材料。单向复合材料中的纤维通常均匀规则地分布于基体中，其性质呈某种周期性分布[52]。在计算复合材料的有效常数时，作出以下简化假定[53-55]：①所选代表性体积单元中纤维体积分数等于复合材料中纤维体积分数值；②所讨论问题的最小尺寸远大于所选的代表性体积单元；③复合材料中的纤维和基体，在复合前后性能没有变化；④纤维和基体都是线弹性的、各向同性的，其结合是完善的；⑤纤维是连续的且互相平行，具有相同的截面形状和大小，沿纤维方向截面的形状和大小没有变化；⑥纤维在基体中是按一定的规则均匀分布的；⑦不考虑复合材料中的残余应力、残余应变和环境的影响。

从宏观上看，复合材料的最小范围内分布的应力应变是均匀的，把复合材料的力学性能均匀化处理时，只需取一代表性体积单元来研究。体积单元中纤维的体积分数必须保持复合材料中纤维的体积分数值。记纤维纵向为 1 方向；面内垂直于纤维方向为 2 方向；法线方向为 3 方向。单向纤维加强复合材料体积单元最常用的四种简化计算模型是：片状模型、外方内圆模型、回字形模型和同心圆模型[56,57]。

（2）弹性常数的计算

弹性常数（包括弹性模量、剪切模量、泊松比等）的计算是研究复合材料力学性质的前提，而其中单向单层复合材料的弹性常数是研究其他复杂复合材料的基础。单层单向纤维复合材料可以简化为正交各向异性复合材料，本章采用片状模型计算单向单层复合材料的弹性常数。从宏观分析看，单层在法线方向的尺寸远小于其他方向，因此简化成平面应力模型。主要简化假设是：在单向纤维复合材料中，纤维和基体在纤维方向的应变是相等的[57-59]。

1）纵向弹性模量 E_1

$$E_1 = E_f V_f + E_m V_m = E_f V_f + E_m(1 - V_f) \tag{4-54}$$

2）横向弹性模量 E_2

$$\frac{1}{E_2} = \frac{V_f}{E_f} + \frac{V_m}{E_m} \tag{4-55}$$

3）平面内剪切模量 G_{12}

$$G_{12} = \frac{G_m G_f}{V_m G_f + V_f G_m} = \frac{G_m G_f}{V_f G_m + (1 - V_f) G_f} \tag{4-56}$$

4）纵、轴向泊松比 ν_1、ν_2

$$\nu_1 = V_m \nu_m + V_f \nu_f = V_f \nu_f + \nu_m(1 - V_f) \tag{4-57}$$

$$\nu_2 = \frac{E_2}{E_1} \nu_1 \tag{4-58}$$

式中：V_f、V_m ——纤维和基体的体积分数；

　　　E_f、E_m ——纤维和基体的弹性模量；

　　　G_f、G_m ——纤维和基体的剪切模量；

　　　ν_f、ν_m ——纤维和基体的泊松比；

　　　下标 f，m ——纤维和基体。

4.7.1.2　节能砌块隐形密框墙体的复合材料模型

节能砌块隐形密框墙体是由钢筋混凝土肋梁、肋柱、节能砌块及大框架组成，在弹性阶段，墙体是一个整体受力构件，此时的隐形密框和大框架组成的纯框架与节能砌块变形协调，在宏观上，墙体可视为一种以节能砌块为基体，混凝土隐形密框及大框架为增强纤维的复合材料等效弹性板（图 4-95）。由于节能砌块隐形密框墙体中的

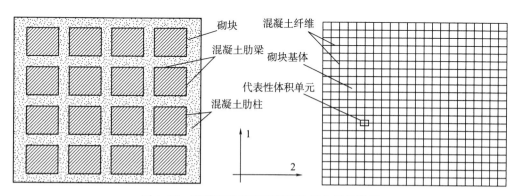

图 4-95　节能砌块隐形密框墙体简化材料模型

肋梁、肋柱的尺寸远远大于实际纤维，且其分布也并不连续，可按照肋梁柱在墙体截面中体积率不变的原则，将混凝土肋梁、肋柱及大框架均匀化为许多细小纤维并均匀分布在由节能砌块构成的基体内，即将墙体等效为正交各向异性的纤维增强复合材料弹性板。本章结合以往的研究成果[50-60]，进一步探讨节能砌块隐形密框墙体的复合材料简化模型的问题，提出两种复合材料计算模型：两次单向纤维加强模型和双向纤维加强模型。

（1）两次单向纤维复合材料模型

两次单向纤维复合材料模型是先进行肋柱方向（1方向）的第一次单向纤维加强，只考虑肋柱的加强作用，不考虑肋梁的加强作用；在第一次单向纤维加强的基础上，再将所得的单向加强材料看作基体，对其进行肋梁方向（2方向）的第二次单向纤维加强[61]。计算模型见图4-96所示。

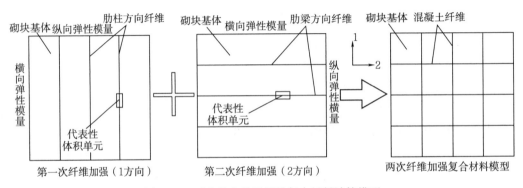

图4-96 两次单向单层纤维复合材料计算模型

1）第一次纤维加强。根据单向单层复合材料弹性常数的求法，可以得到1方向第一次纤维加强后的复合材料弹性常数。

纵向弹性模量

$$E_1 = E_c \frac{V_{cz}}{V_{cz} + V_q} + E_q \frac{V_q}{V_{cz} + V_q} = \frac{E_c V_{cz} + E_q V_q}{V_{cz} + V_q} \tag{4-59}$$

横向弹性模量

$$\frac{1}{E_2} = \frac{\dfrac{V_{cz}}{V_{cz} + V_q}}{E_c} + \frac{\dfrac{V_q}{V_{cz} + V_q}}{E_q} \tag{4-60}$$

剪切模量

$$\frac{1}{G_{12}} = \frac{\dfrac{V_{cz}}{V_{cz} + V_q}}{G_c} + \frac{\dfrac{V_q}{V_{cz} + V_q}}{G_q} \tag{4-61}$$

纵、横泊松比

$$\nu_1 = \nu_c \frac{V_{cz}}{V_{cz} + V_q} + \nu_q \frac{V_q}{V_{cz} + V_q} \tag{4-62}$$

$$\nu_2 = \frac{E_2}{E_1} \nu_1 \tag{4-63}$$

2）第二次纤维加强。在第一次单向纤维加强的基础上，再将所得的单向加强材料看作基体，对其进行肋梁方向（2 方向）的第二次单向纤维加强，可得到复合材料弹性板的最终弹性常数 E_1'、E_2'、G_{12}'、ν_1'、ν_2'。

纵向弹性模量

$$\frac{1}{E_1'} = \frac{V_{cl}}{E_c} + \frac{V_q + V_{cz}}{E_1} = \frac{V_{cl}}{E_c} + \frac{V_q + V_{cz}}{\dfrac{E_c V_{cz} + E_q V_q}{V_{cz} + V_q}} = \frac{V_{cl}}{E_c} + \frac{(V_q + V_{cz})^2}{E_c V_{cz} + E_q V_q} \tag{4-64}$$

横向弹性模量

$$E_2' = E_c V_{cl} + E_2(V_q + V_{cz}) \quad = E_c V_{cl} + \frac{(V_q + V_{cz})}{\dfrac{\dfrac{V_{cz}}{V_{cz} + V_q}}{E_c} + \dfrac{\dfrac{V_q}{V_{cz} + V_q}}{E_q}} \tag{4-65}$$

纵横向剪切模量

$$\frac{1}{G_{12}'} = \frac{V_{cl}}{G_c} + \frac{V_q + V_{cz}}{G_{12}} = \frac{V_{cl}}{G_c} + (V_q + V_{cz})\left(\frac{\dfrac{V_{cz}}{V_{cz} + V_q}}{G_c} + \frac{\dfrac{V_q}{V_{cz} + V_q}}{G_q}\right) \tag{4-66}$$

纵、横泊松比

$$\nu_2' = \nu_c V_{cl} + \nu_2(V_q + V_{cz}) = \nu_c V_{cl} + \frac{E_2}{E_1}\left(\nu_c \frac{V_{cz}}{V_{cz} + V_q} + \nu_q \frac{V_q}{V_{cz} + V_q}\right)(V_q + V_{cz}) \tag{4-67}$$

$$\nu_1' = \frac{E_1'}{E_2'} \nu_2' \tag{4-68}$$

式中：E_c 和 E_q ——原墙体中混凝土和砌块的弹性模量；

　　　G_c 和 G_q ——原墙体中混凝土和砌块的剪切模量；

　　　ν_c 和 ν_q ——原墙体中混凝土和砌块的泊松比；

　　　V_{cz}、V_{cl}、V_q ——原墙体中混凝土肋柱、肋梁、砌块的体积分数。

（2）双向纤维单层复合材料模型

在墙体中取一个既有纵向纤维又有横向纤维的代表性体积单元，在单向单层复合材料模型的基础上，建立了双向纤维单层复合材料模型。简化计算模型如图 4-97 所示，其中 A 为混凝土纤维中肋梁纤维所占的体积比，（1-A）为混凝土纤维中肋柱纤维所占的体积比，按肋梁、肋柱的体积比将砌块分配给肋梁肋、肋柱作为基体，即将单元模型分为两个不同的复合材料部分，按照单向单层复合材料模型的计算方法分别计算不同部分的主轴弹性实常数，然后，再将 A 部分视为一种合成纤维，（$1-A$）部分视为一种合成基体，再次利用单向单层复合材料模型的计算方法，进行整体单元主轴弹性实常数的计算[59]。其中，A 部分和（$1-A$）部分的弹性时常数为

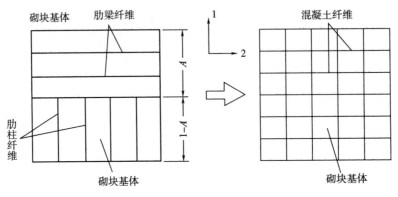

图 4-97　双向纤维单层复合材料简化计算模型

A 部分 1 方向弹模

$$\frac{1}{E_1^A} = \frac{V_m}{E_m} + \frac{V_f}{E_f}$$

（$1-A$）部分 1 方向弹模

$$E_1^{(1-A)} = V_f E_f + V_m E_m$$

A 部分 2 方向弹模

$$E_2^A = V_f E_f + V_m E_m$$

（$1-A$）部分 2 方向弹模

$$\frac{1}{E_2^{(1-A)}} = \frac{V_f}{E_f} + \frac{V_m}{E_m}$$

A 部分剪切模量

$$\frac{1}{G_{12}^A} = \frac{V_f}{G_f} + \frac{V_m}{G_m}$$

（$1-A$）部分剪切模量

$$\frac{1}{G_{12}^{(1-A)}} = \frac{V_f}{G_f} + \frac{V_m}{G_m}$$

A 部分横向泊松比 ν_2^A

$$\nu_2^A = V_f \nu_f + V_m \nu_m$$

（$1-A$）部分横向泊松比 $\nu_2^{(1-A)}$：

$$\nu_2^{(1-A)} = \frac{E_2^{(1-A)}}{E_1^{(1-A)}}\nu_1^{(1-A)} = \frac{V_f\nu_f + V_m\nu_m}{(V_fE_f + V_mE_m)\left(\dfrac{V_f}{E_f} + \dfrac{V_m}{E_m}\right)}$$

1）墙体纵向弹性模量 E_1（1 方向）

$$\frac{1}{E_1} = \frac{1}{E_1^A}\cdot A + \frac{1}{E_1^{(1-A)}}\cdot(1-A) = A\left(\frac{V_m}{E_m} + \frac{V_f}{E_f}\right) + \frac{1-A}{V_fE_f + V_mE_m} \tag{4-69}$$

2）墙体横向弹性模量 E_2（2 方向）

$$E_2 = E_2^A\cdot A + E_2^{(1-A)}\cdot(1-A) = A(V_fE_f + V_mE_m) + \frac{1-A}{\dfrac{V_f}{E_f} + \dfrac{V_m}{E_m}} \tag{4-70}$$

3）纵横向剪切模量 G_{12}（12 方向）

$$\frac{1}{G_{12}} = \frac{A}{G_{12}^A} + \frac{1-A}{G_{12}^{(1-A)}} = \frac{V_f}{G_f} + \frac{V_m}{G_m} \tag{4-71}$$

4）纵、横向泊松比 ν_1、ν_2

$$\nu_2 = A\nu_2^A + (1-A)\nu_2^{(1-A)} = A(V_f\nu_f + V_m\nu_m) + (1-A)\frac{V_f\nu_f + V_m\nu_m}{(V_fE_f + V_mE_m)\left(\dfrac{V_f}{E_f} + \dfrac{V_m}{E_m}\right)} \tag{4-72}$$

$$\nu_1 = \frac{E_1}{E_2}\nu_2 \tag{4-73}$$

式中：A——混凝土纤维中肋梁纤维所占的体积比；

　　　V_f、V_m——原墙体中混凝土和砌体的体积分数；

　　　E_f、E_m——原墙体中混凝土和砌体弹性模量；

　　　G_f、G_m——原墙体中混凝土和砌体的剪切模量；

　　　ν_f、ν_m——原墙体中混凝土和砌体的泊松比。

（3）各向同性复合材料模型

两次单向纤维加强模型和双向纤维加强模型均为正交各向异性的复合材料，力学性能比较复杂，为简化计算可将墙体简化为各向同性复合材料[59-61]。在双向纤维单层复合材料模型的基础上，各向同性复合材料的墙体简化模型的弹性实常数的计算方法可得以简化，其中弹性模量 E 可取按式（4-69）计算的 E_1 与按式（4-70）计算的 E_2 平均值。节能砌块隐形密框墙体中肋梁、肋柱的体积几乎相同，故取 $A=0.5$ 代入式（4-69）和式（4-70），近似得到

$$E = \zeta V_fE_f + V_mE_m \tag{4-74}$$

其中，ζ 是混凝土纤维修正系数。由前面公式可知，纤维加强复合材料对沿纤维方

向的弹性模量加强往往远大于对垂直纤维方向的加强，当不考虑对垂直纤维方向的弹性模量加强时 ζ 取 0.5，反之则取 $\zeta = 0.7$。

节能砌块隐形密框墙体各向同性复合材料模型的剪切模量 G 仍按式（4-71）计算。按式（4-74）和式（4-71）分别计算 E、G，再按弹性力学公式计算泊松比[62]

$$G = \frac{E}{2(1 + \nu)} \tag{4-75}$$

4.7.1.3　节能砌块隐形密框墙体弹性抗侧刚度

结合节能砌块隐形密框墙体的试验模型，假定墙体上、下端均不发生平面内转动，墙体在单位水平力作用下的总变形由弯曲变形 δ_b 和剪切变形 δ_s 组成，依材料力学方法推导墙体侧移刚度计算公式[24,63,64]，见计算简图 4-98 所示。

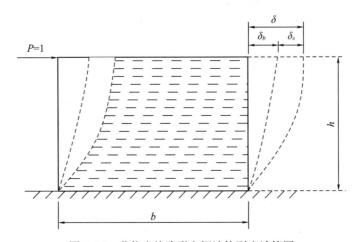

图 4-98　节能砌块隐形密框墙体刚度计算图

匀质墙体的弹性抗侧刚度计算按下式计算。

弯曲变形为

$$\delta_b = \frac{h^3}{3EI} \tag{4-76}$$

剪切变形为

$$\delta_s = \frac{\xi h}{AG} \tag{4-77}$$

总刚度为

$$K = \frac{1}{\delta_b + \delta_s} = \frac{1}{\dfrac{h^3}{3EI} + \dfrac{\xi h}{GA}} \tag{4-78}$$

式中，h、A ——墙体高度及横截面积，$A = bt$；

　　b、t ——墙体长度和厚度；

　　ξ ——截面剪应力不均匀系数；

　　I ——墙体截面惯性矩 $I = tb^3/12$；

　　E、G ——墙体弹性模量和剪切模量。

节能砌块隐形密框墙体由混凝土与节能砌块两种材料构成，但这两种材料的弹性常数相差很大，不能直接按匀质墙体计算其弹性抗侧刚度，而较为合理的计算方法是面积等效法和复合材料法。

（1）面积等效法

在弹性阶段，节能砌块隐形密框墙体中的肋梁柱与砌块紧密结合，变形协调，之间无裂缝产生，墙体以整体变形为主，类似于单一材料墙体的工作状态。因此，为使刚度的计算简便实用，可在保证墙体整体刚度不变的条件下将节能砌块隐形密框墙体等效为一均质材料板，不考虑肋梁及钢筋对墙体刚度的贡献，再对其刚度进行计算。即保持墙体宽度不变，按刚度等效的原则将墙体中的混凝土肋柱和加气混凝土砌块按弹性模量等效为一均匀的加气混凝土板[65,66]（图 4-99）。

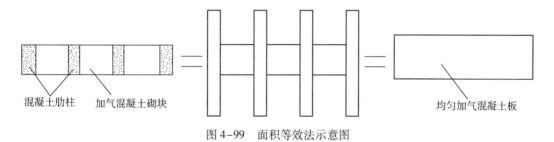

混凝土肋柱　加气混凝土砌块　　　　　　　　　　　　　　　　　均匀加气混凝土板

图 4-99　面积等效法示意图

利用匀质墙体的弹性抗侧刚度计算公式（4-78），其中截面剪应力不均匀系数 ξ 按矩形截面取 $\xi = 1.2$，墙体剪切模量 $G = 0.4E$，计算如下。

弯曲变形为

$$\delta_b = \frac{h^3}{3EI} = \frac{4}{Et}\left(\frac{h}{b}\right)^3 \tag{4-79}$$

剪切变形为

$$\delta_s = \frac{\xi h}{GA} = 3\,\frac{1}{Et}\,\frac{h}{b} \tag{4-80}$$

总刚度为

$$K = \frac{1}{\delta_b + \delta_s} = \frac{1}{\dfrac{h^3}{3EI} + \dfrac{\xi h}{GA}} = \frac{Et}{4\left(\dfrac{h}{b}\right)^3 + 3\,\dfrac{h}{b}} \tag{4-81}$$

考虑到轴压比及肋梁、肋柱对加气混凝土砌块的影响，对公式（4-81）进行修正，给出节能砌块隐形密框墙体弹性刚度实用计算公式如下

$$K = \frac{E_q t_e}{3\lambda + 4\lambda^3} \times 0.3 \times (2\mu + 0.4) \qquad (4-82)$$

式中，E_q——砌块的弹性模量，由试验测得。本章计算时采用 $E_q = 1105\text{MP}$；

t_e——墙体截面的等效厚度：$t_e = \dfrac{A_e}{b}$；

A_e——截面等效面积：$A_e = \dfrac{E_c}{E_q} \times A_c + A_q$；

A_c——验算截面中混凝土面积之和：$A_c = \sum \pi r^2$；

A_q——验算截面中砌块面积之和；

E_c——混凝土的弹性模量；

r——肋柱的截面半径；

λ——墙体的高宽比（剪跨比），$\lambda = \dfrac{h}{b}$，其中 h，b 是墙体的高度和长度；

μ——轴压比，$\mu = \dfrac{N}{f_c A_c}$（$0.3 \leqslant \mu \leqslant 0.6$），$\mu < 0.3$ 时，取 $\mu = 0.3$；$\mu > 0.6$ 时，取 $\mu = 0.6$。

按公式（4-82）的计算结果与墙体试验实测结果进行对比，见表4-26所示。

表4-26　面积等效法弹性抗侧刚度计算值与试验值对比

墙体编号	高宽比 λ	试验值 K_S（kN/mm）	计算值 K_J（kN/mm）	$\lvert K_S - K_J \rvert / K_S$
EW1-1	0.5	74.107	77.394	4.4%
EW1-2	0.5	69.444	77.247	11.2%
EW2-1	0.5	76.356	81.982	7.3%
EW2-2	0.5	77.044	79.139	2.7%
EW3-1	0.5	76.825	87.015	13.2%
EW3-2	0.5	75.254	78.528	4.3%

分析表4-26可知，由于面积等效法忽略了墙体中肋梁的作用，试验过程中墙体内部裂缝对刚度的影响也未能考虑到，这些都是造成误差的原因。但总体上看，面积等效法刚度计算值与试验值吻合较好，且此法简便实用，采用实用公式（4-82）计算墙体弹性阶段的抗侧刚度是可行的。

（2）复合材料等效法

两次单向单层纤维复合材料模型和双向纤维单层复合材料模型可将节能砌块隐形

密框墙体等效为正交各向异性的复合材料等效弹性板,在实际工程中,弹性阶段的节能砌块隐形密框墙体也可简化为各向同性的复合材料等效弹性板,故可用复合材料等效法将墙体抗侧刚度用匀质墙体的公式计算[59],公式中的 E、G 分别采用三种模型计算所得的 E_1'、G_{12}'(按公式 4-64、公式 4-66 计算)、E_1、G_{12}(按公式 4-69、公式 4-71 计算)、E、G(按公式 4-74、公式 4-71 计算)。则墙体在弹性阶段的抗侧刚度公式为

$$K = \frac{2\mu + 0.4}{\delta_b + \delta_s} = \frac{2\mu + 0.4}{\dfrac{h^3}{3EI} + \dfrac{\xi h}{GA}} \tag{4-83}$$

式中,h,A ——墙体高度和横截面积,$A = bt$(b,t 是墙体长度和厚度);

$\quad I$ ——墙体截面惯性矩 $I = \dfrac{tb^3}{12}$;

$\quad E$,G ——墙体弹性模量和剪切模量;

$\quad \mu$ ——轴压比,$\mu = \dfrac{N}{f_c A_c}$($0.3 \leqslant \mu \leqslant 0.6$),$\mu < 0.3$ 时,取 $\mu = 0.3$;$\mu > 0.6$ 时,取 $\mu = 0.6$;

$\quad A_c$ ——墙体验算截面肋柱混凝土面积之和;

$\quad \xi$ ——截面剪应力分布不均匀系数,截面形式仍为矩形,故取 $\xi = 1.2$。

按公式(4-83)计算复合材料等效法的弹性抗侧刚度,并将理论计算值与节能砌块隐形密框墙体试验的六榀墙体开裂前刚度试验值进行对比,见表 4-27。

表 4-27 复合材料等效法弹性抗侧刚度理论计算值与试验值对比 (单位:kN/mm)

墙体编号	试验值 K_s	两次单向单层纤维模型 K'	K_s/K'	双向纤维单层材料模型 K''	K_s/K''	各向同性材料模型 K'''	K_s/K'''
EW1-1	74.107	103.063	71.9%	92.122	80.4%	102.012	72.6%
EW1-2	69.444	103.040	67.4%	92.114	75.4%	101.968	68.1%
EW2-1	76.356	103.735	73.6%	92.349	82.7%	102.784	74.3%
EW2-2	77.044	103.333	74.6%	92.212	83.6%	102.315	75.3%
EW3-1	76.825	104.436	73.6%	92.569	83%	103.546	74.2%
EW3-2	75.254	103.240	72.9%	92.181	81.6%	102.210	73.6%

从表 4-27 可以看出:计算结果比试验值普遍偏高,平均看来,试验值为理论值的 75%,这是由于在墙体可见裂缝发生之前,节能砌块隐形密框墙体的微裂缝已经有较多发展,因此,必须对公式(4-83)进行修正,引入微裂缝影响系数 ψ,取 $\psi = 0.75$,则节能砌块隐形密框墙体在弹性阶段修正过的抗侧刚度公式为

$$K_1 = \frac{\psi(2\mu + 0.4)}{\delta_b + \delta_s} = \frac{\psi(2\mu + 0.4)}{\dfrac{h^3}{3EI} + \dfrac{\xi h}{GA}} \qquad (4-84)$$

其中，公式中的参数详见公式（4-83）。

（3）带洞墙体刚度计算

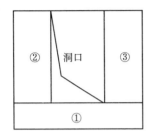

图4-100　开洞墙体刚度计算示意图

以图4-100开洞墙体为例，采用结构力学的方法对带洞节能砌块隐形密框墙体进行刚度计算。以洞口边沿为界线把墙体划分为三块，在同一高度段并列的墙块的刚度之和为该高度段墙体的刚度，而整个墙块的刚度为各高度段墙块刚度的倒数之和的倒数。

则墙体的整体刚度为

$$K = \frac{1}{\dfrac{1}{K_1} + \dfrac{1}{K_2 + K_3}} \qquad (4-85)$$

4.7.2　刚架斜压杆模型

节能砌块隐形密框墙体是由钢筋混凝土隐形密肋框架和节能砌块组合而成的整体构件，在荷载作用下，隐形密肋框架与砌块共同参与工作，同时两者之间也相互作用。前述试验及研究表明，整体墙体的受力性能，包括承载力、抗侧刚度等均较空密肋框架和节能砌块单独工作时性能的简单叠加高出很多，相互作用效果明显，不能忽视任何一方面的作用。但是，两者之间相互作用机理十分复杂，利用细观模型很难得出较为实用的结论，因此，本节就建立宏观的节能砌块隐形密框墙体简化计算分析模型做了详细研究。

4.7.2.1　填充框架简化计算模型

在各种采用结构墙体作为受力体系的建筑中，墙体作为主要的受力构件发挥着不同的作用。为了对这些建筑进行抗震性能分析及设计，就必须对其结构的反应特性进行研究。实践证明，采用一个简化模型来模拟墙体对整体结构性能的作用是可行的，并且在简化计算和提高计算效率方面具有显而易见的优势。因而建立各类结构墙体的分析模型，并对其受力性能进行研究就成为人们关注的重要课题。

早在1949年，美国的麻省理工学院、斯坦福大学等对砖砌体或混凝土砌块填充的钢筋混凝土填充框架进行了一系列的试验。

Benjamin J R 等人将墙板视为悬臂梁，并考虑其剪切与弯曲性能，在材料强度方法的基础上初步建立了估计墙体刚度与极限承载力的近似公式。

Polyakov（1956）曾在弹性理论的基础上对填充框架进行了最初的分析研究，他通过砌体在对角方向受压的试验，提出在水平力作用下的填充框架中，砌体填充墙的作用可以等效为斜压杆。

Holmes（1961）采用了 Polyakov 的思想，并提出用一个与框架铰接的等效斜压杆来代替填充墙[67]，它的材料及厚度与填充墙相同，其宽度为墙体对角线长度的1/3。

Stafford Smith（1966，1968）及 Stafford Smith 和 Carter（1969）在试验中观察发现[68]，填充墙和框架杆件的有效接触长度对等效斜压杆的宽度及框架自身的性能均有明显的影响。他们进行了一系列旨在精确确定压杆宽度的试验，并根据弹性地基梁理论，建议接触长度 α 依赖于填充墙和框架的相对刚度。通过假定在每一个接触长度上的接触应力为三角形分布来计算压杆宽度。

Klingner 和 Bertero（1976）提出了第一个具有滞回性质的对角斜压杆[69]，可以模拟循环荷载下的刚度退化。这显然要用到两个斜压杆，每个加载方向一个，压杆宽度则采用 Stafford Smith 的方法计算。

Doudoumis 和 Mitsopoulou（1986）在他们的等效压杆模型中引入了新的准则来考虑循环荷载导致的强度退化。

Zarnic（1990）提出了一种理想弹塑性等效斜压杆模型[70]，所用的参数反应了填充墙几何特性、构件材料的力学特性以及框—墙相互作用等因素。

Flanagan（1994）建议使用拉—压双斜撑模型，来考虑填充框架结构在周期或动力载荷作用下框架中的内力，尤其是柱子的轴力。其中，两个方向斜撑的面积均为等效压杆面积的一半。

此外，在等效斜压杆模型的基础上，又有人提出修正的等效斜压杆模型。Zarnic 和 Tomazevi 提出图 4-101（a）所示的斜压杆模型，这种模型可用于柱上端发生剪切破坏，即破坏发生在填充砌体墙上部对角线以外区域的情形，而他在确定斜压杆面积时，认为斜压杆的作用相当于填充墙体沿对角线开裂后形成的主裂缝下的三角形部分的作用，同时，考虑其剪切与弯曲变形，假定斜压杆的轴向刚度等于砌体填充墙下三角部分的刚度，从而通过填充砌体的性能来确定斜压杆的面积。Schmidt、Chrysonstomou 和 Crisafulli[71]分别提出了图 4-101（b）、（c）、（d）所示的多撑模型。这类多撑模型的优点是，能够在不增加问题复杂性的前提下，更准确地反映框架的局部反应。Srmakesis 与 Vratsanou 和 SanBartolome 在分析中采用了与图 4-101（c）相似的模型，只是将压杆数量分别增加为 5 个和 9 个。

各种斜压杆模型均不能有效地模拟框—墙交界面上力的传递过程以及沿界面相对滑移效应。而 Mosalam（1997）在等效压杆的基础上，提出了一种能够考虑沿界面滑移效应的简化模型[72]。

Andreaus 对斜压杆模型的思想加以推广，认为可以用一种类似于桁架的模型来代

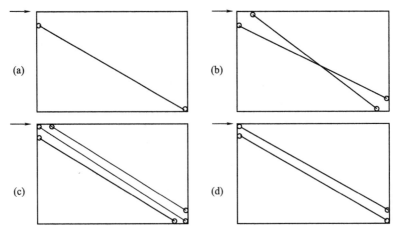

图 4-101　修正的斜压杆模型与多撑模型

替砌体[73]，并据此来划分有限单元网格，每个单元为四结点单元，其力学特性由沿单元两对角线放置的一对腹杆来表征。

Thiruvengadam 提出了一种更为复杂的模型，用来对填充框架进行动力分析。这种模型包括一个抗弯框架和多个与其铰接的均匀分布于墙板中的斜压杆和竖压杆，这些压杆被用来表示砌体填充墙的剪切与轴向刚度。通过计算框—墙接触长度并去掉失效的压杆来考虑框墙交界面的局部分离。用同样的方法，还可以通过去除与开裂面相交的压杆来考虑开裂的影响。按照这种多撑模型的精确程度与复杂性，可将其视为一种介于宏观模型与微观模型之间的模型。

等效斜压杆模型作为一种简单试用的宏观模型，已被广泛应用于填充框架结构的线性与非线性分析以及实用设计中。很多学者作了大量的试验及理论研究来确定等效压杆的宽度，其中较为系统和全面的是 Stafford Smith 等人从 1966 年开始作的一系列试验研究及理论分析，后来还有不少的学者在此基础上对斜压杆模型进行了改进和发展。本章将借鉴上述思想，结合试验研究，建立能够体现节能砌块隐形密框墙体受力性能的简化力学模型。

4.7.2.2　节能砌块隐形密框墙体刚架斜压杆模型

（1）等效过程

构成节能砌块隐形密框墙体的基本构件为隐形密肋框架和节能砌块。其中，钢筋混凝土隐形密肋框架是以弯曲变形为主的变形能力较大的延性构件，节能砌块则是以剪切变形为主的变形能力较小的脆性构件。两者的组合体，在水平荷载作用下，各自按自身的特性发展变形。在受力过程中，开始加载时变形较小，密肋框架和砌块如同一个构件一样整体工作。当荷载不断增加时，两者之间的变形差异增大，在接触面上变形互相适应和调整，产生了相互挤压和分离区域。使得相当一部分砌块没有直接与框格产生相互作用，砌块只在接触长度范围内对框格有着明显的相互作用，因此，可将砌块等效为铰接于受压对角线顶点的具有一定宽度的斜向支撑，如图 4-102 所示。

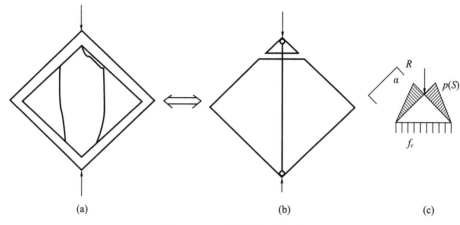

(a)   (b)   (c)

图 4-102　砌块等效示意图

1）等效斜压杆的宽度。节能砌块与隐形框格的协同工作是一个复杂的超静定问题。墙体的承载力和刚度在很大程度上要受框格与填充砌块相互作用的影响，需要从二者之间的相关特性来研究这一问题。

根据文献［74］，砌块与框格的相对刚度用系数 λ 表示如下

$$\lambda = \sqrt[4]{\frac{E_q t_q l^3 \sin 2\theta}{4 E_c I_c}} \qquad (4-86)$$

式中：E_q ——砌块的弹性模量；

  t_q ——砌块的厚度；

  l ——框格尺寸；

  θ ——砌块受压对角线与荷载作用线夹角；

  E_c ——框格材料的弹性模量；

  I_c ——框格横截面的惯性矩。

λ ——砌块的刚度与框格刚度的相对值，λ 值越大，框格相对于砌块刚度值越小。相对刚度表明了砌块的柔性，接触长度则说明砌块的承载范围。通过假定接触长度上的框格—砌块之间的相互作用内力为三角形分布，对界面处的砌块及框格建立平衡及协调方程，并对界面及 1/4 砌块进行能量分析，从而得到砌块与框格接触长度 α/l 与其相对刚度 λ 之间的函数关系[68]。

$$\frac{\alpha}{l} = \frac{\pi}{2\lambda} \qquad (4-87)$$

式中：

α ——砌块与框格有效接触长度。

可见相对刚度与相对接触长度成反比，砌块相对框格的刚度越大，砌块受压范围越少，接触长度越短。

将隐形密肋框架简化为梁、柱单元所构成的刚架，砌块用沿砌块对角线的压杆来代替，砌块等效斜压杆采用两端铰接的杆单元。假定等效斜压杆截面为矩形，取压杆厚度等于砌块的实际厚度，且与砌块具有相同的弹性模量。等效斜压杆初始宽度 w_0 的确定是模型建立的关键。总结已有的框架填充墙试验及本课题试验，砌块等效斜压杆的相对宽度 w/d 与砌块的相对接触长度 α/l 有着明显的线性关系，结合式（4-86）、式（4-87），由文献［75］建立砌块相对等效宽度 w/d 与相对刚度 λ 间的关系为

$$\frac{w}{d} = \frac{\pi}{3.9\lambda} + 0.13 \qquad (4-88)$$

式中：

w ——等效斜压杆宽度；

d ——砌块对角线长度。

2）等效斜压杆的强度。在砌块与框格有效接触范围内对砌块进行受力分析，如图 4-102（c）所示，砌块受到框格传来的作用力，在等效宽度范围内沿横截面压应力均匀分布。在接触长度上，作用力为

$$R' = \int t_{q_0} \int_0^\alpha p(s)\,\mathrm{d}s\mathrm{d}t \qquad (4-89)$$

接触范围内砌块的分布力可视为三角形分布，设其端点荷载为 p ，则

$$R' = \frac{1}{2} p\alpha t_q \qquad (4-90)$$

将此作用力沿砌块对角线方向分解，得到砌块的总反力

$$R = \frac{\sqrt{2}}{2} p\alpha t_q \qquad (4-91)$$

由公式（4-87）得

$$\alpha = \frac{\pi l}{2\lambda} \qquad (4-92)$$

所以

$$R = \frac{\sqrt{2}\,\pi l p t_q}{4\lambda} \qquad (4-93)$$

当到达极限荷载时，斜压杆等效压应力达到了砌块的抗压强度 $f_c{}^q$，由内外力平衡条件得

$$R = \sqrt{2} f_c{}^q \alpha t_q = \frac{\sqrt{2} \pi l t_q}{2\lambda} f_c{}^q \tag{4-94}$$

由上式可见，砌块对框格的反作用力与相对刚度系数 λ 成反比，与砌块厚度及其抗压强度成正比。

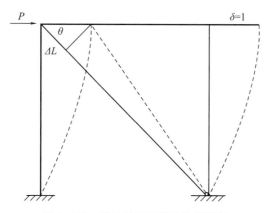

图 4-103　等效斜压杆弹性抗侧刚度

3）等效斜压杆的弹性抗侧刚度。如图 4-103 所示，在简化模型顶端施加水平荷载 P，使其产生单位位移。该水平荷载按一定比例分配在框格及斜压杆上，此时斜压杆所产生的轴向压缩为 ΔL。设作用在斜压杆顶端的水平荷载为 P_1，则斜压杆的轴向力为

$$N = P_1/\cos\theta \tag{4-95}$$

根据材料力学及几何关系所得

$$N = \frac{\Delta L \cdot E_q \cdot A}{L} = \frac{\delta\cos\theta \cdot E_q \cdot wt_q}{L} = \frac{\sqrt{2}\cos\theta \cdot E_q \cdot wt_q}{2L} \tag{4-96}$$

所以，斜压杆的弹性抗侧刚度为

$$K_q = P_1 = N \cdot \cos\theta = \frac{\sqrt{2} \cdot E_q \cdot wt_q}{4L} \tag{4-97}$$

（2）斜压杆墙体模型抗侧刚度

将所有节能砌块等效为斜压杆，则形成斜压杆墙体模型[35-67]，如图 4-104 所示。模型的抗侧刚度为

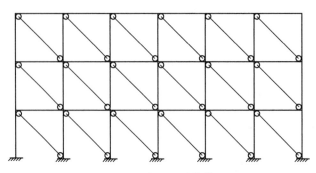

图 4-104　斜压杆墙体模型

$$K = K_c + K_q \tag{4-98}$$

式中：

K_c ——隐形密肋框架抗侧刚度；

K_q ——砌块等效斜压杆总抗侧刚度。

1）隐形密肋框架抗侧刚度。在水平荷载作用下，无斜压杆的隐形密肋框架结构的内力采用 D 值法计算。对于 $-m$ 层 n 跨的框架模型，设 D_{ij} 表示第 i 层第 j 根柱的抗侧刚度，则整个框架模型的抗侧刚度为

$$\frac{1}{K_c} = \sum_{i=1}^{m} \frac{1}{\sum_{j=1}^{n+1} D_{ij}} \tag{4-99}$$

其中

$$D_{ij} = \alpha_{cij} \frac{12 i_{cj}}{H_i^{\,2}} \tag{4-100}$$

式中：H_i ——第 i 层的层高；

α_{cij} ——框格的第 i 层第 j 根柱的抗侧刚度修正系数。该系数反映了节点转动降低了柱的抗侧能力，而节点转动的大小则取决于梁对节点转动的约束程度。$\alpha_{cij} \leqslant 1$，梁的线刚度越大，对节点的约束能力越强，节点转角越小，α_{cij} 就越接近 1。

$$\alpha_{cij} = \frac{\bar{K}_{ij}}{\bar{K}_{ij} + 2} \tag{4-101}$$

$\bar{K}_{ij}$ 是框格的第 i 层第 j 根柱的梁柱线刚度比，表示节点两侧梁平均线刚度与柱线刚度的比值。

$$\bar{K}_{ij} = \frac{i_{b(i-1)} + i_{bi}}{i_{cj}} \tag{4-102}$$

i_{cj} 是框格的第 j 根柱的线刚度；i_{bi} 是框格的第 i 层梁的线刚度。

因为在节能砌块隐形密框墙体中，隐形密肋框架为均匀布置。框格均为正方形，层高与跨度相等，且柱的线刚度和梁的线刚度大致相等。这样就大大简化了计算过程。

$$i_c = i_b = i \tag{4-103}$$

$$\bar{K} = \frac{2i_b}{i_c} = 2 \tag{4-104}$$

$$\alpha_c = \frac{\bar{K}}{\bar{K} + 2} = \frac{1}{2} \tag{4-105}$$

所以

$$K_c = \frac{1}{\displaystyle\sum_{i=1}^{m} \frac{1}{\displaystyle\sum_{j=1}^{n+1} D}} = \frac{n+1}{m} \cdot \alpha_c \cdot \frac{12i_c}{l^2} = \frac{6(n+1) \cdot i}{ml^2} \tag{4-106}$$

2）砌块斜压杆总抗侧刚度。假设模型在水平荷载作用下，层间侧移相等。应用数学归纳法，首先考虑框架为单层双跨的斜压杆墙体模型。如图 4-105 所示。

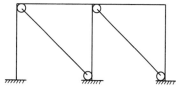

图 4-105　单层双跨的斜压杆墙体模型

$$K_q = K_{q1} + K_{q2} = \frac{\sqrt{2} \cdot E_q \cdot wt_q}{2l} \tag{4-107}$$

其次考虑双层单跨模型，如图 4-106 所示。

$$\frac{1}{K_q} = \frac{1}{K_{q1}} + \frac{1}{K_{q2}} \tag{4-108}$$

所以

$$K_q = \frac{K_{q1} \cdot K_{q2}}{K_{q1} + K_{q2}} = \frac{\sqrt{2} \cdot E_q \cdot wt_q}{8l} \tag{4-109}$$

由以上单层双跨、双层单跨斜压杆模型，可以得出（2×3）墙体斜压杆模型的抗侧刚度。如图 4-107 所示。

$$\frac{1}{K_q} = \frac{1}{K_{q11} + K_{q12} + K_{q13}} + \frac{1}{K_{q21} + K_{q22} + K_{q23}} \tag{4-110}$$

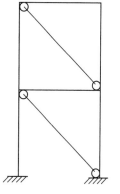

图 4-106　双层单跨模型

其中

$$K_{qij} = \frac{\sqrt{2} \cdot E_q \cdot wt_q}{4l} (i = 1,\ 2;\ j = 1,\ 2,\ 3) \tag{4-111}$$

对于（$m \times n$）墙体斜压杆模型，其斜压杆模型抗侧刚度由式（4-107）、

式（4-108）、式（4-110）可归纳为

$$K_q = \cfrac{1}{\sum\limits_{i=1}^{m} \cfrac{1}{\sum\limits_{j=1}^{n} K_{qij}}} = \frac{n \cdot K_{qij}}{m} \tag{4-112}$$

式中

$$K_{qij} = \frac{\sqrt{2} \cdot E_q \cdot w t_q}{4l} \ (i = 1, 2, \cdots, m; j = 1, 2, \cdots, n) \tag{4-113}$$

所以

$$K_q = \frac{n \cdot K_{qij}}{m} = \frac{n}{m} \cdot \frac{\sqrt{2} \cdot E_q \cdot w t_q}{4l} \tag{4-114}$$

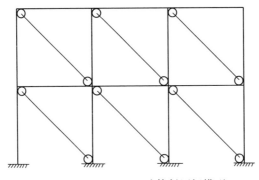

图 4-107　（2×3）墙体斜压杆模型

3）模型墙体抗侧刚度。对于隐形密肋框架为 m 层 n 跨的斜压杆墙体模型，其抗侧刚度为

$$K = K_c + K_q \tag{4-115}$$

将式（4-106）、式（4-114）代入上式得

$$K = \frac{6(n+1) \cdot i}{ml^2} + \frac{n}{m} \cdot \frac{\sqrt{2} \cdot E_q \cdot w t_q}{4l} \tag{4-116}$$

考虑到竖向荷载对墙体抗侧刚度的影响，将轴压比引入上式，得节能砌块隐形密框墙体抗侧刚度公式

$$K = (\mu + 0.3) \cdot \left[\frac{6(n+1) \cdot i}{ml^2} + \frac{n}{m} \cdot \frac{\sqrt{2} \cdot E_q \cdot w t_q}{4l} \right] \tag{4-117}$$

式中：

K_c——隐形密肋框架的抗侧刚度；

K_q ——砌块等效斜压杆模型的抗侧刚度；

i ——框格梁柱的线刚度；

E_q ——节能砌块的弹性模量；

w ——斜压杆的等效宽度；

t_q ——节能砌块的有效厚度；

l ——框格梁柱的尺寸；

m 、n ——隐形密肋框架的层数和跨数；

μ ——轴压比。$0.3 \leqslant \mu \leqslant 0.7$，当 $\mu < 0.3$ 时，取 $\mu = 0.3$；当 $\mu > 0.7$ 时，取 $\mu = 0.7$。

（3）计算结果和试验结果对比分析

节能砌块的弹性模量：$E_q = 1105 \mathrm{N/mm^2}$；

框格尺寸：$l = 150 \mathrm{mm}$；

框格截面惯性矩：$I_c = 3.2 \times 10^5 \mathrm{mm^4}$；

节能砌块的有效厚度：$t_q = 60 \mathrm{mm}$。

1）试件 EW1-2，$f_{cu} = 16.5 \mathrm{MPa}$；$m = 9$；$n = 18$；$u = 0$；$E_c = \dfrac{10^5}{2.2 + \dfrac{34.7}{f_{cu}}} = 2.32 \times 10^4 \mathrm{N/mm^2}$；$i = \dfrac{E_c I_c}{l} = 4.95 \times 10^7 \mathrm{N \cdot mm}$；$\lambda = \sqrt[4]{\dfrac{E_q t_q l^3 \sin 2\theta}{4 E_c I_c}} = 1.66$；$w = \sqrt{2} l \left(\dfrac{\pi}{3.9\lambda} + 0.13 \right) = 129.8 \mathrm{mm}$；$K = (\mu + 0.3) \cdot \left[\dfrac{6(n+1) \cdot i}{ml^2} + \dfrac{n}{m} \cdot \dfrac{\sqrt{2} \cdot E_q \cdot w t_q}{4l} \right] = 4.10 \times 10^4 \mathrm{N/mm}$；

EW1-2 到达极限荷载时对应位移 $\Delta_m = 5.3 \mathrm{mm}$，

所以
$$V_j = \Delta_m \cdot K = 217.3\ \mathrm{kN},$$

与试验值相比
$$\eta = \frac{V_j - V_s}{V_s} = \frac{217.3\mathrm{kN} - 207\mathrm{kN}}{207\mathrm{kN}} = 4.97\%。$$

2）试件 EW3-1，$f_{cu} = 22.8 \mathrm{MPa}$；$m = 9$；$n = 18$；$u = 0$；$E_c = \dfrac{10^5}{2.2 + \dfrac{34.7}{f_{cu}}} = 2.69 \times 10^4 \mathrm{N/mm^2}$；$i = \dfrac{E_c I_c}{l} = 5.74 \times 10^7 \mathrm{N \cdot mm}$；$\lambda = \sqrt[4]{\dfrac{E_q t_q l^3 \sin 2\theta}{4 E_c I_c}} = 1.60$；$w = \sqrt{2} l \left(\dfrac{\pi}{3.9\lambda} + 0.13 \right) = 134.3 \mathrm{mm}$；$K = (\mu + 0.3) \cdot \left[\dfrac{6(n+1) \cdot i}{ml^2} + \dfrac{n}{m} \cdot \dfrac{\sqrt{2} \cdot E_q \cdot w t_q}{4l} \right] = 4.46 \times 10^4 \mathrm{N/mm}$；

EW1-2 到达极限荷载时对应位移 $\Delta_m = 5.3 \mathrm{mm}$，

所以 $$V_j = \Delta_m \cdot K = 236.4 \text{ kN},$$

与试验值相比 $\eta = \dfrac{V_j - V_s}{V_s} = \dfrac{236.4\text{kN} - 218.5\text{kN}}{218.5\text{kN}} = 8.19\%$ 。

3）模拟试件 S-EW1，$E_c = 2.55 \times 10^4 \text{N/mm}^2$；$m = 9$；$n = 11$；$u = 0$；$i = \dfrac{E_c I_c}{l} = 5.44 \times$

$10^7 \text{N} \cdot \text{mm}$；$\lambda = \sqrt[4]{\dfrac{E_q t_q l^3 \sin 2\theta}{4 E_c I_c}} = 1.62$；$w = \sqrt{2} l(\dfrac{\pi}{3.9\lambda} + 0.13) = 133.0\text{mm}$；$K = (\mu + 0.3) \cdot$

$\left[\dfrac{6(n+1) \cdot i}{ml^2} + \dfrac{n}{m} \cdot \dfrac{\sqrt{2} \cdot E_q \cdot w t_q}{4l}\right] = 2.48 \times 10^4 \text{N/mm}$；

S-EW1 到达极限荷载时对应位移 $\Delta_m = 6.4\text{mm}$，

所以 $$V_j = \Delta_m \cdot K = 158.7\text{kN},$$

与模拟值相比 $\eta = \dfrac{V_j - V_m}{V_m} = \dfrac{158.7\text{kN} - 133.5\text{kN}}{133.5\text{kN}} = 18.88\%$ 。

4）模拟试件 S-EW2，$E_c = 2.55 \times 10^4 \text{N/mm}^2$；$m = 9$；$n = 9$；$u = 0.5$；$i = \dfrac{E_c I_c}{l} = 5.44 \times$

$10^7 N \cdot \text{mm}$；$\lambda = \sqrt[4]{\dfrac{E_q t_q l^3 \sin 2\theta}{4 E_c I_c}} = 1.62$；$w = \sqrt{2} l(\dfrac{\pi}{3.9\lambda} + 0.13) = 133.0\text{mm}$；$K = (\mu + 0.3) \cdot$

$\left[\dfrac{6(n+1) \cdot i}{ml^2} + \dfrac{n}{m} \cdot \dfrac{\sqrt{2} \cdot E_q \cdot w t_q}{4l}\right] = 2.95 \times 10^4 \text{N/mm}$；

S-EW2 到达极限荷载时对应位移 $\Delta_m = 6.5\text{mm}$，

所以 $$V_j = \Delta_m \cdot K = 191.7\text{kN},$$

与模拟值相比 $\eta = \dfrac{V_j - V_m}{V_m} = \dfrac{191.7\text{kN} - 154.3\text{kN}}{154.3\text{kN}} = 24.3\%$ 。

由以上各算例可以看出，节能砌块隐形密框墙体等效斜压杆模型的计算结果与试验值基本相似；由于模拟试件受到单元选择及划分，计算收敛等因素影响，导致模拟值与计算值差异较大，但仍在可接受范围内。等效斜压杆模型及其刚度计算公式可作为结构设计参考。

4.7.3 梁铰框架模型

4.7.3.1 梁铰框架模型的提出

在以往填充框架墙体研究的基础上[67-76]，结合节能砌块隐形密框墙体的试验现象可见，在墙体破坏阶段，大量的剪切和滑移变形使墙体中的砌块严重破坏，直至完全失效，肋柱和外框没有明显的破坏，肋梁上出现多处塑性铰区，墙体退化成仅由肋柱和边缘的大框架组成的纯框架，此时的墙体可以视为梁铰框架模型。

4.7.3.2　梁铰框架模型抗侧刚度

根据节能砌块隐形密框墙体试验分析，假定混凝土密肋框架的破坏全部集中在肋梁的塑性铰区，肋梁对密肋框架的约束在计算抗侧刚度中可不予考虑，并假定肋柱及边缘大框架仍处于线弹性状态。但墙体上方的顶梁（试验中的加载梁）的线刚度相对较大，则顶梁柱节点转动对柱抗侧刚度的影响很小，可不予考虑。因此，节能砌块隐形密框墙体的梁铰框架模型计算简图如图4-108所示。鉴于轴压比对梁铰框架抗侧刚度有一定的影响，故梁铰框架抗侧刚度公式可表示为：

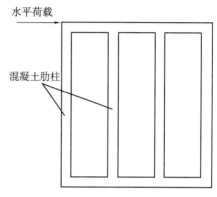

图4-108　梁铰框架简化计算模型

$$K = (2\eta + 0.4)\sum_{j=1}^{n+1} D_j = (2\eta + 0.4)\sum_{j=1}^{n+1}\frac{12i_{cj}}{H^2} \tag{4-118}$$

结合节能砌块隐形密框墙体的试验，考虑到该墙体的特殊结构形式，其中密肋数目相对较多，固然肋梁有严重破坏而出现梁铰区，但是墙体中全部肋梁不可能同时都失去作用，故本文针对节能砌块隐形密框墙体特性，提出梁铰框架抗侧刚度的修正系数 η，另外为了表述由密肋和外框组成的纯框架的抗侧刚度衰减过程，本文参考文献[50] 中引入的梁铰框架模型的抗侧刚度另一修正系数 ζ，并结合式（2-42），得出梁铰框架抗侧刚度公式为

$$K = \eta\frac{K}{K_c}K_c = \eta(2\mu + 0.4)\zeta K_c = \eta(2\mu + 0.4)\frac{i_b + i_c}{mi_b}K_c \tag{4-119}$$

其中

$$\eta = 1 + \frac{m + n}{15} \tag{4-120}$$

$$\zeta = \frac{i_b + i_c}{mi_b} \tag{4-121}$$

式中：

K_c——空框架的抗侧刚度；

μ——轴压比 $\mu = \dfrac{N}{f_c A_c}$（$0.3 \leqslant \mu \leqslant 0.6$），$\mu < 0.3$ 时，取 $\mu = 0.3$；$\mu > 0.6$ 时

取 $\mu = 0.6$；

A_c —— 墙体验算截面肋柱、外框柱混凝土面积之和；

m，n —— 墙体中密肋的层数和跨数；

i_c —— n 跨柱的平均线刚度；

i_b —— m 层梁的线刚度；

H —— 墙体的总高；

ζ —— 梁铰框架模型抗侧刚度修正系数；当 $\zeta \geq 1$ 时，取 $\zeta = 1$。

按公式（4-119）计算梁铰框架简化模型的抗侧刚度，并将理论计算值与墙体试验中墙体破坏荷载时抗侧刚度试验值进行对比，见表4-28。

表4-28　梁铰框架简化模型的抗侧刚度理论计算值与试验值对比

墙体编号	K_c（N/mm）	计算值 K（N/mm）	试验值 K_s（N/mm）	$\dfrac{\mid K_s - K \mid}{K_s}$
EW1-1	27935.1	17381.8	17691.5	1.7%
EW1-2	27910.3	17366.4	20255.2	14.3%
EW2-1	29998.2	18665.5	40805.5	54.2%
EW2-2	28719.9	17870.2	23064.5	22.5%
EW3-1	32262.1	20074.2	21303.9	5.8%
EW3-2	28445.0	17699.1	19362.4	8.6%

由表4-28可见，除墙体EW2-1外，节能砌块隐形密框墙体破坏阶段的梁铰框架模型的刚度计算值与试验值吻合较好。分析误差原因可知，墙体EW2-1采用力控制加载，试验过程中，由于砌块与密框咬合不足，密肋中混凝土不密实，导致破坏时抹面剥落，主要发生在墙体上部区域，而钢筋大部分没有屈服，为水平剪切滑移破坏，是一种不合理的破坏形态。

4.8　节能砌块隐形密框墙体抗剪设计规定

4.8.1　节能砌块设计

节能砌块隐形密框墙体，其节能砌块以炉渣、粉煤灰等工业废料为主要原料制成的加气混凝土砌块。砌块长300mm、高300mm、厚220mm，其两端各开直径为120mm的半圆缺，上留100mm×120mm的横槽，以浇注钢筋混凝土隐形密框肋梁肋柱。图4-109即为节能砌块设计图样。由于各地砌块生产规格的差异，其尺寸可按当地砌块规格，肋梁、肋柱截面设计做相应的改变。

4.8.2　隐形密框设计

1）边肋柱、边肋梁的混凝土强度等级应高于墙体肋梁、肋柱混凝土强度等级。边肋柱、边肋梁的混凝土强度等级不应低于 C25；墙体肋梁、肋柱混凝土强度等级不低于 C20。

图 4-109　节能砌块设计图样

2）节能砌块隐形密框墙体肋梁、肋柱截面尺寸按 4.8.1 小节砌块设计规格确定。当使用不同规格的砌块时，墙体肋梁、肋柱截面尺寸应根据受力计算及构造确定。肋梁截面高度不宜小于 100mm，肋柱截面高度不宜小于 120mm。

3）节能砌块隐形密框墙体肋梁、肋柱钢筋应根据受力计算确定，肋梁及肋柱的纵向钢筋分别不宜小于 2φ6 及 2φ8。墙体纵向钢筋配筋率（肋柱全部纵向钢筋截面面积与墙体同一截面面积的比值）不应小于 0.1%。

4）纵横墙连接处的边肋柱、墙与楼板连接处的边肋梁需要适当的加强设计。边肋柱纵向钢筋不宜小于 2φ10；边肋梁纵向钢筋不宜小于 2φ8。

5）抗震设计时，肋梁、肋柱均应采用对称配筋。边肋梁、边肋柱箍筋在规定范围内应加密，加密区范围以及加密区的箍筋间距按照《高层建筑混凝土结构技术规程》对框架柱相应要求取用。

6）抗震设计时，对抗震等级为二、三、四级的节能砌块隐形密框墙体，肋柱的轴压比分别不宜超过 0.8、0.9、1.0。肋柱轴压比按下式计算

$$\mu = \frac{N}{f_c A_c} \tag{4-122}$$

式中：

N——考虑地震作用组合的肋柱轴向力设计值；

A_c——肋柱截面积；

f_c——混凝土轴心抗压强度设计值。

试验及理论研究表明，当轴压比增大到一定程度，隐形密肋框架的变形能力随轴压比增大反而降低。所以，应限制肋柱的轴压比，使之最后呈延性破坏。

4.8.3 墙体斜截面受剪计算

节能砌块隐形密框墙体应进行平面内的斜截面受剪、偏心受压或偏心受拉、平面外轴心受压承载力计算。根据本章4.4.2.2节，节能砌块隐形密框墙体斜截面受剪计算公式为

$$V = \frac{1}{\lambda - 0.5}\left[0.075(f_{ca}A_{ca} + f_q A_q) + 0.1f_{cz}A_{cz} + 0.05f_{cl}A_{cl} \right]$$
$$+ \left[0.12f_{ya}A_{sa} + 0.08f_{yz}A_{sz} + 0.3f_{yl}A_{sl} \right] \qquad (4-123)$$

式中，V ——计算墙体的剪力；

λ ——计算截面的剪跨比，此处取为墙体高宽比，即 $\lambda = h/b$，参照规范取 $1.5 \leqslant \lambda \leqslant 2.2$。当 $\lambda < 1.5$ 时，取 $\lambda = 1.5$；当 $\lambda > 2.2$ 时，取 $\lambda = 2.2$；

A_{ca}、A_q、A_{cz}、A_{cl} ——边肋柱截面面积、砌块截面面积、内肋柱截面面积、内肋梁截面面积；

f_{ca}、f_q、f_{cz}、f_{cl} ——边肋柱灌芯材料、砌块、内肋柱灌芯材料、内肋梁灌芯材料的抗压强度设计值；

f_{ya}、f_{yz}、f_{yl} ——边肋柱、内肋柱、内肋梁中纵筋的抗拉强度设计值；

A_{sa}、A_{sz}、A_{sl} ——边肋柱、内肋柱、内肋梁中纵筋的面积。

因为轴压比对墙体的受力破坏形态及延性都有着重要影响，较大的竖向荷载与水平荷载组合后将产生较大的轴压比，将使墙体的延性降低。因此，对墙体的轴压比应加以限制。为简化计算，采用了重力荷载代表值作用下的轴力设计值（不考虑地震作用组合），即考虑重力荷载分项系数后的最大轴力设计值计算墙体的名义轴压比。二、三级抗震等级的节能砌块隐形密框墙体，其重力荷载代表值作用下的轴压比 μ 分别不宜超过0.6和0.7。

参照《混凝土结构设计规范》GB 50010—2002 中筋混凝土剪力墙斜截面受剪公式，在节能砌块隐形密框墙体斜截面计算式（4-123）中，第一括号内加入 $0.1N$ 分项，作为竖向荷载对墙体抗剪承载力的影响。

参考文献

［1］中华人民共和国国家标准. 混凝土结构设计规范（GB 50010—2002）［S］. 北京：中国建筑工业出版社，2002.

［2］中华人民共和国国家标准. 砌体结构设计规范（GB 50003—2001）［S］. 北京：中国建筑工业出版社，2002.

［3］中华人民共和国国家标准. 金属材料室温拉伸试验方法（GB/T 228—2002）［S］. 北京：中国标

准出版社，2002.

[4] 中华人民共和国国家标准. 加气混凝土性能试验方法（GB/T 11969—11975—1997）[S]. 北京：中国标准出版社，1998.

[5] 中华人民共和国国家标准. 普通混凝土力学性能试验方法标准（GB/T 50081—2002）[S]. 北京：中国建筑工业出版社，2003.

[6] 李忠献. 工程结构试验理论与技术[M]. 天津：天津大学出版社，2004，3，226-232.

[7] 王天稳. 土木工程结构试验[M]. 武汉：武汉理工大学出版社，2003，7，84-232.

[8] 周明华，王晓，毕佳，等. 土木工程结构试验与检测[M]. 南京：东南大学出版社，2002.

[9] 姚谦峰，贾英杰. 密肋壁板结构十二层 1/3 比例房屋模型抗震性能试验研究[J]. 土木工程学报，2004，37(6)：1-10.

[10] 张同亿. 复合墙异形柱组合结构抗震性能及设计方法研究[D]. 西安建筑科技大学博士学位论文，2001.

[11] 陈平，赵东，姚谦峰. 密肋复合墙板抗震承载力计算研究[J]. 西安建筑科技大学学报（自然科学版），2002，34(1)：26-29.

[12] 姚振纲，刘祖华. 建筑结构试验[M]. 上海：同济大学出版社，1996.

[13] 邱法维，钱稼茹，陈志鹏. 结构抗震试验方法[M]. 北京：科学出版社，2000.

[14] 王艳晗，艾军，张春峰，等. 低周反复荷载作用预应力混凝土砌块墙试验研究[J]. 建筑结构，2003，33(4)：22-26.

[15] 胡聿贤. 地震工程学[M]. 北京：地震出版社，2006.

[16] 朱伯龙. 结构抗震试验[M]. 北京：地震出版社，2003.

[17] 张新培. 钢筋混凝土抗震结构非线性分析[M]. 北京：科学出版社，2003.

[18] 孙克俭. 钢筋混凝土抗震结构的延性及延性设计[M]. 呼和浩特：内蒙古人民出版社，1991.

[19] 王来，王铁成，陈倩. 低周反复荷载下方钢管混凝土框架抗震性能的试验研究[J]. 地震工程与工程振动，2003，6，23(3)：115-117.

[20] 李利群，刘伟庆. 约束混凝土小型空心砌块砌体抗震性能试验研究[J]. 南京建筑工程学院学报，2001（2）：21-28.

[21] 武敏刚. 钢筋混凝土空心剪力墙板的试验研究与理论分析[D]. 西安建筑科技大学硕士学位论文，2002.

[22] 姚谦峰，周小真，石启印，等. 格构式复合墙板恢复力特性研究[J]. 陕西工学院学报，1999，15(1)：63-68.

[23] 邵武，钱国芳，童岳生. 钢筋混凝土低矮抗震墙试验研究[J]. 西安冶金建筑学院学报，1989，21(3)：15-28.

[24] 郭子雄，童岳生，钱国芳. RC 低矮抗震墙的变形性能及恢复力模型研究[J]. 西安建筑科技大学学报，1998，29(1)：25-28.

[25] 谢强. 高层轻板框架抗震性能研究[D]. 西安建筑科技大学硕士学位论文，2001.

[26] 包世华. 框支剪力墙和落地剪力墙在水平荷载下共同工作时的内力和位移[J]. 建筑结构学报，1982，3(5)：50-60.

[27] 袁泉. 密肋壁板轻框机构非线性地震反应分析[D]. 西安建筑科技大学博士学位论文, 2003.

[28] 刘先明, 李爱群. 带边框砌体剪力墙承载力和变形的计算分析[J]. 东南大学学报, 2001, 31 (1): 62-68.

[29] 过镇海. 混凝土的强度和本构关系[M]. 北京: 中国建筑工业出版社, 2004.

[30] 方鄂华. 高层建筑钢筋混凝土结构概念设计[M]. 北京: 机械工业出版社, 2005.

[31] 田瑞华. 混凝土空心小砌块配筋砌体墙体的承载力试验研究与理论分析[D]. 西安建筑科技大学硕士学位论文, 2001.

[32] 姜洪斌, 唐岱新, 张洪涛. 配筋混凝土小砌块剪力墙承载力试验研究[J]. 哈尔滨建筑大学学报, 2001, 34(3): 33-34.

[33] 黄炜, 姚谦峰, 章宇明, 等. 内填砌体的密肋复合墙体极限承载力计算[J]. 土木工程学报, 2006, 39(3): 68-75.

[34] 张杰. 密肋复合墙板受力性能及斜截面承载力实用设计计算方法研究[D]. 西安建筑科技大学硕士学位论文, 2004.

[35] 关海涛, 姚谦峰, 赵冬, 等. 密肋复合墙板简化计算模型研究[J]. 工业建筑, 2003, 33(1): 13-16.

[36] 施楚贤, 杨伟军. 配筋砌体剪力墙受剪承载力及可靠度分析[J]. 建筑结构, 2001, 31(9): 41-44.

[37] 李新平, 唐建国. 配筋砌体结构抗剪能力的试验研究[J]. 世界地震工程, 1997, 13 (2): 67-71.

[38] 阎宝民, 王腾, 赵成文, 等. 混凝土小砌块剪力墙斜截面抗剪承载力计算公式的研究[J]. 建筑结构, 2000, 30(3): 10-12.

[39] 李升才, 江见鲸, 于庆荣. 复合剪力墙体抗剪承载力计算方法的探讨[J]. 建筑结构, 2001. 31 (9): 27-33.

[40] 中华人民共和国建设部. 建筑抗震设计规范 (GB 50011—2002) [S]. 北京: 中国建筑工业出版社, 2002.

[41] 江见鲸, 陆新征, 叶列平. 混凝土结构有限元分析[M]. 北京: 清华大学出版社, 2005.

[42] 刘明. 配筋砌块砌体中钢筋粘结性能与可靠性研究[D]. 大连理工大学硕士学位论文, 2004.

[43] 过镇海, 时旭东. 钢筋混凝土原理和分析[M]. 北京: 清华大学出版社, 2006.

[44] 汤峰. 蒸压粉煤灰砖砌体基本受力性能试验研究[D]. 湖南农业大学硕士学位论文, 2007.

[45] 李英民, 韩军, 刘立平. ANSYS 在砌体结构非线性有限元分析中的应用研究[J]. 重庆建筑大学学报, 2006, 28(5): 90-96, 105.

[46] 陆新征, 江见鲸. 利用 ANSYS Solid65 单元分析复杂应力条件下的混凝土结构[C]. 2002 ANSYS 中国用户年会论文集, 2002, 473-479.

[47] 徐巍, 周吉吉. 对 ANSYS 的 Link8 杆单元的几何非线性性能的评述[J]. 中国农业大学学报, 2005, 10 (3): 111-114.

[48] 王勖成, 邵敏. 有限元法基本原理和数值方法[M]. 北京: 清华大学出版社, 1997.

[49] J. J. delCozDíaz, P. J. García Nieto, C. Betegón Biempica, et al. Analysis and optimization of the heat-insulating light concrete hollow brick walls design by the finite element method [J]. Applied

Thermal Engineering, 2007, 27（8）：1445-1456.

[50] 黄炜. 密肋复合墙体抗震性能及设计理论研究[D]. 西安建筑科技大学博士学位论文, 2004.

[51] 周履, 范赋群. 复合材料力学[M]. 北京：高等教育出版社, 1991.

[52] 王振鸣. 复合材料力学和复合材料结构力学[M]. 北京：机械工业出版社, 1991.

[53] Spencer, A. The transverse module of fiber composite materiai [J]. Composites Science and Technology. 1986, 27(2), 93-109.

[54] Robert Millard Jones. Mechanics of composite materials (Second Edition)[M]. Taylor & Francis, 1999.

[55] 沈观林. 复合材料力学[M]. 北京：清华大学出版社, 1994.

[56] 黄争鸣. 复合材料细观力学引论[M]. 北京：科学出版社, 2003.

[57] 王秉权, 杨荫萍. 单向纤维增强复合材料弹性常数的实验研究[J]. 复合材料学报, 1986, 3 (2)：82-91, 111.

[58] 杜善义. 复合材料细观力学[M]. 北京：科学出版社, 1998.

[59] 杨庆生. 复合材料细观结构力学与设计[M]. 北京：中国铁道出版社, 2000.

[60] 田英侠. 密肋复合墙板受力性能试验研究与理论分析[D]. 西安建筑科技大学硕士论文, 2002.

[61] 田英侠, 姚谦峰, 等. 密肋复合墙板等效弹性常数计算方法研究[J]. 工业建筑. 2003, 33 (1)：10-12.

[62] 徐芝纶. 弹性力学[M]. 北京：高等教育出版社. 1991.

[63] 赵冬, 姚谦峰, 陈平. 密肋轻型框架结构结构刚度计算[J]. 西安建筑科技大学学报, 1999, 31(2)：18.

[64] 金怀印. 地震作用下密肋复合墙板刚度计算分析[D]. 西安建筑科技大学硕士论文, 2001.

[65] 贾英杰. 中高层密肋壁板结构计算理论及设计方法研究[D]. 西安建筑科技大学博士论文, 2004.

[66] 周铁刚. 多层密肋壁板结构受力性能分析及实用设计方法研究[D]. 西安：西安建筑科技大学硕士论文, 2003.

[67] Holmes M. Steel frames with brickwork and concrete infilling [M]. Proc. Instn. Civ. Engrs, 1961.

[68] Stafford Smith. Behavior of Square Infilled Frames[J]. Journal of the Structural Division, Proceeding of the ASCE, 1966, 92（ST1）：381-403.

[69] Richard Sause, Bertero V V. A transducer for measuring the internal forces in the columns of a frame-wall reinforced concrete structure [R]. Calif., Univ. of Calif., 1976.

[70] Zarnic R., Gostic S. Shaking Table Tests of 1：4 Reduced-Scale Models of Masonry Infilled Reinforced Concrete Frame Buildings [J]. Earthquake Engineering and Structural Dynamics, 1990, 30（6）：819-834.

[71] Crisafulli F J, Carr A J, Park R. Analytical modeling of infilled frame structures - A general review [M]. Bulletin of the New Zealand Society for Earthquake Engineering, 2000.

[72] Mosalam K M, White R N, Gergely P. Computational Strategies for Frames with Infill Walls：Discrete

and Smeared Crack Analyses and Seismic Fragility [R]. Technical Report NCEER-97-0021, State U-niversity of New York at Buffaio, 1997.

[73] Andreaus U. Failure criteria for masonry panels under in-plane loading [J]. Journal of Structural En-gineering, 1996, 122(1): 37-46.

[74] Mainstone R. On the stiffness and strength of infilled frames [C]. Proceedings institution of ciril engineering, New York: Columbia University, 1974.

[75] Comite Euro-international du Beton (CEB). Reinforced concrete infilled frame [M]. London: Thomas Telford Publishing, 1972.

[76] Stafford Smith B, Carter C. A Method of Analysis for Infilled Frames [J]. Proceedings of the Institution of Civil Engineers, 1969 (44): 31-48.

第二篇　节能砌块隐形密框结构研究

第5章 节能砌块隐形密框结构
拟动力试验研究

5.1 节能砌块隐形密框结构房屋模型试验方案

通过分析节能砌块隐形密框结构 3 层楼房 1/2 试验模型的整体受力性能、变形特点、动力特性、破坏形态、强度、刚度变化规律等，为确定该结构的层间恢复力模型、简化计算模型、计算及设计方法提供试验依据；检测该体系的结构的构造措施及施工工艺要求；检测墙体在该结构中的受力性能及抗震性能；确定该结构体系的应用范围；为结构的抗震设计提供正确的动力分析方法。

5.1.1 模型选取与制作

5.1.1.1 模型选取

根据动力相似关系：

$$S_l = l_p/l_m \; ; \; S_x = S_l \; ; \; S_m = S_\rho S_l^3 \; ; \; S_k = S_E S_l \; ; \; S_T = \sqrt{S_m/S_k} \; ; \; S_a = S_l/S_T^2$$

其中：S_l ——几何相似关系；S_x ——位移相似关系；

$\quad\quad S_m$ ——质量相似关系；S_ρ ——密度相似关系；

$\quad\quad S_k$ ——刚度相似关系；S_E ——弹性模量相似关系；

$\quad\quad S_T$ ——周期相似关系；S_a ——加速度相似关系。

在混凝土结构模型试验中，只要集中外荷载按结构尺寸的平方变化，即可用原型材料进行模型试验。在本试验中，模型材料与原型材料相同，试验模型按相似关系取原型的 1/2。试验模拟方式采用人工质量模拟。

模型结构与原型的相似关系，见表 5-1 所示。

表 5-1 模型结构与原型的相似关系

参数 构件	材料特性 E, G, μ	长度	面积	质量	位移	剪力	轴力	弯矩	应力	应变	周期
原型	1	1	1	1	1	1	1	1	1	1	1
模型	1	1/2	1/4	1/8	1/2	1/4	1/4	1/8	1	1	$\sqrt{2}$

5.1.1.2 试验模型

房屋建筑原形为 3 层，每层层高 2.8m，总高 8.4m，楼板厚 100mm，墙体厚 220mm。按 1∶2 的比例选取原型中 10.8m×7.2m 的单元作为试验模型；原型中，门 M1 尺寸为 900mm×2100mm，窗 C1 尺寸为 1200mm×1500mm。

房屋原型平面图如图 5-1 所示；房屋模型的平面图、立面图、剖面图、楼板配筋图、基础平面图以及基础配筋图如图 5-2 所示。

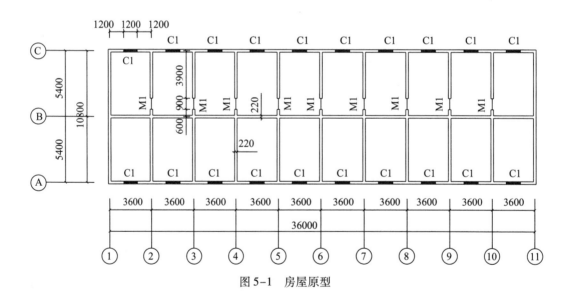

图 5-1 房屋原型

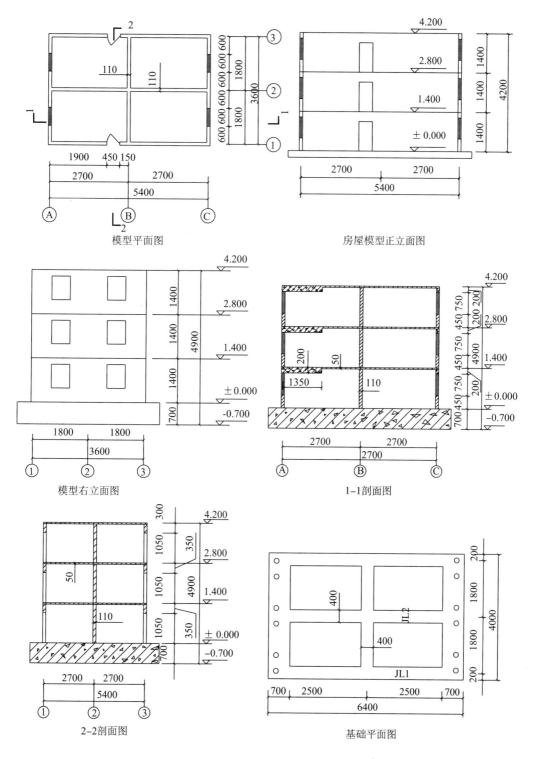

模型平面图

房屋模型正立面图

模型右立面图

1–1剖面图

2–2剖面图

基础平面图

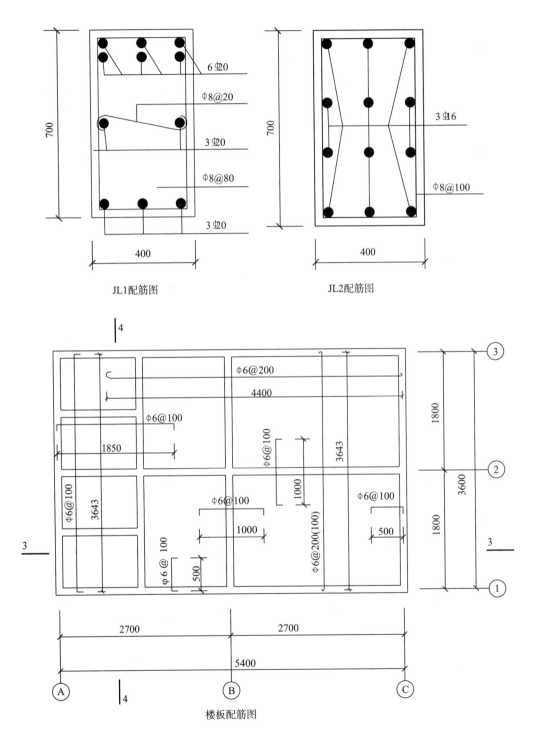

JL1配筋图   JL2配筋图

楼板配筋图

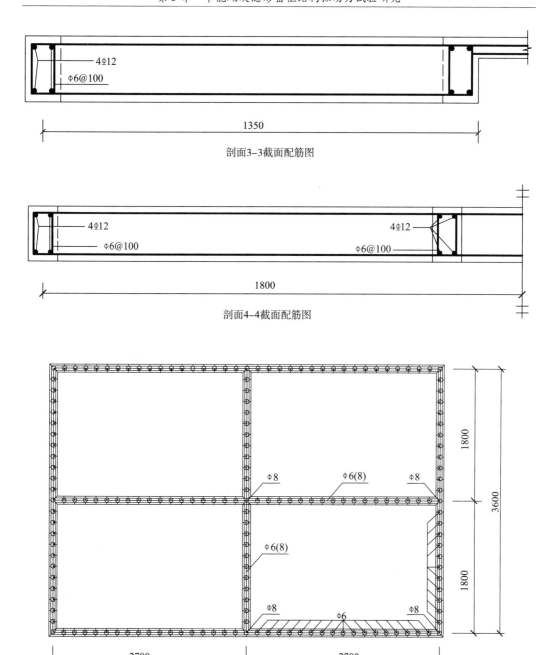

剖面3-3截面配筋图

剖面4-4截面配筋图

肋梁、肋柱配筋图

图 5-2　房屋模型图

5.1.1.3 模型制作

模型施工过程照片如图 5-3 所示。

图 5-3 模型施工过程图片

窗洞口处的肋柱在窗洞口的下沿与该部位的肋梁钢筋绑扎连接；通过窗洞口处的肋梁分别在窗洞口的左、右边沿与该部位的肋柱钢筋绑扎连接。

在本试验模型浇筑过程中，基础采用商品混凝土，基础商品混凝土标号为 C35；墙体用混凝土设计标号为 C20，楼板混凝土设计标号为 C30，均采用机械搅拌。楼板、基础、墙体中的肋梁和肋柱、门窗过梁均采用现浇方式施工。

图 5-4 螺杆位置

节能砌块隐形密框结构墙体由加气混凝土砌块和细石混凝土肋梁、肋柱构成，其中肋梁、肋柱中配有钢筋，每楼层顶层底层肋梁（即墙体和楼板交接处的肋梁）以及纵横墙交接处肋柱配有 1 根 f 8 钢筋，其他肋梁、肋柱配有 1 根 f 6 钢筋。门过梁截面：宽 110mm，高 300mm，长 750mm；窗过梁截面：宽 110mm，高 150mm，长 900mm。门过梁中配有 4 f10 的钢筋，4 根 ϕ12 的 X 形交叉钢筋，箍筋为 f 6@100；窗过梁中配有 4 f10 的钢筋，箍筋为 f 6@100。楼板在加载端加厚为 200mm，加厚长度为 1.35m，加厚楼板中预埋有加载螺栓，每层设两个加载点，每个加载点预埋有两根高强螺栓（图 5-4）。

墙体所用的 6 种砌块的规格和尺寸如图 5-5 所示。

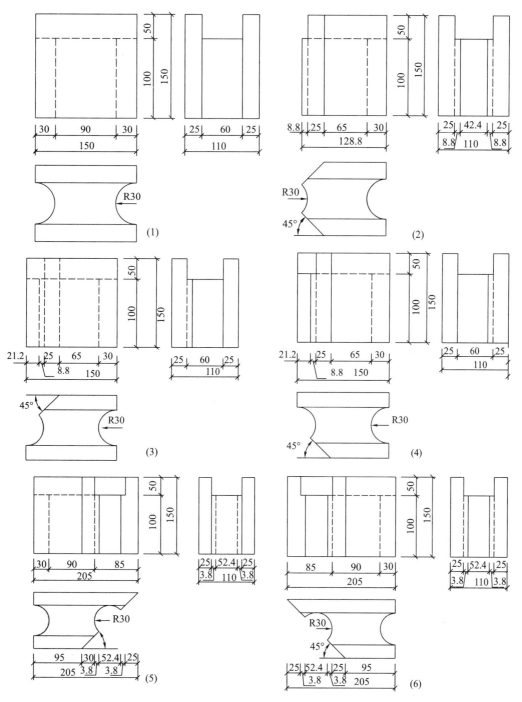

图 5-5 砌块规格尺寸图

5.1.1.4 试验所用材料的物理力学性能

本试验的钢筋、加气混凝土砌块与混凝土的物理力学性能见表5-2、表5-3、表5-4所示。

表5-2　钢筋的材性试验结果

规格	直径（mm）	屈服强度（MPa）	极限强度（MPa）	弹性模量（N/mm²）	伸长率（%）
$\phi 6$	6.35	242.51	398.93	2.1×10^5	19.68
$\phi 8$	8.2	346.64	454.62	2.1×10^5	16.44

表5-3　加气混凝土砌块材性试验结果

材料　　　　性能	抗压强度（MPa）	抗拉强度（MPa）	弹性模量（N/mm²）	容重（kN/m³）
加气混凝土砌块	4.50	0.51	1010	6.17

表5-4　混凝土材性试验结果

材料　　　　性能	设计强度	立方体破坏荷载平均值（kN）	立方体抗压强度平均值（MPa）
基础混凝土	C35	1429.44	63.50
一层墙体混凝土	C20	751.48	33.40
一层楼板混凝土	C30	1010.26	44.89
二层墙体混凝土	C20	960.03	40.27
二层楼板混凝土	C30	835.82	37.15
三层墙体混凝土	C20	728.68	32.39
三层楼板混凝土	C30	817.28	36.32

5.1.2　试验方案设计

5.1.2.1　加载装置

本试验在中国地震局工程力学研究所（北京园区）结构工程试验室进行，试验前设计的方案是在每个楼层顶部各通过一个作动器进行加载，但是由于作动器设备的原因，最后只能采用单点加载，即在顶层的楼板处通过一个作动器进行加载。加载装置如图5-6所示。

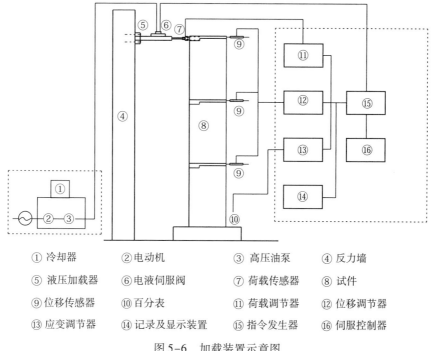

① 冷却器　　　　② 电动机　　　　③ 高压油泵　　　　④ 反力墙

⑤ 液压加载器　　⑥ 电液伺服阀　　⑦ 荷载传感器　　　⑧ 试件

⑨ 位移传感器　　⑩ 百分表　　　　⑪ 荷载调节器　　　⑫ 位移调节器

⑬ 应变调节器　　⑭ 记录及显示装置　⑮ 指令发生器　　　⑯ 伺服控制器

图 5-6　加载装置示意图

5.1.2.2　试验方法

由于试验设备的问题，本试验采用了顶部单点加载的方法，考虑到模型为三层，需要利用参与质量进行等效。

振型的质量参与系数提供了如何评价某个振型在每个整体方向计算加速度荷载响应的重要性。因此，它对于确定反应谱分析和地震时程分析的精度很有用处。如果结构的所有特征振型都出现了，则三个加速度荷载中的每个质量参与系数都为 100%。质量参与系数 r_{xn} 按下式计算

$$f_{xn} = \varphi_n^T m_x \qquad f_{yn} = \varphi_n^T m_y \qquad f_{zn} = \varphi_n^T m_z$$

$$r_{xn} = \frac{(f_{xn})^2}{M_x} \qquad r_{zn} = \frac{(f_{zn})^2}{M_z} \qquad r_{yn} = \frac{(f_{yn})^2}{M_y}$$

式中，φ_n 为振型；m_x、m_y、m_z 为单位加速度荷载；M_x、M_y、M_z 是作用在 x、y 和 z 向的总的无约束质量；f_{xn}、f_{yn}、f_{zn} 为振型参与系数。

5.1.2.3　加荷方法

（1）水平荷载

通过钢筋混凝土反力墙，借助一台输出力为 $\pm 1000\mathrm{kN}$，量程为 $\pm 250\mathrm{mm}$ 电液伺服加

载器对模型结构的顶层施加水平荷载。通过横向分配钢板经一次分配加载至楼板上，楼板则通过 4 根预埋的 $\phi 40$ 螺杆对整个结构施加荷载。

在拟动力试验中，结构质量按 100% 输入，地震波采用 EL-centro 波（N-S 方向），按最大加速度的大小分为 100gal、200gal、400gal、800gal、1600gal 输入，至结构破坏。地震作用持续时间为 12 秒：其中 10 秒为强迫振动，2 秒为自由振动，步长为 0.01 秒。按相似理论分别折算到模型，地震波加速度的大小不变，地震作用持续时间为 7.07 秒，试验加长时间为实际地震波作用时间的 100—200 倍。主要测试结构的动力特性及动力反应。

（2）竖向荷载

建筑结构物竖向荷载的大小是影响建筑结构物抗震性能的一个重要因素。因此，为了保证建筑结构物原型和试验模型的可比性，一般通过保持建筑结构物原型和试验模型轴压比相同的方法来达到这个目的。如果轴压比减小，则会使钢筋在弯矩作用下过早进入屈服；模型所能抵抗的水平剪力将降低，刚度也随轴压比的减小而减小；在本次试验过程中，采用在每层楼板均布砂袋、石子或者钢板的方法施加，在试验前一次施加完毕，按模型轴压比与原型轴压比相等的原则，同时，考虑到竖向地震作用的影响，竖向荷载按 70% 施加。其中屋顶的配重为 1.614kN/m²，二层和三层的楼板配重分别为 2.929kN/m²。

5.1.2.4 测试方案与测点布置

（1）应变测试

为研究分析模型房屋在水平荷载作用下节能砌块隐形密框结构墙体的受力状态、梁柱的应力变化和协同工作性能，本试验模型中共布置 184 片电阻应变片，分别布置在每层的外纵墙、外横墙以及一层的内纵墙的肋梁和肋柱上，主要是角柱的顶部和底部、中间柱的中部、门四角的肋梁和肋柱、窗四周的肋梁和肋柱，在同一根肋柱上沿高度在不同位置粘贴电阻应变片，应变片的布置如图 5-7 所示。这些电阻应变片主要用来测试和分析在水平荷载作用下节能砌块隐形密框结构三层楼房 1/2 模型的墙体中肋梁和肋柱的变形特征、内力分布和协同工作性能；墙体的受力性能及抗震性能、检测该体系的结构的构造及施工工艺要求。

应变数据采集使用 DH3816 多测点静态应变量测系统以及 128 通道数据采集系统。

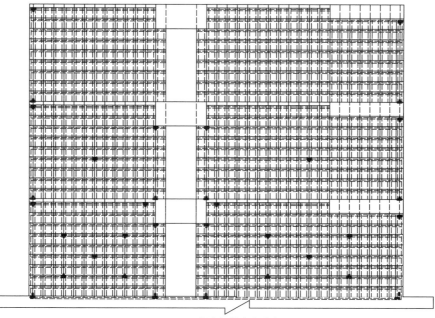

(a) 东墙钢筋应变片布置图

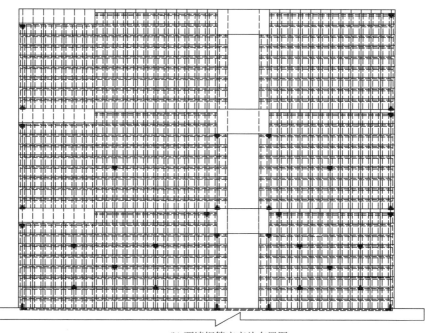

(b) 西墙钢筋应变片布置图

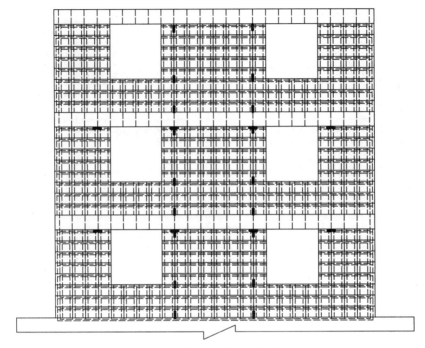

(c) 南墙钢筋应变片布置图

(d) 北墙钢筋应变片布置图

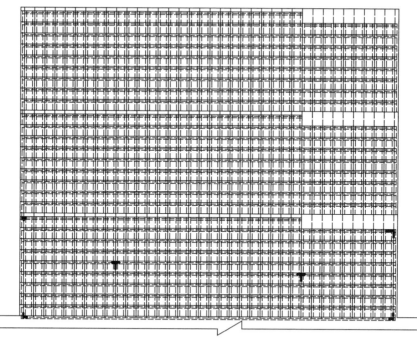

(e) 内纵墙钢筋应变片布置图

图 5-7　应变片布置图

钢筋应变片的数量统计如表 5-5 所示。

（2）变形测试

在每层楼面水平荷载对称点处分别布置位移计 1 个，共计 3 个，用以测量在水平荷载作用下结构的层间变形及整体变形；在基础梁顶部纵横墙交叉处布置百分表 2 个，用以测量基底转角及位移，以考察结构的扭转变形。变形测试如图 5-8 所示。

表 5-5　钢筋应变片的数量统计表

位置	数量		位置	数量		位置	数量	
一层南墙	H—4	V—6	二层南墙	H—4	V—6	三层南墙	—	V—6
一层北墙	H—4	V—6	二层北墙	—	—	三层北墙	—	—
一层西墙	H—20	V—20	二层西墙	H—10	V—10	三层西墙	H—4	V—4
一层东墙	H—20	V—20	二层东墙	H—10	V—10	三层东墙	H—4	V—4
一层内纵墙	H—6	V—6	二层内纵墙	—	—	三层内纵墙	—	—
总计	184 片（其中：H、V 分别代表肋柱、肋梁钢筋上的应变片）							

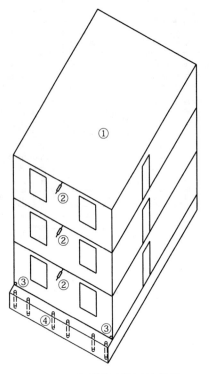

图 5-8　变形测试装置示意图
①试件；②位移传感器；③百分表；④预留固定螺栓孔洞

5.2　节能砌块隐形密框结构房屋模型拟动力试验结果分析

5.2.1　试验初始参数

本试验过程中，由于试验加载设备的问题，导致只能采用单个作动器加载，所以利用参与质量的转化关系，将三层房屋模型等效为单质点进行加载。

（a）采用 $\varphi = \left\{ \begin{matrix} 1/3 \\ 2/3 \\ 1 \end{matrix} \right\}$ 作为振型；

（b）动力方程为 $[M]\{a\} + [C]\{v\} + [K]\{d\} = -[M]\{u\}a_g$ ，其中，$[M]$、$[C]$、$[K]$ 为物理质量矩阵、阻尼矩阵和物理刚度矩阵；$\{a\}$、$\{v\}$、$\{d\}$ 为笛卡尔坐标下的结构物理加速度、速度和位移，a_g 是地面激励加速度；而 $\{u\}$ 为质量分布向量或者影响系数；

（c）模态质量：试验时质量矩阵按模型结构质量输入，即 $M = \begin{bmatrix} 8.97 & 0 & 0 \\ 0 & 8.97 & 0 \\ 0 & 0 & 6.69 \end{bmatrix} \times$

$10^3 \mathrm{kg}$，对应于该模态的模态质量为 $m = \varphi^{\mathrm{T}}[M]\varphi = 11.67 \times 10^3 \mathrm{kg}$；

（d）模态刚度：假设结构以剪切变形为主，由于各层结构布置相同，所以假定各

层刚度相等为 k_0，那么物理刚度矩阵为 $[K] = \begin{bmatrix} 2k_0 & -k_0 & 0 \\ -k_0 & 2k_0 & -k_0 \\ 0 & -k_0 & k_0 \end{bmatrix}$，其对应的模态刚

度为 $k = \varphi^{\mathrm{T}}[K]\varphi = k_0/3$，可以看作屋顶加载时得到的刚度（相当于 3 根弹簧串联），试验得到 $k = 82.341 \mathrm{kN/mm}$；

（e）根据模态质量和模态刚度计算得到对应于该振型的周期 $T = 0.075\mathrm{s}$ 和圆频率 $\omega = 84\mathrm{rad/s}$，而根据物理刚度矩阵和质量矩阵计算得到的周期 $T = 0.079\mathrm{s}$ 和圆频率 $\omega = 84\mathrm{rad/s}$，两者相差不大，因此上述假设合理；

（f）模态阻尼：采用刚度比例阻尼矩阵 $[C] = a_0[K]$，设对应于所采用的模态的阻尼比为 $\xi = 0.02$，那么根据 $c = 2\omega\xi m = a_0 k$ 得到 $a_0 = \dfrac{2\xi}{\omega} = 4.67 \times 10 - 4$；

（g）该模态的有效质量为：$m^{eff} = \dfrac{(\varphi^{\mathrm{T}}[M]\{u\})^2}{\varphi^{\mathrm{T}}[M]\varphi} = 21.014 \times 10^3 \mathrm{kg}$，而模态质量参

与系数为：$\alpha = \dfrac{m^{eff}}{\sum M_i} = 85.3\%$；振型参与系数为 $\beta = \dfrac{\varphi^{\mathrm{T}}[M]\{u\}}{\varphi^{\mathrm{T}}[M]\varphi} = 1.342$，前者反映了该模态的重要程度；后者反映了被激励起来的难易程度；

（h）对应于该模态的单自由动力方程为：$m\ddot{z} + c\dot{z} + kz = -\varphi^{\mathrm{T}}[M]\{u\}a_g$，其中 $\ddot{z}$，$\dot{z}$，z 分别为广义坐标下单自由度体系的加速度、速度和位移；笛卡尔坐标下的物理位移向量为 $\{d\} = z\varphi$；由于采用了特殊的振型向量，广义位移等于屋顶的物理位移，在试验中直接使用。

5.2.2　墙体开裂过程及破坏特征分析

由于试验采用的是单个电液伺服加载器单点加载，地面加速度的峰值应该除以振型参与系数，所以试验阶段施加的加速度值也为模型遭遇到的地震加速度值的 74.52%。又由于试验时质量矩阵按模型结构质量输入，没有输入配重的质量，而配重质量也参与拟动力试验中动力方程的求解，因此质量矩阵应包括配重的质量，即 $M_{实} =$

$$\begin{bmatrix} 16.774 & 0 & 0 \\ 0 & 16.774 & 0 \\ 0 & 0 & 10.892 \end{bmatrix} \times 10^3 \text{kg}$$ 、 $m_{实} = \varphi^{\mathrm{T}} [M]_{实} \phi = 20.21 \times 10^3 \text{kg}$ ，因此，实际模

型遭遇到的地震加速度值为输入加速度值的 $\dfrac{m}{m_{实}} \times 74.52\% = 43\%$ 。例如，如果试验加

载阶段加速度峰值为 100gal 时，相当于模型遭遇到的地震加速度峰值为 43gal，其余试验加载时的加速度以此类推，试验时加载的加速度 100gal、200gal、400gal、800gal、1600gal，分别相当于模型遭遇到的地震加速度大小分别为：43gal、86gal、172gal、344gal、688gal。

为了更为直观地了解节能砌块隐形密框结构 3 层楼房 1/2 试验模型在各种烈度地震作用下裂缝的发展情况，下面按试验时加载的加速度峰值的大小，分阶段阐述：

（1）加载前

由于试验前试验加载人员的操作失误，在第二层施加了外力，导致结构在试验正式开始前就有了初始裂缝。裂缝的具体位置及长度如图 5-9 所示。由图 5-9 可以看出，试验前的这次操作失误导致东墙和西墙（外纵墙）上出现大量的裂缝，南墙和北墙（外横墙）上几乎就没有出现裂缝，只有北墙（加载端）出现了一条短短的裂缝。外纵墙和外横墙的裂缝均分布在第二层，底层和顶层则没有出现任何裂缝。在东墙和西墙，靠近北墙的墙体出现的主要是水平方向的裂缝，而在靠近南墙的墙体出现的裂缝主要是斜裂缝（剪切裂缝）。比较东墙和西墙，可以看出在靠近北墙的部分，东墙相对西墙较严重，在东墙第二层顶部的水平裂缝几乎贯通，在同一高度，竖向只有两条砌块没有裂缝。在靠近门的部分才出现了斜裂缝。在东西墙靠近南墙的第二层墙体，西墙则相对东墙来说，裂缝更多一点，破坏的严重一些。西墙在这个位置的斜裂缝已经贯通，而东墙则没有出现贯通现象。由后面的分析可以知道，这次的操作失误并没有造成结构的严重破坏，通过加速度峰值为 100gal（43gal）时结构的滞回曲线可以看出，结构还处于弹性状态，因此可以继续试验，而且这次的操作失误对于结构的抗震性能的影响不大。

（2）加速度峰值为 100gal（43gal）

当输入最大加速度为 100gal（43gal）的地震波时，结构处于完全弹性状态，没有出现可见裂缝。初始裂缝也没有出现延长或者加宽的情况。当输入最大加速度为 100gal（43gal）的地震波时的裂缝图如图 5-9 所示。

（3）加速度峰值为 200gal（86gal）

当输入最大加速度为 200gal（86gal）的地震波时，结构处于弹性状态，没有出现可见裂缝。初始裂缝也没有出现延长或者加宽的情况。可见试验加载前的操作失误并没有造成结构的严重破坏。如果试验加载前的操作失误造成结构的严重破坏，在试验

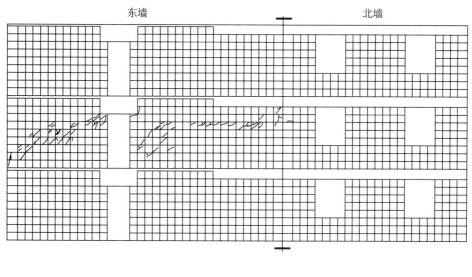

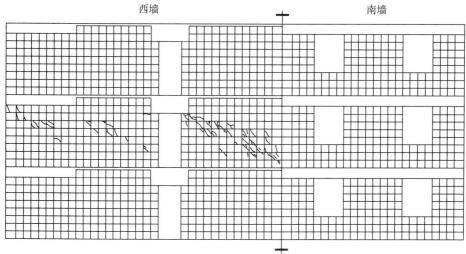

图 5-9　结构初始裂缝图

正式加载阶段，当输入的地震波加速度最大值分别是 100gal（43gal）、200gal（86gal）的时候，结构不可能还处于弹性状态。

（4）加速度峰值为 400gal（172gal）

当输入最大加速度为 400gal（172gal）的地震波时，电液伺服加载器最大推力和拉力分别是 65.02kN、48.68kN，这个试验阶段，东墙在二层靠近中轴的位置出现了第一条裂缝。其余裂缝均是由于初始裂缝的延长；西墙出现裂缝的墙体部分在二层靠近南墙的部分，裂缝数量较东墙多，基本上是斜裂缝，其余裂缝均是由于初始裂缝的延长；这些斜裂缝均位于试验加载前的操作失误而产生的斜裂缝区域，它们均是由于加载前的操作失误造成的结构破坏后，由内向外而产生的裂缝。只要试验前没有操作失误产生的结构受到撞击的现象，这些裂缝均可以避免出现。正常试验状况下，结构应处于弹性状态。输入最大加速度为400gal（172gal）的地震波时的裂缝图如图5-10所示。

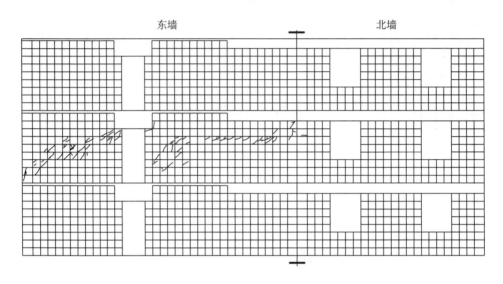

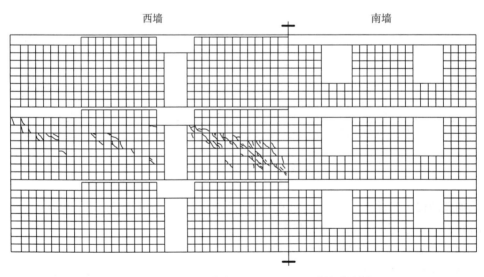

图5-10　加速度峰值为400（172）gal时的裂缝图

（5）加速度峰值为 800gal（344gal）

当输入最大加速度为 800gal（344gal）的地震波时，电液伺服加载器最大推力和拉力分别是 132.57kN、96.23kN，底部的弯矩达 543.54kN·m、394.54kN·m，这个试验阶段，在东墙的第二层与南墙相交的底部出现了新的裂缝，在靠近北墙的顶部也出现了新的裂缝；在西墙靠近门洞的部分墙体也出现了新的裂缝。这些新的裂缝有的远离初始裂缝，有的则是初始裂缝的延伸。输入最大加速度为 800gal（344gal）的地震波时的裂缝图如图 5-11 所示。

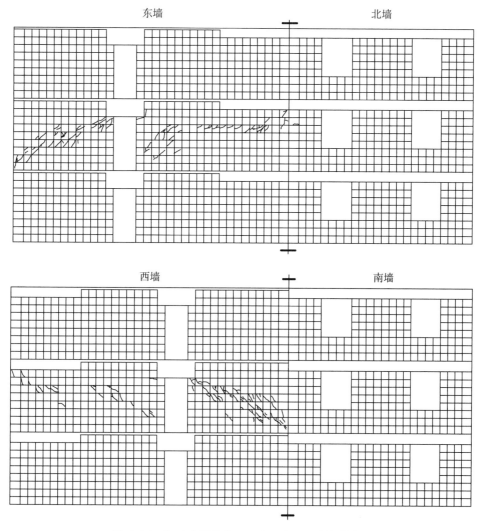

图 5-11 加速度峰值为 800（344）gal 时的裂缝图

（6）加速度峰值为 1600gal（688gal）

当输入最大加速度为 1600gal（688gal）的地震波时，电液伺服加载器最大推力和拉力分别是 267.51kN、207.03kN，底部的弯矩达 1096.79kN·m、848.82kN·m。这个试验阶段，仅有少数裂缝有延长、裂缝宽度增加的现象。出现这种情况的主要原因是初始裂缝处节能砌块和钢筋的变形释放了大部分的能量。输入最大加速度为 1600gal（688gal）的地震波时的裂缝图如图 5-12 所示。

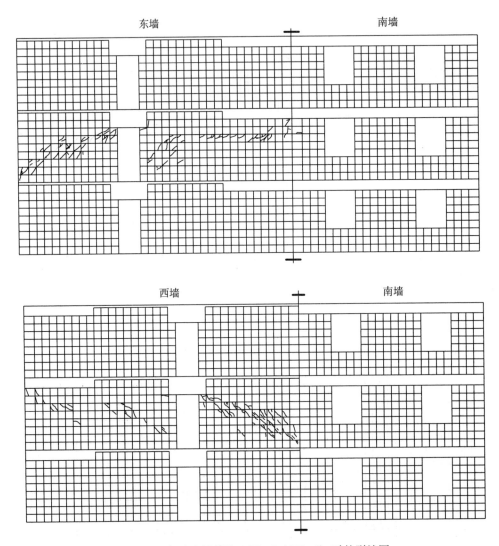

图 5-12　加速度峰值为 1600gal（688gal）时的裂缝图

（7）相当于加速度峰值为 10000gal 的脉冲

当输入相当于加速度峰值为 10000gal 的脉冲时，电液伺服加载器最大推力为 821.30kN，底部的弯矩达 3367.33kN·m。这个试验阶段，大部分肋梁、肋柱钢筋很快屈服，进入塑性状态。在东西墙的底层出现大量的斜裂缝，门洞的角部也出现了裂缝，在北墙的一层出现了贯通的水平裂缝，这些水平通缝位于窗口的下沿、中部；水平通缝首先出现在窗口的下沿，继而出现在中部和下部。东西墙的斜裂缝主要出现在靠近南墙的一层墙体。相当于加速度峰值为 10000gal 的脉冲时的裂缝图如图 5-13 所示。

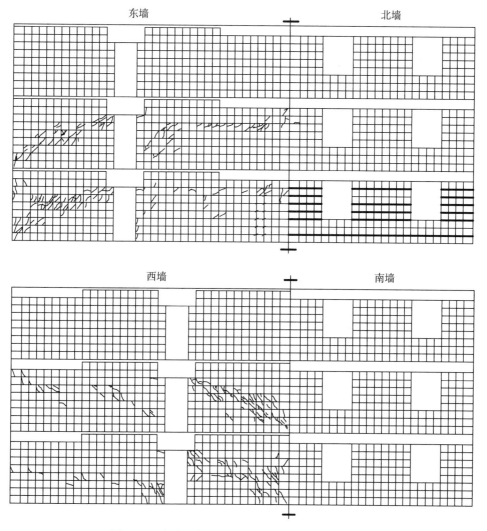

图 5-13　相当于加速度峰值为 10000gal 时的裂缝图

（8）再次施加加速度峰值为1600gal（688gal）

当出现脉冲后再次输入最大加速度为1600gal（688gal）的地震波作用的试验阶段，东西纵墙新出现的裂缝较少，大部分裂缝的宽度开始加宽，在西墙一层和南墙交叉的底层角部出现了新的裂缝。出现南北横墙这种差别的主要原因是由于施加地震作用时实际的推力和拉力存在着较大的差距。相比较南北横墙的破坏情况，不难发现开设窗洞的墙体，窗洞底部是墙体的薄弱环节，因此应加强这个部位的构造措施。再次输入最大加速度为1600gal（688gal）的地震波时的裂缝图如图5-14所示。

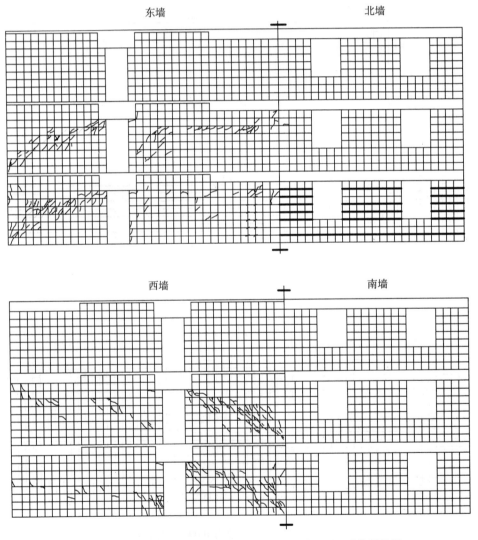

东墙　　　　　　　　　　北墙

西墙　　　　　　　　　　南墙

图5-14　再次施加加速度峰值为1600gal（688gal）时的裂缝图

5.2.3　结构试验个阶段的地震波及其加速度峰值

根据实验设备和试验条件，试验房屋模型的尺寸采用了原型房屋尺寸的 1/2，具体的缩尺理论如下：

根据相似理论，有 $S' = \dfrac{1}{2}S$，$F' = \dfrac{1}{4}F$，$K' = \dfrac{1}{2}K$，$M' = \dfrac{1}{8}M$。

式中：S'——模型房屋的位移；

　　　S——原型房屋的位移；

　　　F'——模型房屋遭遇到的地震作用；

　　　F——原型房屋遭遇到的地震作用；

　　　K'——模型房屋的刚度；

　　　K——原型房屋的刚度；

　　　M'——模型房屋的质量；

　　　M——原型房屋的质量。

由结构动力学可知：$MY'' + CY' + KY = F(t)$。

试验阶段，要实现模型在遭遇地震作用下的周期和原型在遭遇地震作用下的周期相同，即 $T' = T$；在保持 $M' = \dfrac{1}{8}M$、$F' = \dfrac{1}{4}F$ 的前提下，只要使得地震波的幅值为原地震波的一半即可，即 $Y' = \dfrac{1}{2}Y$。

由于试验各个阶段输入地震波仅仅根据原始地震波加速度的峰值进行调整，所以试验阶段结构的实际输入地震波的形状完全相同，仅仅是地震波加速度幅值的大小有所变化。为了更好的展现各个地震反应的不同，图 5-15 给出了各个地震反应的加速度。

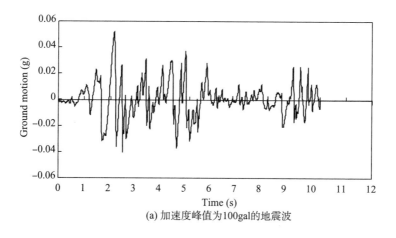

(a) 加速度峰值为100gal的地震波

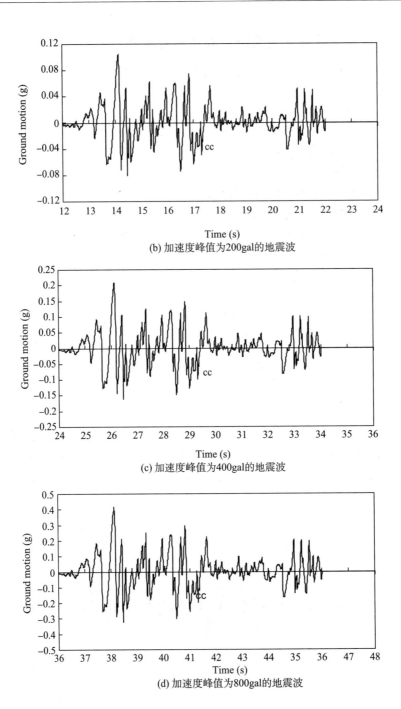

(b) 加速度峰值为200gal的地震波

(c) 加速度峰值为400gal的地震波

(d) 加速度峰值为800gal的地震波

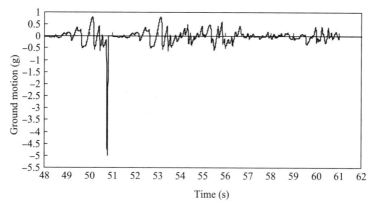

(e) 加速度峰值为1600gal的地震波段+10000gal脉冲+加速度峰值为1600gal的地震波

图 5-15　各个试验阶段的加速度

5.2.4　结构的反应

5.2.4.1　结构的顶层位移反应

结构在受到最大加速度为 100gal（43gal）、200gal（86gal）、400gal（172gal）、800gal（344gal）、1600gal（688gal）、10000gal+1600gal（688gal）的地震作用时，结构的顶层位移反应时程见图 5-16 所示。

由图 5-16 可以得到以下几点认识。

1）随着输入地震波的峰值加速度的加大，结构的裂缝不断出现和扩展，使结构的刚度逐渐下降，因此，结构各阶段的位移反应的增大与输入加速度的增大呈非线性关系，尤其是结构进入塑性阶段以后，这种现象更加明显。

2）在试验的各个阶段，由于裂缝的发展情况不同、结构进入弹塑性阶段以后塑性的发展缓慢，在施加了一个加速度峰值为 10000gal 的地震波之后，结构才全面进入了塑性。

3）结构各阶段的最大位移反应发生的时间虽然接近，但并不一致，而是随着加速度的增大，结构的最大位移反应发生的时间有前移的趋势。这种现象是由于随着试验的进行，结构的裂缝不断出现和开展，导致结构的周期逐渐增长，和 EL-centro 波的卓越周期越来越接近所致。

4）比较图 5-15、图 5-16，可见结构的最大位移反应与地震波峰值出现的时间也不一致，说明结构的地震反应不仅受地震波峰值影响，还受其他因素的影响。

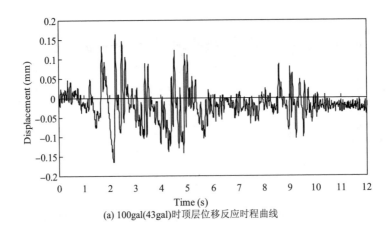

(a) 100gal(43gal)时顶层位移反应时程曲线

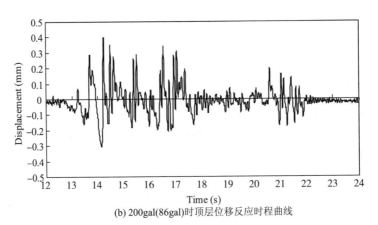

(b) 200gal(86gal)时顶层位移反应时程曲线

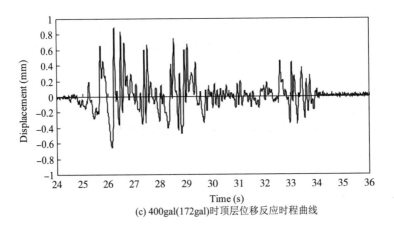

(c) 400gal(172gal)时顶层位移反应时程曲线

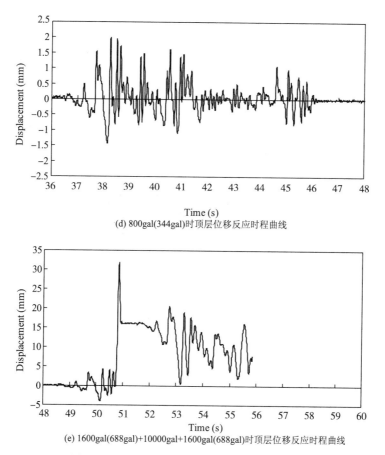

(d) 800gal(344gal)时顶层位移反应时程曲线

(e) 1600gal(688gal)+10000gal+1600gal(688gal)时顶层位移反应时程曲线

图 5-16　各个试验阶段顶层位移反应时程曲线

　　5）试验前虽然底梁、连接板的螺栓都已经用力拧紧，但是随着试验的进行，这些螺栓都不可避免地发生松动现象。螺栓松动产生的结果导致结构的总体刚度减小，结构周期增长。如果底梁螺栓松动的比较严重的话，很可能发生"共振"现象。这也说明了在进行结构设计时，建筑结构设计相关规范中规定的避开场地土的卓越周期的原因所在。

　　6）试验的最后阶段，对结构施加了一个相当于地震波加速度峰值为 10000gal 的脉冲后，结构大部分很快进入了塑性阶段。在这一阶段大部分砌块开裂、钢筋屈服，肋梁、肋柱破坏，结构的刚度大幅度减小，结构周期大幅度增大，并逐渐进入地震波的自振频带，以至于结构的地震反应突然增大。然而，结构在巨大的地震作用下，结构进入屈服状态，发生了更为严重的破坏，致使结构的刚度再度大幅度减小，结构周期急剧增大，从而越过了地震波的自振频带。因此，刚度较大结构抗震时，如何顺利跨越地震波的卓越周期是结构设计中要解决的关键问题。

5.2.4.2　结构的相对位移反应

结构在受到最大加速度为 100gal（43gal）、200gal（86gal）、400gal（172gal）、800gal（344gal）、1600gal（688gal）、10000gal+1600gal（688gal）的地震作用时，结构的 1、2、3 层相对位移反应（本章主要研究受迫振动阶段的反应）见图 5-17 所示。

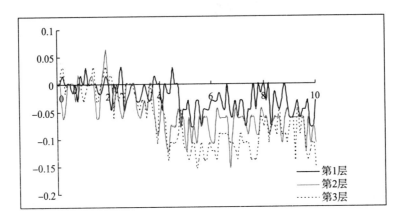

(a) 100gal(43gal)时相对位移反应图

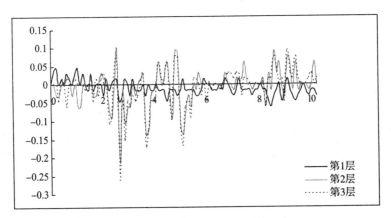

(b) 200gal(86gal)时相对位移反应图

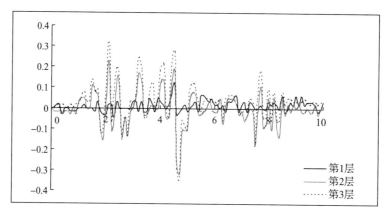

(c) 400gal(172gal)时相对位移反应图

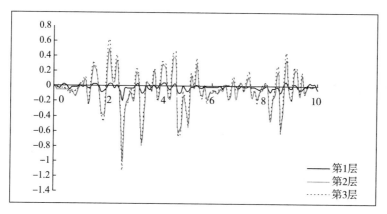

(d) 800gal(344gal)时相对位移反应图

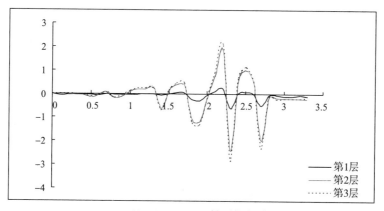

(e) 1600gal(688gal)时相对位移反应图

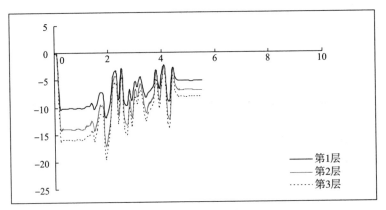

(f) 10000gal+1600gal(688gal)时相对位移反应图

图5-17 结构各个加速度的相对位移反应图

由图5-17可以得到以下几点认识。

1）在试验的第一阶段和第二阶段，即对结构输入加速度峰值分别为100gal（43gal）、200gal（86gal）的地震波作用时，结构的1、2、3层的相对位移反应比较无序，说明试验前结构的初始破坏对结构的受力性能还是有一定的影响。在结构遭遇到初始破坏后，再对结构施加加速度峰值分别为100gal（43gal）、200gal（86gal）的地震波作用，表观看来，墙体并没有出现裂缝［100gal（43gal）、200gal（86gal）］，但内部还是隐藏着裂缝，这些裂缝也都是初始破坏引起的墙体的砌块的内部破坏，只是试验前并没有显现出来。在试验阶段，经过对结构重新加载后，结构墙体砌块内部破坏慢慢积累，达到一定程度，就表现出来，即出现新的裂缝。

2）在试验的各个阶段，结构的1、2、3层相对位移基本上都不成正比，其中结构的第2、3层的相对位移较接近，而且比结构的第1层大。在试验过程中，有的阶段还会产生结构的1、2、3层的相对位移不同步的现象，这说明结构在遭遇到初始破坏后，第2层的刚度有所降低，但是结构的整体刚度依然较大。

3）在试验的第三阶段、第四阶段和第五阶段，即对结构输入加速度峰值分别为400gal（172gal）、800gal（344gal）、1600gal（688gal）的地震波作用时，结构的第1、2、3层的相对位移最大值出现的时间也不同，说明随着试验的进行，结构的刚度逐渐减小，塑性逐渐发展。

4）在试验的第六阶段，即对结构施加相当于地震波加速度峰值为10000gal的脉冲后，再接着对结构施加加速度峰值为1600gal（688gal）的地震波作用，结构第1、第2、第3层的相对位移比由0.7272：0.8725：1逐渐减小为0.6340：0.8283：1，这说明结构在大部分进入塑性后，仍具有较好的耗能能力，而且保持不倒。

5.2.4.3　结构的顶层加速度反应

结构在受到最大加速度为 100gal（43gal）、200gal（86gal）、400gal（172gal）、800gal（344gal）、1600gal（688gal）的地震波作用时，其顶层加速度反应时程曲线如图 5-18 所示。

由结构各个阶段的顶层加速度反应曲线可知：

1）在输入地震波峰值加速度为 100gal（43gal）、200gal（86gal）时，即在结构开裂前，结构的最大加速度反应与输入地震波的峰值几乎是成正比的。在这两个阶段结构处于弹性阶段。

2）在输入地震波峰值加速度为 400gal（172gal）的地震波 2 秒以后的加速度反应反而比相同时间段的 200gal（86gal）的正向加速度反应还小，说明输入 400gal（172gal）地震波 2 秒以后，出现水平裂缝使结构的刚度下降，因而加速度反应也降低。另外，结构开裂以后，加速度反应与输入地震波峰值的增大不再呈线性关系。

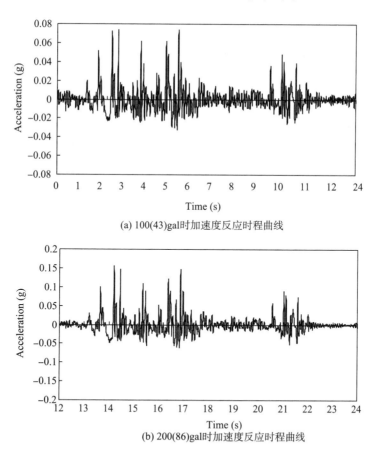

(a) 100(43)gal时加速度反应时程曲线

(b) 200(86)gal时加速度反应时程曲线

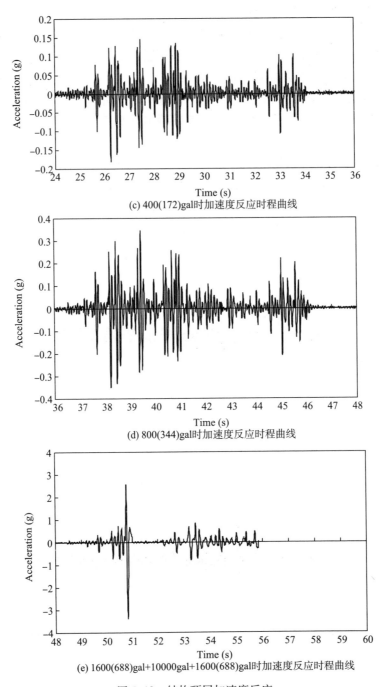

(c) 400(172)gal时加速度反应时程曲线

(d) 800(344)gal时加速度反应时程曲线

(e) 1600(688)gal+10000gal+1600(688)gal时加速度反应时程曲线

图 5-18　结构顶层加速度反应

3）由于结构刚度很大，导致结构的自振周期与地震波的周期相差太大，使结构加速度反应的极值出现的时间与输入地震波极值出现的时间也不一致。

5.2.4.4　结构的基底剪力时程

结构在受到最大加速度为 100gal（43gal）、200gal（86gal）、400gal（172gal）、800gal（344gal）、1600gal（688gal）的地震波作用时，其基底剪力时程曲线如图 5-19 所示。

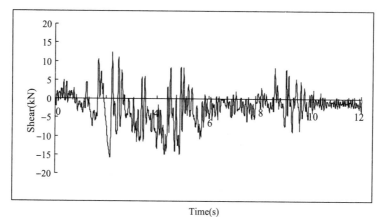

(a) 100(43)gal时基底剪力反应时程曲线

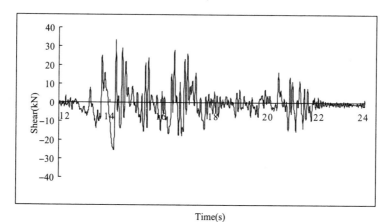

(b) 200(86)gal时基底剪力反应时程曲线

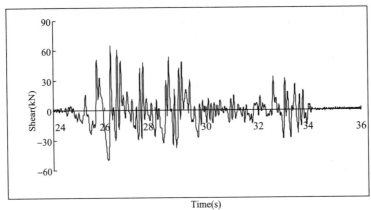

(c) 400(172)gal时基底剪力反应时程曲线

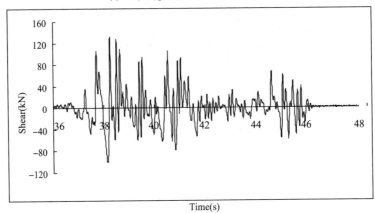

(d) 800(344)gal时基底剪力反应时程曲线

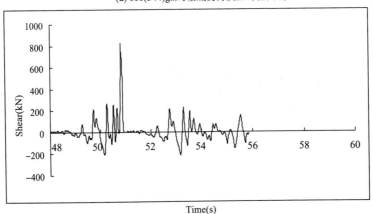

(e) 1600(688)gal+10000gal+1600(688)gal时基底剪力反应时程曲线

图5-19　基底剪力反应时程曲线

说明：纵轴为基底剪力，横轴为时间。

由结构各个阶段的基底剪力的反应曲线可知：

1）在输入地震波峰值加速度为 100gal（43gal）、200gal（86gal）的时候，即在结构开裂前，结构的基底剪力反应的峰值与输入地震波的峰值几乎是成正比的。在这两个阶段结构处于弹性阶段。

2）在输入加速度峰值为 400gal（172gal）的地震波时，新出现的水平裂缝使结构的刚度下降。另外，结构开裂以后，基底剪力的反应与输入地震波峰值的增大不再呈线性关系。

3）由于结构刚度很大，导致结构的自振周期与地震波的周期相差太大，使结构基底剪力反应的极值出现的时间与输入地震波极值出现的时间也不一致。

5.2.5 各个试验阶段结构的频率、阻尼、刚度的变化

5.2.5.1 结构的周期和频率

建筑物在地震的作用下，周期和频率都会随着地震作用的持续而发生变化。科研试验中，对一个建筑物或者建筑模型进行模拟地震作用时，考察建筑结构在地震作用下的反应，可以通过试验测试设备检测建筑结构的动力特性。通过测试、研究分析结构在地震作用下的反应，对结构的抗震计算、抗震设计进行合理的简化、优化。结构各阶段第一阶振型所对应的振动频率、周期如表 5-6 所示。

表 5-6 结构各阶段第一阶振型所对应的振动频率、周期

项目	试验前	100gal（43gal）	200gal（86gal）	400gal（172gal）	800gal（344gal）	1600gal（688gal）+10000gal+1600gal（688gal）
周期	0.108	0.196	0.207	0.218	0.236	0.364
频率	9.259	5.108	4.841	4.593	4.238	2.746

由表 5-6 可知，结构在受到加速度峰值为 100gal（43gal）的地震作用后，结构处于弹性状态，没有任何的表面宏观裂缝。虽然没有产生宏观裂缝，但是结构内部微裂缝产生了大量的扩展，其刚度有所下降，自振频率明显减小；由于试验前对结构造成的损伤，导致结构的周期在这个阶段明显的增大；结构的周期显著增大的原因是由于试验前的初始破坏对结构造成的损伤。结构在受到加速度峰值为 200gal（86gal）的地震作用后，刚度有一定下降，自振频率也有一定的降低。结构在受到加速度峰值为 400gal（172gal）的地震作用后，刚度略有下降，自振频率也略有减小；结构在受到加速度峰值为 800gal（344gal）地震作用后，结构的振动频率继续下降。结构在受到加速度峰值为 1600gal（688gal）地震作用后，继而施加相当于加速度峰值为 10000gal 的脉冲，再次施加速度峰值为 1600gal（688gal）地震作用后，基底剪力达到了结构的极限

荷载，结构边缘的柱中钢筋屈服，结构发生较为严重的破坏，导致刚度大大下降，结构的自振频率也急剧减小。

5.2.5.2 原型的周期和频率

根据表5-1的相似关系，可求得结构原型的自振频率和周期（表5-7）。

表5-7 结构原型的自振频率和周期

	模型周期（Hz）	原型周期（Hz）	模型频率（s）	原型频率（s）
试验前	0.108	0.153	9.259	6.546
100gal（43gal）	0.196	0.277	5.108	3.611
200gal（86gal）	0.207	0.292	4.841	3.423
400gal（172gal）	0.218	0.308	4.594	3.248
800gal（344gal）	0.236	0.334	4.238	2.996
1600gal（688gal）+10000gal+1600gal（688gal）	0.364	0.515	2.746	1.941

由表5-6可知，节能砌块隐形密框结构模型在弹性阶段、弹塑性阶段的自振周期均小于0.4秒，自振频率均大于2.5Hz。试验前结构的自振周期仅为0.108秒，说明这种结构的刚度很大。因此，如果刚度和质量沿楼层分布比较均匀的节能砌块隐形密框结构应用于Ⅱ、Ⅲ类场地，其地震作用采用基底剪力法计算时，水平地震影响系数应取最大值。

5.2.5.3 结构的阻尼

本章采用等价粘性阻尼比来衡量结构的阻尼性质，模型房屋的等价粘性阻尼比的计算结果如表5-8所示。

表5-8 模型房屋的等价粘性阻尼比计算结果

项目	试验前	100gal（43gal）	200gal（86gal）	400gal（172gal）	800gal（344gal）	1600gal（688gal）+10000gal+1600gal（688gal）
等效阻尼	0.0528	0.0598	0.0667	0.0696	0.1081	0.2417

从表5-8中可以看出：

1）结构在受到加速度峰值为100gal（43gal）、200gal（86gal）、400gal（172gal）的地震作用后，阻尼比均较小，均小于7%；其变化的幅度也比较小，说明此时结构还基本处于弹性状态。这也使得结构在这些试验阶段的地震反应较大。

2）结构受到加速度峰值为800gal（344gal）的地震作用后，结构外纵墙的表面出现了一些微小裂缝，结构的阻尼增长较快，达 10.81%，这说明结构内部出现了微观裂缝，但是并没有全部表现出来，结构进入弹塑性阶段，但是结构仍然能够承受较大的荷载作用。

3）结构受到加速度峰值为 1600gal（688gal）的地震作用，继而施加相当于加速度峰值为 10000gal 的脉冲，之后再次施加加速度峰值为 1600gal（688gal）的地震作用后，裂缝迅速开展，外纵墙上出现了大量的裂缝，上一个试验阶段出现的内部微观裂缝大量的宏观表现出来，结构的阻尼增长较快。结构受到加速度峰值为 1600gal（688gal）的地震作用后，结构底层的底部纵横墙交叉处角部砌块出现脱落现象，结构的阻尼比急剧增大，达到 24.17%，结构依然没有出现倒塌现象。这说明节能砌块隐形密框结构在地震作用下，临近破坏时仍具有一定的耗能能力，做到坏而不倒。

5.2.5.4　结构的刚度

本章采用结构的割线刚度来衡量结构的刚度，模型房屋的各个试验阶段的刚度的计算结果如表 5-9 所示。

表 5-9　模型房屋的各个试验阶段的刚度的计算结果

项目	试验前	100gal（43gal）	200gal（86gal）	400gal（172gal）	800gal（344gal）	1600gal（688gal）+10000gal+1600gal（688gal）
刚度	82.341	81.959	75.414	67.907	57.785	24.263

从表 5-9 中可以看出：

1）结构在受到加速度峰值为 100gal（43gal）的地震作用时，结构的刚度与试验前相比下降较小，下降幅度小于 0.5%，说明此时结构还处于弹性阶段。

2）结构受到加速度峰值为 200gal（86gal）的地震作用时，结构外纵墙的表面没有出现新的裂缝；与试验前结构的刚度相比，结构的刚度下降达到 8.4%。这说明结构内部已经出现了微观裂缝，但是并没有在宏观上表现出来；这个试验阶段，结构还处于弹性阶段。

3）结构受到加速度峰值为 400gal（172gal）的地震作用时，结构外纵墙的表面仅仅出现极少量的细小裂缝；与试验前结构的刚度相比，结构的刚度下降达到 17.5%；与上一个试验阶段相比，结构的刚度下降为 9.1%。这说明结构内部出现的微观裂缝开始慢慢表现出来，结构基本上依然是处于弹性阶段。

4）结构受到加速度峰值为 800gal（344gal）的地震作用时，结构外纵墙的表面出现一些裂缝；与试验前结构的刚度相比，结构的刚度下降达到 29.8%；与上一个试验阶段相比，结构的刚度下降为 12.3%。这说明结构进入弹塑性阶段。

5）结构受到加速度峰值为 1600gal（688gal）的地震作用后，裂缝发展的依然缓慢。在施加相当于加速度峰值为 10000gal 的脉冲后，裂缝迅速开展，外纵墙上出现了大量的裂缝，结构的刚度下降较快；再次施加加速度峰值为 1600gal （688gal） 的地震作用后，裂缝宽度增大；与试验前结构的刚度相比，结构的刚度下降达到 70.5%；与上一个试验阶段相比，结构的刚度下降为 40.7%。说明结构进入破坏阶段。

6) 在结构的破坏阶段，刚度仅为试验前结构刚度的 29.5%，但是并没有出现任何的倒塌迹象，仅有结构底层的底部纵横墙交叉处角部的 3 块加气混凝土砌块发生脱落现象。这说明结构具有良好的耗能性能和抗倒塌能力。

5.2.6　结构抗震性能分析

5.2.6.1　结构的变形性能

当对结构输入加速度峰值分别为 100gal （43gal）、200gal （86gal） 的地震波作用时，模型基本处在弹性状态，几乎没有裂缝产生，也没有初始裂缝的延展。由此可见，结构的初始破坏对结构虽造成了一定的破坏，但是破坏并不严重。

当对结构输入加速度峰值为 400gal （172gal） 的地震波作用时，结构仅出现极少量的裂缝，说明结构已经进入开裂阶段，结构的位移逐渐增大。当对结构输入加速度峰值分别为 800gal （344gal） 的地震波作用时，结构出现一些的斜裂缝，结构的位移增量逐渐增大。当对结构输入加速度峰值分别为 1600gal （688gal） 的地震波作用后，继而施加相当于加速度峰值为 10000gal 的脉冲，结构出现了大量的斜裂缝，结构的位移增量迅速增大，承载力开始下降，说明结果已经进入破坏阶段。再次施加加速度峰值为 1600gal （688gal） 的地震作用后，裂缝宽度增大，结构仍然未倒。

5.2.6.2　结构的滞回曲线、骨架曲线

（1）滞回曲线

试验阶段输入地震波加速度峰值分别为 100gal （43gal）、200gal （86gal）、400gal （172gal）、800gal （344gal）、1600gal （688gal）、10000gal+1600gal （688gal） 时的滞回曲线如图 5-20 所示，由图可以看出。

1) 在试验阶段，随着输入地震波加速度峰值的不断增大，滞回曲线也逐渐趋向饱满，说明随着初始裂缝、新裂缝的不断出现和开展，结构刚度逐渐退化，耗能能力逐渐增加。

2) 当对结构输入加速度峰值为 100gal （43gal）、200gal （86gal） 的地震波时，结构基底剪力—顶层位移曲线呈线性关系，说明结构处于弹性状态；初始破坏对结构造成的影响不大。当对结构输入加速度峰值为 400gal （172gal） 的地震波时，构基底剪力—顶层位移曲线偏离了线性关系，结构在这个阶段基本处于弹性阶段，主要是因为初始破坏造成的结构内部微观结构的破坏，随着地震作用的逐渐增大，积累而形成的。

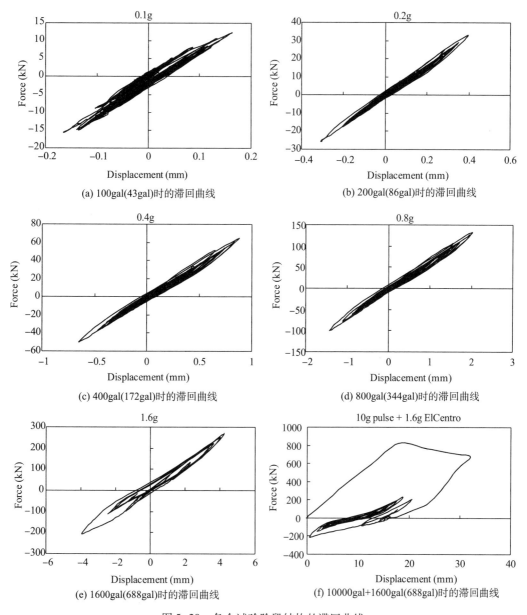

图 5-20　各个试验阶段结构的滞回曲线

在对结构输入加速度峰值为 400gal（172gal）的地震波后，表现出在遭受初始破坏后，结构仍然具有很好的承载能力和耗能能力。

3）当对结构输入加速度峰值为 800gal（344gal）的地震波时，结构的塑性并没有出现较大的发展，结构的基底剪力—顶点位移的滞回曲线形状呈现梭形。所以，如果结构没有遭遇到初始破坏，当对结构输入加速度峰值为 100gal（43gal）、200gal（86gal）、400gal（172gal）的地震波的试验阶段，结构将基本处于弹性阶段，当对结构输入加速度峰值为 800gal（344gal）的地震波的试验阶段，结构才进入弹塑性阶段。

4）当对结构输入加速度峰值为 1600gal（688gal）的地震波时，结构的塑性逐渐开展，滞回曲线呈现一定的纺锤形，但是并不饱满，这说明结构仍然处于弹塑性阶段，同时也表现出了一定的耗能能力。

5）考虑到结构的刚度较大，对结构施加了一个相当于地震波加速度峰值为 10000gal 的脉冲，使结构有大的塑性变形，之后紧接着在对结构输入加速度峰值为 1600gal（688gal）的地震波，考察结构的耗能能力。当对结构输入 10000gal 的脉冲后再接着输入加速度峰值为 1600gal（688gal）的地震波时，在结构受到相当于地震波加速度峰值为 10000gal 的正向脉冲作用时，钢筋屈服且结构屈服（图 5-21）。继续施加加速度峰值为 1600gal（688gal）的地震波作用后，砌块破碎，结构仍具有一定的耗能能力，结构也没有发生倒塌现象。由此可见结构符合"大震不倒"的抗震设防要求。

图 5-21　结构的底层角部破坏

（2）骨架曲线

结构的实测骨架曲线如图 5-22 所示，由结构各阶段的骨架曲线可以更清楚地看出以下几点。

1）对结构输入加速度峰值为 100gal（43gal）、200gal（86gal）、400ga（172gal）的地震波作用时，结构基本处于弹性状态。

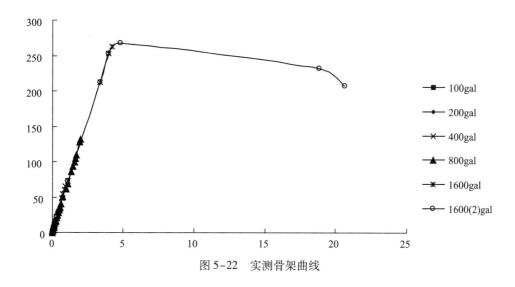

图 5-22 实测骨架曲线

2）对结构输入加速度峰值为 800gal（344gal）的地震波作用时，结构进入弹塑性阶段，表现为骨架曲线由直线变为曲线。

3）对结构输入加速度峰值为 1600gal（688gal）的地震波作用时，结构的最大承载力、变形相比结构输入加速度峰值为 800gal（344gal）的地震波作用时有了很大的提高，说明结构在开始进入弹塑性阶段后，其承载力依旧有很大的提高，结构的安全储备较大。

4）对结构施加相当于加速度峰值 10000gal 的脉冲之后，再次输入加速度峰值为 1600gal（688gal）的地震波作用时，结构的最大承载力、变形相比结构输入加速度峰值为 1600gal（688gal）的地震波作用时下降不多，小于 15%，位移增加较大。这也说明，结构具有良好的延性和耗能能力。

5.2.6.3 结构的抗倒塌能力分析

建筑物的抗倒塌能力也是衡量一种建筑结构受力性能好坏的重要指标之一。我国制定的《建筑抗震设计规范》（GB 50011—2001）中规定：建筑物的设防目标是要求建筑物做到"小震不坏，中震可修，大震不倒"[1]。所谓"大震不倒"是指地震发生时，实际地震烈度比抗震设防烈度高 1 度到 1.5 度时，建筑物应当不倒塌。建筑物的建设年代、使用的建筑材料、施工的质量、平面和空间形状、结构形式等都是影响建筑物抗倒塌能力的重要因素。本章将从结构的最大位移角来检测该结构的抗倒塌能力，各个试验阶段的最大位移角如表 5-10 所示。

表 5–10　各个试验阶段结构的最大位移角

各个试验阶段	最大负位移角	最大正位移角
100gal（43gal）	−1/25000	1/25000
200gal（86gal）	−1/12500	1/10000
400gal（172gal）	−1/5000	1/5000
800gal（344gal）	−1/2500	1/2000
1600gal（688gal）	−1/1000	1/1000

当对房屋模型施加 10000gal 的脉冲后，再次施加最大加速度峰值为 1600gal（688gal）的地震波作用的试验阶段，结构的最大位移角达 1/125，结构并未发生倒塌，房屋模型中的加气混凝土砌块仅仅有位于西纵墙底层角部的三块破坏脱落。由此可见，节能砌块隐形密框结构具有良好的抗倒塌能力。

5.2.7　结构的恢复力特性

恢复力模型是根据大量从试验中获得的恢复力与变形的关系曲线，经适当抽象和简化而得到的实用数学模型，是结构构件的抗震性能在结构弹塑性地震反应分析中的具体体现[2]。这种恢复力模型必须具有一定的实用性，以便用于结构分析和计算。

节能砌块隐形密框结构作为一种新型的结构体系，结构的设计、计算、分析均还没有相应的恢复力模型可用，为此研究这种新型结构的层间恢复力模型就非常重要。研究这种新型结构的恢复力模型主要原因有下几点。

1）一种新的结构的提出和推广，其抗震性能的研究是必不可少的，结构的强度、刚度、延性、能量耗散等抗震性能的指标均可以通过恢复力模型的恢复力特性体现。

2）新型结构的层间恢复力模型是进行结构非线性分析（包括非线性静力分析和非线性动力分析）不可缺少的依据，以用于状态的确定和刚度的修正。

3）结构在遭遇地震作用时，其反应是和恢复力特性直接相关的。结构的恢复力模型是否准确直接影响其恢复力特性，直接影响到结构的设计、计算、分析。

5.2.7.1　屈服点定义

根据试验实测的骨架曲线，用一定的研究分析方法可以确定结构或构件的屈服荷载 P_y 及屈服位移 Δ_y。一般来说，在配筋少且有明显屈服点的试件中，无论从钢筋测定或从 P—Δ 曲线上都不难确定；在配筋较多且有明显屈服点的试件中，就要从最后一根钢筋屈服后，再从 P—Δ 曲线突变的位置来确定。对于一些没有明显屈服点的试件来说，屈服荷载和屈服位移不好确定，确定 Δ_y 的常用方法有三种：一是能量等值法；二是几何作图法；三是变形变化率法[3]。

　　能量等值法采用折线 $OC—CB$ 来代替原 $P—\Delta$ 曲线。具体做法是：过 $P—\Delta$ 曲线中荷载的最大值点作水平线 AB 与 OP 轴交于 A 点，再过 O 点作斜线 OC，使斜线 OC 与 AB 交于 C 点，与原 $P—\Delta$ 曲线交于 D 点。折线的确定原则为 $OC—CB$ 线与 $O\Delta$ 轴所围面积与原 $P—\Delta$ 曲线与 $O\Delta$ 轴所围面积相等，即面积 $ODB\Delta_u$ 与面积 $OCB\Delta_u$ 相等［图 5-23（1）］。通过计算就可以确定 D 点对应的具体的荷载和位移，即试件的屈服荷载 P_y 和屈服位移 Δ_y。

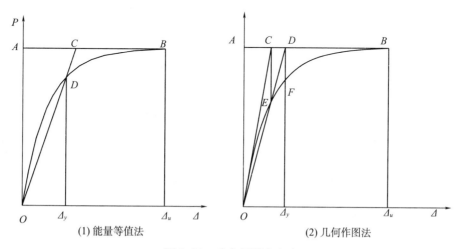

图 5-23　确定屈服点方法

　　几何作图法的具体做法是：过 $P—\Delta$ 曲线中荷载的最大值点作水平线 AB 与 OP 轴交于 A 点；过 O 点作直线 OC，使之与 $P—\Delta$ 曲线初始段相切，与水平线 AB 交于 C 点；过 C 点作 $O\Delta$ 的垂线，使之与 $P—\Delta$ 曲线交于 E 点；过 E 点作斜线 OD，使之与水平线 AB 交于 D 点；过 D 点作 $O\Delta$ 的垂线，使之与 $P—\Delta$ 曲线交于 F 点。F 点对应的荷载和位移，即试件的屈服荷载 P_y 和屈服位移 Δ_y，如图 5-23（2）所示。

　　变形变化率法则取变形对荷载的变化率发生突变的点为屈服点。具体做法是：过 $P—\Delta$ 曲线上相邻的两个数据采集点作斜线，分别计算过相邻两个数据采集点的斜线的斜率，O 点作为第一个数据采集点。当斜率 K_{CD} 同斜率 K_{AB} 相比相差较多时，即定义 C 点对应的荷载和位移，为试件的屈服荷载 P_y 和屈服位移 Δ_y。

　　本章采用试验拟合法结合理论计算法的方式，确定节能砌块隐形密框结构骨架曲线。参考结构的实测骨架曲线（图 5-22），纵墙开裂前荷载—位移曲线基本上呈线性关系，开裂后刚度有所降低，但荷载—位移曲线退化缓慢，一直到试件屈服，刚度出现才出现明显下降。本章认为，对于节能砌块隐形密框结构的等效骨架曲线，可以简化为四折线型，如图 5-24 所示。

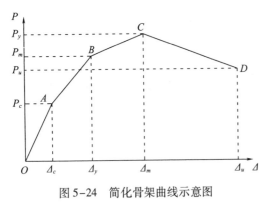

图 5-24　简化骨架曲线示意图

在简化的骨架曲线中，A 点定义为模型的开裂点，即结构构件表面出现第一条裂缝时对应的结构的反应；在本模型中定义为结构外纵、横墙出现第一条新出现的裂缝时的结构的反应，此时结构的墙体中可能已经出现了少量的微观裂缝，但是并没有在外墙面上表现出来，这种微观裂缝对试件的整体性能影响很小，荷载—位移曲线还呈线性关系。B 点定义为模型的屈服点，采用能量等值法确定该时刻结构的荷载和位移。结构在开裂后，刚度有所降低，但是在结构开裂后相当一段时间历程中，刚度退化比较缓慢；当结构模型屈服后，结构的刚度退化加快，相应的变形也较大。C 点定义为模型的极限荷载点，即结构模型在地震作用下，能够承受的最大荷载时刻所对应的结构的荷载和位移。D 点定义为极限位移点，一般采用结构的极限荷载下降 15% 所对应的结构的荷载和位移。在图 5-24 中，A 点对应的 P_c 为开裂荷载，Δ_c 为开裂位移；B 点对应的 P_y 为屈服荷载，Δ_y 为屈服位移；C 点对应的 P_m 为试件极限荷载，Δ_m 为极限荷载对应的位移；D 点对应的 P_u 为试件极限位移对应的荷载，Δ_u 为试件极限位移。

5.2.7.2　刚度的定义

定义 K_1 为试验的弹性阶段刚度，K_2 为试验的弹塑性阶段刚度，K_3 试验极限荷载时的刚度，K_4 为破坏荷载时的刚度。试件各个阶段的刚度均采用割线刚度，K_1、K_2、K_3 和 K_4 分别采用式（5-1）、式（5-2）、式（5-3）和式（5-4）计算。

$$K_1 = \frac{|+P_c| + |-P_c|}{|\Delta_c| + |\Delta_c|} \tag{5-1}$$

$$K_2 = \frac{|+P_y| + |-P_y| - |P_c| - |-P_c|}{|+\Delta_y| + |-\Delta_y| - |\Delta_c| - |-\Delta_c|} \tag{5-2}$$

$$K_3 = \frac{|+P_m| + |-P_m| - |P_y| - |-P_y|}{|+\Delta_m| + |-\Delta_m| - |\Delta_y| - |-\Delta_y|} \tag{5-3}$$

$$K_4 = \frac{|+P_u| + |-P_u| - |P_m| - |-P_m|}{|+\Delta_u| + |-\Delta_u| - |\Delta_m| - |-\Delta_m|} \tag{5-4}$$

5.2.7.3　结构的恢复力模型

在实际应用中，将骨架曲线简化，使它能够用数学式来表达，即为恢复力模型；恢复力模型必须能反映两大要素——骨架曲线和滞回模型。本次试验得到的恢复力模型如图 5-25 所示。

5.2.8　节能砌块隐形密框结构协同工作分析

5.2.8.1　节能砌块隐形密框结构受力特点

普通混凝土框架结构房屋中的加气混凝土砌块墙体（或其他填充墙体）主要起到围护与分隔空间的作用，承重结构为混凝土柱、混凝土梁和混凝土楼板，一般不考虑墙体的承重和抗剪作用（在结构遭遇到地震作用时基本不考虑墙体的抗震作用），也不考虑墙体与普通混凝土框架中柱、梁的相互作用。这样设计的房屋不能充分发挥墙体的作用，一方面浪费了建筑材料，另一方面在房屋抗震过程中也有一定的缺陷。而本章所研究的节能砌块隐形密框结构与普通的混凝土框架结构相比，

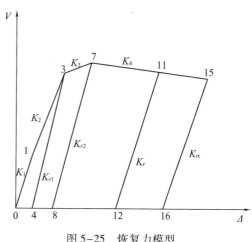

图 5-25　恢复力模型

具有明显的优势。节能砌块隐形密框结构的墙体采用密布的现浇混凝土肋梁、肋柱及镶嵌在肋柱、肋梁之间的加气混凝土节能砌块形成整体墙体，墙体通过其中的肋梁、肋柱与现浇混凝土楼板连接，从而形成一个合理、有机的传力、承力体系。在结构遇到地震作用时，地震的水平剪力主要由节能砌块隐形密框结构墙体承担，而倾覆力矩主要由隐形外框架（在纵横墙交叉处的肋柱、墙体与楼板交叉处钢筋均加粗，从而使这些地方的肋柱、肋梁的承载力提高，形成隐形外框架）承担。而节能砌块隐形密框结构中的加气混凝土砌块四周有现浇混凝土肋柱、肋梁，使得砌块不仅起围护、分隔空间、保温作用，而且可作为承力构件的一部分，这样砌块的材料性能就可以得到充分的发挥。

节能砌块隐形密框结构作为一种新型的建筑结构体系，要对这种结构体系的构件进行设计、结构抗震设计，必须首先了解这种新型结构的工作性能、受力机理以及结构中各种构件的受力特点，进而对节能砌块隐形密框结构进行合理的内力计算。

在水平地震作用下，肋梁与肋柱构成的隐形密框协同加气混凝土砌块共同工作，两者相互作用、相互约束、共同受力。试验表明，隐形密框与砌块的相互约束、共同受力的作用，改变了传统框架的受力机理，使以弯曲为主要变形的框架杆件变为以拉压为主要变形的节能砌块隐形密框结构杆件，从而使普通混凝土框架的受力性能得到实质性改善。

节能砌块隐形密框结构墙体中的砌块由于受到密布的肋梁、肋柱的约束，砌块被限制在一定的范围内（砌块的原型为300mm×300mm×220mm），砌块的四周分布有肋梁、肋柱，所以这种结构在地震反复荷载的作用下，砌块能够充分发挥其耗能和承受荷载的能力，由于墙体中密布的肋梁和肋柱，在单块的砌块发生开裂后，也很难将裂缝贯通到相邻的砌块，因为肋梁和肋柱构成的隐形密框是结构的第二道防线，这就为砌块充分参与耗能提供了有利的条件，故其承载力也不会出现明显下降的现象，试验结果也证明了这一点。这种新型的结构体系，较普通的混凝土框架结构的传力、受力、耗能、抗震等方面都有了很大的改进，因此这种新型的结构体系适用的房屋高度也比普通框架结构的适用高度高，可以用于多层、小高层建筑。

汶川大地震再次证明：地震是一个未知的、随机的事件，建筑物往往很难对地震作用进行合理、准确的设防。由于每次地震的时间长短、烈度大小、地震波的卓越周期不尽相同，地震之后余震的时间长短、烈度大小、地震波的卓越周期也不尽相同，所以当发生地震时，一个接一个地震动脉冲对建筑物产生多次往复式冲击造成累积式破坏。如果是单一结构体系，建筑结构仅仅有一道抗震设防防线，一旦地震能量大于这道防线的承受能力，在这道防线破坏后接踵而来的就是建筑物倒塌，给人民的生命财产安全造成极大的破坏。特别是建筑物结构仅有一道抗震设防防线，结构自振周期与地震动卓越周期相接近或相同时，结构将产生共振现象，从而使得结构的抗震设防防线更加脆弱，更增加了房屋倒塌的可能性。

对于采用了多道抗震设防防线的建筑结构，结构的第一道防线首先耗散地震部分能量，当第一道防线遭到破坏后，结构的第二、第三道防线相继开始工作，耗散剩余的地震能量。采用了多道抗震设防防线的建筑物，可保证建筑物较大的安全储备，使得建筑物免于倒塌，人民的生命财产得到最大限度的保证。如果建筑物的自振周期和地震动卓越周期相近或者相同，采用了多道抗震设防防线的建筑物可以通过地震作用使得其中的一道防线破坏、结构的刚度降低，而使得结构的自振周期避开地震动的卓越周期，避免了建筑物倒塌的可能性。地震释放的能量是巨大的，对于建筑物要么是振动周期尽量避开地震动卓越周期，目的是尽量少吸收地震能量，要么就是靠建筑物抗震构件的变形来耗散地震能量。对于单道抗震设防防线的建筑物，要实现前者一般比较困难，否则将大大浪费建筑材料，这与当前建筑潮流和国家提倡节约、节能的建筑方面的政策相违背。而对于多道抗震设防防线的建筑物，建筑物遭遇到的地震动的卓越周期与其自身的自振周期相近或相同时，结构即可通过第一道防线的耗能、破坏来达到减弱地震对结构的破坏，避开地震动卓越周期的目的。虽然结构的第一道抗震设防防线在地震的作用下破坏了，但是第二道、第三道抗震设防防线依然具备耗能能力、较大的安全储备，可以保证结构的安全。

试验结果表明：砌块、隐形密框（肋梁、肋柱）、隐形外框架（纵横墙交叉处钢筋加粗而形成的框架）构成了节能砌块隐形密框结构的承力体系。这种新型的结构体系能够分阶段释放地震能量，即这种结构具有多道抗震设防防线。

当结构受到地震作用时，首先节能砌块隐形密框结构墙体内的加气混凝土节能砌块产生大的变形、裂缝耗散结构遭遇到的地震能量。如果结构遭遇到的地震能量超过了加气混凝土砌块的耗能能力，砌块在充分发挥其耗能能力之后便退出工作。剩余的能量接着由肋梁和肋柱组成的隐形密框承担、耗散；如果地震能量仍有剩余，最后由隐形外框架承担。节能砌块隐形密框结构一个鲜明的特点是由于加气混凝土砌块的破坏和退出工作、隐形密框破坏和退出工作、隐形外框架破坏和退出工作的连续工作，从而使整个节能砌块隐形密框结构从一种稳定的体系过渡到另一种新的稳定的体系，继而过渡到最后一种新的稳定的体系。加气混凝土砌块的退出工作使结构刚度和周期发生变化，以避开地震动卓越周期长时间持续作用所引起的共振效应。第一道防线被突破后，作为第二道防线的由肋梁、肋柱构成的隐形密框主要来抵抗水平地震作用，从而保证隐形外框架不受破坏。当隐形密框破坏以后，隐形外框架则是最后一道防线。

5.2.8.2　结构薄弱层以及薄弱位置

（1）结构的薄弱层

节能砌块隐形密框结构刚度较大，底层的弯矩最大，剪力也最大。但是在试验模型设计的过程中，三层的墙体配筋完全相同，试验时只有一个加载点，在各层剪力相同、弯矩不同的情况下，虽然初始破坏对第二层造成的损伤较大，但还是弯矩最大的底层首先破坏，所以该结构的薄弱层为底层。因此，在进行节能砌块隐形密框结构的设计时，应该合理的加强底层的抗弯、抗剪设计，从而使得建筑物结构更加合理、成本更加经济。

（2）结构的薄弱位置

1）窗洞下沿。由试验模型的最终破坏形态可以看出结构为剪切破坏。但是在剪切破坏之后，结构仍然具备一定的耗能能力，随着再次施加加速度峰值为 1600gal（688gal）的地震波作用后，结构仍然表现出了一定的耗能能力。在剪切破坏的过程中，结构底层角部的砌块破坏最严重，再次施加加速度峰值为 1600gal（688gal）的地震波作用后出现了脱落现象。角柱的钢筋在对结构施加相当于加速度峰值为 10000gal 的脉冲过程中发生了屈服现象；在窗洞下沿处出现贯通的水平裂缝，继而窗间墙出现的第二道、第三道贯通的水平裂缝（图 5-26）。

发生剪切破坏时，纵墙的一层靠近南墙的肋梁钢筋绝大部分屈服，底层角柱处破坏最为严重，并有砌块脱落现象发生；门洞口两侧的肋柱钢筋也有较大的变形。试验结果表明：节能砌块隐形密框结构房屋在遇到地震的纵向水平作用时，结构发生的破

图 5-26 北墙的裂缝图

坏形式是纵墙的剪切破坏。取单片纵墙来研究，结果表明：开有门洞口的纵墙比没有门洞口的纵墙易发生破坏，而且破坏情况也比没有门洞口的纵墙严重；角柱发生砌块脱落的部分也是位于开有门洞口的纵墙部分。这种现象说明，门洞的开设使得纵墙的抵抗地震水平作用的能力大大削弱。所以，在对节能砌块隐形密框结构房屋进行结构设计时，应该考虑门洞口的开设对纵墙造成的承载力削弱现象，尤其是门洞口周围，应该采取钢筋加密或者提高钢筋级别等补强措施。

另外，在对节能砌块隐形密框结构进行结构设计时，纵墙的设计除了考虑对门洞口的钢筋采取加强措施外，角柱也是要加强的。加强角柱的抗震设计，可以提高纵墙的抗震能力，也能起到尽量避免横墙水平贯通裂缝出现。对横墙进行设计时，窗洞口周围也需采取补强措施，可以尽量避免贯通的水平裂缝出现，提高结构抵抗地震作用的能力。

2）过梁。在本试验模型中，门过梁设有一对 X 形钢筋，门窗过梁的箍筋均采取了加密措施。试验结果证明：门窗过梁均未出现明显的裂缝，所以这种配筋形式是安全的、合理的。

《混凝土结构设计》中规定：一般而言，对于跨高比较小的短连梁（≤2.5），设计时除了进行弯矩调幅以外，构造上应采取如下措施：①适当加密连梁的箍筋；②连梁范围内配 X 筋。

由试验结果可知，这条规范同样适用于节能砌块隐形密框结构。

5.2.8.3 水平荷载作用下共同工作性能

当节能砌块隐形密框结构房屋遭受水平荷载作用时，由肋梁、肋柱、砌块组成的框格，框格进一步组成的隐形密框结构墙体发挥作用来抵抗水平荷载。在墙体抵抗水平荷载作用时，单个砌块、砌块四周的肋梁和肋柱组成的单个框格中，加气混凝土砌块对四周的肋梁和肋柱起到了斜支撑作用；从试验的裂缝图中也可以看到，墙体主要来承受结构遇到的水平荷载作用。

节能砌块隐形密框结构墙体的平面内刚度较大，结构的开裂荷载和破坏荷载比普通的混凝土框架结构、砌体结构都有了较大的提高，原因是肋柱和肋梁对砌块的约束作用、隐形外框架对隐形密框的约束作用。刚度提高的多少取决于砌块的材料性质、肋梁、肋柱对砌块的约束作用以及隐形外框架对隐形密框的约束作用。节能砌块隐形密框结构房屋的隐形外框架在水平荷载作用下，肋梁和肋柱发生弯曲，各层肋柱的上部水平位移以及隐形密框的主对角斜向的缩短使隐形外框架柱与密肋墙体贴紧，而且使墙体在对角方向受压，在结构受力的过程中起到了斜压杆的作用，增加了结构承受水平荷载的能力。在节能砌块隐形密框结构中将密肋墙体作斜支撑杆件考虑，可充分利用砌块、隐形密框、隐形外框架、密肋墙体的各自特点，同时又能克服某些不足。其受力性能为：在水平荷载作用下一侧肋柱受拉，相对另一侧肋柱受压，这二者各自轴力形成的力偶用来抵抗水平外荷载产生的倾覆力矩。节能砌块隐形密框墙体等效为斜支撑杆件后主要发挥其抗剪承载力来抵抗水平荷载。由于节能砌块隐形密肋墙体在节点处不是以一个集中力作用在隐形边框架上，而是作用在每个压力角、拉力角附近的隐形密肋框架梁和柱上的一段长度上，因此隐形外框架构件也会受到水平剪力作用产生一些弯曲。

5.2.9　肋梁、肋柱的钢筋应变分析

5.2.9.1　隐形外框架肋柱钢筋应变分析

对模型施加加速度峰值为 200gal（86gal）、400gal（172gal）、800gal（344gal）、1600gal（688gal）的地震作用时，对于底层的隐形外框架柱，取其一根钢筋，分别将各个试验阶段的钢筋应变历程曲线绘于图 5-27 ［由于对模型施加加速度峰值为 100gal（43gal）的地震作用时结构处于完全弹性状态，故不作分析］。

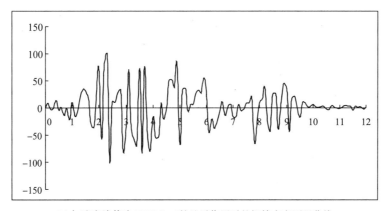

(a) 加速度峰值为200(86)gal的地震作用时的钢筋应变历程曲线

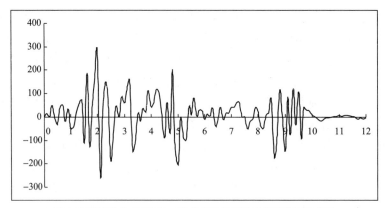

(b) 加速度峰值为400(172)gal的地震作用时的钢筋应变历程曲线

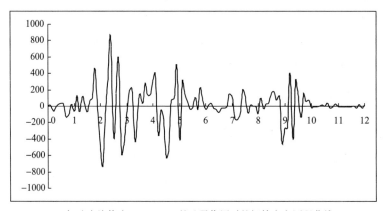

(c) 加速度峰值为800(344)gal的地震作用时的钢筋应变历程曲线

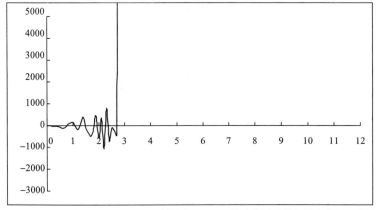

(d) 加速度峰值为1600(688)gal地震作用+10000gal脉冲作用时的钢筋应变历程曲线

图5-27　各个试验阶段底层隐形外边框肋柱钢筋应变历程曲线

由图 5-27 可以看出：

1）对模型施加加速度峰值为 200gal（86gal）、400gal（172gal）的地震作用时，其最大应变分别为 98 和-100、283 和-254，钢筋处于完全弹性状态。

2）对模型施加加速度峰值为 800gal（344gal）的地震作用时，其最大应变分别为 604 和-899，钢筋处于完全弹性状态。由前述可知，结构在这个试验阶段处于弹塑性状态。钢筋处于弹性状态的原因是：对结构施加地震作用的过程中，大部分能量已经由试验前的初始破坏部分墙体释放。

3）对模型施加加速度峰值为 1600gal（688gal）的地震作用时，其最大应变分别为 814 和-1091，钢筋处于完全弹性状态，结构在这个试验阶段仍然处于弹塑性状态。如果没有试验前的初始破坏，钢筋在这个试验阶段已经屈服。

4）对模型施加 10000gal 的脉冲作用时，钢筋的应变迅速增大，使得钢筋在极短的时间内进入塑性状态。

5）由上述可知，虽然试验前的失误操作对结构的刚度影响并不大，但是随着试验的进行，初始破坏的墙体成为能量的释放部位，直接影响着其他部位钢筋应变变化情况。

5.2.9.2　肋梁钢筋应变分析

对模型施加加速度峰值为 200gal（86gal）、400gal（172gal）、800gal（344gal）、1600gal（688gal）的地震作用时，考虑到结构的初始破坏情况，纵墙南侧中部的肋梁钢筋将最先屈服，所以取该部位的肋梁钢筋，分别将各个试验阶段的该钢筋应变历程曲线绘于图 5-28［由于对模型施加加速度峰值为 100gal（43gal）的地震作用时结构处于完全弹性状态，故不作分析］。

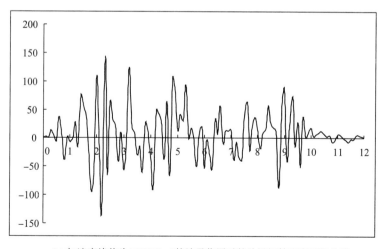

(a) 加速度峰值为200(86)gal的地震作用时的肋梁钢筋应变历程曲线

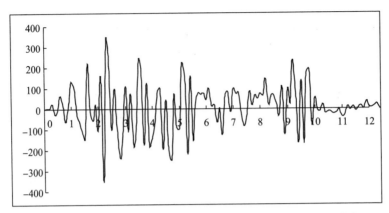

(b) 加速度峰值为400(172)gal的地震作用时的肋梁钢筋应变历程曲线

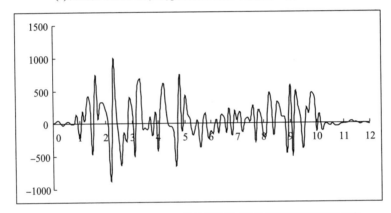

(c) 加速度峰值为800(344)gal的地震作用时的肋梁钢筋应变历程曲线

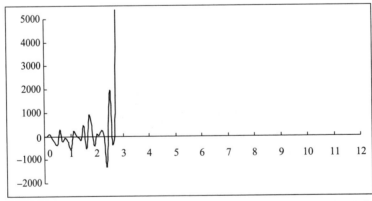

(d) 加速度峰值为1600(688)gal地震作用+10000gal脉冲作用时的钢筋应变历程曲线

图5-28 各个试验阶段的肋梁钢筋应变历程曲线

由图 5-28 可以看出：

1）对模型施加加速度峰值为 200gal（86gal）的地震作用时，其最大应变分别为 144 和-132，均高于这个阶段肋柱的钢筋应变值；在这个试验阶段，肋梁钢筋处于完全弹性状态。

2）对模型施加加速度峰值为 400gal（172gal）的地震作用时，其最大应变分别为 336 和-354，均高于这个试验阶段的肋柱钢筋应变，分别高出 18.6% 和 11.3%，钢筋处于完全弹性状态。

3）对模型施加加速度峰值为 800gal（344gal）的地震作用时，其最大应变分别为 956 和-860，均高于这个试验阶段的肋柱钢筋应变，钢筋处于完全弹性状态。由前述可知，结构在这个试验阶段处于弹塑性状态。钢筋处于弹性状态的原因是：对结构施加地震作用的过程中，大部分能量已经由试验前的初始破坏部分墙体释放。

4）对模型施加加速度峰值为 1600gal（688gal）的地震作用时，其最大应变分别为 1680 和-1254，均高于这个试验阶段的肋柱钢筋应变。当对结构施加正向的地震作用时，肋梁钢筋的最大应变比同阶段肋柱钢筋的最大应变高出 1 倍多；当对结构施加负向的地震作用时，肋梁钢筋的最大应变比同阶段肋柱钢筋的最大应变高出 14.9%，钢筋屈服，结构在这个试验阶段处于弹塑性状态。肋梁钢筋的应变高于肋柱钢筋应变的主要原因是肋梁主要呈受剪力，纵墙的主要内力是剪力；另外，能量在初始破坏处得到释放。从裂缝图可以看出，初始破坏造成的裂缝主要是斜裂缝，所以能量的耗散也主要靠初始破坏处的砌块和肋梁钢筋的变形。如果没有试验前的初始破坏，肋梁钢筋在这个阶段的应变会小一些，但应接近屈服。

5）对模型施加 10000gal 的脉冲作用时，肋梁钢筋的应变迅速增大，使得钢筋在极短的时间内进入屈服状态。

5.2.9.3 门边肋柱钢筋应变分析

对模型施加加速度峰值为 200gal（86gal）、400gal（172gal）、800gal（344gal）、1600gal（688gal）的地震作用时，取一根门边肋柱钢筋，分别将各个试验阶段的该钢筋应变历程曲线绘于图 5-29［由于对模型施加加速度峰值为 100gal（43gal）的地震作用时结构处于完全弹性状态，钢筋的应变很小，故不作分析］。

由图 5-29 可以看出：

1）对模型施加加速度峰值为 200gal（86gal）、400gal（172gal）的地震作用时，其最大应变分别为 75 和-80、160 和-152，钢筋处于完全弹性状态。

2）对模型施加加速度峰值为 800gal（344gal）、1600gal（688gal）的地震作用时，其最大应变分别为 300 和-319、541 和-486，钢筋处于完全弹性状态。对模型施加 10000gal 的脉冲作用时，钢筋的应变迅速增大至 1625，刚刚进入屈服状态。

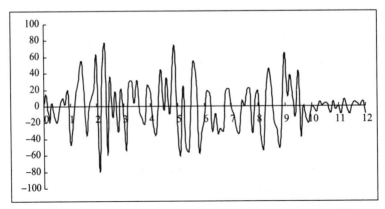

(a) 加速度峰值为200(86)gal的地震作用时的门边肋柱钢筋应变历程曲线

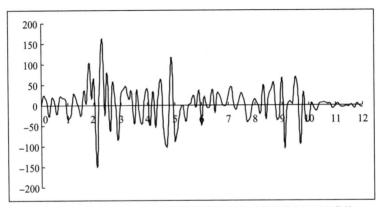

(b) 加速度峰值为400(172)gal的地震作用时的门边肋柱钢筋应变历程曲线

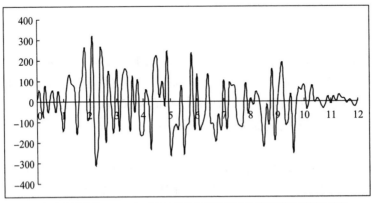

(c) 加速度峰值为800(344)gal的地震作用时的门边肋柱钢筋应变历程曲线

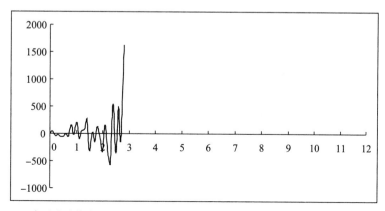

(d) 加速度峰值为1600(688)gal地震作用+10000gal脉冲作用时的钢筋应变历程曲线

图 5-29 各个试验阶段的门边肋柱钢筋应变历程曲线

3）钢筋应变较小的原因是试验前结构的门边没有发生初始破坏；门边肋柱的钢筋在没有初始破坏的情况下，即使施加 10000gal 的脉冲，也不会出现屈服的现象。

5.2.9.4 窗边肋柱钢筋应变分析

对模型施加加速度峰值为 200gal（86gal）、400gal（172gal）、800gal（344gal）、1600gal（688gal）的地震作用时，取一根肋柱钢筋，分别将各个试验阶段的钢筋应变历程曲线绘于图 5-30〔由于对模型施加加速度峰值为 100gal（43gal）的地震作用时结构处于完全弹性状态，故不做分析〕。

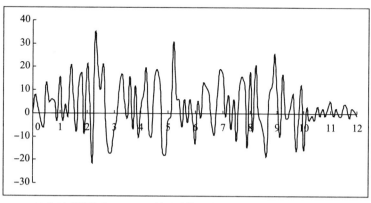

(a) 加速度峰值为200(86)gal的地震作用时的窗边肋柱钢筋应变历程曲线

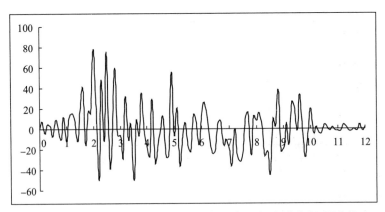

(b) 加速度峰值为400(172)gal的地震作用时的窗边肋柱钢筋应变历程曲线

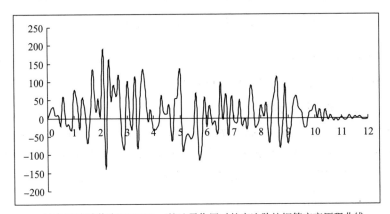

(c) 加速度峰值为800(344)gal的地震作用时的窗边肋柱钢筋应变历程曲线

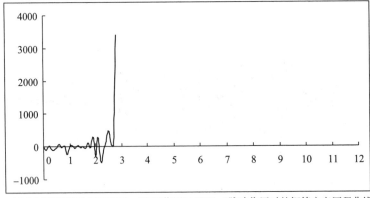

(d) 加速度峰值为1600(688)gal地震作用+10000gal脉冲作用时的钢筋应变历程曲线

图5-30　各个试验阶段的窗边肋柱钢筋应变历程曲线

由图 5-30 可以看出：

1）对模型施加加速度峰值为 200gal（86gal）、400gal（172gal）的地震作用时，其最大应变分别为 34 和 -21、78 和 -50，钢筋处于完全弹性状态。

2）对模型施加加速度峰值为 800gal（344gal）、1600gal（688gal）的地震作用时，其最大应变分别为 188 和 -130、468 和 -496，钢筋处于完全弹性状态。对模型施加 10000gal 的脉冲作用时，钢筋的应变迅速增大至 3412，钢筋屈服，进入塑性状态。

3）窗边肋柱钢筋的应变相对于门边肋柱钢筋的应变较小；窗边肋柱的钢筋在没有初始破坏的情况下，同样不会出现屈服的现象。

5.2.10　节能砌块隐形密框结构简化计算模型分析

由以上分析可知，在受力过程中，开始加载时变形较小，密肋框架和砌块如同一个构件一样整体工作。当荷载不断增加时，两者之间的变形差异增大，在接触面上变形互相适应和调整，产生了相互挤压和分离区域。使得相当一部分砌块没有直接与框格产生相互作用，砌块只在接触长度范围内对框格有着明显的相互作用，因此可将砌块等效为铰接于受压对角线顶点的具有一定宽度的斜支撑杆件；节能砌块隐形密框结构可简化为带有等效斜支撑杆件的刚架结构如图 5-31 所示。

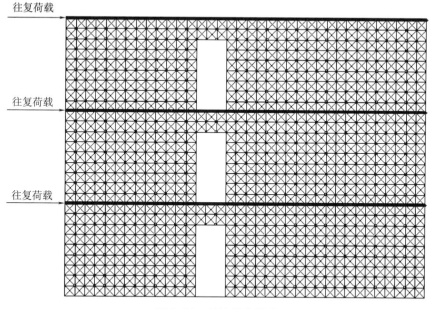

图 5-31　结构简化模型

5.2.11 节能砌块隐形密框结构简化刚度计算

5.2.11.1 节能砌块隐形密框结构墙体的侧移刚度

节能砌块隐形密框结构的墙体在开裂前，刚度变化很小，可以认为这个阶段墙体完全处于弹性状态，初裂刚度取初裂荷载与相应位移比值，即

$$K_0 = V_{cr}/\delta_{cr}$$

基本假定：

a. 当墙体开裂前，砌块、隐形密肋框架、隐形外框架的变形协调一致，即它们具有相同侧向变形；

b. 墙体的变形以剪切变形为主。

依上述假定，按照肋柱混凝土与加气混凝土砌块体积比不变的原则等效为同一均匀混凝土材料，故可进一步简化为矩形混凝土板，依材料力学方法推导杆件侧移刚度计算公式。

假定节能砌块隐形密框结构的层间墙体上、下端均不发生平面内转动，墙体在单位水平力作用下的总变形由弯曲变形 δ_b 和剪切变形 δ_s 组成，如图 5-32 所示。故匀质墙体的弹性抗侧刚度为

$$K = \frac{1}{\delta_b + \delta_s} = \frac{1}{\left(\dfrac{h^3}{3EI} + \dfrac{\mu h}{GA}\right)} \tag{5-5}$$

其中，H 为墙体高度；A 为墙体横截面积，$A = Lt$；t 为墙体厚度；μ 为截面剪应力不均匀系数，I 为墙体截面惯性矩 $I = tL^3/12$；E 为墙体弹性模量；G 为墙体剪切模量，$G = 0.4E$。

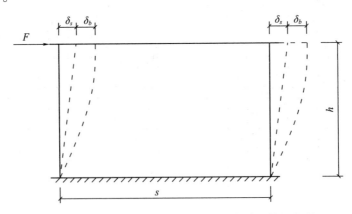

图 5-32 单位力作用下层间匀质墙的弯曲、剪切变形

考虑到节能砌块隐形密框结构的墙体在开裂前，墙体中的砌块已经出现了微观裂缝，所以对（5-5）式的计算结果要进行折减，取折减系数 0.85。即节能砌块隐形密框结构的墙体的抗侧刚度为

$$K = \frac{0.85}{\left(\dfrac{h^3}{3EI} + \dfrac{\mu h}{GA}\right)} \tag{5-6}$$

5.2.11.2　等效斜支撑杆件的轴向刚度

在对带有等效斜杆支撑的刚架结构简化计算模型分析时，等效斜杆支撑的轴向刚度的大小直接影响着等效斜支撑杆件的变形和承载能力，是分析过程中的一个关键问题。

针对本章建立的简化计算模型，必须首先解决等效斜支撑杆件的轴向刚度问题。确定等效斜支撑杆件轴向刚度的方法如下。

如图 5-33 所示，取一个长度等于节能砌块隐形密框结构墙体对角线长的杆件作为等效斜支撑杆件，其轴向刚度的确定过程中考虑如下条件：等效斜支撑杆件所具有的轴向刚度能够满足使等效斜支撑杆件的轴力的水平分量与墙体所承受的水平剪力相等，其轴向变形量能满足墙体在水平剪力作用下的变形。

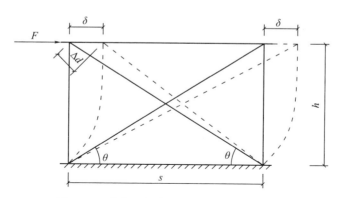

图 5-33　节能砌块隐形密框结构墙体 F-δ 图

设节能砌块隐形密框结构的墙体的抗侧移刚度为 K，等效斜压杆的轴向刚度为 EA，等效斜拉杆的轴向刚度为 γEA。由胡克定律可知

$$F = K\delta \tag{5-7}$$

$$N_1 = EA \times \varepsilon_1 = EA \times \frac{\Delta d_1}{d_1} = \frac{EA\Delta d_1}{d_1} \tag{5-8}$$

$$N_2 = \gamma EA \times \varepsilon_2 = \gamma EA \times \frac{\Delta d_2}{d_2} = \frac{\gamma EA\Delta d_2}{d_2} \tag{5-9}$$

由几何关系可得

$$F = N_1 \cos\theta_1 + N_2 \cos\theta_2$$

$$= EA \frac{\delta \cos\theta_1}{d_1} + \gamma EA \frac{\delta \cos\theta_2}{d_2} \qquad (5-10)$$

$$\Delta d = \delta \cos\theta \qquad (5-11)$$

由式（5-7）至式（5-11）解方程，可得

$$K = EA \frac{\cos\theta_1}{d_1} + \gamma EA \frac{\cos\theta_2}{d_2} = (1 + \gamma) EA \frac{\cos\theta_1}{d_1}$$

$$= (1 + \gamma) EA \frac{\cos\theta_1}{d_1} = (1 + \gamma) \frac{EAs}{s^2 + h^2} \qquad (5-12)$$

$$EA = \frac{Kd_1 d_2}{d_2 \cos^2\theta_1 + \gamma d_1 \cos^2\theta_2} = \frac{K(s^2 + h^2) \, 3/2}{(1 + \gamma) \, s^2} \qquad (5-13)$$

考虑到砌块抗压与抗拉强度的差别，框格在承受水平外力的作用下的变形，对等效斜支撑杆件的斜拉杆杆件的轴向刚度进行了折减，取为 γEA。开裂前，取 $\gamma = 0.08$；开裂后，取 $\gamma = 0$。

5.2.11.3　带有门、窗洞口的节能砌块隐形密框结构墙体的刚度

以门、窗洞口的四周边沿为界线将墙体划分为四块、三块（图 5-34）。由结构力学可知，此时墙体的整体刚度为

$$K_M = \cfrac{1}{\cfrac{1}{K_I + K_{II}} + \cfrac{1}{K_{III}}} \qquad (5-14)$$

$$K_C = \cfrac{1}{\cfrac{1}{K_I} + \cfrac{1}{K_{II} + K_{III}} + \cfrac{1}{K_{IV}}} \qquad (5-15)$$

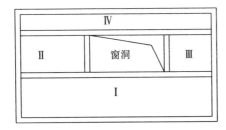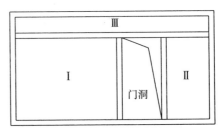

图 5-34　开有门、窗洞口的墙体的刚度计算示意图

式（5-14）和式（5-15）中，K_M、K_C 分别是开设有门洞口、窗洞口的墙体的刚度。各块的刚度 K_i 按式（5-6）计算，其中在同一高度段并列的墙块的刚度之和为该高度段墙体的刚度，而整个墙块的刚度为各高度段墙块刚度的倒数之和的倒数。

5.2.12 小结

本节对 3 层节能砌块隐形密框结构 1/2 比例房屋模型进行了抗震试验研究，得到了结构的频率、周期和阻尼比等动力特性；描述了墙体开裂过程；分析了结构的破坏特征和顶层位移、顶层加速度、基底剪力的反应历程；研究了结构的滞回曲线和骨架曲线，并建立了结构层间恢复力模型。同时，对节能砌块隐形密框结构的受力特点、共同工作性能进行了分析，并对肋柱、肋梁、门边肋柱、窗边肋柱的钢筋应变随试验加载加速度的变化情况进行了分析，在此基础上，提出了结构简化计算模型——带有等效斜支撑杆件的刚架结构。通过本章的研究，得出如下结论：

1）结构的自振周期较小，振动频率较大，导致结构地震反应较大，这是因为节能砌块隐形密框结构属剪力墙结构，其刚度较大。因此，在采用底部剪力法计算地震作用时，水平地震影响系数应取最大值。

2）节能砌块隐形密框结构可用于 8 度设防的地区。

3）在试验过程中，一直到施加加速度峰值为 800gal（344gal）的地震作用时，结构才出现剪切斜裂缝；在施加加速度峰值为 1600gal（688gal）的地震作用结束后，整个结构中的所有裂缝都很细微，结构基本上处于弹塑性状态，直至施加相当于加速度峰值为 10000gal 的地震波时，结构才屈服，进入塑性状态。这说明结构的承载力很大，按剪切斜裂缝开裂强度控制设计是可行的。

4）虽然结构的刚度很大，但随着裂缝的出现和开展，其刚度逐渐下降，致使最终结构的破坏属弯曲型延性破坏。另外，在结构刚度下降过程中，其自振周期也逐渐加大，并可能进入地震波的自振频带，产生共振反应。所以，结构设计时如何顺利跨越地震波的卓越周期或避开场地土的卓越周期相当重要。

5）结构的总体变形为剪切型，无论在弹性阶段还是在弹塑性阶段，结构的层间位移和顶点位移均满足有关规程或规范关于剪力墙结构的要求。

6）简化计算模型—带有斜支撑杆件的刚架结构，考虑了节能砌块隐形密框结构随刚度的变化而产生的内力重分布现象，是节能砌块隐形密框结构的一种有效的计算模型。

参考文献

[1] 中华人民共和国国家标准. 建筑抗震设计规范（GB 50010—2001）[S]. 北京：中国建筑工业出版社，2001.

[2] 郭子雄，杨勇. 恢复力模型研究现状及存在问题[J]. 世界地震工程，2004（12）：47-51.

[3] 张新培. 钢筋混凝土抗震结构非线性分析[M]. 北京：科学出版社，2003：6-9.

第6章　节能砌块隐形密框结构基于
我国现行抗震设计规范的
抗震设计理论及方法

6.1　绪　论

6.1.1　非线性地震反应分析研究现状

　　地震作用不仅取决于地震烈度大小和近震、远震的情况，还与结构的动力特性（如结构的自振频率、阻尼等）有密切关系。结构抗震设计方法也随着人们对地震反应分析的深入了解而不断发展，可分为静力理论法、反应谱法和动力时程法三阶段[1]。

　　静力理论法、反应谱法实质上都是静力分析法，适用于弹性分析。其中，反应谱法考虑了结构动力特性对地震动的放大作用，不仅可以解决单质点体系的地震反应计算问题，而且可以通过振型分解法计算多质点体系的地震反应，为简化计算，在满足一定的条件下，也可以采用近似的底部剪力法来计算地震反应。动力分析建立在计算机的普及和数值分析方法发展的基础之上，时程分析法是一种计算机模拟分析方法，是将结构物视为一个弹性振动体，将地震时地面运动产生的位移、速度和加速度作用在结构物上，将地震波数值化后输入结构振动微分方程，采用逐步积分法对结构进行弹性或弹塑性分析，计算出结构地震反应的全过程，能模拟出结构进入非弹性阶段的受力性能，更有效地发现地震时的建筑物的薄弱环节和可能发生的震害[2]。结构非线性地震反应分析主要在以下几方面展开。

　　（1）结构力学模型的选取

　　在进行结构动力分析时，首先要确定能反映结构受力性能的计算简图，即力学模型。非线性动力反应分析依赖于计算机数值模拟，故第一步应选取合适的结构力学模型。最重要的是结构动力特性的模拟，即体系质量、刚度、阻尼模型的准确性直接影响模拟精度，基本原则是要确切地反应结构的变形性质和计算的简便。目前广泛研究和应用的结构力学模型有以下几种[3]。

1）层间模型。层间模型是以楼层为基本分析单元，将整个结构各个竖向构件合并为一根竖杆，用楼层的等效剪切刚度作为竖杆的层刚度，将结构每一层的质量集中在每层的楼面处，形成集中质量作为一个质点，从而形成串联质点系的振动模型，可分为层间剪切模型和层间弯剪模型。前者是以剪切变形为主，假定结构中水平杆件的刚度无穷大，不产生竖向弯剪变形，即各层集中质点均仅考虑一个平动自由度，且竖向杆件在水平荷载作用下不产生轴向变形，模型的层刚度取决于本楼层中各竖杆件的剪弯刚度，适合于强梁弱柱型框架类的结构体系；后者考虑了结构变形中的弯曲、剪切双重影响，此类模型主要针对明显的强柱弱梁多层框架、剪力墙、框架—剪力墙等结构。

谢小军[4]（1998）分别采用层剪切型和层弯剪型模型对上海园南小区的 18 层混凝土砌块配筋砌体住宅进行了分析。王焕定[5]（2001）等人采用等效剪切型的层间模型对园南小区配筋砌体住宅进行分析，并对模型参数的确定方法进行了探讨，分析表明：用层间等效剪切模型是合理的一种方案。王铁英[6]（2002）等通过对园南小区住宅的地震反应分析，从而确定以位移和刚度作为确定骨架曲线的计算方法为合理方案，然后通过分析剪切型和等效剪切型两种结构计算模型，证明了对高层配筋砌块砌体结构采用等效剪切型模型的合理性。

2）杆系模型。杆系模型以构件为基本分析单元，将结构沿主轴方向分解成若干榀抗侧力单元，假定楼板平面内刚度无穷大，梁柱墙均简化为以轴线表示的杆件，将其质量集中在节点形成质点，每个质点考虑水平、竖向和转动三个自由度，构件间以刚接或铰接连接，利用连接处变形的协调条件建立各构件的变形关系。杆系模型相对于层间模型的优点在于：能够反映结构各杆件进入非弹性阶段的先后次序对整个框架动力反应规律的影响，在非线性分析时对杆件单元刚度进行修正，能较准确模拟出结构非线性地震反应特点，并能根据各杆件内力值判断结构的塑性铰开展情况，从而分析结构的破坏机制。

针对杆系结构模型的分析，关键在于模拟杆单元内部力与变形变化关系的分析模型，即单元力学模型。对钢筋混凝土结构进行弹塑性动力分析的核心是确定单元的刚度矩阵，而解决此问题常用方法有：①平面刚度模拟。不考虑刚度沿单元长度的变化，取平均刚度计算单元的刚度矩阵，是一种简化近似计算方法；②分布刚度模拟。根据内力的分布情况来确定单元的刚度，从而建立单元刚度矩阵；③集中刚度模拟。将塑性变形集中于单元端的一点处建立单元的刚度矩阵。

国内外学者对结构分析模型做了不少研究，杨红[7]提出了专门用于分析框架结构体系的细化杆模型。孙业扬[8]提出一种杆系层间模型，结合了杆系结构能够计算杆件内力和层间结构计算工作量小的优点。Magenes[9,10]（2000）用等效平面框架模型分析两层无筋砌体结构，给出了砌体结构非线性静力分析方法。赵冬[11,12]（2001）对隐型轻框与密肋复合墙板的协同工作进行了探讨，建立了便于实用计算分析的刚架—斜压杆简化计算模型，并提出了适合密肋壁板轻框结构体系的框架—平面复合子结构有限元计算模型。关海涛[13,14]（2002）根据弹性地基梁理论，建立了密肋壁板轻框墙板的刚架—斜压杆简化计算模型，给出确定等效斜压杆宽度的实用设计图表，并就理论计算与试验结果进行了对比分析。Kappos[15]（2002）用等效框架模型对无筋砌块砌体结构使用 SAP2000 的 3D 弹性分析，结果表明：等效框架模型用于分析无筋砌块砌体结构具有足够的精度。Salonikios[16]（2003）用 SAP2000 对两层无筋砌体平面结构用平面杆系模型进行了静力非线性分析，并用 CAST3M 软件的有限元离散性模型和连续性模型的分析结果进行了比较，结果表明：三种模型的计算结果在抗剪强度、位移和破坏机理上存在着较大的差异。蔡龙，杜宏彪[17]等人（2007）研究了框架结构地震响应时程分析的计算模型，针对目前框架结构常用的层间模型、杆系模型和杆系层间模型三种计算机模型进行全面的分析，并对它们的优缺点展开论述。

（2）恢复力模型的选取

恢复力特性是表示结构或构件恢复力与变形的关系，恢复力模型是基于抗震试验的数据，在统计回归基础上加以综合、理想化形成的。一般可以分为曲线型和折线型模型。前者是刚度连续变化，然而实际计算中每点刚度的确定及计算十分繁琐，故通常选用折线型恢复力模型[18]。常用的折线型模型有不退化两线型、Clough 模型、修正 Clough 模型和 Takeda 模型等（图 6-1）。

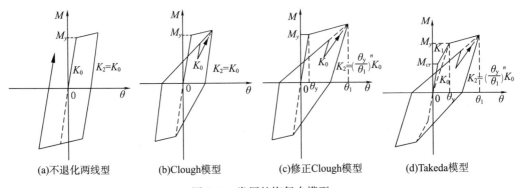

(a)不退化两线型　　(b)Clough模型　　(c)修正Clough模型　　(d)Takeda模型

图 6-1　常用的恢复力模型

恢复力模型是进行结构非线性分析的基础，只有合理建立基本构件的恢复力模型和准确确定模型参数，数值计算结果才能准确地反映实际结构的真实弹塑性反应。因此，许多学者在这方面做了深入研究。赵冬[11]等人（2001）对 10 层密肋壁板轻框结构的

1/3 比例房屋模型进行拟动力试验研究，对该结构的动力特性、地震反应及结构破坏特征进行了分析研究，给出了该结构体系的骨架曲线及恢复力模型。袁泉[19]（2004）在两组共 26 榀墙板的试验基础上提出了密肋复合墙板的恢复力模型与损伤模型，恢复力模型采用退化四线型模型，充分反映了密肋复合墙板开裂—屈服—破坏的全过程。蒋丽忠、曹华[20]等人（2005）进行了钢—混凝土组合框架地震弹塑性时程分析，通过对钢—混凝土连续组合梁、钢管混凝土柱的荷载—位移滞回曲线试验结果的分析，提出了简化的适用于组合结构的刚度退化三线型恢复力模型，根据所提出的恢复力模型及滞回规则，编制了地震弹塑性时程响应分析程序。

（3）结构动力方程的研究

结构弹性运动微分方程可以表示为

$$[M]\{\ddot{u}\} + [C]\{\dot{u}\} + [K_e]\{u\} = -[M]\{1\}\ddot{u}_g \qquad (6-1)$$

式中，$[M]$、$[C]$ 和 $[K]$ 分别为体系的质量、阻尼和弹性刚度矩阵，$\{\ddot{u}\}$、$\{\dot{u}\}$、$\{u\}$ 分别表示结构体系的加速度、速度、位移，$\ddot{u}_g$ 为地面运动水平加速度。其中，$[K]$、$\{u\}$ 对应的是结构变形为 $\{u\}$ 时的弹性恢复力向量 $\{f(u)\}$，当结构进入弹塑性变形状态后，结构的恢复力不再与 $[K]$、$\{u\}$ 对应，而与结构运动的时间历程 $\{u(t)\}$ 有关，故结构的弹塑性运动微分方程可以表示为

$$[M]\{\ddot{u}(t)\} + [C]\{\dot{u}(t)\} + \{f(u(t))\} = -[M]\{1\}\ddot{u}_g(t) \qquad (6-2)$$

求解动力方程的方法有两种：①振型分解法（振型叠加法）。利用振型的正交性，把联立的方程组分解为相互独立的振动方程，逐个求解后再叠加，需要先计算出系统的各阶振型，适用于线性振动系统和比例阻尼的情况；②数值积分法。是直接对动力微分方程进行积分，将动力方程在时间域上离散，并作近似的插值，然后根据初始条件，逐步求解在各离散时刻上的结构响应，也称为逐步积分法或时程分析法，适用于一般的阻尼情况，并且可用分段线性化的方法近似求解非线性问题。目前，工程和计算机程序中最常用的数值积分法有：线性加速度法、中心差分法、Wilson-θ 法和 Newmark-β 法、Runge-Kutta 法、Houbolt 法以及平均加速度法等[3]。非线性分析数值积分方法中另一重要问题就是拐点的处理，拐点处理主要有截距法、细分步长法等。

近年来，结构非线性地震反应分析的研究有很大进展，王亚勇[21]（2000）探讨了采用速度反应谱和位移反应谱分析的可行性，对结构时程分析法的工程应用价值和可操作性提出看法，讨论了能量方法的理论意义和实用价值，建立瞬时能量与结构最大地震位移反应的关系，从而为结构地震反应和破坏准则提供具有工程实用意义的新途径。赵明波[22]（2005）讨论了设置粘弹性阻尼器的高层建筑结构在非线性地震反应时程分析优化处理中所遇到的初值选取问题，分别对 5 层、16 层、26 层空间框架进行了计算，通过逐步渐近法，逐渐逼近剪力约束条件，求得问题的最优解。清华大学的魏

勇、钱稼茹[23]（2005）研究了用于结构地震反应分析与抗震设计的剪力墙单元非线性动力分析模型。祝英杰[24]（2006）对高强混凝土小型砌块砌体的力学性能进行了试验研究，利用有限元法对长悬臂配筋砌块剪力墙的动力特性和弹塑性地震反应进行了分析，并在国内首次提出了配筋高强混凝土砌块抗震墙非线性动力分析有限元模型，包括本构关系、破坏准则和强化规律的确定。李明昊[25]（2006）比较了非线性时程分析与传统反应谱方法的优缺点，从地震波的选择、构件恢复力特征、结构计算模型、动力方程求解四个方面阐述了高层建筑结构非线性时程分析的过程、内容和原理。

6.1.2　结构抗震性能的相关研究

结构抗震性能分析，就是通过结构地震作用效应及结构地震反应的计算，包括结构及其构件的地震内力（层剪力、截面弯矩、剪力和轴力等）计算和地震变形（侧移、层间侧移、构件挠度、截面转角等）计算，分析判断结构及构件在地震作用下的反应状况，从而为抗震设防提供量化依据，结构抗震构造措施也能做到有的放矢。

常兆中、周锡元[26]等人（2005）研究了混凝土小型空心砌块砌体非线性地震反应分析和基于性能的抗震设计方法，提出了简化的混凝土小砌块结构非线性分析的等效框架模型，该模型适用于非线性静力分析和非线性动力分析。黄靓、施楚贤[27]等人（2005）对框支配筋砌块砌体剪力墙结构进行抗震性能研究，利用简单相似理论和多自由度子结构拟动力试验方法对这种新型结构进行了1/4比例的模型抗震试验，并运用有限元法对该结构进行了非线性地震反应分析，建立了完整的配筋砌块砌体结构在弹性阶段的完全相似模型和简单相似模型的相似性关系。

西安建筑科技大学研发了以密肋复合墙板为主要承力构件的新型结构体系—密肋壁板轻框结构体系[28,29]。密肋复合墙板由相对密布的钢筋混凝土框格与节能砌块经预制形成，混凝土框格和砌块共同作用，改善了结构的受力性能，提高了材料的利用率。姚谦峰等人对密肋壁板轻框结构进行了系统的研究。袁泉[30]（2003）对密肋壁板轻框结构模态分析、非线性地震反应及基于损伤性能的抗震设计方法进行了较为详细的研究。周铁钢[31]（2003）深入研究多层密肋壁板轻框结构的受力特点、影响其承载力、刚度与破坏模式的主要因素，从规程编制的角度整合并确定本结构体系的实用设计方法。贾英杰[32]（2004）对密肋壁板结构体系的受力特征、破坏形态、承载力水平以及整体结构的工作性能、变形特征、基于位移的抗震设计方法等进行了详细的研究。黄炜[33]（2004）对密肋复合墙体抗震性能及设计理论进行了研究，提出墙体的主要破坏模式及判定，运用试验研究和非线性有限元分析方法，对墙体的三阶段力学模型、基于损伤的墙体全过程连续抗侧刚度、墙体的复合材料计算模型、墙体极限承载能力以及墙体的抗震设计方法等进行较深入的研究与探讨。王爱民[34]等人（2006）对中高层密肋壁板结构密肋复合墙体受力性能及设计方法进行了研究。

6.2　节能砌块隐形密框结构的非线性地震反应分析

6.2.1　引言

地震作用效应与其他荷载效应的基本组合超出结构构件的承载力，或在地震作用下结构的侧移超出允许值，建筑物会遭到破坏甚至倒塌。因此，地震反应计算和结构抗震验算是建筑抗震设计的重要环节之一，是确定结构满足最低抗震设防安全要求的关键[1]。本章探讨了节能砌块隐形密框结构的非线性地震反应计算方法，在此基础上结合节能砌块隐形密框结构房屋模型的拟动力试验研究，运用有限元分析软件 ANSYS 建立了节能砌块隐形密框结构分析的空间模型，对该结构模型进行非线性地震反应分析，通过计算结果与试验结果的对比分析，并结合现行规范，进一步探讨节能砌块隐形密框结构在"小震"下弹性位移角限值和"大震"下弹塑性位移角限值，对该结构的抗震设计具有一定的指导作用。

6.2.2　非线性地震反应分析方法

6.2.2.1　地震反应计算方法概述

结构的地震反应主要取决于地震动和结构的动力特性。目前，我国和其他国家的抗震设计规范中广泛采用的是反应谱理论来确定地震作用[35]。反应谱理论不仅可以解决单质点体系的地震反应计算问题，而且可以通过振型分解法计算多质点体系的地震反应。为简化计算，在满足一定的条件下，也可以采用近似计算法，即底部剪力法来计算地震反应。

底部剪力法和振型分解反应谱法均属于静力弹性分析方法。在多遇地震作用下结构基本处于弹性状态，可按弹性方法分析，但在罕遇地震作用下结构将进入弹塑性状态，需采用动力分析方法，即时程分析法，其实质上是一种计算机模拟分析方法，即将地震波按时段进行数值化后，考虑结构的自重惯性力、恢复力和阻尼力的平衡，建立多自由度体系的运动微分方程，采用逐步积分法对结构进行弹塑性分析，计算出结构地震反应的全过程[36]。时程分析法能够模拟出结构进入非弹性阶段的受力性能，更有效地发现地震时建筑物的薄弱环节和可能发生的震害[37]。

6.2.2.2　非线性地震反应时程分析法

针对非线性地震反应分析，为得到结构地震反应的全过程，需采用时程分析法，即动力弹塑性分析方法，又称直接动力法。时程分析法是采用逐步积分法进行弹塑性动力反应分析，计算出结构在整个地震时域中的振动状态全过程，可从强度和变形两个方面来检验结构的安全和抗震可靠度[38]。

结构弹性运动微分方程见式（6-1）所示，结构的弹塑性运动微分方程见式（6-2）所示。

时程分析法是采用数值积分法求解动力方程，即直接对动力微分方程进行积分。工程和计算机程序中最常用的数值积分法有：线性加速度法、中心差分法、Wilson-θ 法和 Newmark-β 法、Runge-Kutta 法、Houbolt 法以及平均加速度法等[39]。本章采用 ANSYS 程序选择的 $Newmark$ 时间积分法在离散的时间点上求解动力方程。

在结构的运动方程中，除了体系的质量矩阵和刚度矩阵外，阻尼矩阵也是需要考虑的主要因素之一，通常所看到的阻尼现象是由各种各样复杂的能量耗散机理所引起的，结构材料的基本阻尼特性通常不易确定。本章所做的时程分析的模型采用瑞利（Rayleigh）阻尼。Rayleigh 阻尼假定：阻尼阵 $[C]$ 为 $[K]$ 和 $[M]$ 的函数[40]，即

$$[C] = \alpha[M] + \beta[K] \tag{6-3}$$

其中，$[M]$——质量矩阵；$[K]$——刚度矩阵；

$\quad\quad\alpha$——黏度阻尼分量（质量阻尼）；

$\quad\quad\beta$——滞后或固体阻尼分量（结构阻尼或刚度阻尼）。

模态圆频率为

$$\omega_n = \frac{2\pi}{T_n} \tag{6-4}$$

模态阻尼比为

$$\xi_n = \frac{\alpha}{2\omega_n} + \frac{\beta\omega_n}{2} \begin{cases} \xi_1 = \dfrac{\alpha}{2\omega_1} + \dfrac{\beta\omega_1}{2}\cdots\cdots(1) \\[2mm] \xi_2 = \dfrac{\alpha}{2\omega_2} + \dfrac{\beta\omega_2}{2}\cdots\cdots(2) \end{cases} \Rightarrow \begin{cases} \alpha \\ \beta \end{cases} \tag{6-5}$$

本章在 ANSYS 程序中设置阻尼时，取 $\alpha = 2\xi_1\omega_1$（假设仅考虑 α 时），$\beta = \dfrac{2\xi_1}{\omega_1}$（假设仅考虑 β 时）。

6.2.3　节能砌块隐形密框结构非线性地震反应分析

6.2.3.1　基于 ANSYS 的有限元分析步骤

利用 ANSYS10.0 程序进行动力时程分析的基本步骤如下。

1）确定分析类型为结构分析；

2）选定单元类型、定义材料属性、确定实常数；

3）运用前处理器建立结构几何模型；

4）进行网格划分，生成有限元模型；

5）施加约束和荷载；

6）进行动力分析（包括模态分析和地震波时程分析）；

7）进入后处理阶段，得出计算结果。

6.2.3.2　单元类型的选取

节能砌块隐形密框结构是较为复杂的三维结构，需要节点及自由度较多的三维单元来较精致地描述其组成部件。本章采用三维梁单元（Beam188）与三维壳单元（Shell43 及 Shell181），考虑了材料的非线性性质，形成了壳单元和梁单元混合的三维模型。

梁单元 Beam188 是二节点的三维线性有限应变梁，每个节点有 6 个或者 7 个自由度，适合于分析从细长到中等粗短的梁结构，该单元基于 Timoshenko 梁结构理论，并考虑了剪切变形的影响，可用于非线性分析[41]。本章用 Beam188 梁单元来模拟节能砌块隐形密框结构中的肋梁、肋柱。壳单元 Shell43 是 4 节点塑性大应变单元，每个节点有 6 个自由度，具有塑性、蠕变、应力刚化、大变形和大应变的特性，适合模拟线性、弯曲及适当厚度的壳体结构，本章用来模拟节能砌块隐形密框结构中的砌体部分。壳单元 Shell181 适用于薄到中等厚度的壳结构，该单元有 4 个节点，每个节点有 6 个自由度，用来模拟节能砌块隐形密框结构中的楼板，规定其平面内刚度足够大，且具有一定的平面外刚度抵抗其法向变形[41]。

6.2.3.3　材料属性的定义

ANSYWS 动力分析过程中，定义材料属性关系到计算结果是否合理，本章按照试验数据定义了混凝土及砌体材料的弹性模量、泊松比和质量密度。

（1）混凝土的本构关系

混凝土本构关系模型是钢筋混凝土结构的非线性分析所必需的，在建立混凝土的本构关系时往往基于已有的理论框架，再针对混凝土的力学特性，确定甚至适当调整本构关系中各种所需材料参数。

本章采用 Mises 屈服准则以及随动强化模型，假定后继屈服面的大小、形态与初始屈服面相同，在强化过程中，后继屈服面只是初始屈服面整体在应力空间作平动，材料在经受塑性变形的方向上，屈服面增大，而在塑性变形的反方向，屈服面降低，即反向屈服[42]，见图 6-2 所示。

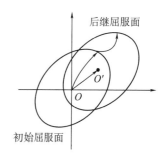

图 6-2　随动强化模型

混凝土的应力—应变关系是根据试验结果进行统计回归分析后得到的。国内外学者对混凝土应力—应变曲线进行了深入研究，很多学者提出各种不同的数学表达式，其中 Hongnestad 方程和 Rüsch 方程是目前世界上应用最广泛的曲线[43-45]方程，见图6-3和图6-4所示。

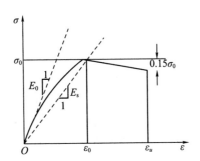

图6-3　Hongnestad 混凝土应力应变曲线

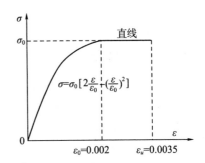

图6-4　Rüsch 混凝土应力应变曲线

其中，Hongnestad 方程的具体表达式是

上升段：

$$\sigma = \sigma_0 \left[2\left(\frac{\varepsilon}{\varepsilon_0}\right) - \left(\frac{\varepsilon}{\varepsilon_0}\right)^2 \right] \qquad \varepsilon \leq \varepsilon_0 \qquad (6\text{-}6a)$$

下降段：

$$\sigma = \sigma_0 \left[1 - 0.15\left(\frac{\varepsilon - \varepsilon_0}{\varepsilon_u - \varepsilon_0}\right) \right] \qquad \varepsilon < \varepsilon_0 \leq \varepsilon_u \qquad (6\text{-}6b)$$

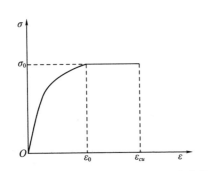

图6-5　本章采用的混凝土应力应变曲线

Hongnestad 方程取斜率为 15% 的斜直线来考虑混凝土的下降段，并建议理论分析时取 $\varepsilon_u = 0.0038$，而在设计中可取 $\varepsilon_u = 0.003$；$\varepsilon_0 = 2(\sigma_0/E_0)$，$E_0$ 为初始弹性模量；$\sigma_0 = 0.85 f_c'$（f_c' 为混凝土圆柱体抗压强度）。

本章混凝土单轴受压应力—应变关系的上升段采用 Saenz 建议的公式来描述，曲线达到极限应力后，采用理想塑性模型描述[46]，曲线如图6-5所示。

其数学表达式为

$$\left.\begin{array}{ll} \sigma = \dfrac{E_0\varepsilon}{1 + \left(\dfrac{E_0}{E_s} - 2\right)\left(\dfrac{\varepsilon}{\varepsilon_0}\right) + \left(\dfrac{\varepsilon}{\varepsilon_0}\right)^2} & (\varepsilon \leqslant \varepsilon_0) \\[4mm] \sigma = \sigma_0 & (\varepsilon > \varepsilon_0) \end{array}\right\} \qquad (6-7)$$

其中，E_0 为初始弹性模量；$E = \dfrac{\sigma_0}{\varepsilon_0}$ 为应力达峰值时的割线弹性模量；σ_0、ε_0 分别为应力达峰值时的应力、应变。

混凝土的破坏准则一般包括三到五参数破坏准则，能比较准确地描述复杂的破坏曲面的破坏准则有：过一王准则、江见鲸五参数准则、Ottosen 四参数破坏准则及 William-Warnke 五参数准则等[47,48]。为了尽可能精确地反映混凝土的受力特性，本章采用 William-Warnke 建议的多轴应力状态下的五参数破坏准则。

（2）节能砌块的本构模型

节能砌块隐形密框结构中的砌块是属于加气混凝土节能砌块，其主要力学性能与普通混凝土相似，但是质更"脆"，性能指标上有差别。本章将其应力—应变曲线的上升段简化为二段直线，并在应力达到峰值点后，不考虑下降段，如图 6-6 所示。

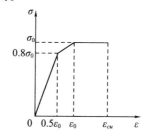

图 6-6 节能砌块应力—应变曲线

其数学表达式为

弹性阶段：

$$\sigma = \frac{0.8\sigma_0}{0.5\varepsilon_0}\varepsilon \qquad (6-8)$$

弹塑性阶段：

$$\sigma = \frac{\sigma_0 - 0.8\sigma_0}{\varepsilon_0 - 0.5\varepsilon_0}\varepsilon \qquad (6-9)$$

水平段：

$$\sigma = \sigma_0 \qquad (6-10)$$

考虑到由于节能砌块和混凝土具有一定的相似性，本章仍采用 Mises 屈服准则和 William-Warnke 五参数破坏准则来定义砌体的材料属性。

本章采用三维梁单元模拟肋梁柱，利用面积等效法将肋梁柱中的钢筋折算为混凝土材料，确定肋梁柱的截面大小，从而考虑钢筋对肋梁柱的作用。

6.2.3.4 恢复力模型的选取

构件的恢复力模型及其参数的确定是结构弹塑性动力分析和计算的基础，目前，恢复力模型大致分为折线型和光滑型两大类。其中,折线型恢复力模型又分为双线型、三线型、滑移滞回型以及进一步考虑刚度退化、强度退化等因素得到的更复杂的恢复力模型;光滑型模型是通过微分方程的形式表示出各种不同受力状态下构件恢复力滞回曲线及刚度和强度的退化效应。根据节能砌块隐形密框墙体试验,本章采用文献[49]中提出的节能砌块隐形密框墙体的退化四线型恢复力模型,如图6-7所示。

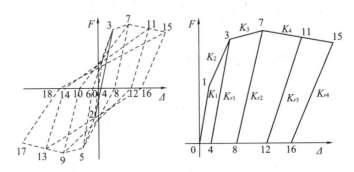

图6-7   本章采用的退化四线型恢复力模型

退化四线型恢复力模型基本上反映了节能砌块隐形密框墙体刚度变化的全过程。1点为试件的开裂点,此时墙面中已经出现了少量裂缝,但对试件的整体性能影响很小,荷载—位移曲线还基本上呈线性关系;3点为试件屈服点,试件在开裂后刚度明显降低,在此以后的一段荷载历程中,刚度缓慢退化;7点为极限荷载点,试件屈服后,进入较大的变形阶段,15点为极限位移点。

6.2.3.5   几何模型的建立及网格的划分

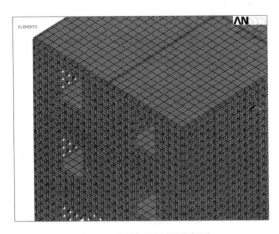

图6-8   梁单元局部示意图

ANSYS中建立模型有两种方法:自上而下建模和自下而上建模,本章采用自下而上的建模方式,按照试验模型的尺寸建立三层楼房的几何模型,肋梁柱之间通过共用结点来实现之间的连接。其中,有9597个梁单元(Beam188)、4492个砌块壳单元(Shell43)和2592个楼板壳单元(Shell181),具体模型见图6-8至图6-10所示。

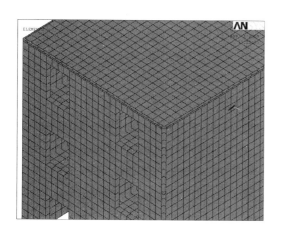

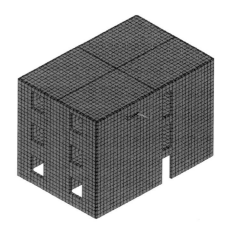

图 6-9　壳单元局部示意图　　　　　　　图 6-10　有限元分析整体模型图

　　划分网格是有限元分析中一个重要的步骤，合适的单元划分可以保证模型的收敛性和可靠性，同时尽可能地减少所占内存和计算时间。网格过密，占用大量的内存和计机时间，同时对于非线性分析会造成数值计算的不稳定性；网格过疏，则会使分析结果不精确。考虑到该模型由很多砌块组成，为尽可能减少所占内存和计算时间，将肋梁柱和砌块单元划分的尺寸定为了 150mm。

6.2.3.6　边界条件

　　模拟试验中的边界条件，墙体底面为固结条件，限制底面所有节点上的三个平移自由度，使其在 X、Y、Z 三个方向不发生移动。

6.2.3.7　分析工况

　　针对节能砌块隐形密框结构的试验，本章运用 ANSYS 软件的动力学分析功能对该结构进行的分析工况如下。

　　1）模态分析：一般用于确定结构的振动特性（如自振频率和模态），是其他动力学分析的起点。ANSYS 程序中有 6 种模态提取的方法：Subspace 法、Block Lanczos 法、PowerDynamics 法、Reduced（Householder）法、Unsymmetric 法及 Damped 法。本章采用 Subspace 法进行模态分析。

　　2）瞬态动力学分析：亦称时间历程分析，用来确定承受任意时间变化荷载的结构动力学响应。可以采用 3 种方法：即 Full（完全）法、Reduced（缩减）法以及 Mode Superposition（模态叠加）法。

　　本章采用其中功能最强的 1 种——Full（完全）法，即采用完整的系统矩阵计算瞬态响应。选取典型的 El-Centro（NS）地震波，对应试验情况，按最大加速度为 100gal

（43gal）、200gal（86gal）、400gal（172gal）、800gal（344gal）、1600gal（688gal）进行地震反应时程分析，作用时间按 12s 计算。

6.2.4 ANSYS 计算结果及其与试验结果对比分析

6.2.4.1 地震波时程分析计算结果

利用有限元分析软件 ANSYS 对节能砌块隐形密框结构试验房屋模型进行时程分析，选取典型的 El-Centro（NS）地震波，按最大加速度为 100gal（43gal）、200gal（86gal）、400gal（172gal）、800gal（344gal）、1600gal（688gal）输入。考虑试验时振型参与系数为 $\beta = \dfrac{\varphi^{\mathrm{T}}[M]\{u\}}{\varphi^{\mathrm{T}}[M]\varphi} = 1.342$ 及质量输入不足的影响，100gal（43gal）相当于模型遭遇到的地震加速度峰值为 43gal（略小于 6 度），200gal（86gal）相当于模型遭遇到的地震加速度峰值为 86gal（略小于 7 度），400gal（172gal）相当于模型遭遇到的地震加速度峰值为 172gal（介于 7 度和 8 度之间），800gal（344gal）相当于模型遭遇到的地震加速度峰值为 344gal（介于 8 度和 9 度之间），1600gal（688gal）相当于模型遭遇到的地震加速度峰值为 688gal（介于 9 度和 10 度之间）。文中给出了不同加速度峰值下房屋各层的地震时程反应计算曲线，见图 6-11 至图 6-25 所示。

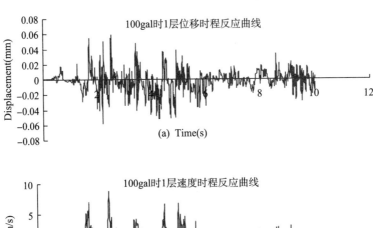

(a) Time(s)

(b) Time(s)

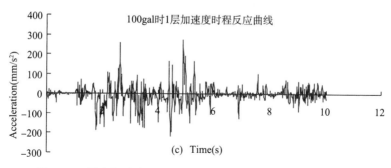

图 6-11　最大加速度为 100gal（43gal）时 1 层的时程反应曲线

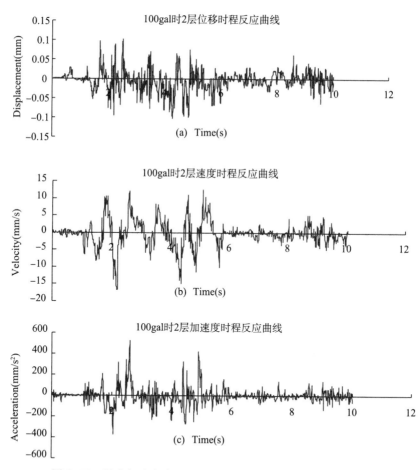

图 6-12　最大加速度为 100gal（43gal）时 2 层的时程反应曲线

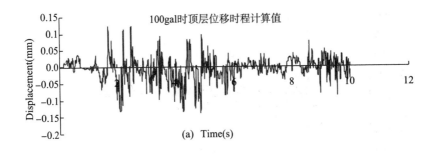

(a) Time(s)

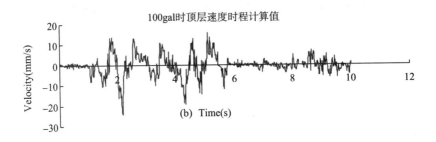

(b) Time(s)

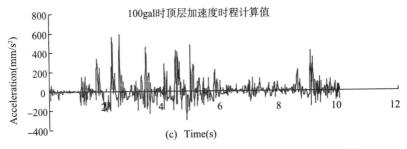

(c) Time(s)

图 6-13　最大加速度为 100gal（43gal）时顶层的时程反应曲线

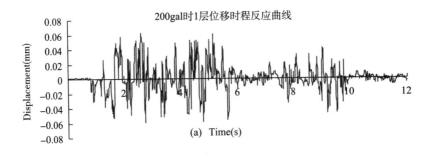

(a) Time(s)

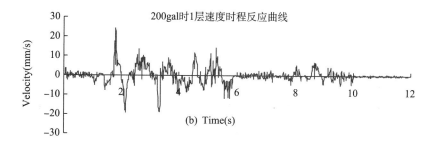

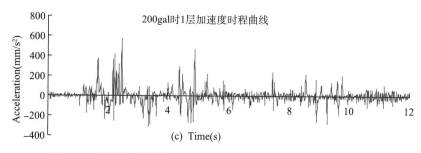

图 6-14　最大加速度为 200gal（86gal）时 1 层的时程反应曲线

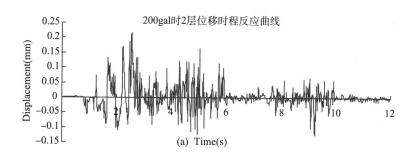

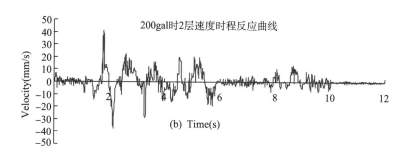

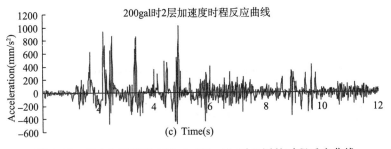

图 6-15　最大加速度为 200gal（86gal）时 2 层的时程反应曲线

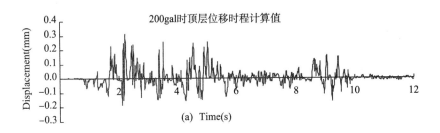

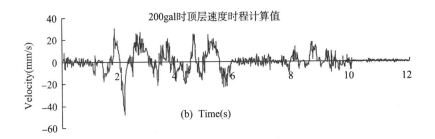

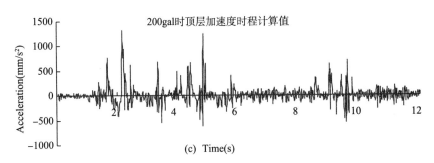

图 6-16　最大加速度为 200gal（86gal）时顶层的时程反应曲线

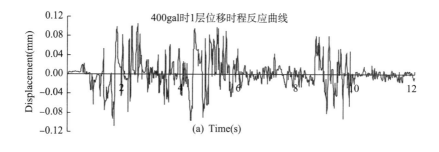

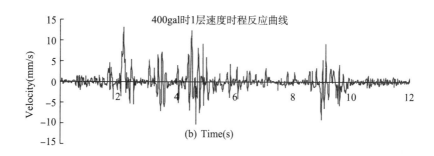

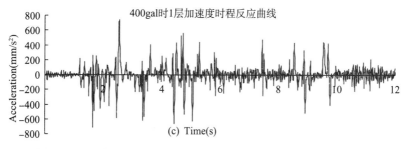

图6-17　最大加速度为400gal（172gal）时1层的时程反应曲线

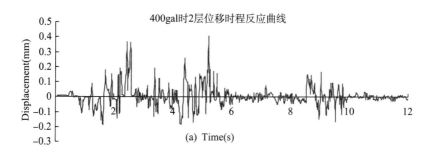

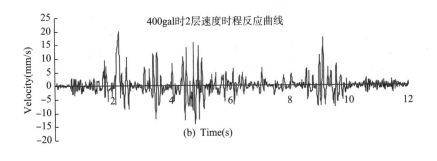

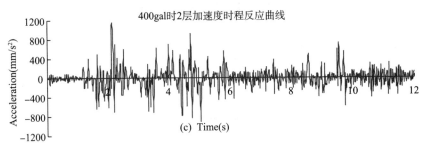

图 6-18　最大加速度为 400gal（172gal）时 2 层的时程反应曲线

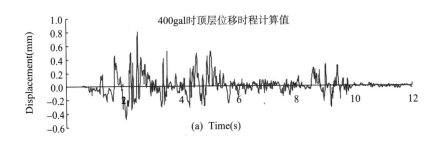

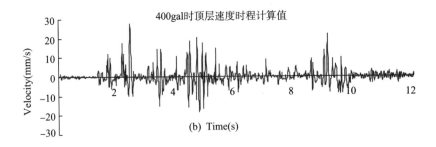

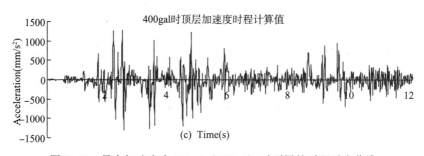

图6-19 最大加速度为400gal（172gal）时顶层的时程反应曲线

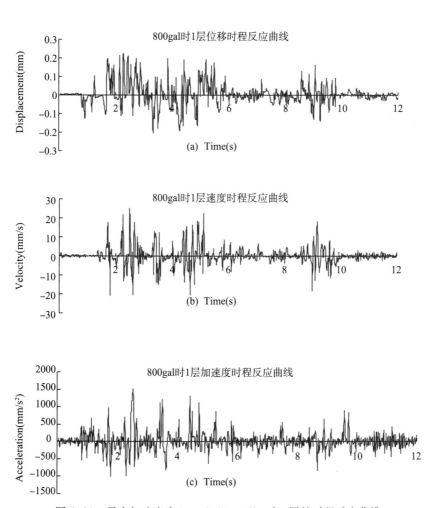

图6-20 最大加速度为800gal（344gal）时1层的时程反应曲线

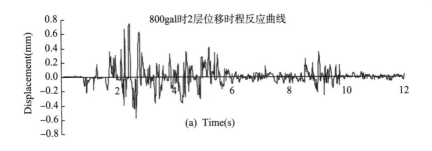

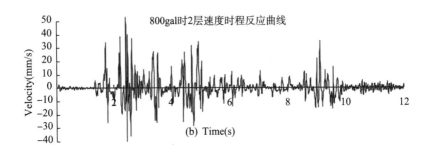

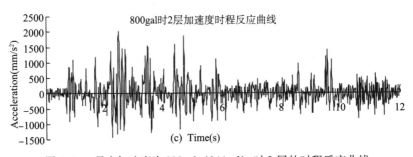

图 6-21　最大加速度为 800gal（344gal）时 2 层的时程反应曲线

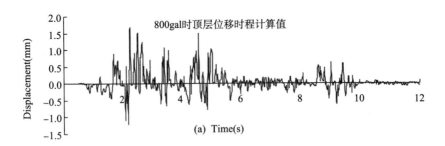

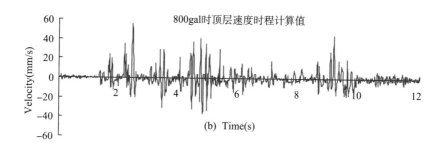

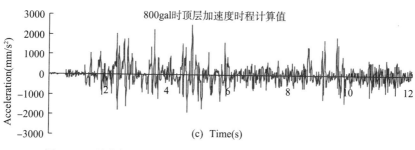

图 6-22　最大加速度为 800gal（344gal）时顶层的时程反应曲线

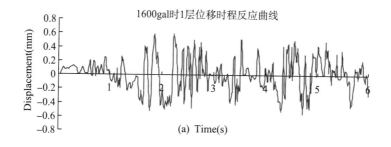

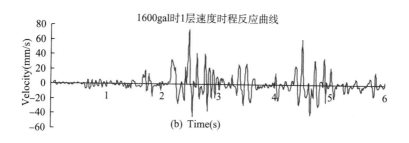

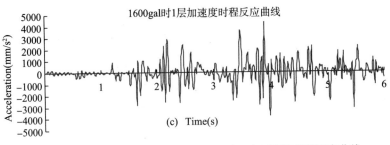

图 6-23　最大加速度为 1600gal（688gal）时 1 层的时程反应曲线

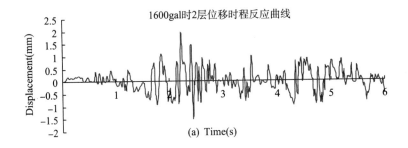

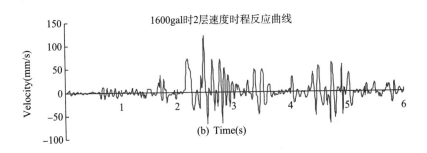

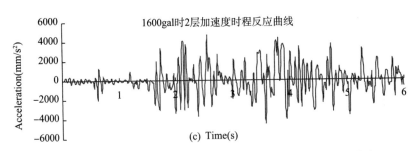

图 6-24　最大加速度为 1600gal（688gal）时 2 层的时程反应曲线

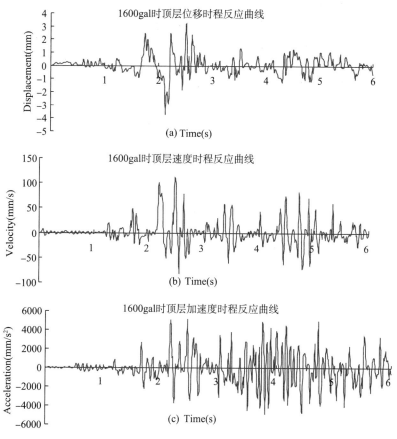

图 6-25　最大加速度为 1600gal（688gal）时顶层的时程反应曲线

6.2.4.2　计算结果与试验值对比分析

本章将 ANSYS 时程计算结果与节能砌块隐形密框结构房屋模型拟动力试验结果进行对比，由试验结果及计算分析可见，结构时程反应中的较大值（包括位移、速度及加速度时程反应）均集中在 EL-Centro 波作用的前 6s 内。因此，文中给出了结构在不同加速度峰值下顶层的位移、速度及加速度的计算值与试验值的对比，见图 6-26 至图 6-30 所示。

图 6-26 为输入峰值 100gal（43gal）的 El-Centro 波时程分析计算值与试验值的对比，其中包括顶层的位移、速度及加速度计算值与试验值时程曲线对比，分析表明顶层最大层位移在 2.15s 时为 0.165mm，同时也出现了顶层最大速度为 28.16mm/s，在 2.46s 时出现最大加速度为 72.04gal，结构完全处于弹性状态。由于实际试验时的操作失误及浇筑质量等不确定因素，以及模拟计算时选取梁壳单元的简化性等问题，致使

计算值略低于试验值，但总体上分析可见，计算值与试验值曲线吻合良好。

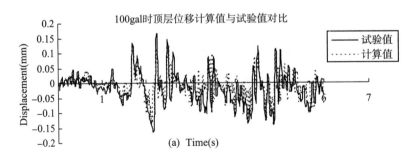

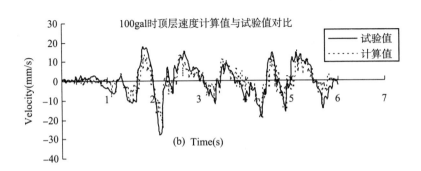

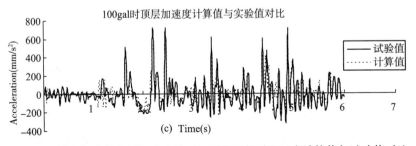

图 6-26 最大加速度为 100gal（43gal）时顶层的时程反应计算值与试验值对比

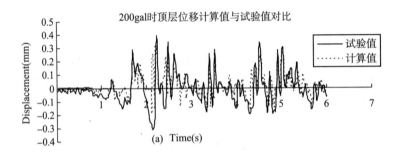

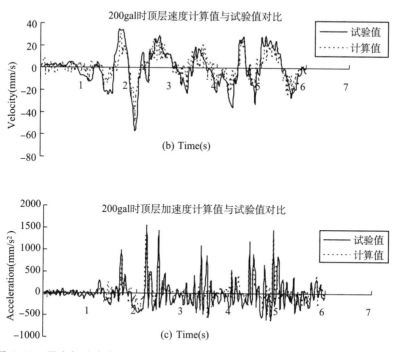

图 6-27　最大加速度为 200gal（86gal）时顶层的时程反应计算值与试验值对比

　　图 6-27 是加速度峰值为 200gal（86gal）时的时程分析计算值与试验值的对比，其中包括顶层的位移、速度及加速度计算值与试验值时程曲线对比，分析表明顶层最大层位移在 2.25s 时为 0.396mm，最大速度则在 2.16s 为 57.2mm/s，在 2.2s 时出现最大加速度为 154.7gal。总体上与 100gal（43gal）时的时程曲线对比可见，200gal（86gal）时的结构时程反应规律趋势都与 100gal（43gal）时相仿，这是由于此阶段结构并未出现新裂缝，根据试验分析及理论计算表明，此时结构仍处于弹性状态。

　　由计算值与试验值的对比曲线可见，计算值普遍低于试验值，分析可知，这是由于 ANSYS 时程分析时，无论是建模阶段还是计算阶段，都与实际试验模型有一定的差别，而且实际试验过程中前阶段的操作失误及房屋模型浇筑质量等因素，都可能造成数值模拟计算值与实际试验值的误差。总的看来，计算值与试验值曲线吻合良好。

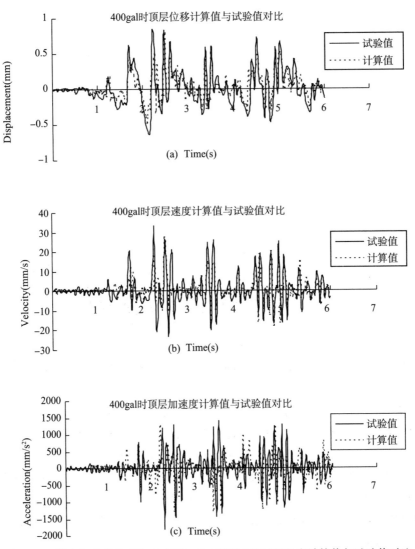

图6-28　最大加速度为400gal（172gal）时顶层的时程反应计算值与试验值对比

　　图6-28是输入峰值为400gal（172gal）时的时程分析计算值与试验值的对比，其中包括顶层的位移、速度及加速度计算值与试验值时程曲线对比，分析表明顶层最大层位移在2.25s时为0.882mm，最大速度则在2.22s为33.62mm/s，在2.24s时出现最大加速度为179.26gal。与100gal（43gal）和200gal（86gal）时的速度及加速度时程曲线对比可见，400gal（172gal）时结构顶层速度及加速度均已不再与100gal（43gal）和200gal（86gal）时的变化规律相似，而是出现新的时程反应规律趋势，结构的速度及

加速度变化幅度增大，这是因为此阶段结构出现新的裂缝，且扩展延伸了初始裂缝，在受地震波作用时可能产生内力重分布，使结构的时程反应变化趋势发生改变，此时结构已经处于弹性与弹塑性状态过渡阶段。由计算值与试验值的对比曲线可见，计算值仍普遍低于试验值，总的看来，计算值与试验值曲线吻合良好。

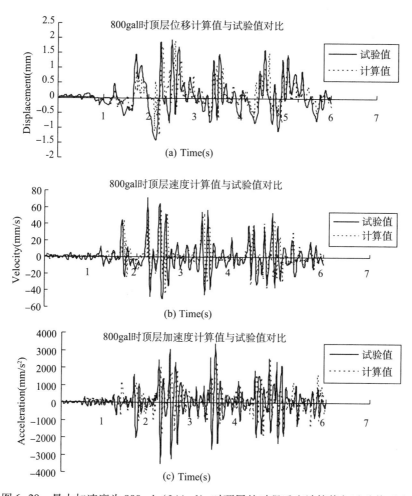

图6-29 最大加速度为800gal（344gal）时顶层的时程反应计算值与试验值对比

图6-29是加速度峰值为800gal（344gal）时的时程分析计算值与试验值的对比，其中包括顶层的位移、速度及加速度计算值与试验值时程曲线对比，可见顶层最大层位移在2.25s时为2.01mm，同时出现最大加速度为338.67gal，最大速度则在2.47s为73.39mm/s。与100gal（43gal）、200gal（86gal）和400gal（172gal）时的速度及加速度时程曲线对比可见，800gal（344gal）时结构时程反应更类似与400gal（172gal）时

的时程反应规律，结构的速度及加速度变化幅度也有所增大。此阶段结构又出现了新裂缝，且扩展到了底层，此时结构已处于弹塑性状态。由计算值与试验值的对比曲线可见，计算值仍普遍低于试验值，并且出现了峰值发生时间推后的现象。分析原因有：结构实际模型的浇注质量并非如数值模拟分析中假定的那么完美，实际中产生了较大的附加变形；试验中结构阻尼随着塑性变形发展而增大，而在计算中采用瑞利阻尼与实际情况有差别；试验是重复进行的，而计算中忽略了由于重复试验造成刚度减小等因素。但总的看来，计算值与试验值曲线吻合较好。

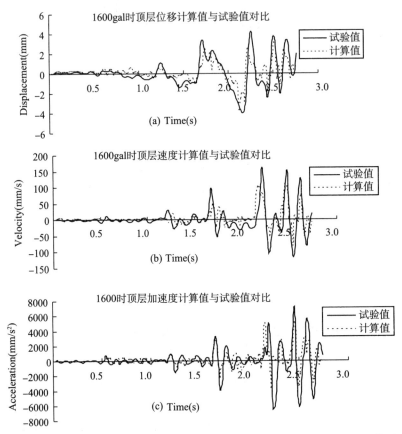

图 6-30　最大加速为 1600gal（688gal）时顶层的时程反应计算值与试验值对比

图 6-30 是输入峰值为 1600gal（688gal）时的时程分析计算值与试验值的对比，其中包括顶层的位移、速度及加速度计算值与试验值时程曲线对比。当输入最大加速度为 1600gal（688gal）的地震波作用时，结构出现了新的裂缝，且大部分裂缝的宽度开始加宽，并出现了水平贯通的裂缝，认为结构已经开始破坏，试验记录的结构时程反

应的数据出现明显的跳跃式增大，最大位移达到了 32mm，最大速度及加速度分别达到了 871mm/s 和 3310.5gal，故此处鉴于对比分析，仅考虑前 3s 左右的时程反应。分析表明前 3s 内顶层最大层位移在 2.26s 时为 4.238mm，2.25s 时出现最大加速度为 722.89gal，最大速度则在 2.22s 为 162.73mm/s，此时结构已处于破坏阶段。由计算值与试验值的对比曲线可见，计算值与试验值曲线较为吻合。

整理分析计算数据和试验数据，得出计算值与试验值的对比表 6-1 和表 6-2 所示。

由计算值与试验数据的对比可见，在弹性阶段以及弹塑性阶段计算值与试验结果较为吻合，尤其是弹性阶段吻合良好。这表明本章建立的空间梁—壳单元计算模型是合理的，用它来模拟节能砌块隐形密框结构的地震反应是可行的。

表 6-1　不同加速度峰值下顶层时程反应计算值与试验值对比表

加速度峰值	位移（mm）			速度（mm/s）			加速度（gal）		
	试验值	计算值	误差	试验值	计算值	误差	试验值	计算值	误差
100gal（43gal）	0.165	0.139	15.7%	28.162	24.038	14.7%	72.04	59.076	18%
200gal（86gal）	0.396	0.304	23.2%	57.198	47.565	20.3%	154.69	131.433	15%
400gal（172gal）	0.882	0.788	10.6%	33.619	27.508	18.2%	179.26	130.583	27%
800gal（344gal）	2.009	1.675	16.6%	73.388	55.743	24%	338.67	246.931	27.1%
1600gal（688gal）	4.238	3.107	26.7%	162.732	128.848	20.8%	722.89	509.580	29.5%

表 6-2　不同加速度峰值下各层最大位移计算值与试验值对比表（mm）

楼层	加速度峰值	100gal（43gal）	200gal（86gal）	400gal（172gal）	800gal（344gal）	1600gal（688gal）
	计算值	0.139	0.304	0.788	1.675	3.107
3层	试验值	0.165	0.396	0.882	2.009	4.238
	误差＝（试-计）/试	15.8%	23.2%	10.7%	16.6%	26.7%
	计算值	0.1039	0.2162	0.4095	0.7451	1.8832
2层	试验值	0.1379	0.2594	0.5097	1.2091	2.5172
	误差＝（试-计）/试	24.6%	16.6%	19.6%	38.4%	25.2%
	计算值	0.0593	0.0621	0.1043	0.2255	0.5964
1层	试验值	0.0610	0.0696	0.1062	0.2448	0.6702
	误差＝（试-计）/试	2.7%	10.7%	1.8%	7.9%	11%

由对比表 6-1 和表 6-2 可见，计算值普遍小于试验实测值，分析其误差原因有：试验过程中人为原因造成了操作失误，导致测得的数据不够准确；有限元分析中对于模型中肋梁柱的节点按完全刚接考虑，这与实际情况有出入；试验中结构阻尼随着塑

性变形发展而增大，而在计算中采用瑞利阻尼与实际情况有差别；试验是重复进行的，而计算中忽略了由于重复试验造成刚度减小等因素。

不同加速度峰值的地震波作用下结构的时程反应表现：在遇到小震［100gal（43gal）和200gal（86gal）］情况下，结构均处于弹性阶段，最大层间弹性位移角到达1/7099，满足小震不坏的设计要求；在中震［400gal（172gal）］时，结构开始出现新裂缝，并逐步向弹塑性状态发展，最大层间位移角达到1/3454；遇到大震［800gal（344gal）及1600gal（688gal）］时，结构裂缝增多并继续发展延伸，此时层间位移明显增大，最大层间弹塑性位移角达到1/757。

6.2.4.3 恢复力模型的探讨

恢复力模型描述了结构或构件在外荷载去除后恢复原来形状的能力，包括骨架曲线和滞回规律两大部分，恢复力模型包含了刚度、承载力、延性和耗能等非线性力学特点，这些都是衡量结构抗震性能的重要指标。因此，有必要对节能砌块隐形密框结构的恢复力模型进行探讨。

（1）滞回曲线

本章利用有限元分析软件 ANSYS 对节能砌块隐形密框结构试验房屋模型进行了动力时程分析，整理得出了最大加速度分别为 100gal（43gal）、200gal（86gal）、400gal（172gal）、800gal（344gal）、1600gal（688gal）、3200gal（1376gal）的 El-Centro（NS）地震波作用下的顶层滞回曲线（图6-31）。

由以上的滞回曲线可见，在加速度峰值为 100gal（43gal）和 200gal（86gal）时，顶层的滞回曲线几乎成直线，表明结构完全处于弹性状态；在 400gal（172gal）加速度峰值地震波作用下，结构刚度略有下降，有一定的塑性变形，结构逐步向弹塑性阶段发展；而在加速度峰值为 800gal（344gal）作用下，结构已表现出明显的弹塑性，滞回曲线类似"梭形"，结构处于弹塑性状态；在 1600gal（688gal）加速度峰值地震波作用下，结构的塑性继续发展，结构刚度下降明显，滞回曲线逐步变得饱满，表现出良好的延性；在加速度峰值为 3200gal（1376gal）时，结构刚度退化严重，滞回曲线变成了饱满的"梭形"。

（2）骨架曲线

在滞回曲线图上，每次循环的荷载—位移曲线达到最大峰点的轨迹即为骨架曲线。在多数情况下，骨架曲线与单调加载时的荷载—变形曲线十分接近。骨架曲线反映了结构受力与变形特性，是确定恢复力模型中特征点的依据。本章在滞回曲线的基础上，得出了节能砌块隐形密框结构在 800gal（344gal）、1600gal（688gal）和 3200gal（1376gal）的加速度峰值地震波作用下的理论骨架曲线，见图6-32至图6-34所示。根据所得的骨架曲线的规律，并在以往相关研究的基础上[49]，本章认为：可以将节能砌块隐形密

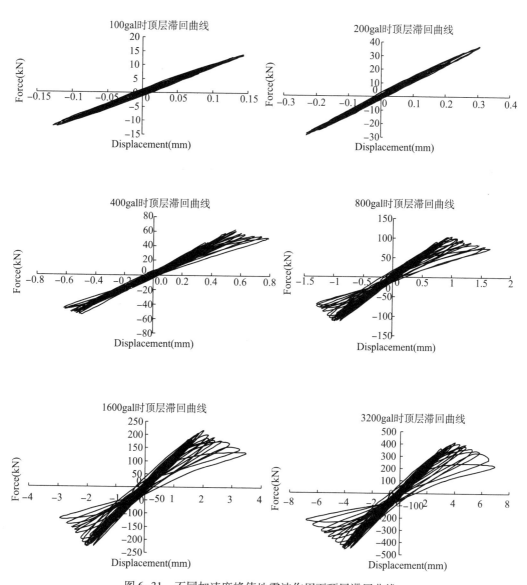

图6-31 不同加速度峰值地震波作用下顶层滞回曲线

框结构的骨架曲线简化为四折线型，如图6-35所示。这与本章进行动力时程分析时采用的文献［49］中提出的节能砌块隐形密框墙体的退化四线型恢复力模型相吻合。

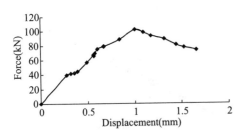

图 6-32　加速度峰值为 800gal（344gal）
时顶层骨架曲线

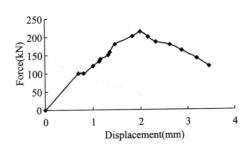

图 6-33　加速度峰值为 1600gal（688gal）
时顶层骨架曲线

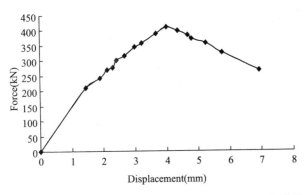

图 6-34　加速度峰值为 3200gal（1376gal）时顶层骨架曲线

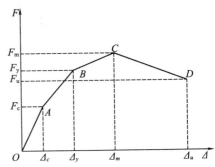

图 6-35　简化的骨架曲线

在简化的骨架曲线中，A 点定义为结构的开裂点，是骨架曲线中第一个明显的拐点，此时荷载—位移曲线基本上呈线性关系，结构处于弹性状态；B 点定义为屈服点，结构在开裂后刚度有所降低，在接后一段时间内，结构刚度退化缓慢；C 点为最大荷载点，D 点为极限位移点。其中，A 点对应的 F_c 为开裂荷载，Δ_c 为开裂位移；B 点对应的 F_y 为屈服荷载，Δ_y 为屈服位移；C 点对应的 F_m 为结构最大荷载，Δ_m 为对应的位移；D 点对应的 F_u 为结构极限位移对应的荷载，Δ_u 为结构极限位移。

（3）恢复力模型

总结上面对节能砌块隐形密框结构的滞回曲线及骨架曲线分析，借鉴以往的相关研究[49]，并利用荷载反向时曲线指向最大值的规律，本章将节能砌块隐形密框结构的恢复力模型取为退化四线型模型，如图 6-36 所示。

1）刚度计算。图 6-36 中的 K_1 为开裂前刚度，K_2 为屈服前刚度，K_3 为屈服后刚度，K_4 为破坏阶段的刚度。结构各个阶段的刚度均采用割线刚度，具体按式（6-11）至式

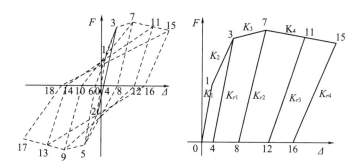

图6-36　结构恢复力模型（退化四线型）

（6-14）计算，计算结果如表6-3所示。

$$K_1 = \frac{|+P_c| + |-P_c|}{|\Delta_c| + |\Delta_c|} \tag{6-11}$$

$$K_2 = \frac{|+P_y| + |-P_y| - |P_c| - |-P_c|}{|+\Delta_y| + |-\Delta_y| - |\Delta_c| - |-\Delta_c|} \tag{6-12}$$

$$K_3 = \frac{|+P_m| + |-P_m| - |P_y| - |-P_y|}{|+\Delta_m| + |-\Delta_m| - |\Delta_y| - |-\Delta_y|} \tag{6-13}$$

$$K_4 = \frac{|+P_u| + |-P_u| - |P_m| - |-P_m|}{|+\Delta_u| + |-\Delta_u| - |\Delta_m| - |-\Delta_m|} \tag{6-14}$$

表6-3　不同加速度峰值下结构刚度计算表

加速度峰值	K_1（kN/mm）	K_2（kN/mm）	K_3（kN/mm）	K_4（kN/mm）	K_2/K_1	K_3/K_1	K_4/K_1
800gal（344gal）	143.834	99.334	72.133	43.947	0.691	0.502	0.306
1600gal（688gal）	144.340	103.311	63.074	55.157	0.716	0.437	0.382
3200gal（1376gal）	147.374	147.374	90.365	69.461	0.613	0.473	0.437

表6-3中，K_2/K_1平均值为0.673，K_3/K_1平均值为0.471，K_4/K_1平均值为0.375。则

$$K_1 = K \qquad K_2 = \alpha_1 K_1 \qquad K_3 = \alpha_2 K_1 \qquad K_4 = \alpha_3 K_1 \tag{6-15}$$

其中，K为理论弹性刚度计算值。本章取$\alpha_1 = 0.673$，$\alpha_2 = 0.471$，$\alpha_3 = 0.375$。

2）各关键点荷载和位移的计算。开裂荷载F_c按式（6-31）计算；极限荷载F_m按式（6-33）计算。

由计算数据统计得知，屈服荷载和破坏荷载

$$F_y = 0.75F_m \qquad F_u = 0.7F_m \tag{6-16}$$

开裂位移

$$\Delta_c = P_c / K_1 \tag{6-17}$$

屈服位移

$$\Delta_y = (P_y - P_c) / K_2 + \Delta_c \tag{6-18}$$

极限荷载对应位移

$$\Delta_m = (P_m - P_y) / K_3 + \Delta_y \tag{6-19}$$

极限位移

$$\Delta_u = (P_u - P_m) / K_4 + \Delta_m \tag{6-20}$$

6.2.5　节能砌块隐形密框结构层间侧移探讨

20 世纪 90 年代很多国家发生了造成巨大损失的地震，在此背景下，美、日学者提出了基于性能（performance based design，PBD）的抗震设计思想[50]。基于性能设计的基本思想就是使所设计的工程结构在使用期间满足各种预定的性能目标要求，而具体性能要求可根据建筑物和结构的重要性确定，这与传统的基于承载力的设计方法在设计顺序和控制因素的选取上有很大的区别，这也说明该方法的出发点更接近于地震作用下结构的实际运行状态，目前它已被地震工程界认为是未来抗震设计的主要方向，该理论正处于逐步发展和完善的阶段[51]。目前基于性能抗震设计方法的研究主要用位移指标对结构的抗震性能进行控制，称为基于位移抗震设计方法（DBD），其中两个最主要任务是如何合理计算结构在给定地震作用下的位移反应和确定实现预定建筑功能的结构变形容许值[52,53]。由此本节讨论了节能砌块隐形密框结构在小震与大震作用下层间弹性与弹塑性位移限值问题。

6.2.5.1　小震下弹性层间侧移限值探讨

抗震规范中规定 50 年内超越概率为 63.2% 的地震称为小震，是频度高而强度低的地震，验算小震下结构的层间弹性位移是为了实现第一水准的抗震设防要求，即"小震不坏"。因此，层间弹性位移角容许值的取值应以控制非结构构件的损坏程度和主要结构构件的开裂为依据。新的抗震规范给出了层间弹性位移角的限值见表 6-4。

表 6-4　层间弹性位移角限值

结构类型	$[\theta_e]$
多、高层钢结构	1/300
钢筋混凝土框架	1/550

续表

结构类型	$[\theta_e]$
钢筋混凝土框架—抗震墙、板柱—抗震墙、框架—核心筒	1/800
钢筋混凝土抗震墙、筒中筒	1/1000
钢筋混凝土框支层	1/1000

　　节能砌块隐形密框墙体中的加气混凝土砌块及混凝土肋梁柱形成了多道抗震防线，与普通混凝土结构在受力性能与地震破坏机理不同，由墙体试验数据分析（表6-5）可见，墙体开裂时的弹性位移角在1/800—1/1200之间，由房屋结构模型拟动力试验及有限元分析表明，结构在六度、七度区小震作用下层间侧移在1/10000—1/7000之间。若取1/7000作为层间弹性位移角的限值，则过于保守。参考《建筑抗震设计规范》（GB 50011—2001），本章建议将墙体开裂时的位移角1/800作为层间弹性位移角的限值。

表6-5　节能砌块隐形密框墙体试验结果整理

试件编号	开裂		屈服		极限		破坏	
	位移（mm）	位移角	位移（mm）	位移角	位移（mm）	位移角	位移（mm）	位移角
EW1-1	1.12	1/1295	2.96	1/490	5.56	1/261	9.79	1/148
EW1-2	1.8	1/806	2.71	1/535	5.32	1/273	8.62	1/168
EW2-1	1.18	1/1229	2.74	1/529	5.09	1/285	—	—
EW2-2	1.59	1/912	3.23	1/449	6.03	1/240	9.3	1/156
EW3-1	1.26	1/1151	3.16	1/459	5.6	1/259	8.82	1/164
EW3-2	1.77	1/819	3.76	1/386	7.79	1/186	11.92	1/122
平均值	1.453	1/998	3.093	1/469	5.898	1/246	9.69	1/150

6.2.5.2　大震下弹塑性层间侧移限值探讨

　　为实现第三水准的抗震设防要求，即"大震不倒"，需验算大震下结构的弹塑性层间位移。房屋结构的极限变形能力与主要结构构件的变形能力及整个结构的破坏机理有关。在实际工程计算中，一般采用结构或构件的极限层间位移角的某一统计值作为评判结构是否可能发生倒塌的界限，目前，对构件或结构的极限位移角的定义还没有统一的标准。常用的定义方法有两种：一种是以 $P—\Delta$ 骨架曲线上承载力下降至 $0.85P_{max}$ 时所对应的变形 δ_u 作为构件的极限变形；另一种是重复循环时承载力的退化率（即同一延性比时，第二次循环所能达到的最大荷载值与第一次循环的最大荷载值之比）低于某一限值时所对应的变形作为构件的极限变形[33]。

弹塑性层间位移角限值是罕遇地震作用下结构抗倒塌验算的标准，应该取所验算的结构类型中变形能力较差的构件的极限位移角的下限值或某一具有较高可靠度的值。实际上，在罕遇地震作用下，具有多道抗震防线的超静定结构体系的各构件之间存在着较大的内力重分布，部分构件达到其极限变形或破坏并不意味着结构一定会发生倒塌[33]。因此，以构件的极限位移角来确定结构的层间位移角限值，是具有较高可靠度的。《建筑抗震设计规范》（GB 50011—2001）给出的层间弹塑性位移角限值见表6-6。

表6-6　层间弹塑性位移角限值

结构类型	$[\theta_p]$
单层钢筋混凝土排架	1/30
多、高层钢结构	1/50
钢筋混凝土框架	1/50
钢筋混凝土框架—抗震墙、板柱—抗震墙、框架—核心筒	1/100
钢筋混凝土抗震墙、筒中筒	1/120

节能砌块隐形密框墙体试验结果表明，墙体的破坏位移角在1/120—1/160之间，由房屋结构模型拟动力试验及有限元分析表明，结构在7度、8度区大震作用下层间侧移在1/750—1/1400之间。鉴于考虑到此时试验中房屋结构最终没有严重的破坏，则试验测得的层间侧移有偏小的可能，并考虑到节能砌块隐形密框结构的受力性能处于框架结构和抗震墙结构之间，参考《建筑抗震设计规范》（GB 50011—2001），本章建议节能砌块隐形密框结构的层间弹塑性位移角限值取1/80。

6.3　节能砌块隐形密框结构抗震设计方法

6.3.1　引言

节能砌块隐形密框结构是一种全新的结构形式，典型的墙承重体系，适宜墙体较多的多层居住建筑及中小开间的办公、宿舍及公寓等建筑。由于构造特殊，影响墙体受力性能的因素较多，主要研究内容国内规范均未涉及，且目前尚未形成一套简便有效的实用设计方法，尚未开发出自身的计算软件。因此，本结构体系在推广应用过程中，更应严格以工程建设强制性条文为准绳，在此基础上制定相关的设计、施工、验收标准或规程。结构设计方面，应符合现行《建筑结构荷载规范》（GB 50009—2001）、《建筑抗震设计规范》（GB 50011—2001）、《混凝土结构设计规范》（GB 50010—2002）以及《混凝土结构工程施工及验收规范》（GB 50204—2002）等有关规范强制性标准的规定。

依据三层节能砌块隐形密框结构房屋模型拟动力试验和数值模拟分析结果，并参考以往节能砌块隐形密框复合墙体的受力性能的研究[46-49]，本章着重对多层节能砌块隐形密框结构房屋的概念设计方法、结构抗震设计中地震作用的确定及分配、墙体承载力验算等问题进行研究探讨，提出一系列较为完善的抗震设计计算方法。

6.3.2 设计原则

节能砌块隐形密框结构极限状态分为承载能力极限状态和正常使用极限状态，其设计原则与常规建筑结构相同。多层节能砌块隐形密框结构的设计法同我国结构设计规范中的极限状态设计法一样，均以概率理论为基础。节能砌块隐形密框墙体是该结构体系中的主要承力构件，结构、构件以及连接节点，应根据承载力极限状态及正常使用极限状态的要求，分别进行下列计算及验算[31]。

1）结构、构件均应进行承载力计算。

2）根据使用条件需控制变形值的结构及构件，应验算变形。

3）根据使用条件不允许混凝土出现裂缝的构件，应进行抗裂验算；对使用上需限制裂缝宽度的构件，应进行裂缝宽度验算。

6.3.3 多层节能砌块隐形密框结构抗震概念设计

工程抗震在结构分析方面，未能充分考虑结构的空间作用、非弹性性质、材料时效、阻尼变化等诸多因素，存在不准确性[54]，故工程抗震问题不能完全依赖"计算"解决，而要立足于工程抗震基本理论及长期工程抗震经验总结的工程抗震基本概念，往往是构造良好结构性能的决定性因素，这就是"概念设计"。鉴于节能砌块隐形密框结构是一种新型的结构体系，其结构平面布置、结构选形、设计原则以及计算简化模型等均处于研究阶段，概念设计显得尤为重要。因此有必要依据前几章对节能砌块隐形密框结构及墙体的试验及理论研究，进一步探讨该结构的抗震概念设计方法。

6.3.3.1 建筑体型设计要求

建筑物的平立面布置宜规则，质量和刚度变化均匀，避免楼层错层。节能砌块隐形密框结构是由混凝土肋梁、肋柱及节能砌块组成，其水平抗侧刚度和受力性能总体上介于框架和剪力墙结构之间。因此，该结构体系设计的基本要求应考虑自身特点。

（1）平立面布置要求

节能砌块隐形密框结构房屋的平面宜简单、规则，刚度和承载力分布均匀。较复杂平面宜使纵横墙对称布置，减少偏心，降低扭转造成的影响；当建筑平面过于狭长或有较长的外伸时，地震波的输入易使结构产生不规则振动，外伸段易产生局部振动而引发凹角处破坏。其他不规则平面布置的结构，尤其存在凹角部位的结构，宜产生应力集中，使楼板开裂破坏，加大震害。因此，应尽量采用规则的平面布置方案。

建筑物的立面应力求设计成矩形、梯形、三角形等均匀变化的几何形状，尽量避免带有突变或有过大的外挑和内收。因立面形状的变化必然引起质量和侧移刚度的突变，从而加重结构破坏。由于节能砌块隐形密框结构房屋整体性较好，一般可比砌体结构有所放宽。

（2）房屋总高度和层数限值

节能砌块隐形密框结构是一种新型节能的结构体系，尚未有实际的震害经验，与传统结构相比，其研究发展尚处于初期起步阶段，用于不同高度建筑的经济指标也还有待进一步探讨。鉴于安全考虑，应对多层节能砌块隐形密框结构房屋的高度和最高层数进行限制，根据《建筑抗震设防分类标准》（GB 50223—2008）及《建筑抗震设计规范》（GB 50011—2001）的规定，节能砌块隐形密框结构房屋依其使用功能的重要性一般为丙类建筑，则结构的最大适用高度详见表6-7所示。

表6-7　多层节能砌块隐形密框结构住宅建筑最大适用高度和层数限制

墙体最小厚度	烈度							
	6		7		8		9	
	高度/m	层数	高度/m	层数	高度/m	层数	高度/m	层数
220mm	27	9	24	8	21	7	18	6

注：①表中房屋的总高度指室外地坪到主要屋面板板顶或檐口的高度，半地下室从地下室室内地面算起，全地下室和嵌固条件好的半地下室应允许从室外地面算起；②室内外高差>0.6m时，房屋总高度应允许比表中数据适当增加，但不应多于1m。

表6-7主要针对多层节能砌块隐形密框结构住宅建筑而言，对于如医院、教学楼等横墙较少的房屋，其最大适用高度应减少3m，层数减少一层，其他横墙更少的房屋应视具体情况适当降低房屋的总高度和层数。若节能砌块隐形密框墙体与框架柱共同组成抗侧力体系，则相应高度应降低5—10m；若与剪力墙组合，则相应高度可增加10—20m；平面和竖向不规则的结构或Ⅳ类场地上的结构，最大适用高度应适当降低。

（3）房屋的高宽比

建筑高宽比对结构的抗震性能有很大影响，其值越大，水平地震作用下的侧移越大，引起的倾覆作用越严重。因此，应控制房屋的高宽比在合适的范围内，以有效防止在地震作用下建筑的倾覆，保证有足够的地震稳定性。鉴于考虑房屋整体弯曲的影响，我国《建筑抗震设计规范》（GB 50011—2001）中，依据有限的震例给出了抗震房屋的高宽比限值。由试验可见，多层节能砌块隐形密框结构房屋以剪切型破坏为主，同时也伴随着弯曲的影响，而且随着整体结构高度的增加，弯曲的影响也随之变大，出于安全考虑，应限制多层节能砌块隐形密框结构房屋的最大高宽比。

多层节能砌块隐形密框结构房屋是一种具有自身特点的新型节能建筑结构体系，根据试验分析，其受力性能既不同于砌体结构，也不同于框架或剪力墙结构，而是处于两者之间的一种新型结构体系。因此，参照与节能砌块隐形密框结构的刚度、承载力及稳定性相当的结构类型[31,54,55]，并结合规范，给出了多层节能砌块隐形密框结构房屋的最大高宽比限值（表6-8）。

表 6-8　多层节能砌块隐形密框结构建筑最大适用高宽比

最大高宽比	非抗震设计	烈度			
		6	7	8	9
	5	2.5	2.5	2.0	1.5

注：①结构高宽比指房屋高度与结构平面最小投影宽度之比；②当主体结构下部有大底盘时，高宽比自大底盘以上算起。

6.3.3.2　墙体布置要求

（1）墙体均匀对齐

房屋各层的纵横向墙体应力求均匀对齐、贯通，使各片墙体形成竖向整体构件，增强整体抗弯能力，减轻震害程度，同时也减少了墙体、楼板等受力构件的中间传力环节，简化了地震作用传力路线，使构件受力明确且连续，从而使其简化地震作用分析更好地符合实际。如遇到特殊情况不能满足墙体均匀对齐布置要求，应尽量将大开间的房间布置于上层。

针对多层节能砌块隐形密框结构房屋设计，应力求各层墙体在纵横向均匀对齐贯通。具体要求有：对于7度区七层及七层以下，8度区六层及六层以下，9度区五层及五层以下的房屋，在满足高宽比值限值要求下，若不能使所有墙体全部对齐贯通，可允许有1/10的横墙不对齐，纵墙也可每3个开间自身对齐，以便房屋的灵活布置，但相应部位的墙体应局部加强以保证安全。

（2）横墙间距要求

房屋的空间刚度是影响抗震性能的重要因素之一，而房屋的空间刚度主要取决于楼盖与纵横墙所组成的空间作用。墙体沿平面的抗剪强度大，而平面外的抗弯强度极低，横墙数量多、间距小会增大房屋的空间刚度。对于多层节能砌块隐形密框结构房屋，横向水平地震作用主要是由横墙承担，横墙间距较大时，大部分地震作用需通过楼盖传至横墙，楼板应有足够的强度以传递水平地震作用，还要具有足够的横向水平刚度以限制其横向水平位移，以免造成纵向墙体因过大的层间位移而发生平面外的弯曲破坏。根据试验和理论分析，多层节能砌块隐形密框结构房屋的层间位移较小，但出于安全考虑，防止纵向墙体发生平面外的弯曲破坏，建议横墙间距按现行《建筑抗震设计规范》（GB 50011—2001）中规定的砌体结构抗震横墙最大间距增加一度考虑，见表6-9所示。

表6-9 多层节能砌块隐形密框结构房屋抗震横墙最大间距　　　　　　（单位：m）

房屋屋盖类别	烈度			
	6	7	8	9
现浇式楼盖	18	15	11	7

注：房屋顶层最大横墙间距应允许适当放宽。

6.3.3.3　其他设置要求

（1）地下室的设置

地震时地基的不均匀沉降将危及房屋安全，因此，多层节能砌块隐形密框结构房屋需设置地下室时，尽量布满整个单元，对于岩石类坚固的地基，可局部设置地下室。

（2）楼梯间的位置

多次震害表明，楼梯间是抗震的薄弱部位，同时，它也是地震时人员疏散的通道，发挥着至关重要的作用，因此，要严格保证地震时楼梯间的安全。由于楼梯间楼面传递水平力的能力较小，且外墙转角因双向受剪震害较重，故尽量避免布置在房屋的两端，假若必须把楼梯间布置在两端开间时，楼梯四周应设置连接柱并局部加强，且宜在每层标高处设置连接带并连通其他水平连接带。

（3）房屋局部尺寸限值

房屋局部尺寸不当将造成结构的局部破坏，影响房屋的整体抗震能力。其中重要部位的局部破坏将会引起连锁反应，致使墙体倒塌。因此，需对重要部位的局部尺寸有所规定，针对多层节能砌块隐形密框结构体系，房屋局部尺寸限值见表6-10所示。

表6-10 多层节能砌块隐形密框结构房屋的局部尺寸限值　　　　　　（单位：m）

部位	烈度			
	6	7	8	9
承重窗间墙最小宽度	1.0	1.0	1.2	1.5
承重外墙尽端至门窗洞边的最小距离	1.0	1.0	1.2	1.5
非承重外墙尽端至门窗洞边的最小距离	1.0	1.0	1.0	1.0
无锚固女儿墙的最大高度	0.5	0.5	—	—

注：①局部尺寸不足时应采取局部加强措施弥补；②表中的女儿墙是指非出入口处的，出入口处的女儿墙应有锚固。

1）承重窗间墙的最小宽度。为提高墙体的抗震性能，承重窗间墙的宽度应满足静力设计要求，且应均匀布置使窗间墙的宽度大致相同。根据相关结构抗震设计规定并结合试验及理论研究，多层节能砌块隐形密框结构房屋的承重窗间墙宽度不宜小于 1.0m。

2）承重外墙或非承重外墙尽端至门窗洞边的最小距离。多次震害表明，房屋尽端是震害较为严重的部位，为防止房屋首先在尽端破坏甚至局部墙体倒塌，应该严格控制节能砌块隐形密框结构的承重外墙尽端至门窗洞边的最小距离。鉴于非承重外墙与承重外墙在承担竖向荷载方面的差异，对非承重外墙尽端至门窗洞边的最小距离要求有所放宽，但一般墙垛宽度不宜小于 1.0m。

3）其他局部尺寸限值。女儿墙是容易破坏的悬挑构件之一，其中无锚固的女儿墙更易破坏。参考建筑抗震设计规范中对女儿墙高度的限值，对多层节能砌块隐形密框结构房屋无锚固的女儿墙的最大高度限值见表 6-10 所示。大量震害表明，阳台、挑檐、雨棚等小跨度的悬挑构件的震害较小，因此抗震设计规范中没有对此类小跨度外挑构件给出限值，但仍应通过计算和构造来保证锚固和连接的可靠性。

6.3.4　多层节能砌块隐形密框结构墙体实用计算方法

6.3.4.1　节能砌块隐形密框墙体的刚度计算

（1）弹性阶段抗侧刚度计算

如第 4 章 4.7 节所述：在弹性阶段，节能砌块隐形密框墙体中的肋梁柱与砌块紧密结合，变形协调，之间无裂缝产生，墙体以整体变形为主，类似于单一材料墙体的工作状态。第 4 章 4.7.1 节详细介绍了弹性阶段墙体抗侧刚度的计算方法：面积等效法和复合材料等效法，其中复合材料等效法所涉及的复合材料类型又分为两次单向单层纤维复合材料模型、双向纤维单层复合材料模型及各向同性的复合材料模型三种。在这四种墙体弹性抗侧刚度计算方法中，相比较而言，面积等效法最为简捷实用，且其理论计算值与试验值吻合较好，具有一定的计算精度，能够满足工程实际应用的要求，按照面积等效法计算墙体弹性抗侧刚度公式为

$$K = \frac{E_q t_e}{3\lambda + 4\lambda^3} \times 0.3 \times (2\mu + 0.4) \tag{6-21}$$

其中，具体参数说明见 4.7.1.3 节式（4-82）。

（2）弹塑性阶段抗侧刚度计算

在弹塑性阶段，将墙体视为一个由钢筋混凝土刚架和与之铰接的砌块等效斜压杆组成的刚架斜压杆模型。本书第 4 章 4.7.2.2 节给出了斜压杆模型抗侧刚度的计算公式

$$K = (\mu + 0.3) \cdot \left[\frac{6(n+1) \cdot i}{ml^2} + \frac{n}{m} \cdot \frac{\sqrt{2} \cdot E_q \cdot wt_q}{4l} \right] \tag{6-22}$$

其中，具体参数说明见第 4 章 4.7.2.2 节式（4-117）。

（3）塑性阶段抗侧刚度计算

在破坏阶段，将墙体视为肋梁严重破损的梁铰框架模型。本书第 4 章 4.7.3 节提出了梁铰框架的简化力学模型，并给出了梁铰框架模型的抗侧刚度计算公式

$$K = \eta \frac{K_c}{K_c} K_c = \eta (2\mu + 0.4) \zeta K_c = \eta (2\mu + 0.4) \frac{i_b + i_c}{m i_b} K_c \tag{6-23}$$

其中，具体参数说明见本书第 4 章 4.7.3.2 节式（4-119）。

6.3.4.2　节能砌块隐形密框墙体承载力计算

（1）墙体开裂强度计算

本章借鉴文献［31］提出的密肋复合墙体开裂强度的计算方法，针对节能砌形密框墙体的特殊结构形式，探讨了该墙体的开裂强度实用计算方法。其中基本假定是：墙体开裂时，考虑墙体肋梁柱与砌块共同抗剪；考虑肋梁、肋柱对砌块的约束效应。

节能砌块隐形密框墙体是由混凝土肋梁、肋柱及节能砌块组成，两种材料的弹性模量相差甚远，则与均质墙体相比，墙体实际承受的轴向力小于按面积所分配的轴向力，剪应力分布则更不均匀，墙体中部的混凝土及砌块剪应力大于均质墙体中部的剪应力。因此，调整后的节能砌块隐形密框墙体应力计算公式如下

$$\sigma = \frac{0.4N}{bh} \tag{6-24}$$

$$\tau = \frac{1.2VS}{Ib} \tag{6-25}$$

式中：b，h ——墙体截面的厚度和长度；

I，S ——墙体的截面惯性矩和计算截面静矩。

计算最大主拉应力的公式为

$$\sigma_0 = -\frac{\sigma}{2} + \sqrt{\left(\frac{\sigma}{2}\right)^2 + \tau_{max}^2} \tag{6-26}$$

则 $$\tau_{max} = \sigma_0 \sqrt{1 + \frac{\sigma}{\sigma_0}} \tag{6-27}$$

而按式（6-25）计算墙体最大剪应力时，得到

$$\tau_{max} = \frac{1.8V}{bh} \tag{6-28}$$

则由式（6-27）和式（6-28）得出

$$V = \frac{bh}{1.8} \sigma_0 \sqrt{1 + \frac{\sigma}{\sigma_0}} \tag{6-29}$$

　　由节能砌块隐形密框墙体试验研究可知，墙体中的砌块总是最先开裂，故计算墙体的开裂强度时，可用 f_t 代替 σ_0 即可得到开裂强度理论计算公式

$$V = \frac{bh}{1.8}f_t\sqrt{1 + \frac{\sigma}{f_t}} \tag{6-30}$$

式中：f_t——砌块抗拉强度；

　　　σ——砌块正应力；

　　　b，h——墙体截面的厚度和长度。

　　鉴于墙体开裂时，考虑了肋梁柱与砌块共同抗剪，且考虑肋梁柱对砌块的约束效应，对式（6-30）进行修正，得出节能砌块隐形密框墙体的开裂强度实用计算公式

$$V_C = \xi V_K \tag{6-31}$$

式中：V_K——砌块开裂强度，按公式（6-32）计算；

　　　ξ——肋梁、肋柱对砌块的约束效应系数，$\xi = 1.2$。

　　（2）墙体抗剪极限承载力计算

　　对于节能砌块隐形密框墙体的抗剪极限承载力的计算，已有相关的研究，文献[49]参考规范中钢筋混凝土剪力墙公式的模式，结合剪摩理论推导了节能砌块隐形密框墙体抗剪极限承载力计算公式。鉴于公式实用性考虑，并结合以往相关研究成果[14,31,54-65]，本章进一步探讨节能砌块隐形密框墙体的抗剪极限承载力实用计算方法。

　　针对节能砌块隐形密框墙体，假定砌块和肋梁、肋柱变形协调，共同承担水平荷载，且墙体达到抗剪承载能力极限状态时，与斜裂缝相交的肋梁钢筋均达到屈服强度。据此，提出节能砌块隐形密框墙体抗剪承载力实用计算公式如下。

　　抗震计算时，墙体抗剪承载力实用计算公式为

$$V = \frac{1}{\gamma_{RE}}\left[\frac{1}{(\lambda - 0.5)}(0.075f_cA_c + 0.075f_qA_q + 0.07N) + 1.2f_yA_s\right] \tag{6-32}$$

　　非抗震计算，墙体抗剪承载力实用计算公式为

$$V = \frac{1}{(\lambda - 0.5)}(0.1f_cA_c + 0.1f_qA_q + 0.1N) + 1.2f_yA_s \tag{6-33}$$

式中：$\gamma_{RE} = 0.85$；

　　　λ——墙体的高宽比，$\lambda = h/b(1.5 \leqslant \lambda \leqslant 2.2)$，$\lambda < 1.5$ 时，取 $\lambda = 1.5$；$\lambda > 2.2$ 时，取 $\lambda = 2.2$；

　　　f_c——墙体内混凝土的抗压强度设计值；

　　　A_c——墙体内肋柱的截面面积之和；

　　　f_q——墙体内砌块的抗压强度设计值；

　　　A_q——墙体内砌块截面面积之和；

　　　f_y——剪切截面内肋梁纵筋的设计强度；

A_s——剪切截面内肋梁纵筋的面积之和；

N——墙体轴向压力设计值，当 $N > 0.2f_cA_c$ 时，取 $N = 0.2f_cA_c$。

针对本书第 4 章中节能砌块隐形密框墙体试验，按照以上公式计算节能砌块隐形密框墙体的抗剪极限承载力，其结果与墙体试验实测结果进行对比，具体见表 6-11 所示。

表 6-11 节能砌块隐形密框墙体抗剪强度计算值与试验值比较

墙体编号	试验值 V_S（kN）	计算值 V_J（kN）	$\mid V_S - V_J \mid / V_S$
EW1-1	203.7	210.0	1.3%
EW1-2	207.8	200.6	3.5%
EW2-1	207.7	214.7	3.4%
EW2-2	253.9	205.9	18.9%
EW3-1	221.4	232.8	5.1%
EW3-2	272.0	204.2	24.9%

由表 6-11 可见，所得结果除个别试件外，计算值与试验值吻合较好。个别试件误差偏大是由于模型中混凝土浇捣密实程度不一，影响了抗剪承载力。这表明采用以上实用计算公式来计算节能砌块隐形密框墙体的抗剪极限承载力是可行的。

6.3.5 多层节能砌块隐形密框结构抗震设计计算方法

多层节能砌块隐形密框结构房屋是一种新型的结构体系，目前尚没有一个较为完善的抗震计算方法，据课题组多次试验研究及理论分析认为，多层节能砌块隐形密框结构房屋既不同于砌体结构，也不同于框架或剪力墙结构。它是由混凝土肋梁柱组成的密肋框架与节能砌块相互约束组合而成的复合板式结构体系。本章结合诸多相关试验研究及理论分析总结了多层节能砌块隐形密框结构的抗震设计计算方法。

6.3.5.1 节能砌块隐形密框结构抗震计算方法

地震作用同时发生在水平及垂直方向，有时也会出现地震扭转作用。对于多层节能砌块隐形密框结构房屋，可不予考虑地震垂直及扭转作用，而只在建筑平立面布置及结构布置时，尽量做到质量和刚度均匀变化，满足其他概念设计要求[55]。所以，多层节能砌块隐形密框结构房屋的抗震计算，一般只考虑地震水平方向上的作用。

试验研究表明：多层节能砌块隐形密框结构整个房屋模型在水平地震作用下的破坏特征类似于砌体结构，而其整体性类似于框架及框剪结构。针对抗震设计计算，可以采用三种分析计算方法：底部剪力法、振型分解反应谱法及时程分析法。

（1）底部剪力法

抗震规范规定对于质量和刚度沿高度分布比较均匀，高度不超过 40m，并以剪切变形为主（房屋高宽比小于 4）的结构，且位移反应以基本振型为主，基本振型接近于直线，可采用底部剪力法进行简化计算。

多层节能砌块隐形密框结构房屋的质量和刚度沿高度均匀分布，且以剪切变形为主，故可按底部剪力法来确定其地震作用。其中地震作用沿高度倒三角形分布，各楼层的集中质点设在楼、屋盖标高处，各层质点重量为本层楼盖自重、活荷载以及上、下各半层墙重之和。按底部剪力法，结构总水平地震作用标准值的计算公式如下

$$F_{EK} = \alpha_1 G_{eq} \tag{6-34}$$

式中：α_1——相应于结构基本周期的水平地震影响系数，出于安全考虑，抗震规范规定：多层砌体房屋确定水平地震作用时，取 $\alpha_1 = \alpha_{max}$；针对多层节能砌块隐形密框结构房屋计算水平地震作用时，建议取 $\alpha_1 = \alpha_{max}$。

G_{eq}——结构等效总重力荷载

$$G_{eq} = \xi G \tag{6-35}$$

G——结构总重力荷载

$$G = \sum_{i=1}^{n} G_i \tag{6-36}$$

ξ——等效重力荷载系数，《建筑抗震设计规范》（GB 50011—2001）规定 $\xi = 0.85$。

由此可得，作用在第 i 质点上的水平地震作用 F_i 的计算公式如下

$$F_i = \frac{G_i H_i}{\sum_{j=1}^{n} G_j H_j} F_{EK} \tag{6-37}$$

式中：F_{EK}——结构总水平地震作用标准值，按式（6-34）计算；

G_i、G_j——集中于质点 i、j 的重力荷载代表值；

H_i、H_j——质点 i、j 的计算高度。

作用在第 i 层的地震剪力 V_i 为 i 层以上各层地震作用之和，即

$$V_i = \sum_{i=1}^{n} F_i \tag{6-38}$$

对于自振周期比较长的多层钢筋混凝土房屋、多层内框架砖房，房屋顶部的地震剪力按底部剪力法计算的结果较精确法偏小，为减小这一误差，《建筑抗震设计规范》（GB 50011—2001）采用调整地震作用的方法来增加顶层的剪力。考虑到多层节能砌块隐形密框结构房屋自振周期短，地震作用采用倒三角形分布，其顶部误差不大，故取 $\delta_n = 0$。

对于突出屋面的屋顶间、女儿墙、烟囱等地震作用效应宜乘以增大系数 3，以考虑

鞭梢效应。此增大部分的地震作用效应不往下层传递。

（2）振型分解反应谱法

1953年Housner按照Biot的建议，收集了当时积累的大量地震动加速度时程，提出了可供实际工程设计应用的平均反应谱，反应谱方法逐渐被世界各国的抗震规范所采用。反应谱理论使结构抗震设计能以最简便的方法考虑动力特性与地震动特性之间的关系，从而使抗震设计比以前的纯静力理论更加符合结构地震反应的实际情况。按照地震反应谱计算水平地震作用的基本公式为

$$F_{EK} = k\beta G \tag{6-39}$$

式中：k ——地震系数

$$k = \frac{|\ddot{x}_g|_{max}}{g} \tag{6-40}$$

β ——动力系数

$$\beta = \frac{S_a}{|\ddot{x}_g|_{max}} \tag{6-41}$$

为简化计算，提出地震影响系数 α

$$\alpha = k\beta = \frac{S_a}{g} \tag{6-42}$$

《建筑抗震设计规范》（GB 50011—2001）以地震影响系数 α 作为抗震设计依据，其数值应根据烈度、场地类别、设计地震分组以及结构自振周期和阻尼比来确定。按表6-12中的 α_{max} 来确定不同烈度不同震况下的地震影响系数曲线。

表6-12　不同烈度下地震影响系数最大值 α_{max}

设防烈度	6	7	8	9
小震	0.004	0.08（0.12）	0.16（0.24）	0.32
中震	0.113	0.23（0.338）	0.45（0.675）	0.90
大震	—	0.50（0.72）	0.90（1.20）	1.40

注：表中括号内的数字分别用于设计基本地震加速度0.15g和0.30g地区的建筑。

基于反应谱理论，利用振型的正交性，把多自由度系统的运动方程解耦，将多自由度系统化为多个单自由度系统的叠加，利用相应的振型耦合法（SRSS和CQC）得到多自由度结构的抗震分析与设计的结果，即振型分解反应谱法。根据振型分解反应谱法，我们可以用多个单自由度系统叠加的方法来完成多层节能砌块隐形密框结构房屋的地震反应分析工作。

（3）时程分析法

时程分析法，实质上是一种计算机模拟分析方法，即将地震波按时段进行数值化后，考虑结构的自重惯性力、恢复力和阻尼力的平衡，建立多自由度体系的运动微分方程，采用逐步积分法对结构进行弹塑性分析，计算出结构地震反应的全过程[36]。目前规范中，底部剪力法和振型分解反应谱法是抗震设计基本方法，时程分析法则作为补充计算，对于多层节能砌块隐形密框结构房屋宜可采用时程分析法作为补充计算。主要从以下几个方面进行考虑。

1）结构计算模型。把结构模型化是进行地震时程分析的前提，对于多层房屋结构，广泛采用的计算模型是层间剪切模型。层间模型是以楼层为基本分析单元，将结构各层竖向构件合并为一根竖杆，用楼层的等效剪切刚度作为竖杆的层刚度，将结构每一层的质量集中在每层的楼面处，形成集中质量作为一个质点，从而形成串联质点系的振动模型，并假定结构中水平杆件的刚度无穷大，不产生剪弯及轴向变形，结构中的竖向杆件在水平荷载作用下不产生轴向变形。

由多层节能砌块隐形密框结构房屋模型试验可知，房屋的质量集中于各楼层，且各楼层在振动过程中始终保持水平，各层的层间位移具有独立性，即互不影响。可见，多层节能砌块隐形密框结构房屋可以采用层间剪切计算模型。

2）结构恢复力模型。在结构弹塑性动力分析中，构件的恢复力模型及其参数的确定是分析和计算的基础。恢复力模型描述了结构或构件在外荷载卸载后恢复原来形状的能力，只有合理地建立起基本构件的恢复力模型和准确地确定模型参数，数值计算结果才能准确地反映实际结构的真实弹塑性反应。文献［49］对节能砌块隐形密框墙体的抗震性能进行了研究，提出了节能砌块隐形密框墙体的退化四线型恢复力模型，并与试验结果进行对比，表明节能砌块隐形密框墙体可采用退化四线型恢复力模型。本章6.2.4.3节中，在对节能砌块隐形密框结构房屋模型进行动力时程分析的基础上，总结房屋结构顶层的滞回曲线及骨架曲线，给出了节能砌块隐形密框结构理论上的退化四线型恢复力模型。

3）地震波的选取。在《建筑抗震设计规范》（GB 50011—2001）中，对地震动的输入的规定是按照场地类别和设计地震分组选用不少于2组的实际强震记录和1组人工模拟的加速度时程曲线，其平均地震影响系数曲线与振型分解反应谱法的地震影响系数曲线在统计意义上一致。加速度记录的波形对分析结果影响很大，需要正确选择。

目前，在抗震设计中有关地震波的选择有两种方法：①直接利用强震记录；②采用模拟地震波。选择强震的最大加速度峰值应符合当地的烈度要求，地震波的主要周期应尽量接近于建筑场地的卓越周期[31]。对于多层节能砌块隐形密框结构房屋宜采用多波验算法，取其较大值或平均值作为设计依据。目前，国内分析采用的较为典型的几个强震记录波有天津波、唐山滦河桥波、EL-Centro 波及 TAFT 波等（特性指标见表 6-13 所示），这四种地震波相当于我国抗震规范所划分的 I、Ⅱ、Ⅲ、Ⅳ类场地土。

表 6-13　常用的几种地震波特性指标

地震波名	加速度峰值（gal）	主要周期（s）	建筑物场地	类别
滦县	165.8	0.12	坚硬	I
TAFT	175.9	0.35	中硬	Ⅱ
EL-Centro	341.7	0.50	中软	Ⅲ
天津	134.7	0.90	软弱	Ⅳ

4）数值计算的方法。时程分析法是数值积分求解运动微分方程的一种方法，在数学上称为逐步积分法，此方法是由初始状态开始逐步积分直到地震终止，求出结构在地震作用下整个过程的地震反应（位移、速度和加速度）。逐步积分法根据假定不同，分为线性加速度法、Newmark-β 法、Wilson-θ 法等。本章选用有限元分析软件 ANSYS 中的 Newmark-β 时间积分法对三层节能砌块隐形密框结构房屋模型进行了非线性地震反应分析计算，计算结果与试验值吻合良好。因此，对于多层节能砌块隐形密框结构房屋的非线性地震反应分析，建议采用 Newmark-β 法。

（4）抗震变形验算

《建筑抗震设计规范》（GB 50011—2001）中规定，结构的抗震设计应进行抗震变形验算，包括结构在多遇地震下的弹性层间位移及罕遇地震下的弹塑性层间位移的验算。其中，结构在小震下的最大弹性层间位移应符合下式的要求

$$\Delta u_e \leqslant [\theta_e]h \tag{6-43}$$

式中，Δu_e——多遇地震作用标准值产生的楼层内最大的弹性层间位移；

$[\theta_e]$——弹性层间位移角限值；

h——计算楼层层高。

本章 6.2.5.1 节对节能砌块隐形密框结构在小震下的弹性层间位移角限值进行了探讨，参考《建筑抗震设计规范》（GB 50011—2001），建议将墙体开裂时的位移角作为弹性层间位移角的限值，即取 $[\theta_e]=1/800$。

在对结构进行罕遇地震作用下的弹塑性变形验算时，结构的最大弹塑性层间位移应符合下式要求

$$\Delta u_p \leqslant [\theta_p]h \tag{6-44}$$

式中，Δu_p——罕遇地震作用标准值产生的楼层内最大的弹塑性层间位移；

$[\theta_p]$——弹塑性层间位移角限值；

h——计算楼层层高。

本书6.2.5.2节对节能砌块隐形密框结构在大震下的弹塑性层间位移角限值进行了探讨，参考《建筑抗震设计规范》（GB 50011—2001），建议将多层节能砌块隐形密框结构大震作用下的层间弹塑性位移角限值取 $[\theta_p]=1/80$。

6.3.5.2　楼层地震剪力在墙体中的分配

进行节能砌块隐形密框结构墙体的抗震承载力验算，应先已知该墙段的地震剪力。然而，楼层地震剪力 V_i 在同一层各墙体间的分配主要取决于楼盖的水平刚度及各墙体的侧移刚度，应先把作用在整个房屋某一楼层上的剪力 V_i 分配到同一楼层的各道墙上，再把每道墙上的地震剪力分配到同一道墙上的某一墙段上[58-60]。这就要考虑到楼层地震剪力在墙体中的分配问题，具体涉及以下几个方面。

（1）分配原则

横向地震作用时，由于横墙在其平面内的刚度远大于纵墙在其平面外的刚度，故绝大部分地震作用由横墙承担；反之，纵向地震作用绝大部分由纵墙承担。故在抗震设计中，当抗震横墙间距不超过规定的限值时，则假定楼层地震剪力 V_i 由与 V_i 方向一致的各层抗震墙体共同承担，即横向地震作用全部由横墙承担，而不考虑纵墙的作用。反之亦然。

（2）横向楼层地震剪力 V_i 的分配

横向楼层地震剪力在横向抗震墙体之间的分配，不仅取决于每片墙体的层间抗侧力等效刚度，且取决于楼盖的整体水平刚度。抗震横墙最大间距符合表6-9的现浇式钢筋混凝土楼盖房屋均属于刚性楼盖房屋，当受横向水平地震作用时，可以认为楼盖在其水平面内无变形，即将楼盖视为在其平面内为绝对刚性的连续梁，而横墙为其弹性支座（图6-37）。结构和荷载均对称时，楼盖只产生刚性平移，各横墙的水平位移

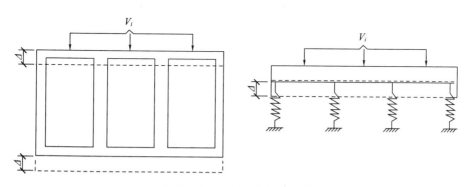

图6-37　刚性楼盖计算简图

相等，抗震横墙所承受剪力即为作用于刚性梁上的地震作用所引起的支座反力，与支座的弹性刚度成正比，则各墙体所承受的地震剪力可按各横墙的侧移刚度比例分配。

横向楼层总地震剪力 V_i 为第 i 层各抗震横墙所分担的地震剪力 V_{im} 之和，即

$$V_i = \sum_{m=1}^{s} V_{im} \qquad (i = 1,\ 2,\ \cdots,\ n) \tag{6-45}$$

因

$$V_{im} = \Delta\ K_{im} \tag{6-46}$$

则

$$V_i = \sum_{m=1}^{s} \Delta K_{im} \tag{6-47}$$

故

$$\Delta = \frac{V_i}{\sum\limits_{m=1}^{s} K_{im}} \tag{6-48}$$

将式（6-48）代入式（6-46）得

$$V_{im} = \frac{K_{im}}{\sum\limits_{m=1}^{s} K_{im}} V_i \tag{6-49}$$

式中：V_{im} ——第 i 层中第 m 道墙所分担的地震剪力；

Δ、K_{im} ——第 i 层中第 m 道墙的侧移值和抗侧刚度。

因墙体弯曲变形小，计算其平面内的侧移刚度 K_{im} 时，可只考虑剪切变形影响，即

$$K_{im} = \frac{A_{im} G_{im}}{\xi h_{im}} \tag{6-50}$$

式中：G_{im}，A_{im}，h_{im} ——第 i 层第 m 道墙体的剪切模量，墙的净横截面面积，墙的高度。若各墙的高度 h_{im} 相同，材料相同，即 G_{im} 相同，则

$$V_{im} = \frac{A_{im}}{\sum\limits_{m=1}^{s} A_{im}} V_i \tag{6-51}$$

式中：$\sum\limits_{m=1}^{s} A_{im}$ ——第 i 层各抗震横墙净截面面积之和。

由此可见，对于刚性楼盖的多层节能砌块隐形密框结构房屋，当各抗震墙的高度和材料相同时，其楼层水平地震剪力可按各抗震墙的横截面面积比例来分配。

（3）纵向楼层地震剪力 V_i 的分配

一般多层节能砌块隐形密框结构房屋纵向较横向长度大很多，且纵墙间距小，纵向水平刚度大，在纵向地震作用下，楼盖变形小，可认为在自身平面内无变形。因此，纵向地震作用时，可按刚性楼盖考虑，即纵向地震剪力可按纵墙的刚度比例分配。

（4）同一道墙上各墙段间地震剪力的分配

在同一道墙上，门窗洞口之间墙段所承担的地震剪力可按墙段的侧移刚度进行分配。其抗侧刚度的求法与各墙段的高宽比 h/b 有关：①当 $h/b \leqslant 1$ 时，墙段以剪切变形为主；②当 $1 < h/b \leqslant 4$ 时，墙段同时发生弯曲变形与剪切变形；③当 $h/b > 4$ 时，以弯曲变形为主，剪切变形可忽略不计，故可近似认为 $h/b > 4$ 的墙段不计刚度，从而不分配剪力。

6.4 节能砌块隐形密框结构施工工艺

节能砌块隐形密框结构作为一种新型建筑结构，墙体和楼盖均采用现场浇注，施工方法为现浇式工艺，与传统的混凝土结构和砌体结构形式无本质的区别。其施工工艺简单易行。

6.4.1 墙体施工工艺

节能砌块隐形密框复合墙体的施工工艺流程如下：原材料进场→钢筋加工→基础施工→基础梁钢筋绑扎（将墙体隐形肋柱竖向钢筋置入基础，隐形肋柱竖向钢筋底部用 135° 弯钩与基础梁底部钢筋相连）→基础梁混凝土浇筑（预留浇筑隐形肋梁的沟槽）→底层（第一层）隐形肋梁水平钢筋绑扎→底层（第一层）隐形肋梁自密实混凝土浇筑→第一皮节能砌块砌筑→第二层隐形肋梁水平钢筋绑扎→隐形肋柱、肋梁自密实混凝土浇筑→第二皮节能砌块砌筑→第三层隐形肋梁水平钢筋绑扎→隐形肋柱、肋梁自密实混凝土浇筑→以此类推直至墙体施工结束。

钢筋加工过程同一般钢筋混凝土结构的钢筋加工过程。墙体施工过程中，以节能砌块为模板，省去了支模工序。从上述施工工艺可知，节能砌块隐形密框复合墙体的施工工艺基本上沿用传统的混凝土结构和砌体结构的施工工艺。

6.4.2 楼（屋）盖施工工艺

节能砌块隐形密框结构的楼（屋）盖施工工艺同传统的混凝土结构和砌体结构的施工工艺，采用现浇混凝土结构。

节能砌块隐形密框结构由墙体和楼（屋）盖组成，因此，其施工工艺可沿用传统的混凝土结构和砌体结构的施工工艺。

参考文献

［1］胡聿贤. 地震工程学（第二版）［M］. 北京：地震出版社，2006.

［2］杜修力. 结构弹塑性地震反应现状评述［J］. 工程力学，1994，11（2）：99-104.

［3］刘育博. 基于 Simulink 的结构非线性地震反应仿真［D］. 重庆：重庆大学硕士学位论文. 2003.

［4］谢小军. 混凝土小型砌块砌体力学性能及其配筋墙体抗震性能的研究［D］. 长沙：湖南大学硕士学位论文，1998.

［5］王焕定，王铁英，张永山. 高层配筋砌体建筑弹塑性时程分析程序开发中的若干问题［J］. 哈尔滨建筑大学学报，2001，34（5）：6-10.

［6］王铁英，王焕定，张永山. 高层配筋砌块砌体住宅弹塑性地震反应分析［J］. 哈尔滨建筑大学学报，2002，35（3）：24-29.

［7］杨红. 基于细化杆模型的钢筋混凝土抗震框架非线性动力反应规律研究［D］. 重庆：重庆建筑大学硕士学位论文，2000.

［8］孙业杨，余安东，金瑞春，等. 高层建筑杆系—层间模型弹塑性动态分析［J］. 同济大学学报，1980，8（1）：87-98.

［9］Magenes G, Calve G M. In-Plane Seismic Response of Brick Masonry Walls［J］. Earthquake Eng. Struct. Dyn, 1997, 26（11）：1091-1112.

［10］Magenes G. A method for pushover analysis in seismic assessment of masonry buildings［C］. 12WCEE, Auckland, New Zealand, Paper No. 1866, 2000.

［11］赵冬. 密肋壁板轻框结构受力性能分析及计算方法研究［D］. 西安：西安建筑科技大学博士学位论文，2001.

［12］赵冬，陈平，姚谦峰. 密肋壁板轻框结构有限元分析［J］. 西安建筑科技大学学报，2002，34（1）：1-13.

［13］关海涛. 密肋复合墙板简化计算模型及实用计算方法研究［D］. 西安：西安建筑科技大学硕士学位论文，2002.

［14］关海涛，姚谦峰，赵冬，等. 密肋复合墙板简化计算模型研究［J］. 工业建筑. 2003，33（1）：13-16.

［15］Kappos A J, Penelis G G, Drakopoulos C G. Evaluation of Simplified Models for Lateral Load Analysis of Unreinforced Masonry Buildings［J］. Journal of Structural Engineering, ASCE, 2002, 128（7）：890-897.

［16］Salonikios T, Karakostas C, Lekidis V, Anthoine A. Comparative inelastic pushover analysis of masonry frames［J］. Engineering Structures. Elsevier Ltd. 2003, （25）：1515-1523.

［17］蔡龙，杜宏彪，罗钊伟. 框架结构地震响应时程分析的计算模型［J］. 茂名学院学报，2007，17（3）：77-79.

［18］汪梦甫，沈蒲生. 钢筋混凝土高层结构非线性地震反应分析现状［J］. 世界地震土程，1998，

14(2)：2-9.

[19] 袁泉，姚谦峰，贾英杰，等. 密肋复合墙板的恢复力模型与损伤模型研究[J]. 四川建筑科学研究，2004，30(4)：5-7.

[20] 蒋丽忠，曹华，余志武. 钢—混凝土组合框架地震弹塑性时程分析[J]. 铁道科学与工程学报，2005，2(3)：1-8.

[21] 王亚勇. 关于设计反应谱、时程法和能量方法的探讨[J]. 建筑结构学报，2000，21(1)：21-28.

[22] 赵明波. 非线性地震反应时程分析中逐步渐近法的应用[J]. 山西建筑. 2005，31(18)：74-75.

[23] 魏勇，钱稼茹. 应用SAP2000程序进行剪力墙非线性时程分析[J]. 清华大学学报（自然科学版）. 2005，45(6)：740-744.

[24] 祝英杰，李兰. 配筋混凝土砌块墙有限元模型及地震应力反应时程分析[J]. 青岛理工大学学报. 2006，27(1)：8-12.

[25] 李明昊. 高层建筑结构的非线性时程分析[J]. 四川建筑，2006. 26(1)：119-121.

[26] 常兆中. 混凝土砌块结构非线性地震反应分析及基于性能的抗震设计方法[D]. 北京：中国建筑科学研究院博士学位论文，2005.

[27] 黄靓. 框支配筋砌块砌体剪力墙多自由度子结构拟动力试验研究及非线性震反应分析[D]. 长沙：湖南大学博士学位论文，2005.

[28] 姚谦峰，周铁钢，陈平，等. 密肋轻型节能结构体系[J]. 施工技术，1999，28(7)：28-29.

[29] 姚谦峰，陈平，张荫，等. 密肋壁板轻框结构节能住宅体系研究[J]. 工业建筑. 2003，33(1)：1-5.

[30] 袁泉. 密肋壁板轻框结构非线性地震反应分析[D]. 西安建筑科技大学博士学位论文，2003.

[31] 周铁钢. 多层密肋壁板结构受力性能分析及实用设计方法研究[D]. 西安建筑科技大学硕士学位论文，2003.

[32] 贾英杰. 中高层密肋壁板结构计算理论及设计方法研究[D]. 西安：西安建筑科技大学博士学位论文，2004.

[33] 黄炜. 密肋复合墙体抗震性能及设计理论研究[D]. 西安：西安建筑科技大学博士学位论文，2004.

[34] 王爱民. 中高层密肋壁板结构密肋复合墙体受力性能及设计方法研究[D]. 西安：西安建筑科技大学博士学位论文，2006.

[35] 龚思礼. 建筑抗震设计[M]. 北京：中国建筑工业出版社，1994.

[36] 玉军. 钢筋混凝土高层建筑结构抗震弹塑性分析方法的研究及其应用[D]. 长沙：湖南大学硕士学位论文，2007.

[37] 郁佳荣. 建筑结构地震响应分析的简化方法[D]. 杭州：浙江大学硕士学位论文，2002.

[38] 程绍革，王理，张允顺. 弹塑性时程分析方法及其应用[J]. 建筑结构学报，2000，21(1)：2-6.

[39] 李庆扬，关治，白峰杉. 数值计算原理[M]. 北京：清华大学出版社，2000.

［40］ 刘红石. Rayleigh 阻尼比例系数的确定［J］. 噪声与振动控制，1999，19（6）：21-22.

［41］ 尚晓江，邱峰. ANSYS 结构有限元高级分析方法与范例应用［M］. 北京：中国水利水电出版社，2006.

［42］ 吕西林，金国芳，吴晓涵. 钢筋混凝土结构非线性有限元理论与应用［M］. 上海：同济大学出版社，1997.

［43］ 江见鲸. 钢筋混凝土结构非线性有限元分析［M］. 西安：陕西科学技术出版社，1994.

［44］ 朱伯芳. 有限单元法原理与应用［M］. 北京：中国水利水电出版社，1998.

［45］ 沈聚敏，王传志，江见鲸. 钢筋混凝土有限元与板壳极限分析［M］. 北京：清华大学出版社，1993.

［46］ 李立峰. 节能砌块隐形密框墙板受力性能及设计理论研究［D］. 泉州：华侨大学硕士学位论文，2008.

［47］ 过镇海. 钢筋混凝土原理和分析［M］. 北京：清华大学出版社，2003.

［48］ 江见鲸，陆新征，叶列平. 混凝土结构有限元分析［M］. 北京：清华大学出版社，2005.

［49］ 董建曦. 节能砌块隐形密框结构墙板抗震性能研究［D］. 泉州：华侨大学硕士学位论文，2008.

［50］ SEAOC Vision 2000 Committee. Performance-based Seismic Engineering of Buildings［R］. Report Prepared by Structural Engineers Association of California. Sacramento, California, USA. 1995.

［51］ Federal Emergency Management Agency. NEHRP Guidelines for the Seismic Rehabilitation of Buildings. FEMA273. FEMA274. Commentary. Washington（DC）. 1996：247-255.

［52］ 周定松，吕西林，蒋欢军. 钢筋混凝土框架结构基于性能的抗震设计方法［J］. 四川建筑科学研究. 2005，31（6）：122-127.

［53］ 钱稼茹，罗文斌. 建筑结构基于位移的抗震设计［J］. 建筑结构. 2001，31（4）：3-6.

［54］ 方鄂华. 高层建筑钢筋混凝土结构概念设计［M］. 北京：机械工业出版社，2005.

［55］ 马成松. 结构抗震设计［M］. 北京：北京大学出版社，2006.

［56］ 李利群，刘伟庆. 约束混凝土小型空心砌块砌体抗剪性能试验研究［J］. 南京建筑工程学院学报，2001，（2）：21-28.

［57］ 黄炜，姚谦峰，章宇明，等. 内填砌体的密肋复合墙体极限承载力计算［J］. 土木工程学报，2006，39（2）：68-75.

［58］ 李升才，江见鲸，于庆荣. 复合剪力墙体抗剪承载力计算方法的探讨［J］. 建筑结构，2001. 31（9）：27-33.

［59］ 张杰. 密肋复合墙板受力性能及斜截面承载力实用设计计算方法研究［D］. 西安：西安建筑科技大学硕士学位论文，2004.

［60］ 施楚贤，杨伟军. 配筋砌体剪力墙受剪承载力及可靠度分析［J］. 建筑结构，2001，31（9）：41-44.

［61］ 陈平，赵冬，姚谦峰. 密肋复合墙板抗剪承载力计算研究［J］. 西安建筑科技大学学报，2002，3，34（1）：26-29.

［62］ 李新平，唐建国. 配筋砌体结构抗震能力的试验研究［J］. 世界地震工程，1997，13（2）：

67-71.

［63］阎宝民，王腾，赵成文，等. 混凝土小砌块剪力墙斜截面抗剪承载力计算公式的研究［J］. 建筑结构，2000. 30（3）：10-12.

［64］田瑞华. 混凝土空心小砌块配筋砌体墙体的剪切承载力试验研究与理论分析［D］. 西安：西安建筑科技大学硕士学位论文，2001.

［65］姜洪斌，唐岱新，张洪涛. 配筋混凝土小砌块剪力墙承载力试验研究［J］. 哈尔滨建筑大学学报，2001，34（2）：33-34.

第 7 章　节能砌块隐形密框结构基于性能的抗震设计理论和方法

7.1　绪论

7.1.1　地震的危害及研究背景

7.1.1.1　地震的危害

破坏性地震会给国家经济建设和人民生命财产安全造成直接和间接的危害和损失，尤其是强烈地震会给人类带来巨大的灾难。目前，每年全世界由地震灾害造成的平均死亡人数达 8000—10000 人/次，平均经济损失每次达几十亿美元。据联合国统计，21 世纪以来，全世界因地震死亡人数达 260 万，占全球自然灾害所造成的死亡总和的 58%。从某种意义上说，地震的危害是各种灾害之首[1]。

大地震如果发生在荒无人烟的地方是不会造成生命财产损失的，如果发生在城市或农村的话，就会造成房倒屋塌，甚至构筑物与重要工程也会遭到破坏并危及人员的生命安全，给人们造成严重灾害。1976 年的唐山大地震，在几十秒钟内，将一座百万人口的工业城市变成了废墟，伤亡巨大，直接经济损失 100 亿元以上，救灾投入 6 亿多元，重建用了 50 亿元，而且在这之后相当长的时间内，造成全国人民的恐震心理。1995 年 1 月 17 日日本阪神大地震造成 5438 人死亡，直接经济损失高达 1000 亿美元。2008 年汶川发生的"5·12"大地震，是新中国成立以来最为强烈的一次地震，造成四川及周边地区伤亡惨重，直接经济损失高达 5252 亿元人民币，相当于中国 GDP 的 3%。我国是一个多地震国家，地震强度大，频度高，死亡人数多。21 世纪以来，全球大陆 7 级以上大震中有 53% 发生在我国。更为严重的是，从现在起到未来数年仍是一个地震高发期，我国有发生多次 7 级或更大地震的危险，在人口稠密、经济发达的东部地区发生数次 6—7 级强震的可能性也很大，地震形势十分严峻。地震所造成的经济损失和人员伤亡主要是由于建筑物和工程设施的破坏、倒塌，以及伴随次生的灾害而引起的。保证各类建筑物具有相应的抗震能力是减轻地震灾害的关键之一。

7.1.1.2　研究背景

到目前为止，大量的试验研究和地震教训表明，在地震（尤其是罕遇地震）的作用下，建筑结构大都会进入弹塑性状态，出现弹塑性变形，而我国及世界上大多数国家的抗震设计规范中，结构抗震设计采用的是基于承载力的设计，即用线弹性方法计算结构在小震作用下的内力及位移；用组合的内力验算构件截面，使结构具有一定的承载力（强度）；位移限值主要是正常使用阶段的要求，也是为了保护非结构构件；结构的延性和耗能能力是通过构造措施获得的。构造措施是为了使结构在大震作用中免遭倒塌，但设计人员并不能掌握结构在大震作用下的实际性能。在 20 世纪 90 年代早期，美国有学者提出了基于性能（performance‑based）和基于位移（displacement‑based）的抗震设计思想。基于性能/位移的抗震设计是指：在一定水准的地震作用下，以结构的性能/位移反应为目标来设计结构和构件，使结构达到该水准地震作用下的性能或位移要求，它要求结构在不同强度的水平地震作用下能达到预期的性能/位移目标。在美国、欧洲和日本，结构工程界都正在将基于性能/位移的设计概念引进新一代的设计规范，例如美国的 SEAOC Vision2000、ATC40、FEMA273 等手册中都详细介绍了此概念。

历次震害表明：结构破坏倒塌的主要原因是结构的变形过大，超过了结构构件能承受的塑性变形能力。为了了解结构在大震作用下的实际性能，就必须进行弹塑性分析，获得结构的弹塑性性能。近年来，随着我国经济建设的快速发展，出现了许多结构形式复杂的结构，对这些复杂结构必须进行较为精细的分析，包括考虑楼板变形的弹性分析和结构的弹塑性分析等，以保证其安全性。可见，为了保证结构的安全性并进行基于性能/位移的抗震设计，必须进行结构的抗震性能分析[2-7]。

近年来，我国城镇建设发展迅速，尤其是住宅产业已经被国家确定为新的经济增长点。目前我国住宅正处在高速建设时期，对住宅的需求仍在增长。2006 年房地产开发投资 19382 亿元，比上年增长 21.8%，商品房竣工面积 53019 万平方米；到 2010 年，我国城乡新建住宅将达 150 亿平方米，到 2020 年底，全国房屋建筑面积将新增 250 亿—300 亿平方米，数量极为可观。同时，随着经济的高速发展和人们生活水平的提高，对住宅综合功能的要求也越来越高。进入 21 世纪，人们越来越关心住宅的热工性能，普遍希望能买到一套"冬暖夏凉"的房子，客观要求房地产开发商尤其要注意采用新型结构体系。因此，在科学技术快速发展的今天，随着可持续发展战略的实施和社会环保意识的增强，提高现代化住宅的质量、降低消耗、减少污染、改善居住环境质量已经成为趋势[8-10]。

节能砌块隐形密框结构是根据混凝土小型空心砌块结构及配筋砌体结构研制的新型结构。该结构是符合我国国情的多层及中高层全新的轻型节能抗震结构，是用节能砌块隐形密框墙体作内外承重墙，轻型隔墙板作隔墙，现浇钢筋混凝土板作楼板，形成节能砌块隐形密肋框架结构。对于该结构体系，其核心是节能砌块隐形密框墙体。它是一种具有良好保温隔音效果的承重墙体，由热阻节能砌块和隐形密肋框架两部分组成。其中砌块由石粉、炉渣、粉煤灰等为主要原料制成的轻型保温砌块，尺寸为 $300mm \times 300mm \times 220mm$，砌块两端各有直径为 $120mm$ 的半圆缺，上留 $100mm \times 120mm$ 的横槽，用来浇注钢筋混凝土隐形柱和隐形梁，形成隐形密肋框架。在纵横墙交接处以及墙和楼板交界处加大肋梁和肋柱配筋量，这样在小框架外又形成了大框架。

节能砌块隐形密框结构利用空心砌块作外模，内浇隐形密肋柱和隐形密肋梁，形成隐形密肋框架，这恰恰符合国家开发和应用新型建筑体系的要求，原国家发展计划委员会、科学技术部（1999）联合印发《当前优先发展的高技术产业化重点领域指南》第125项就"新型建筑体系"近期产业化的重点中指出，《隐形框架轻型节能建筑体系》被列为当前需优先开发和应用的新型建筑体系之一。节能砌块隐形密框结构的砌块具有良好的保温节能效果，另外，构成墙体的热阻节能砌块自重仅为黏土实心砖的25% 左右，因而该结构属新型轻型节能建筑结构，并且很明显其抗震性能也将优于小型砌块结构和配筋砌体建筑，施工又容易，适合当今建筑结构的发展趋势。因而，对此种新型结构采用非线性分析（即弹塑性分析）是很有必要的[11-13]。

7.1.2 静力弹塑性 Push-over 分析方法的目的及用途

7.1.2.1 静力弹塑性 Push-over 分析方法的目的

在基于性能/位移的抗震设计方法中，Push-over 分析的目的是估算结构在设计地震作用下的强度和变形要求，并将得到的强度和变形要求同结构的强度和变形能力进行比较，从而对结构体系的预期反应做出评价，具体评价是通过结构总的侧移、层间侧移等参数做出的。

静力弹塑性分析主要用于检验新设计的结构和评估在用结构的性能是否满足不同强度地震作用下的性能目标。

7.1.2.2 静力弹塑性 Push-over 分析方法的主要用途

（1）结构行为分析

Push-over 分析可以大致预测结构在水平力作用下的行为，得到结构构件弹性→开裂→弹塑性→屈服→承载力下降的全过程，得到杆端出现塑性铰的先后顺序、塑性铰的分布和结构的薄弱环节等。

（2）判断结构的抗震承载能力

基于性能/位移的抗震设计需要比较两个基本量，即抗震能力和抗震需求。静力弹塑性 Push-over 分析可以得到结构的基底剪力—顶点位移关系曲线、层间剪力—层间位移关系曲线，即结构的"能力曲线"，它从总体上反映了结构抵抗侧向力的能力。在结构设计中，结构必须首先满足承载力的要求，若结构具有的承载力大于地震作用下的基底剪力或层间剪力，则承载力满足要求；若略小则需要修改设计；若小很多则需要重新进行设计。在对现有结构进行抗震性能评估时，若不满足承载力的要求，则需要进行抗震加固。

（3）确定结构的目标位移

基于性能/位移的抗震设计的目标是控制结构在不同强度水平的地震作用下的破损程度，以达到预期的结构性能。确定目标位移是基于性能/位移的抗震设计的关键。用顶点位移作为目标位移时，确定方法之一为：由静力弹塑性分析得到能力曲线，将能力曲线上每一点对应的基底剪力和顶点位移转化为谱加速度 S_a 和谱位移 S_d，得到结构的能力谱曲线；将能力谱曲线与折减后的地震反应谱曲线画在同一坐标系内，两条曲线的交点即为目标位移的估计值。折减后的地震反应谱曲线是指将弹性加速度—位移反应谱根据对结构延性的要求折减得到的弹塑性加速度—位移反应谱[14,15]。

7.1.3　静力弹塑性 Push-over 分析方法的发展及研究现状

结构静力弹塑性分析（Push-over）法是基于结构性能抗震设计理论（Performance-Based Seismic Design）的重要组成部分，是进行基于性能（位移）抗震设计的分析工具。进行 Push-over 分析的目的是估算结构在设计地震作用下的强度和变形需求，并将得到的强度和变形需求同结构的强度和变形能力进行比较，从而对结构体系的预期反应做出评价。具体评价是通过结构总的侧移、层间侧移等参数做出的。Push-over 分析可以看作是一种预测地震荷载及变形需求的方法，是结构在地震荷载作用下，在结构的反应超出了弹性范围时，计算结构内力重分布的近似解决办法。

7.1.3.1　静力弹塑性 Push-over 分析方法在国外的发展及研究现状

结构静力弹塑性 Push-over 分析方法在国外研究和应用较早。该方法最先引起人们的关注是在 1975 年 Freeman 等人提出能力谱方法，直至 20 世纪 80 年代中期，有学者提出可以用等效单自由度体系代替复杂结构来进行结构的地震反应分析简化方法。随后有关 Push-over 分析方法的研究和应用得到了大家的重视，并逐渐成为结构抗震能力评估的一种较为流行的方法。在国外一些重要刊物及重要会议的论文集中，也都经常可以看到有关静力弹塑性 Push-over 分析方法的文章，且许多学者也经常将 Push-over 方法作为一种分析手段应用于各种研究[16-22]。

加拿大 McMaster 大学的 Moghad 和 Tso 等曾对质量偏心的多层框架结构运用简化的 Push-over 方法进行了性能评估。计算步骤包括对等效单自由度体系进行非线性动力分析，并对承受递增静力荷载的三维结构进行了两次三维 Push-over 分析。由于与以往的三维非线性动力分析相比，该方法既简单又较为有效，为以后 Push-over 的运用提供了很好的借鉴作用。

意大利的 Giuseppe Faella 曾运用 Push-over 方法和非线性动力方法对同样的建筑物进行了地震分析，以对比二者结果的异同。从而说明，用 Push-over 法分析地震反应时，关键问题是目标位移的确定。当计算结构层间位移及柱子的破坏情况时，目标位移要比相应的动力分析定的高一些。以上对比是在硬土地基上进行的，软土地基还有待研究。

斯洛文尼亚 Liubljana 大学的 Kilar 和 Fajfar 用一种简化的非对称结构和对称结构建立伪三维模型的方法，使 Push-over 方法也可以用于非对称结构的分析。伪三维模型是一系列大型二维构件的集合体，模型建立与真三维模型相比，数据简单、计算快捷、整理容易。

Kelly 考察了一幢 17 层框剪结构和一幢 9 层框架结构分别在美国北岭地震和日本神户地震中的震害，并采用 Push-over 方法对这两个结构进行分析，发现 Push-over 方法能够对结构的最大反应和结构损伤进行合理估计。

Peter 假定了三种加载模式：①与层质量成正比；②与初始第一振型有关；③与加载过程中变化的第一振型有关，比较了 Push-over 方法与动力时程分析得到的结构的层间位移，发现第②种模式更加合理。

Kuramoto 提出了另外一种等效的单自由度体系（SDOF）的方法，并以不同结构形式、层强度和刚度不对称的结构为研究对象，比较了 Push-over 分析方法推至目标位移（由等效单自由度体系的动力时程分析得到）时最大层间位移与原结构动力时程分析得到的最大层间位移，得到的结论是：①对于规则 RC 结构，多自由度体系（MDOF）和与其等效的单自由度体系（SDOF）得到的结构响应非常一致；②对于不规则结构，SDOF 体系与 MDOF 体系得到的结构响应基本一致；③对于超过 10 层以上的结构，SDOF 体系得到的位移响应较 MDOF 体系结果有偏小的趋势，主要原因在于高振型的影响。

Tjen N. Tjhin、Mark A. Aschheim 和 John W. Wallace 提出简便的 Push-over 方法对钢筋混凝土剪力墙结构建筑物进行基于性能的抗震设计，这种方法以顶层位移估计为基础，并以一栋 6 层楼房进行非线性静力和动力分析为例，表明此方法能足够客观地确定结构在罕遇地震下潜在的破坏机制。

7.1.3.2　静力弹塑性 Push-over 分析方法在我国的发展及研究现状

与国外相比，我国对静力弹塑性分析方法的研究要明显落后。但近年来，结构静力弹塑性 Push-over 分析方法传入我国后，逐渐得到了广大学者和工程设计人员的重视，对该方法进行了研究并得到了国家自然科学基金的资助。目前已有不少文章介绍静力弹塑性 Push-over 分析方法的原理，也有学者开始应用这种方法对震灾地区的结构进行分析、并与实际破坏情况作对照，同时也积极的与国际同行进行这方面的交流，取得了一定的成果[23-27]。

叶燎原、潘文介绍了 Push-over 法的原理和实施步骤，说明了如何利用现有分析软件进行 Push-over 分析，给出了几个 SCM-3D 计算的实例。简单讨论了结构自振周期的计算并指出：对求出的周期应乘上一个折减系数或采用更精确的单元模型；进行了三维模型和二维模型的比较，认为在三维模型中，判断构件是否进入塑性阶段还存在许多问题，可参考规范中的近似计算公式；还进行了 Push-over 法与时程分析法结果的比较，并对不规则结构的计算提出了几点建议，主要应考虑的因素是如何利用这种静力分析方法来考虑结构在地震作用下的扭转变形及其引起的不利内力。

杨溥、李英民等人采用动力时程分析和静力弹塑性分析法，对结构响应（顶点位移、层间位移以及底部剪力）进行对比分析，从而提出了对静力弹塑性分析法的水平荷载模式和结构目标位移的改进方法。

叶献国在介绍简化非线性分析方法的基础上重点推荐了 Push-over 法，提出通过对等效单自由度体系的动力时程分析确定结构特征位移的改进方法，并提出在 Push-over 分析中采用循环反复加载模拟地震作用的新观点。

欧进萍等人通过侧向荷载分布方式对静力弹塑性 Push-over 分析结果的影响进行了研究，结果表明：对于高振型影响较大的中高层结构，在不同侧向荷载分布方式作用下，结构的 Push-over 分析结果相差较大，而且高振型的影响越大，这种差别也越大。对于每一种侧向荷载分布方式，其所能检测到的结构破坏机制是唯一的。为了对结构的抗震性能有全面的了解，建议最少用两种以上的侧向荷载分布方式对结构进行弹塑性静力分析。对于结构形式较为规则的结构，可以用固定侧向荷载来代替适应性侧向荷载进行 Push-over 分析。对结构形式复杂的不规则结构，还需作进一步研究。

周定松、吕西林、蒋欢军以变形需求作为设计参数，利用弹塑性位移谱法求解结构的位移与变形需求，在层间位移角满足特定要求后，将梁柱塑性铰区的转动量值作为性能设计的参数，结合预期的性能目标由梁柱性能设计方程进行构件变形能力设计。最后以一栋 10 层框架结构为例，给出了 RC 框架结构基于性能的抗震设计的完整过程，并通过弹塑性时程分析作了比较验证。结果表明：弹塑性位移谱法求解结构位移需求是一种可为工程接受的、简便有效的方法，通过梁柱性能设计方程对变形能力进行定量设计，可将结构的破损程度控制在预先设定的性能目标范围内。

此方法近年来引入我国后，逐渐得到了大家的重视和应用。在《建筑抗震设计规范》的修订征求意见稿（1998 年 9 月）中，第 3.3.2 条为："……弹塑性变形分析，可按工程情况采用以下方法之一：静力非线性分析、非线性时程分析。"这里所说的静力非线性分析，除了指一般的与反应谱结合不密切的非线性静力分析外，也包括了结构静力弹塑性分析方法。在最近的规范修订编组会议中，就明确提出了将此分析方法引入规范的想法，只是提法上没有采用这个词。

7.1.4 结构静力弹塑性分析 Push-over 方法的基本原理

静力弹塑性 Push-over 分析方法并不是一种新的方法，在国外应用较早，20 世纪 80 年代初期在一些重要刊物上就有论文采用过这种方法。从本质上说，它是一种静力分析方法，即对结构进行静力单调加载下的弹塑性分析。具体地说，即是在结构分析模型上施加用某种方式模拟的地震水平惯性力的侧向力，并逐级单调加大；构件如有开裂或屈服，修改其刚度，直到结构达到预定的状态（成为机构、位移超限或达到目标位移）。近年来，随着基于性能/位移的抗震设计理论研究的深入，静力弹塑性 Push-over 分析方法日益受到重视，并已被美国、日本、中国等国的建筑抗震设计规范所接受，成为结构抗震弹塑性分析的主要方法之一。

结构静力弹塑性 Push-over 分析方法的基本做法是：对结构逐级单调施加按某种分布模式模拟地震水平惯性力的水平侧向力并进行静力弹塑性分析，直至结构达到预定状态（成为机构、位移超限或达到目标位移）。究其实质而言，Push-over 分析方法是一种静力分析方法，但与一般抗震静力分析方法不同之处在于其逐级单调施加的是模拟地震水平惯性力的侧向力。Push-over 分析方法的突出优点在于它既能考虑结构的弹塑性特征又能将设计反应谱引入计算过程和计算成果的解释，且工作量又较时程分析法大为减少。

结构静力弹塑性 Push-over 分析方法主要用于对现有结构或设计方案进行抗侧力能力的计算，从而估计其抗震能力。自从基于性能/位移的抗震设计理论提出之后，该方法的应用范围逐渐扩大到对新建结构的弹塑性抗震分析。

7.1.4.1 荷载—位移曲线

1）理想化的荷载—位移曲线如图 7-1 所示。在侧向总剪力（结构基底剪力）作用下，结构变形经弹性变形范围 OA 进入非线性变形范围 ABC，并经过结构失稳起点进入失稳以致倒塌的 CDE 范围。但在实际静力弹塑性 Push-over 分析中，在接近 C 及进入 CDE 阶段时，如分析的软件功能不足，往往因为积分不收敛得不到曲线的全过程。

如果结构具有较大的变形能力（延性）和较大的承载力，则在曲线 B 点仍在上升阶段，即允许弹塑性变形尚未达到 C 点，仍可以获得足够的曲线线段供研究分析结构的抗震能力之用。

2）静力弹塑性 Push-over 分析得到的荷载—位移曲线为侧向总剪力与顶点侧向位

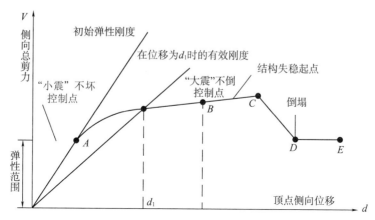

图 7-1　理想的荷载—位移曲线

移（结构各层间位移之总和），而规范要求分析的抗震性能是某个薄弱层间位移，因此要通过顶点位移来观察层间位移，两者的关系在分析过程中是可以得到的。

3）荷载—位移曲线可以进一步简化为双线性或三线性骨架曲线，简化的方法可用等能量方法。

7.1.4.2　静力弹塑性 Push-over 分析方法的基本假定

静力弹塑性 Push-over 分析方法主要以下面两个假定为基础[28]：

第一假定：假定结构的地震反应与某一等效单自由度体系相关，这就意味着结构的地震反应仅由第一振型控制；

第二假定：假定结构沿高度的变形可由形状向量 $\{\varphi\}$ 表示，且在整个地震反应过程中，变形形状保持不变。

显然，以上面两个假定控制的多自由度结构，静力弹塑性 Push-over 分析方法可以很准确的预测结构的最大地震反应。

7.1.4.3　静力弹塑性 Push-over 分析方法的理论及相应公式的推导

（1）等效单自由度体系

根据静力弹塑性 Push-over 分析方法的两个基本假定，假定表示结构地震反应的变形形状向量为 $\{\varphi\}$（实践证明，该变形形状向量的变化对最后目标位移的计算结果影响并不显著，一般可取结构的第一振型），将原结构的多自由度体系（MDOF）转化为与其等效的单自由度体系（SDOF）的方法并不唯一，但等效原则大致相同，即均通过结构多自由度体系的动力方程进行等效。等效单自由度体系的建立过程如下。

结构在地面运动的动力学运动微分方程为

$$[M]\{\ddot{x}\} + [C]\{\dot{x}\} + \{Q\} = -[M]\{I\}\ddot{x}_g \tag{7-1}$$

式中：$[M]$——多自由度体系的质量矩阵；

$\quad\quad$ $[C]$——多自由度体系的阻尼矩阵；

$\quad\quad$ $\ddot{x}_g$——地震动加速度；

$\quad\quad$ $\{\ddot{x}\}$、$\{\dot{x}\}$、$\{x\}$——分别为结构的相对加速度向量、相对速度向量和相对位移
$\quad\quad\quad\quad\quad\quad\quad\quad\quad\quad$ 向量；

$\quad\quad$ $\{Q\}$——多自由度体系的恢复力矩阵，$\{Q\} = [K]\{x\}$，$[K]$ 为结构的刚度矩阵；

$\quad\quad$ $\{I\}$——单位向量。

假设结构相对位移向量 $\{x\}$ 可以由结构顶点位移 x_t 和形状向量 $\{\varphi\}$ 表示，即

$$\{x\} = \{\varphi\} x_t \tag{7-2}$$

把（7-2）式代入方程（7-1）

$$[M]\{\varphi\}\ddot{x}_t + [C]\{\varphi\}\dot{x}_t + \{Q\} = -[M]\{I\}\ddot{x}_g \tag{7-3}$$

定义等效单自由度体系的位移为

$$x^r = \frac{\{\varphi\}^{\mathrm{T}}[M]\{\varphi\}}{\{\varphi\}^{\mathrm{T}}[M]\{I\}} x_t \tag{7-4}$$

在式（7-3）两端同乘以 $\{\varphi\}^{\mathrm{T}}$，并利用式（7-4）将 x_t 用 x^r 表示，可得到结构单自由度体系的动力平衡方程

$$M^r \ddot{x}^r + C^r \dot{x}^r + Q^r = -M^r \ddot{x}_g \tag{7-5}$$

式中：M^r——等效单自由度体系的等效质量，$M^r = \{\varphi\}^{\mathrm{T}}[M]\{I\}$；

$\quad\quad$ Q^r——等效单自由度体系的等效剪力，$Q^r = \{\varphi\}^{\mathrm{T}}\{Q\}$；

$\quad\quad$ C^r——等效单自由度体系的等效阻尼，$C^r = \{\varphi\}^{\mathrm{T}}[C]\{\varphi\} \dfrac{\{\varphi\}^{\mathrm{T}}[M]\{I\}}{\{\varphi\}^{\mathrm{T}}[M]\{\varphi\}}$。

假设形状向量已知，等效单自由度体系的荷载—位移关系可以由 Push-over 分析得到的多自由度体系简化力与位移关系转换得到。由多自由度体系屈服点处的基底剪力 V_b 和顶点位移 x_t（由简化的荷载—位移曲线获得，如图 7-2 所示），根据下式，就可以得到等效单自由度体系屈服点位置处的等效基底剪力与位移的值

$$x_y^r = \frac{\{\varphi\}^{\mathrm{T}}[M]\{\varphi\}}{\{\varphi\}^{\mathrm{T}}[M]\{I\}} x_{t,\,y} \tag{7-6}$$

$$Q_y^r = \{\varphi\}^{\mathrm{T}}\{Q_y\} \tag{7-7}$$

式中：$\{Q_y\}$——原结构屈服点处的结构楼层力分布向量，基底剪力 $V_y = \{I\}^{\mathrm{T}}\{Q_y\}$；

$\quad\quad$ $x_{t,\,y}$——MDOF 体系屈服时所对应的顶点位移。

等效单自由度体系的初始周期为

$$T_{eq} = 2\pi \sqrt{\frac{x_y^r M^r}{Q_y^r}} \tag{7-8}$$

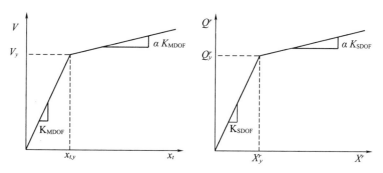

图 7-2　多自由度结构和等效单自由度体系的荷载—位移关系

等效单自由度体系中结构屈服后刚度与有效侧向刚度的比值 α 可以直接采用原结构中的值。这样，经过一系列的变化之后与原结构相关的等效弹塑性单自由度体系就建立了，它可以用来计算原结构的目标位移。

（2）确定目标位移

对弹性体系来说，地震作用下的位移反应可以由规范给出的反应谱直接求得，将谱加速度除以结构振动频率的平方就可得结构在该反应谱定义地震作用下的谱位移。而对于弹塑性体系来说，特别是在短周期范围内，结构弹塑性位移反应与弹性位移反应之间的关系在很大程度上取决于结构的弹塑性变形能力，也就是结构的延性。因此要计算结构的弹塑性目标位移，就必须计算等效单自由度体系的延性要求，这一步要求设计人员先估算出等效单自由度体系的强度极限与屈服强度的比值。为此将方程（7-5）写成如下形式

$$\ddot{x}^r + \frac{C^r}{M^r}\dot{x}^r + \frac{Q^r}{M^r} = -\ddot{x}_g \qquad (7-9)$$

式（7-9）是单位质量等效单自由度体系的动力平衡方程，等效单自由度体系的自振周期为 T_{eq} ，屈服强度为

$$F_{y,\ eq} = \frac{Q_y^r}{M^r} \qquad (7-10)$$

如果弹性反应谱已知，那么等效单自由度体系的强度极限可以由反应谱直接得到

$$F_{e,\ eq} = S_a(T_{eq}) \qquad (7-11)$$

式中：$S_a(T_{eq})$ ——与自振周期 T_{eq} 对应的反应谱加速度。

得到了屈服强度和强度极限之后，就可以求出强度折减系数

$$R = \frac{F_{e,\ eq}}{F_{y,\ eq}} = \frac{S_a(T_{eq})\ M^r}{Q_y^r} \qquad (7-12)$$

然后，就可根据 $R-\mu-T$ 之间的关系[5]求出结构的延性系数 μ 。得到了延性系数 μ

之后，原结构的目标位移就可以得到

$$x_{t,\,t} = \mu x_{t,\,y}$$

(7-13)

7.1.4.4 静力弹塑性 Push-over 分析方法的水平加载分布模式

逐级施加的水平侧向力沿着高度的分布模式称为水平加载分布模式。地震过程中，结构层惯性力的分布随地震动强度的不同以及结构进入非线性程度的不同而改变。显然合理的水平加载分布模式应与结构在地震作用下的层惯性力的分布一致，它既要反映出地震作用下结构各层惯性力的分布特征，又应该使所求的位移可以大体上反映地震作用下结构的位移状况。也就是说，所选用的加载分布模式要尽可能真实地反映结构承受的地震作用[29-31]。

选择合理的加载模式是 Push-over 分析方法中的一个关键问题，但却很难做到水平荷载分布模式与地震过程中的惯性力的实际分布相一致。通常借用弹性体系的振型分解反应谱的概念，将结构各振型下的水平地震力作为静力荷载施加到结构上。当结构较规则且高度较小时，可以忽略高振型的影响，只考虑第一振型的作用。而当结构较高且不规则时，则应考虑高振型的影响。Krawinkler 建议，对于高阶振型影响较大的结构，应最少采用两种以上的加载模式进行 Push-over 分析。迄今为止，研究者们已经提出了若干种不同的水平加载分布模式，根据是否考虑地震过程中层惯性力的重分布可分为固定模式和自适应模式两类，固定模式是指在整个加载过程中，水平加载分布模式保持不变，不考虑地震过程中层惯性力的改变；自适应模式是指在整个加载过程中，随着结构地震力特性改变而不断调整水平加载分布模式。

（1）均布加载模式

水平侧向力沿结构高度的分布与楼层质量成正比的加载方式称为均布加载模式。均布加载模式不考虑地震过程中层惯性力的重分布，属于固定模式。此模式适宜于刚度与质量沿着高度分布较均匀、薄弱层为底层的结构。此时，第 i 层的剪力可由下式计算

$$F_i = \frac{W_i}{\sum\limits_{j=1}^{n} W_j} V_b$$

(7-14)

式中：W_i——第 i 层楼层的重力荷载代表值；

V_b——结构底部剪力；

n——结构的总层数。

（2）倒三角形分布水平加载模式

水平侧向力沿结构高度分布与楼层质量和高度成正比（即底部剪力法模式）的加载方式称为倒三角形分布水平加载模式。这是目前国内外大多数抗震规范中采用的侧向力分布形式，则第 i 层的剪力可按下式计算

$$F_i = \frac{W_i h_i}{\sum_{j=1}^{n} W_j h_j} V_b \tag{7-15}$$

式中：h_i ——结构第 i 层楼面距地面的高度。

倒三角分布水平加载模式不考虑地震过程中惯性力的重分布，也属于固定加载模式。它适宜于高度不大于 40m，以剪切变形为主且质量、刚度沿高度分布较均匀，可以忽略高振型的影响，只考虑第一振型的作用。

（3）抛物线分布水平加载模式

水平侧向力沿结构高度呈抛物线形分布的加载模式称为抛物线分布水平加载模式。为了反映地震作用下各楼层加速度的变化，需要考虑变形的不同模态以及振动时高阶振型的影响，可按下式进行计算。

$$F_i = \frac{W_i h_i^k}{\sum_{j=1}^{n} W_j h_j^k} V_b \tag{7-16}$$

式中：k ——与结构基本周期有关的参数，可按下列公式取值

$$k = \begin{cases} 1.0 & T \leqslant 0.5\text{s} \\ 1.0 + \dfrac{T - 0.5}{2.5 - 0.5} & 0.5s \leqslant T \leqslant 2.5\text{s} \\ 2.0 & T \geqslant 2.5\text{s} \end{cases} \tag{7-17}$$

式中：T ——结构的基本自振周期。

抛物线分布水平加载模式可较好的反映结构在地震作用下的高阶振型的影响。它不考虑地震过程中层惯性力的重分布，属于固定加载模式。由式（1-17）知，若 $T \leqslant 0.5\text{s}$，则抛物线分布可转化为按底部剪力法获得的倒三角形分布。

（4）多振型水平加载模式

基于结构瞬时振型采用振型分解反应谱平方和开平方法（SRSS）确定水平侧向力的加载方式称为多振型水平加载方式。其基本做法是利用前一步加载获得的结构周期和振型，采用振型分解反应谱平方和开平方法（SRSS），确定结构各楼层的层间剪力，再由各层的层间剪力反算出各层水平荷载，作为下一步的水平荷载。设 j 振型下 i 层的水平荷载为 F_{ij}、层间剪力为 Q_{ij}，把 N 个振型 SRSS 组合后得 i 层剪力为 Q_i，第 i 层的等效水平荷载为 P_i，则计算步骤如下

$$F_{ij} = \alpha_j \gamma_j X_{ij} W_i \tag{7-18}$$

$$Q_{ij} = \sum_{m=i}^{n} F_{mj} \tag{7-19}$$

$$Q_i = \sqrt{\sum_{j=1}^{N} Q_{ij}^2} \tag{7-20}$$

$$P_i = Q_i - Q_{i+1} \tag{7-21}$$

式中：α_j——前一步加载的第 j 周期对应的地震影响系数，由《建筑抗震设计规范》

（GB 50011—2001）罕遇地震影响系数曲线确定；

X_{ij}——前一步加载的第 j 振型第 i 质点的水平相对位移；

γ_j——前一步加载的第 j 振型参与系数；

N——考虑的振型个数；

n——结构的总层数；

W_i——第 i 层的楼层重力荷载代表值。

随振型而变的水平加载模式属于自适应加载模式。它考虑了地震过程中结构层惯性力分布的改变情况，故比上述模式合理，但其计算工作量也比前几种大为增加。

（5）多振型简化水平加载模式

多振型水平加载模式在进行分析计算时，其表达式比较复杂，因此，本章提出了以下的加载模式用以简化计算。

$$F_{ij} = \alpha_j \gamma_j X_{ij} W_i \tag{7-22}$$

$$P_i = \sqrt{\sum_{j=1}^{N} F_{ij}^2} \tag{7-23}$$

式中的符号说明与多振型水平加载模式说明相同。

在工程实践中，大多数工程应用采用比较简单的倒三角形分布的加载模式，一般认为分布形式在加载过程中恒定不变。Krawinkler 认为只有满足以下两个条件，该加载模式才比较合理：①结构响应受高阶振型影响不太显著；②结构可能发生的屈服机制仅有一种，并恰好能被这种模式检验出来。因此，笔者建议应分别采用固定加载模式和基于结构瞬时周期及振型的加载模式对节能砌块隐形密框结构进行分析。

7.1.5　静力弹塑性 Push-over 分析的能力谱方法

静力弹塑性 Push-over 分析方法是把一个多自由度体系的结构，按照等效的单自由度结构来处理，其地震需求和结构的承载能力要经过一系列的转换处理。目前，主要有以下三种处理的方法：美国应用技术协会文件 ATC-40 中所列的能力谱方法（Capacity Spectrum Method），美国联邦紧急救援处文 FEMA-273 中所列的等效位移系数法（Equal Displacement Coefficient Method）以及 N2 方法。这些方法之间的差别主要在于：对地震作用下结构目标位移的确定和对结构抗震性能评价采用的方式。

美国应用技术协会（Applied Technology Council）在 1996 年发表了文件《混凝土结构的抗震性能评估和加固》，即 ATC-40。该文件的理论核心就是用静力弹塑性分析方法来进行基于性能的抗震设计，而其中所列的静力弹塑性分析方法就是能力谱方法（Capacity Spectrum Method）。因此，对 ATC-40 能力谱法的认识，有利于我们能够更好地应用能力谱法。该方法的基本思想是建立两条相同基准的谱线，一条是由力—位移曲线转化为能力谱线（capacity spectrum），一条是由加速度反应谱转化为需求谱线（ADRS），把两条线画在同一个图上，两条曲线的交点定义为"目标位移点"（或"结构抗震性能点"），将性能点所对应的位移与位移允许值比较，判断结构是否满足抗震性能要求。

ATC-40 能力谱方法实施步骤大致为：

1）建立结构构件的弹塑性模型，其中包括所有对结构重量、强度和刚度影响不可忽略的构件以及所有对满足抗震设防水准影响显著的构件，在对结构施加水平荷载之前，在结构上施加上竖向荷载。

2）对结构施加某种形式的沿竖向分布的水平荷载，在结构的每个主要受力方向至少用两种不同分布模式的水平荷载进行分析。

3）水平荷载增量的大小以使最薄弱构件达到屈服变形（构件刚度发生显著变化）为标准。将屈服后的构件刚度加以修正，修改后的结构继续承受不断增加的水平荷载或水平位移，水平荷载或位移的分布方式保持不变，构件屈服后的变形行为可按下列方法修改。

a. 将弯曲受力构件达到弯曲强度的部位加上塑性铰，如梁、柱构件的端部以及剪力墙的底部；

b. 将达到剪切屈服强度的剪力墙单元的抗剪刚度去掉；

c. 若轴向受力构件屈服之后轴向刚度迅速下降，则将该构件去掉；

d. 若构件刚度降低后仍可进一步承受荷载，则将构件的刚度矩阵作相应的变动。

4）重复上一步，使得越来越多的构件屈服。除了用"适应性"的水平荷载分布方式之外，水平荷载的分布方式可一直保持不变。在每一步加载过程中，计算所有结构构件的内力以及弹性和弹塑性变形。

5）将每一步得到的构件的内力和变形叠加起来，得到结构构件在每一步时总的内力和变形结果。

6）当结构成为机构（可变体系）或位移超出限值时，停止施加荷载。

以上第 3—6 步可以用 SAP2000 有限元分析软件进行 step-by-step 位移增量迭代方法计算得到。

7）将得到的基底剪力和控制点处位移的关系曲线作为结构非线性反应的代表，该曲线的斜率下滑代表了结构构件的逐步屈服。控制点处位移一般取结构的顶点位移，这样就得到结构基底剪力 V_b 与顶点位移 u_n 之间的关系曲线，即能力曲线［图 7-3（a）］，也就是 Push-over 曲线。

8）把基底剪力 V_b—顶点位移 u_n 曲线转换为能力谱曲线，即 S_a - S_d 曲线［图 7-3（b）］，需要根据下式转换得到

$$S_a = \frac{V_b}{M_1^*}, \qquad S_d = \frac{u_n}{\Gamma_1 \Phi_{n,1}} \qquad (7-24)$$

式中：M_1^*——第一振型的模态质量；Γ_1——第一振型的振型参与系数；$\Phi_{n,1}$——第一振型顶层质点的振幅，其中

$$M_1^* = \frac{\left[\sum\limits_{i=1}^{n} m_i \Phi_{i,1}\right]^2}{\sum\limits_{i=1}^{n} m_i \Phi_{i,1}^2}, \qquad \Gamma_1 = \frac{\sum\limits_{i=1}^{n} m_i \Phi_{i,1}}{\sum\limits_{i=1}^{n} m_i \Phi_{i,1}^2} \qquad (7-25)$$

式中：m_i——节点的集中质量；

$\quad\Phi_{i,1}$——第一振型质点 i 的振幅；

$\quad n$——总质点数。

9）需求谱曲线分为弹性和弹塑性两种需求谱。对弹性需求谱，若采用规范的加速度反应谱作为结构的地面运动输入［图 7-3（c）］，则可以用下式

$$S_d = \left[\frac{T}{2\pi}\right]^2 S_a \qquad (7-26)$$

将其转换为不同阻尼比的弹性 $S_a - S_d$ 谱曲线，即 AD 格式需求谱［图 1-3（d）］。式中，T 为周期。

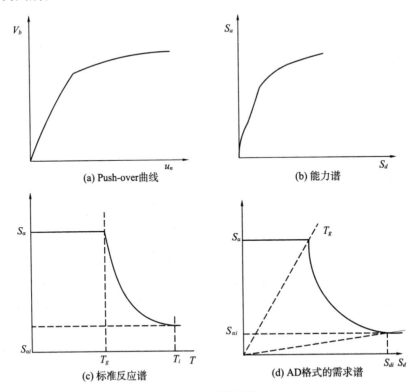

(a) Push-over曲线　　　　(b) 能力谱

(c) 标准反应谱　　　　(d) AD格式的需求谱

图 7-3　谱的转换

　　对弹塑性结构 AD 格式的需求谱的求法，一般是在典型弹性需求谱的基础上，通过考虑结构非线性耗能性质对地震需求的折减，也就是要考虑结构非线性变形引起的等效阻尼比 ζ_{eq}。ATC-40 就是采用能量耗散原理来确定等效阻尼比 ζ_{eq}。当地震动作用于结构达到非弹性阶段时，结构的能量耗散可以视为结构粘滞阻尼与滞回阻尼的组合；滞回阻尼用等效粘滞阻尼来代表，并用来调低地震需求谱；滞回阻尼与滞回环以内的面积大小有关，因此要设定滞回曲线，一般采用双线型曲线代表能力谱曲线来估计等效阻尼比，其由最大位移反应的一个周期内的滞回耗能来确定

$$\zeta_{eq} = \frac{E_D}{4\pi E_s} \tag{7-27}$$

式中：E_D ——滞回阻尼耗能，等于滞回环包围的面积，即图 7-4 中平行四边形面积；

　　　　E_s ——最大应变能，等于图 7-4 中阴影斜线部分的三角形面积，即 $a_p d_p / 2$。

　　图 7-4 中，要做出双线型滞回曲线图，需要首先在能力谱曲线上假设任一个点 $(a_p、d_p)$，这一点是决定结构等效阻尼大小和地震需求曲线位置的一个坐标点，是试探性的性能点。由能量等效的原则以此点为端点构造二折线，使能力谱曲线在该点与谱位移轴围成的面积和二折线与谱位移轴围成的面积相等，二折线第一段的斜率 K 为能力谱曲线弹性阶段的斜率。

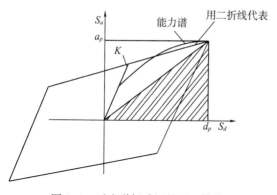

图 7-4　反应谱折减用的阻尼转换

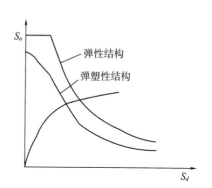

图 7-5　性能点的确定

　　图 7-5 为画在同一坐标系中的能力谱曲线、5% 阻尼比的初始地震需求谱曲线和采用等效阻尼折减后的需求曲线。当能力谱曲线与需求曲线不相交时，认为结构不能够抵抗此次地震；当能力谱曲线与需求谱曲线相交时，如果这个交点与 (a_p, d_p) 点相近，则这点可视为"性能点"或"目标位移点"；如果此点远离 (a_p, d_p) 点，则重复以上计算过程，直到满意为止。找到了"目标位移点"就可以将目标位移转化成原结构和构件的变形要求 [根据式 (7-24) 所示]，并与性能目标所要求达到的变形相

比较。

7.1.6　本章的主要内容

7.1.6.1　本章的研究意义

基于性能/位移的抗震设计要求进行定量分析，使结构的变形能力满足大震作用下的变形要求。确定结构在大震作用下的变形（位移）要求，是基于性能/位移抗震设计的重要内容，其实质就是确定允许的结构震害程度或确定地震后结构保持的使用功能目标。用静力弹塑性 Push-over 分析方法确定结构位移要求比弹性分析方法更能反映出结构的弹塑性性能，又比弹塑性动力时程分析方法简单，而且这种方法可以比较准确地提供结构抵抗侧向力的性能，包括应力和变形的分布，构件的屈服顺序、承载的薄弱部位和可能发生的破坏形式等。静力弹塑性 Push-over 分析方法作为实现基于性能/位移的抗震设计的重要工具，已经得到了普遍的认可，在现阶段具有很强的适用性，在 FEMA273/274 和 ATC-40 中都用大量的篇幅对静力弹塑性分析 Push-over 方法作了重点介绍。但 Push-over 分析法的研究和应用还处于初级阶段，尤其是对节能砌块隐形密框结构这种新型结构体系的分析仍需要做大量的工作。

7.1.6.2　本章的主要研究目的和内容

本章研究的主要目的：

1）在已提出的 Push-over 分析理论框架下，具体实现 Push-over 分析过程。

2）探索运用 Push-over 分析成果合理评估结构抗震性能的方法。

节能砌块隐形密框结构以其可观的经济效益和良好保温隔音效果，是今后建筑结构的发展趋势之一。因此，本章结合节能砌块隐形密框结构，主要对以下内容进行研究：

1）论述了近年来国内外对基于性能的抗震设计方法及静力弹塑性分析方法的研究现状，较为详细地评述了 Push-over 分析方法的优缺点，并对几种典型的静力弹塑性分析方法进行了分析和比较。

2）采用 SAP2000 有限元分析软件提供的杆端弹塑性杆系模型对隐形密框梁、密框柱等构件进行模拟，建立结构的计算模型，用于 Push-over 分析。

3）通过对节能砌块隐形密框结构的数值模拟分析，判断结构抗震承载能力，得到结构的基底剪力—顶点位移曲线、层剪力—层间位移曲线，即结构的"能力曲线"。进行结构行为分析，把握结构抵抗侧向力的能力，包括应力和变形的分布、塑性铰出现位置和次序、承载的薄弱部位、塑性铰达到其极限转动能力时所对应的特征点位移和基底总剪力，最终描述出结构的破坏程度。

4）以我国现行抗震规范为基础，引入 Push-over 分析成果，合理评估结构的抗震性能。

5）把理论分析结果与试验结果相比较，判断 Push-over 分析是否能够确定结构在罕遇地震作用下潜在的破坏机制。建立结构整体位移与构件局部变形间的关系，确定单个构件的强度退化对整个结构体系的功能的影响，提出该节能砌块隐形密框结构房屋基于性能的抗震设计理论。

7.2　节能砌块隐形密框墙体静力弹塑性分析

7.2.1　引言

节能砌块隐形密框墙体静力弹塑性分析的目的，是认识节能砌块隐形密框墙体在地震荷载作用下的受力性能和破坏机理，为节能砌块隐形密框结构的合理设计提供依据。节能砌块隐形密框墙体中的肋梁、肋柱与节能砌块紧密结合，在结合处变形互相协调无裂缝产生，墙体以整体变形为主，类似于单一材料墙体的工作状态。本节将利用 ATC-40 能力谱方法的优势[32]，把它应用于节能砌块隐形密框墙体的抗倒塌设计和评估其目标位移当中，寻找此类构件地震反应的规律，这将有利于工程师对这类新型结构的进一步应用。

7.2.2　SAP2000 有限元软件 Push-over 分析的理论基础

本章将用有限元分析软件 SAP2000 对节能砌块隐形密框墙体进行 Push-over 分析，它是以 ATC-40 能力谱方法为理论基础的。在 7.1 节中我们已列出静力弹塑性 Push-over 分析方法中等效单自由度体系相应的公式推导，本节将阐述 ATC-40 在静力弹塑性分析中等效线性体系的原理和求解目标位移的方法。

7.2.2.1　等效线性体系

弹塑性体系的地震响应可通过等效线性体系的近似分析来确定，即采用一对与结构最大反应有关的等效刚度和阻尼来代表体系的非线性动力反应特征。这些方法在 20 世纪 60 年代，快速数值计算机尚未出现以前，就引起了研究者的注意，后经过了数十年的发展，有关等效线性体系在弹塑性结构设计中的应用研究也在不断发展[27,33-37]。在 ATC-40 能力谱方法中采用割线刚度方法来验算结构设计的安全性。基于割线刚度的等效线性体系的原理如下。

对于力—位移关系为双线型的弹塑性单自由度体系，其弹性阶段的刚度为 K，屈服后刚度为 αK。屈服强度和屈服位移分别为 F_y 和 U_y。如果此非线性体系的峰值位移为 U_m，则延性系数为 $\mu = U_m/U_y$。

如图7-6（a）所示的双线型体系，刚度等于割线刚度 $K_{\sec}$ 的等效线性体系及其对应的自振周期为

$$K_{\sec} = \frac{1 + \alpha(\mu - 1)}{\mu}K , \quad T_{eq} = T_n\sqrt{\frac{\mu}{1 + \alpha\mu - \alpha}} \tag{7-28}$$

式中：T_n——体系在线弹性阶段的自振周期。

由在7.1.5节中公式（7-27）根据非线性 SDOF 系统与线性 SDOF 系统在一次振动循环中耗能相等的概念来确定等效阻尼，得到的等效阻尼比 $\zeta_{eq} = \dfrac{E_D}{4\pi E_s}$。其中，$E_D$ 为非线性 SDOF 系统的滞回阻尼耗能，E_s 为线性 SDOF 系统应变能。如图7-6（b）得

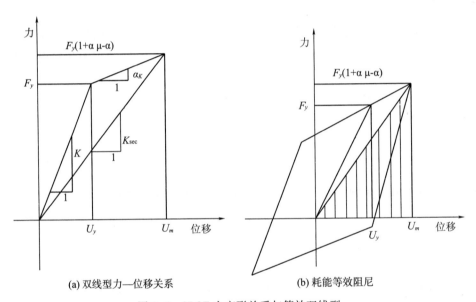

(a) 双线型力—位移关系　　　　　(b) 耗能等效阻尼

图7-6　SDOF 力变形关系与等效双线型

$$E_D = 4(\mu - 1)(1 - \alpha)F_y U_y , \quad E_s = \frac{1}{2}K_{\sec}U_m^2 = 0.5 F_y U_y \mu(1 + \alpha\mu - \alpha) \tag{7-29}$$

代入式（7-27）得

$$\zeta_{eq} = \frac{2(\mu - 1)(1 - \alpha)}{\pi\mu(1 + \alpha\mu - \alpha)} \tag{7-30}$$

因此，结构等效阻尼为

$$\hat{\zeta}_{eq} = \zeta + \zeta_{eq} \tag{7-31}$$

式中：ζ——结构的固有阻尼，一般取 0.05。

ATC-40 方法用一系列连续变化周期和阻尼值的等价线性体系来估计弹塑性体系的

变形，避免了对非线性体系进行动力分析。ATC-40 认为，图 7-6（b）中的四边形是理想化的滞回环，用它来估算等效阻尼时，对于延性好的结构效果比较好，而对于延性不是很好的结构，会过高地估计结构的等效阻尼，因为对于延性不高的结构，其滞回环曲线会有所收缩，考虑到滞回环曲线在实际反应中的捏缩效应，等效阻尼应该再乘上一个阻尼修正因子 k，ATC-40 定义有效阻尼为

$$\zeta_{eff} = k(100 \times \zeta_{eq}) + 5 \qquad (7-32)$$

式中：ζ_{eff} ——有效阻尼；

　　　k——小于 1 的阻尼修正因子。

ATC-40 根据体系的滞回特性把阻尼修正因子分为三类：A 类的滞回特性平稳、滞回环丰满；C 类有严重捏缩或退化的滞回环；B 类的滞回特性处于 A、C 类之间。在类型 A 中，当 $\zeta_{eq} \leqslant 16.25\%$，$k=1$；当 $\zeta_{eq} \geqslant 45\%$，$k=0.77$；当 $16.25\% \leqslant \zeta_{eq} \leqslant 45\%$，$k$ 值线性内插。三种类型的 k 值与 ζ_{eq} 的关系见图 7-7 所示。

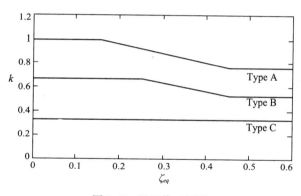

图 7-7　阻尼修正因子

由式（7-32）得到有效阻尼，可以由此转换得到需求谱的两个折减系数 SR_A、SR_V。关于由有效阻尼到需求谱折减系数的转换，在美国已经有比较成熟的做法，并已列入 1991UBC，FEMA，1994NEHRP 等规范中，SR_A、SR_V 的公式为

$$SR_A = \frac{3.21 - 0.68\ln(\zeta_{eff})}{2.12} \qquad (7-33)$$

$$SR_V = \frac{2.31 - 0.41\ln(\zeta_{eff})}{1.65} \qquad (7-34)$$

式中：SR_A ——弹性设计谱中的常加速度区域的谱折减系数；

　　　SR_V ——弹性设计谱中的常速度区域的谱折减系数。

7.2.2.2　寻找目标性能点的方法

有限元分析软件 SAP2000 使用的是 ATC-40 中的方法 A 来寻找目标性能点，此方

法适用于计算机迭代[38]。方法 A 的基本过程为：

1）在能力谱曲线上选取任一个试点 P_i，根据能量等效法则构造出二折线，使二折线在 P_i 点与谱位移轴围成的面积与能力谱曲线在 P_i 点与谱位移轴围成的面积相等；

2）由图 7-5 和式（7-27）确定 P_i 点所对应的滞回等效阻尼，并由式（7-32）确定有效阻尼 ζ_{eff}，将有效阻尼代入式（7-33）、式（7-34）中，做出由弹性需求谱经过折减后的弹塑性需求谱；

3）确定出需求谱曲线与能力谱曲线的交点 P，当 P 与 P_i 重合或接近到可接受的范围时，可认为 P 点为目标性能点；否则，重新另选一个试点，返回第 1）步继续迭代。

7.2.2.3 SAP2000 中的静力弹塑性 Push-over 分析功能

SAP2000 是独立的基于有限元结构分析和设计的程序。它提供了功能强大的交互式用户界面，带有很多工具帮助快速和精确创建模型，同时具有分析最复杂工程所需的分析技术。SAP2000 是一种面向对象的工具软件，即用单元创建模型来体现实际情况[39]。一个与很多单元连接的梁用一个对象建立，和现实世界一样，与其他单元相连接所需要的细分由程序内部处理。分析和设计的结果对整个对象生成报告，而不是对构成对象的子单元，信息提供更容易解释并且和实际结构更协调。

静力弹塑性 Push-over 分析是一个特定的过程，于在基于性能的设计中对地震荷载使用。SAP2000 提供了下面的 Push-over 分析需要的工具。

1）在离散的、用户定义的框架铰的材料非线性。铰的属性考虑 Push-over 分析建立。默认的铰属性基于 ATC-40 和 FEMA-273 标准提供。

2）特别设计的非线性静力分析过程，用来处理在 Push-over 分析中常见的塑性铰承载力的突然降低。

3）允许位移控制的非线性静力分析过程，这样不稳定的结构可被推至期望的位移目标。

4）在图形用户界面显示承载力，来生成和绘制 Push-over 曲线，包括在谱坐标系中的需求谱曲线和承载力曲线。

5）在图形用户界面绘制和输出在 Push-over 分析的每一步的每一个铰的状态。

静力弹塑性 Push-over 分析是根据结构的具体情况在结构上施加某种分布的水平力，并逐渐增加水平力使结构不断进入塑性状态，从而改变整个结构的特性，使结构变成机动体系或者失效或者达到预定的位移限值。运用 SAP2000 进行分析主要步骤如下。

1）进行结构的建模，SAP2000 提供了类型非常丰富的单元和材料，但仅属于框架单元类型才有塑性铰性质，故若要对结构作整体弹塑性分析，前提是要把结构等效成框架单元类型，再用框架单元来模拟整个结构。

2）定义框架的铰属性并指定其给框架/索单元。

3）定义设计可能需要的任意荷载工况，包括静力的各种分析工况，特别是在使用默认铰时。

4）运行设计需要的分析。

5）若任何混凝土的铰属性是基于程序计算的默认值时，用户必须进行混凝土设计，这样才能决定配筋。

6）若任何钢铰基于程序对于自动选择框架界面计算的默认值，用户必须进行钢设计且接受程序选择的截面。

7）定义 Push-over 分析所需的荷载工况，包括：重力荷载和其他可能在施加横向地震荷载前作用在结构的荷载；用来对结构进行推覆作用的横向荷载。

8）设置塑性铰，在构件可能出现塑性铰的部位设置塑性铰，SAP2000 提供了弯矩 M）、剪力（V）、轴力（P）、轴力和弯矩相关（PMM）的四种塑性铰，可以在构件可能出现塑性铰的任意部位布置一个或多个塑性铰。对于混凝土结构，在布置塑性铰以前，应先给出构件的断面配筋。

9）定义 Push-over 分析使用的非线性分析工况，在 Push-over 工况中，可设置水平力分布、顶点位移值、控制点、步长和迭代方式。包括：一系列的一个或多个使用荷载控制的工况，从零和施加重力和其他固定荷载开始；从此系列开始并施加横向 Push-over 荷载的一个或多个 Push-over 工况。这些荷载应使用位移控制施加。被检测的位移在结构的顶部且将用来绘制 Push-over 曲线。

10）运行 Push-over 分析工况。

11）进行弹塑性分析和结果整理。程序自动对结构进行循环加载，直到结构的侧向位移达到预定的限值或失效或结构变成机动体系。在计算结束之后，程序会自动存储每批塑性铰出现的内力和变形，并提供剪力—位移曲线和能力谱曲线。

12）按需要修改模型并重复。

用户应考虑几种不同的横向 Push-over 工况，来代表可能在动态加载时发生的不同反应系列。特别注意的，用户应在 x 和 y 方向推结构，且可能在两者间有角度。对于非对称结构，在正和负方向推结构可能产生不同的结果。当在一个给定的方向推结构时，用户可以考虑水平荷载在竖向的不同分布，如在此方向的第一振型和第二振型。

7.2.3 节能砌块隐形密框墙体的简化分析模型

7.2.3.1 密肋框格—砌块协同工作性能

构成节能砌块隐形密框墙体的基本构件为隐形密肋框架和节能砌块。其中，钢筋混凝土隐形密肋框架是以弯曲变形为主的变形能力较大的延性构件，节能砌块则是以剪切变形为主的变形能力较小的脆性构件。两者的组合体，在水平荷载作用下，各自按自身的特性发展变形。在受力过程中，开始加载时变形较小，密肋框架和砌块如同一个构件一样整体工作。当荷载不断增加时，两者之间的变形差异增大，在接触面上变形互相适应和调整，产生了相互挤压和分离区域。这样使得相当一部分砌块没有直接与密肋框格产生相互作用，砌块只在接触长度范围内对密肋框格有着明显的相互作用，因此可将砌块等效为铰接于受压对角线顶点的具有一定宽度的斜向支撑。

由于在静力弹塑性分析时，SAP2000 程序没有为壳单元提供塑性铰，因此，我们将墙体中的砌块用一个个沿砌块对角线放置的等效斜压杆来代替，砌块等效斜压杆用两端铰接的杆单元来代替，形成由隐形密肋框架和与之铰接的砌块等效斜压杆组成的刚架斜压杆组合模型，以考虑墙体进入塑性时的性能。

7.2.3.2 砌块等效斜压杆宽度 w

等效斜压杆模型作为一种简单实用的宏观模型已被广泛的应用于结构的线性与非线性分析中，其中斜压杆模型的力学特性显得尤为重要[40]。在弹性阶段末端（即刚进入弹塑性阶段），本章取等效斜压杆的计算长度为砌块主对角线长度 d，假定其截面为矩形，其中斜压杆厚度 b 等于砌块的厚度，斜压杆的弹性模量采用砌块的初始弹性模量 E_q，故在上述参数已知的条件下，斜压杆模型的力学特性主要取决于砌块等效斜压杆宽度 w。节能砌块与隐形密肋框格的协同工作是一个复杂的超静定问题，墙体的承载力和刚度在很大程度上要受二者相互作用的影响。

根据文献［41］，砌块与框格的相对刚度用系数 λ 表示如下

$$\lambda = \sqrt[4]{\frac{E_q t_q l^3 \sin 2\theta}{4 E_c I_c}} \tag{7-35}$$

式中：E_q——砌块的弹性模量；

t_q——砌块的厚度；

l——框格尺寸；

θ——砌块受压对角线与荷载作用线夹角；

E_c——框格材料的弹性模量；

I_c——框格横截面的惯性矩。

λ 是砌块的刚度与框格刚度的相对值，λ 值越大，密肋框格相对于砌块刚度值越小。相对刚度表明了砌块的柔性，接触长度则说明砌块的承载范围。通过假定接触长度上的密肋框格—砌块之间的相互作用内力为三角形分布，对界面处的砌块及密肋框格建立平衡及协调方程，并对界面及 1/4 砌块进行能量分析，从而得到砌块与密肋框格接触长度 α/l 与其相对刚度 λ 之间的函数关系[42]

$$\frac{\alpha}{l} = \frac{\pi}{2\lambda} \tag{7-36}$$

式中：$\dfrac{\alpha}{l}$——砌块与框格有效接触长度。

可见相对刚度与相对接触长度成反比，砌块相对框格的刚度越大，砌块受压范围越少，接触长度越短。

等效斜压杆宽度 w 的确定是模型建立的关键。通过借鉴已有的框架填充墙试验及总结本课题试验，发现砌块等效斜压杆的相对宽度 w/d 与砌块的相对接触长度 α/l 有着明显的线性关系，结合式（7-35）、式（7-36），由文献［42］建立砌块相对等效宽度 w/d 与相对刚度 λ 间的关系

$$\frac{w}{d} = \frac{\pi}{3.9\lambda} + 0.13 \tag{7-37}$$

式中：w——等效斜压杆宽度；

　　　d——砌块主对角线长度。

由于 SAP2000 程序仅给钢单元和混凝土单元提供塑性铰，为了进行 Push-over 分析，由上述方法计算得到的砌块等效斜压杆宽度仍需进行二次等效，即等效成混凝土斜压杆宽度。因此，根据轴压刚度 EA 相等的原则，将砌块等效斜压杆宽度等效成混凝土斜压杆宽度。在 SAP2000 程序单元选择上，肋梁和肋柱用梁单元模拟，等效斜压杆用链杆单元模拟。

7.2.3.3　塑性铰的设置和 Push-over 工况

在塑性铰的定义方法上，塑性铰的本构关系模型归纳为图 7-8 所示，纵坐标（力）代表弯矩、剪力、轴力，横坐标（位移）代表曲率或转角、剪切变形、轴压变形。整个曲线分为四个阶段，弹性段（AB）、强化段（BC）、卸载段（CD）、塑性段（DE）。只要将几个关键点 B、C、D、E 确定出来，整个本构关系就确定了，其中确定 B 点时，涉及屈服力和屈服位移的确定，关于屈服力和屈服位移，有两种确定方法，一种是自定义，输入某一具体值，另外一种是由程序计算；确定 C、D、E 时，各点的纵、横坐标需要分别

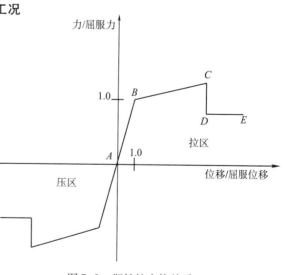

图 7-8　塑性铰本构关系

按照力、位移与屈服力和屈服位移的比值来输入，SAP2000 程序也提供了两种方法，一种是自定义，另一种是程序按照美国规范 FEMA-273 和 ATC-40 给定。本章采用程

序提供的缺省塑性铰本构模型，塑性铰的设置参数采用程序默认的数值。塑性铰应设置在弹性阶段内力最大处，因为在结构的这些位置最先达到屈服。对肋梁单元，考虑弯矩（M）屈服产生塑性铰；对肋柱单元，考虑由轴力和双向弯矩相关（PMM）作用产生塑性铰；在等效斜压杆的中间赋予轴力塑性铰（P）。

进行 Push-over 分析时选取的侧向加载模式既应反映出地震作用下各结构层惯性力的分布特征，又应使所求得的位移能大体真实反映地震作用下结构的位移状况。在强震作用下，结构进入弹塑性阶段后，结构的自振周期和惯性力的分布方式随之变化，楼层惯性力的分布不可能用一种方式来反映。因此，最少采用两种以上的侧向加载模式进行 Push-over 分析。

SAP2000 是通过定义 Push-over 工况来选择侧向加载模式，SAP2000 提供了自定义、均匀加速度和振型荷载三种 Push-over 工况。均匀加速度工况提供的侧向力是均匀加速度和相应质量分布的乘积，相当于均匀分布侧向加载模式；振型荷载工况提供的侧向力是用给定的振型乘以圆频率的平方（ω^2）及相应的质量分布，可以取任何一个振型，当取第一振型时，相当于倒三角侧向加载模式。在 SAP2000 中定义 Push-over 工况时，首先要定义结构在自重作用下的内力和变形，其他的 Push-over 工况都是在此工况结果上所进行的，即首先定义重力荷载作用为第一工况，各种水平力与重力荷载的组合作为其他工况。结构位移随着其定义的工况值（即某种侧向荷载）的不断增大而增大，直到达到规定的位移。本章采用的工况：重力+顶点水平力（自定义分布）；重力+振型 1（倒三角分布）；重力+x 向加速度（均匀分布）。

7.2.4　结果分析和性能评价

在用 SAP2000 程序进行 Push-over 分析时，需要考虑的是程序中的地震反应谱采用的是 ATC-40 中的反应谱曲线，与我国《建筑抗震设计规范》（GB 50011—2002）的地震反应谱表达方式略有不同，需经等效代换成程序中的系数，程序中的反应谱如图 7-9 所示[43]。

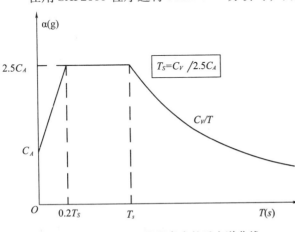

图 7-9　ATC-40 即程序中的反应谱曲线

根据我国抗震相关系数与图 7-9 中 ATC-40 的系数关系有所不同，按照反应谱水平段两端端点相等的原则，可以按下列公式确定程序中的系数 C_A、C_V

$$2.5C_A = \eta_2 \alpha_{\max} \qquad\qquad (7-38)$$

$$C_V / T_g = \eta_2 \alpha_{\max} \qquad\qquad (7-39)$$

本工程按 8 度抗震设防，设计基本地震加速度为 0.20g，场地类别为 Ⅲ 类，设计地震分组为第一组，按《建筑抗震设计规范》（GB50011—2001），罕遇地震下 $\alpha_{\max} = 0.9$，场地特征周期为 0.45s，则可知：$C_A = 0.36$、$C_V = 0.45$。

1）试件 EW1－1 中节能砌块的弹性模量为 $E_q = 1105 \text{N/mm}^2$，框格尺寸为 $l = 150\text{mm}$，框格截面惯性矩为 $I_c = 3.2 \times 10^5 \text{mm}^4$，节能砌块的有效厚度为 $t_q = 60\text{mm}$，密框混凝土材料的立方体抗压强度平均值为 $f_{cu} = 16.53\text{MPa}$，$E_c = \dfrac{10^5}{2.2 + \dfrac{34.7}{f_{cu}}} = 2.32 \times 10^4 \text{N/mm}^2$。则可得

$$i = \frac{E_c I_c}{l} = 4.95 \times 10^7 \text{N} \cdot \text{mm} , \quad \lambda = \sqrt[4]{\frac{E_q t_q l^3 \sin 2\theta}{4 E_c I_c}} = 1.66 ,$$

$$w = \sqrt{2} l \left(\frac{\pi}{3.9\lambda} + 0.13 \right) = \sqrt{2} \times 150 \times \left(\frac{\pi}{3.9 \times 1.66} + 0.13 \right) = 129.80\text{mm}$$

再根据轴压刚度相等的原则，即 $E_c A_c = E_q A_q$，可知试件 EW1－1 的混凝土等效斜压杆宽度

$$w_c = \frac{E_q}{E_c} \times w = 6.18\text{mm}$$

2）试件 EW2－1，$E_q = 1105 \text{N/mm}^2$；$l = 150\text{mm}$；$I_c = 3.2 \times 10^5 \text{mm}^4$；$t_q = 60\text{mm}$；$f_{cu} = 19.24\text{MPa}$；$E_c = \dfrac{10^5}{2.2 + \dfrac{34.7}{f_{cu}}} = 2.50 \times 10^4 \text{N/mm}^2$。

$$i = \frac{E_c I_c}{l} = 5.33 \times 10^7 \text{N} \cdot \text{mm} , \qquad \lambda = \sqrt[4]{\frac{E_q t_q l^3 \sin 2\theta}{4 E_c I_c}} = 1.63$$

$$w = \sqrt{2} l \left(\frac{\pi}{3.9\lambda} + 0.13 \right) = \sqrt{2} \times 150 \left(\frac{\pi}{3.9 \times 1.63} + 0.13 \right) = 132.41\text{mm}$$

$$w_c = \frac{E_q}{E_c} \times w = 5.85\text{mm}$$

3）试件 EW3－1，$E_q = 1105 \text{N/mm}^2$；$l = 150\text{mm}$；$I_c = 3.2 \times 10^5 \text{mm}^4$；$t_q = 60\text{mm}$；$f_{cu} = 22.79\text{MPa}$；$E_c = \dfrac{10^5}{2.2 + \dfrac{34.7}{f_{cu}}} = 2.69 \times 10^4 \text{N/mm}^2$。

$$i = \frac{E_c I_c}{l} = 5.74 \times 10^7 \text{N} \cdot \text{mm} , \qquad \lambda = \sqrt[4]{\frac{E_q t_q l^3 \sin 2\theta}{4 E_c I_c}} = 1.60$$

$$w = \sqrt{2}\,l\left(\frac{\pi}{3.9\lambda} + 0.13\right) = \sqrt{2} \times 150 \times \left(\frac{\pi}{3.9 \times 1.60} + 0.13\right) = 134.38\text{mm}$$

$$w_c = \frac{E_q}{E_c} \times w = 5.52\text{mm}$$

经过以上计算分析可知,试件 EW1-1、EW2-1、EW3-1 的混凝土等效斜压杆宽度分别为 6.18mm、5.85mm、5.52mm。在有限元建模中,各试件模型的混凝土等效斜压杆宽度将分别采用以上数值。

7.2.4.1 结构底部剪力—顶点位移

根据有限元分析步骤,用 SAP2000 程序对节能砌块隐形密框墙体建立计算分析力学模型,试件 EW1-1、EW2-1、EW3-1 都采用图 7-10 所示的有限元分析力学模型。经程序的 Push-over 分析计算,计算出墙体试件 EW1-1 在工况一(重力+顶点水平力)、工况二(重力+振型 1)、工况三(重力+x 向加速度)的屈服位移值分别为 3.16mm、2.89mm 和 2.72mm,而试验值为 2.96mm,计算结果与试验值吻合较好,其中工况一的屈服位移与试验测得的数值较为接近,这与二者都采用在墙体顶点施加水平荷载的加载方式有关;墙体试件 EW2-1 在工况一、工况二、工况三的屈服位移值分别为 3.39mm、3.22mm、3.13mm,而试验值为 2.74mm,计算结果与试验值相差较大,这是由于墙体在施工中施工工艺没完全达到要求,使墙体在加载过程中发生水平剪切滑移破坏,试件水平承载力没充分发挥作用;墙体试件 EW3-1 在工况一、工况二、工况三的屈服位移值分别为 3.12mm、2.99mm、2.90mm,而试验值为 3.16mm,计算结果与试验值吻合较好。各试件有限元分析结果如表 7-1 所示。

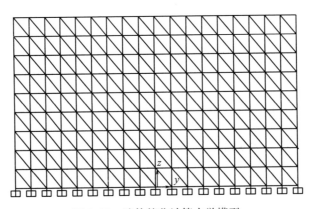

图 7-10 墙体简化计算力学模型

表7-1 试件有限元分析结果列表

试件编号	荷载工况	谱位移（m）	谱加速度（m/s²）	基底剪力（kN）	顶点位移（mm）
EW1-1	工况一	0.025	0.475	199.62	5.32
	工况二	0.018	0.524	220.35	5.03
	工况三	0.016	0.561	235.77	4.87
EW2-1	工况一	0.023	0.471	202.68	5.35
	工况二	0.017	0.491	211.29	5.28
	工况三	0.015	0.536	230.65	5.13
EW3-1	工况一	0.027	0.436	209.32	5.22
	工况二	0.019	0.479	229.96	4.96
	工况三	0.016	0.512	245.81	4.78

从试件的有限元分析结果可以看出，三个试件基底剪力的大小都是由工况一到工况三依次增大，说明采用不同的水平荷载模式会影响到 Push-over 分析的结果，因而对于本试件模型采取三种水平荷载模式进行验算是合理的。由于三个试件采用不同的配筋，各试件的有限元分析模型在极限阶段基底剪力的大小随着配筋的增加而增加，但效果不是很明显。由 SAP2000 程序通过 Push-over 分析计算得来的极限阶段顶点位移与试验值较为接近，其中由程序计算的墙体试件 EW1-1、EW3-1 极限阶段的顶点位移比试验值略小，而墙体试件 EW2-1 极限阶段的顶点位移比试验值稍大一些，这是因为程序考虑的是理想化的力学模型，而墙体试件在施工中存在着误差，并且为了保证试验加载所设置的翼墙对墙体的受力性能也会有所影响，所以造成了试验的数据与模拟的数据略有不同。三块墙体试件在各工况下性能点的顶点位移均小于 $1/100 \times 1950 = 19.5$mm（1/100 是新型复合墙体的弹塑性位移角限值[44-46]），说明在三种水平荷载模式下，试件 EW1-1、EW2-1、EW3-1 均满足弹塑性极限要求。

7.2.4.2 塑性铰分布

ATC-40 将房屋遭受地震后，可能出现的状态主要分为 *IO*、*DC*、*LS*、*SS* 四种状态，可解释为"立即居住"、"损坏控制"、"生命安全"和"结构稳定"。其中梁、柱等构件在这几种状态下的塑性限值，可用图 7-11 表示，纵轴表示轴力、弯矩，横轴表示轴压变形、曲率或转角，*B*、*IO*、*LS*、*CP*、*C* 为性能点，其中 *B* 点为出现塑性铰点，*C* 点为倒塌点，*CP* 点为预防倒塌点。

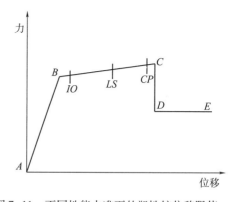

图 7-11 不同性能水准下的塑性铰位移限值

经计算分析，可得到墙体 EW1-1 在各阶段的塑性铰分布。本章给出破坏阶段的塑性铰分布（图 7-12），三种工况的塑性铰分布趋势较为一致。等效斜压杆除了在墙体中上部区域外均形成塑性铰，其中底部六层的砌块全部达到特征点 D（破坏点），说明砌块在此阶段已完全破损，并退出工作。墙体此时已退化成仅由肋梁和肋柱组成的隐形密框，肋柱还没有屈服，而从肋梁的破坏上来看，除上部的内肋梁外都出现塑性铰区，这与试验按"砌块、边肋梁、内肋梁"的破坏顺序相吻合。试验中墙体的中下部区域裂缝较密集、大部分砌块角端掉落，这与分析结果相似。图中实心点代表破坏点，空心点代表塑性铰点。

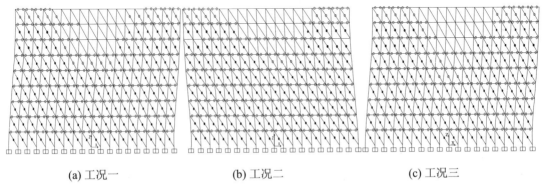

(a) 工况一　　　　　　　　(b) 工况二　　　　　　　　(c) 工况三

图 7-12　EW1-1 极限（破坏）阶段塑性铰分布

图 7-13 为墙体 EW2-1 在破坏阶段的塑性铰分布图，三种工况的塑性铰分布趋势较为一致，即大部分砌块都达到特征点 D 且均匀分布在墙体的四周。在试验中，墙体 EW2-1 在墙体上部区域发生局部剪切破坏之前，随着荷载的增加，整块墙体的裂缝分布较为均匀，说明分析结果与试验结果较为相似。在分析结果中，墙体 EW2-1 的上部砌块比墙体 EW1-1 的上部砌块破坏严重，这是由于墙体 EW2-1 提高了肋柱的配筋，墙体的整体工作性能得到了加强。在三种工况作用下，等效斜压杆均形成了塑性铰，底部六层的肋梁也依次出现塑性铰，并按"砌块、内肋梁、边肋梁"的出铰过程依次破坏，与试验中墙体的破坏过程大致相同。

图 7-14 为墙体 EW3-1 在破坏阶段的塑性铰分布图，从图中可以发现三种工况的塑性铰分布趋势较为一致，底部七层砌块的等效斜压杆均形成塑性铰，在加载的后期，上层砌块的等效斜压杆出现塑性铰，并且墙体上层中间区域的肋梁也出现塑性铰。相比墙体 EW2-1，墙体 EW3-1 砌块破坏的更为严重，这是因为墙体 EW3-1 提高了肋梁与肋柱的配筋，使得墙体主对角线方向的砌块被斜向压碎，最终发生斜压破坏。

7.2.4.3　小结

由本章建立的墙体简化计算力学模型对节能砌块隐形密框墙体进行的 Push-over 分

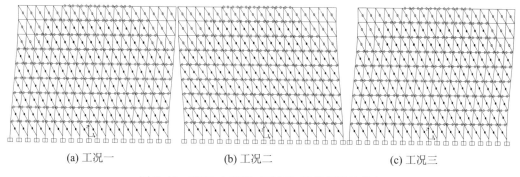

|(a) 工况一|(b) 工况二|(c) 工况三|

图 7-13　EW2-1 极限（破坏）阶段塑性铰分布

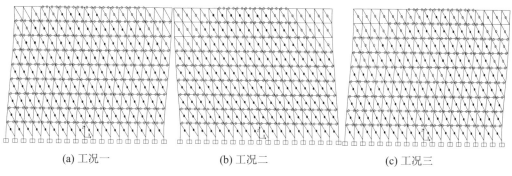

|(a) 工况一|(b) 工况二|(c) 工况三|

图 7-14　EW3-1 极限（破坏）阶段塑性铰分布

析是可行的。分析表明 Push-over 分析不仅可以对墙体在遭受罕遇地震后可能出现的破坏状况进行较精确的分析，而且能够估计结构在各阶段的塑性铰出现顺序和分布情况，因而它是对这种新型隐形密框墙体进行弹塑性分析和性能评估的一种有效的方法。同时，由于隐形密框和砌块的协同工作，使其承受力的构件（砌块、框格）能够分阶段释放地震能量，有效地减小肋梁肋柱的破坏程度，表现出良好的耗能能力和抗倒塌能力。

7.3　节能砌块隐形密框结构房屋静力弹塑性分析

7.3.1　引言

房屋结构模型静力弹塑性分析的力学模型一般可分为四类，即平面模型、空间协同模型、拟三维模型、三维有限元模型[47-49]。其中，三维有限元模型由于几乎不受结构体型的限制，它为复杂体型的结构分析提供了强有力的手段。由于有限元模型具有丰富并已正在不断完善的单元库,因而可以针对不同的结构,选择合适的单元,能够较为精确地描述结构的实际情况,从而建立起相应的计算模型。为了较准确的模拟节能砌块隐形密框结构的地震反应,本章将采用三维有限元模型对结构进行静力弹塑性分析。

7.3.2 节能砌块隐形密框结构房屋的 Push-over 分析研究

许多研究成果表明,Push-over 方法能够较为准确地反映结构的地震反应特征。对于结构振动以第一振型为主、基本周期在两秒以内的房屋建筑,Push-over 方法能够很好地估计结构的整体和局部弹塑性变形,同时也能揭示弹性设计中的层屈服机制、过大变形以及强度、刚度突变等[50-52]。另外,Push-over 方法能够反映结构弹塑性性能的重要方面,尤其是结构的真实强度和整体塑性机制,因此适宜于实际工程设计和已有结构的抗震鉴定。

节能砌块隐形密框结构房屋作为一种新型的结构形系,其结构平面布置、结构选形、设计原则以及计算简化模型等均尚处于研究阶段,而通过弹塑性静力分析 Push-over 方法可以了解其潜在的脆性结构构件的需求,并预估这种结构构件的变形能力,如果达不到要求就能立即采取措施进行补救。总之,对节能砌块隐形密框结构房屋进行 Push-over 方法分析可以了解结构在横向荷载作用下每个构件的受力变化情况,观察到结构由弹性阶段到承载力丧失的全过程,检查设计中的薄弱部位,并可以得到不同受力阶段的侧移变形,底部剪力—顶点位移关系曲线以及能力谱曲线。在进行分析研究前,经过计算得到了该结构的重力荷载代表值,一、二层重力荷载代表值为 165.95kN,三层重力荷载代表值为 107.61kN。

7.3.2.1 模型的建立

由在上一章中确立的简化分析模型[53],采用与墙体试验中相同材料属性的节能砌

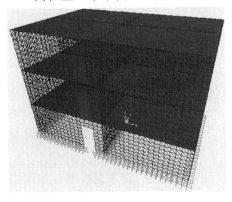

图 7-15 房屋简化计算力学模型

块,其弹性模量为 $E_q = 1105\text{N/mm}^2$,砌块的等效斜压杆宽度 w 换算成混凝土等效斜压杆宽度 w_c 为 6.18mm。塑性铰采用程序给定的塑性铰本构关系模型,所采取的三种水平加载模式(三种工况)分别为:重力+顶点水平力(自定义分布)、重力+振型1(倒三角分布)、重力+x 向加速度(均匀分布)。因此,由 SAP2000 程序对节能砌块隐形密框结构房屋建立计算分析力学模型(图 7-15)后,再依次采用三种水平荷载分布模式对所建结构模型进行 Push-over

分析。

7.3.2.2　结构底部剪力—顶点位移的关系

本工程按 8 度抗震设防，设计基本地震加速度为 0.20g，场地类别为 III 类，设计地震分组为第一组，按《建筑抗震设计规范》（GB 50011—2001），罕遇地震下 $\alpha_{\max} = 0.9$，场地特征周期为 0.45s，并由上一节的公式（7-38）、公式（7-39）确定程序中的系数 C_A、C_V，则可知：$C_A = 0.36$、$C_V = 0.45$。

首先，用 SAP2000 有限元程序对分析模型进行模态分析，可以得到分析模型的周期为 0.76s。再对分析模型进行 Push-over 分析，可以得到三种工况下结构模型的基础底部剪力—顶点位移关系曲线（图7-16）、能力谱曲线（图7-17）以及试验模型有限元分析结果（表7-2）。

表 7-2　试验模型有限元分析结果列表

	工况一	工况二	工况三
谱加速度 $S_a(\mathrm{m/s^2})$	0.593	0.527	0.678
谱位移 $S_d(m)$	0.057	0.061	0.052
基底剪力（kN）	276.75	235.68	319.25
顶点位移（mm）	7.81	8.35	7.38

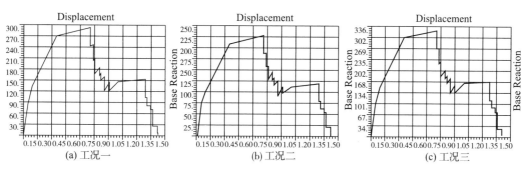

图 7-16　基底剪力—顶点位移曲线

从基底剪力—顶点位移曲线中我们可以看到结构在三种工况下的发展模式大致相同，但略有区别。结构模型在弹性阶段时三种工况下的基底剪力都有随着位移增大的变化趋势，在进入弹塑性阶段前工况三（重力+x 向加速度）的基础底部剪力值最大，工况二（重力+振型 1）的基础底部剪力值最小。最后当结构模型进入弹塑性阶段时开始出现塑性铰，在水平荷载达到最大值后，曲线开始下降，即结构的承载能力降低，其变形仍然继续增加，梁铰、柱铰形成，此时结构已成为机动体系。结构在工况一

（重力+顶点水平力）、工况二（重力+振型1）、工况三（重力+x 向加速度）的基础底部剪力值分别为 276.75kN、235.68kN、319.25kN，而试验值平均值为 237.25kN。计算结果与试验值吻合较好，其中工况一、工况二的基础底部剪力值与试验测得的数值较为接近，这是因为本试验采用在结构顶点施加水平荷载与工况一的加载方式相同，以及试验房屋模型只有三层因而受第一振型控制，与工况二的加载方式较为接近。在三种工况作用下结构破坏时的顶点位移分别为 7.81mm、8.35mm、7.38mm，试验值平均值为 10.10mm。顶点位移计算结果与试验值相比偏小，说明此节能砌块隐形密框结构房屋表现出的延性性能比预想中的好，具有良好的耗能能力。

在图 7-17 中的粉红色曲线为能力谱曲线，浅蓝色曲线为地震反应谱曲线，它是从我国《建筑抗震设计规范》（GB 50011—2001）的地震反应谱曲线经等效代换成程序中的系数 C_A、C_V 转换得到。深蓝色曲线为单独修正的需求谱曲线，它采用与 ATC-40 中第 8 章步骤 B 中相似的方法绘制。灰色射线是 SAP2000 程序为 $T=0.5s$、$1s$、$1.5s$ 以及 $2s$ 的恒定周期绘制的周期线。

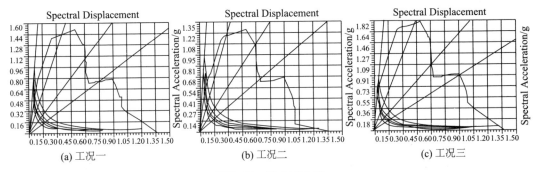

图 7-17 能力谱曲线

从能力谱曲线中可以得到在各工况下结构的目标性能点（表 7-2），即图 7-17 中地震需求谱曲线与能力谱曲线的交点。说明本节能砌块隐形密框结构房屋能满足抗震设防烈度为 9 度以上的抗震要求，具有良好的抗倒塌能力。从表 7-2 中可以看到试验分析模型的谱加速度 S_a 和谱位移 S_d 在不同的荷载分布模式下有所区别但相差不大，说明目前对规则的多层结构进行的推覆分析时，随着结构损害程度的加重，结构的惯性力分布随时都在改变，而假设的单一恒定水平荷载分布并不能反映这一点变化，并且无论选择何种荷载分布形式，都只能使得与该荷载形式相应的振型得到加强，其他振型得到削弱。因而，采用多种水平荷载的加载模式能够更好的评估结构的抗震性能[54]。

7.3.2.3 不同加载模式下结构塑性铰分布

通过对本试验模型进行 3 种荷载分布模式作用下的 Push-over 分析，可得到结构的塑性铰分布情况。取模型中的①轴墙体查看结构的塑性铰分布情况（图 7-18）。

从图 7-18 中可以看出，加载方式的不同对结构最后的塑性铰位置影响不大，三种工况下结构的破坏及塑性铰的出现都集中在下部两层。与试验的裂缝结果对比发现，在节能砌块隐形密框结构房屋的试验中三层的墙体上没有出现裂缝，而 Push-over 分析

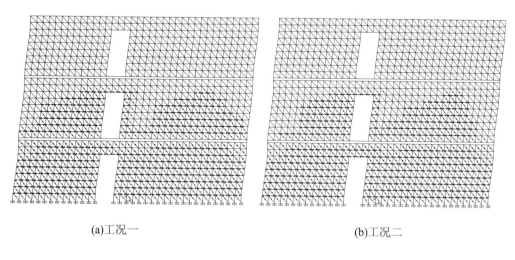

(a)工况一　　　　　　　　　　　　　　　　　(b)工况二

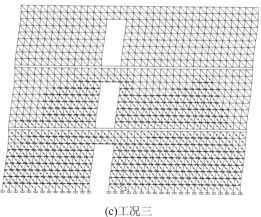

(c)工况三

图 7-18　在不同工况下极限（破坏）阶段的塑性铰分布

得出的塑性铰分布情况可以看出，在三种工况下模型三层的墙体也没有出现塑性铰。在试验中一层、二层墙体裂缝出现的很集中，且大部分墙体裂缝都出现在远离加载端的部位。笔者认为这与靠近加载端处的楼板因为要埋设加载所用的螺杆而增加的楼板厚度有一定的关系，导致同一面墙体刚度分布不均匀，使远离加载端的墙体开裂严重。而 Push-over 分析所用的模型更接近以理想化的加载模型，在一层、二层墙面的塑性铰

呈现沿墙面对称分布的特征，这与试验的情况略有不同，但Push-over分析的结果的和试验的裂缝结果都反映出节能砌块隐形密框结构房屋底部墙体破坏的最为严重，因而在以后的设计中应该多加强节能砌块隐形密框结构房屋底层墙体的承载能力，使得每层墙体都发挥出最大的工作性能，从而使整个结构的抗震性能得到进一步的提升。

7.3.2.4 结构层间剪力及层间位移角的分布

图7-19为本试验模型在3种水平加载分布模式下顶点位移达到控制条件时，结构层间剪力的分布示意图。从图中可以看出虽然不同分布模式的计算结果存在差别，但反映出各层的层间剪力随楼层的变化趋势大致相同。从Push-over分析结果可以看出，在三种工况下，结构顶层的层间剪力大致相同，但在二层处工况二的层间剪力与工况一、工况三的层间剪力相比偏小，在一层处工况三的层间剪力增长的最大。与试验值相比发现，结构有限元分析模型在工况二的作用下所得的层间剪力值与试验值最接近，说明此节能砌块隐形密框结构房屋受第一振型控制，与前面在分析基底剪力—顶点位移曲线时所得的结论一致。

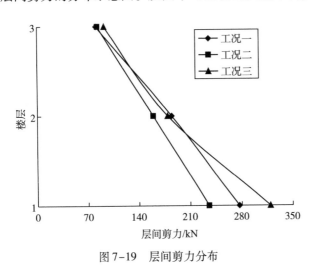

图7-19 层间剪力分布

图7-20为本试验分析模型在3种水平加载分布模式下顶点位移达到控制条件时，结构层间位移角的分布示意图。从图中可以看出，3种水平加载分布模式的结果随着层数的不同而都略有差别，但最大层间位移角出现的位置在结构中都是一致的，即都出现在第二层。其中在工况二的作用下的结构层间位移角与试验值最接近，但三种工况作用下结构各层的层间位移角与试验测得的数值相比都偏小，说明结构

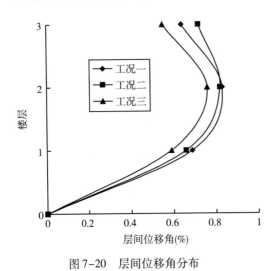

图7-20 层间位移角分布

各层所具有的变形能力比预想中的好。

7.3.3　节能砌块隐形密框房屋的层间位移角限值

国际地震工程界多年来的理论研究及大量的震害经验表明，建筑结构在设计地面运动下的变形值一般可以很好地体现结构的性能水平，因而基于结构变形（或结构性能）的抗震设计方法被地震工程界公认是一种有效的抗震设计方法。基于结构变形的抗震设计的两个最主要任务是如何合理计算结构在给定地震作用下的位移反应和确定实现预定建筑功能的结构变形容许值。可以认为建筑行为的抗震设计最终应归结为结构变形抗震设计[55-57]。基于结构变形的抗震设计理念是 21 世纪世界各国抗震规范修订的最主要依据。由此本节讨论了节能砌块隐形密框结构在小震与大震作用下层间弹性与弹塑性位移限值问题。

7.3.3.1　弹性层间位移角限值的控制目标

根据我国规范规定的"小震"下的设防目标，层间侧移角限值的确定不应只考虑非结构构件可能受到的损坏程度，同时也应控制肋梁、肋柱等重要抗侧力构件的开裂。在常规的结构体系中，对于框架结构，由于填充墙比框架柱先开裂，可以控制填充墙不出现严重开裂为小震下侧移控制的依据。而在以剪力墙为主要受力构件的结构（框架—剪力墙结构、剪力墙结构、框架—筒体结构等）中，由于"小震"作用下一般不允许作为主要抗侧力构件的剪力墙腹板出现明显斜裂缝。因此，这一类以剪力墙为主的结构体系应以控制剪力墙的开裂程度作为其位移角的取值依据；节能砌块隐形密框结构的主要抗侧力体系接近于剪力墙抗侧力结构，因而，应参照后者并结合体系自身的特点进行层间位移角限值的确定。

节能砌块隐形密框结构与普通混凝土结构在受力性能与地震破坏机理上有所不同，隐形密肋墙体中的加气混凝土砌块有类似于耗能机构的作用。在已做过的 6 块墙体试验的结果表明，墙体内主要由剪切变形引起的加气混凝土砌块开裂的位移角一般为 1/1200—1/800；抗震规范给出的钢筋混凝土抗震墙层间弹性位移角限值为 1/1000。由于对结构刚度的过高要求可能难以实现对经济目标的控制，并且若采用高强轻质延性填充砌块时将推迟开裂。因此，允许密肋复合墙体在小震下有适度开裂，取试验结果的上限值（1/800），作为以隐形密框墙体为主要抗侧力构件的结构体系的层间位移角限值。

7.3.3.2　弹塑性层间位移角限值的控制目标

钢筋混凝土结构房屋的极限变形能力，不仅取决于主要结构构件的变形能力，而且与整个结构的破坏机理有关。例如，强柱弱梁型框架通常比弱柱强梁型框架的变形能力要大，因此确定房屋的极限变形能力的限值，要比确定结构构件的极限变形能力更加复杂和困难。

从工程实用角度，一般是采用结构或构件的极限层间位移角的某一统计值作为评判结构是否可能发展倒塌的界限对构件或结构的极限位移角的定义，目前还没有统一的标准。常用的定义方法有以下两种：一种是以 $P—\Delta$ 骨架上承载力下降至 $0.85P_{max}$ 时所对应的变形 δ_u 作为构件的极限变形；另一种是重复循环时承载力的退化率（即某一延性比下第二次循环所能达到的最大荷载值与第一次循环的最大荷载值之比）低于某一限值时所对应的变形 δ_u 作为构件的极限变形。

有限元分析[23,58-61]表明结构在 8 度区大震作用下薄弱层极限弹塑性位移角在 1/120—1/80 之间；根据已做过的 6 块墙体试验，最大极限层间位移角约为 1/150—1/80；参考《建筑抗震设计规范》（GB 50011—2001），钢筋混凝土框架层间弹塑性位移角限值为 1/50，钢筋混凝土框架—抗震墙、板柱—抗震墙、板柱—核心筒层间弹塑性位移角限值为1/100。节能砌块隐形密框结构的刚度与延性均处于框架结构、抗震墙结构之间。考虑到在做墙体试验时轴压比较小，本章建议按1/80取值作为层间弹塑性位移角限值，应有较大的安全储备。

7.3.4　小结

本节通过建立三维有限元空间模型对节能砌块隐形密框结构房屋进行 Push-over 分析，可以得到结构的弹塑性基底剪力—顶点位移关系曲线，结构在大震作用下塑性铰的分布状况，结构的能力谱曲线以及结构在不同工况下侧向变形的情况。通过对试验模型进行非线性分析，得出了该房屋结构的抗震薄弱环节，并给出适当的设计建议。以基于结构变形的抗震设计理念为基础，探讨了隐形密框结构在"小震"下弹性层间位移角限值和"大震"下弹塑性层间位移角限值。

7.4　节能砌块隐形密框结构基于性能的抗震设计理论研究

7.4.1　引言

节能砌块隐形密框结构属于墙体承重体系，它依靠隐形密肋框架与砌块共同参与工作而形成有效的承力体系，适宜墙体较多的居住建筑及中小开间的办公、宿舍及酒店等公共建筑。同常规结构体系如框架、剪力墙相比，节能砌块隐形密框结构房屋表现出了不同的特性。本章根据节能砌块隐形密框结构墙体拟静力试验及三层节能砌块隐形密框结构房屋模型拟动力试验结果，并结合工程设计实例，重点对节能砌块隐形密框结构房屋的平面布置和结构选型等概念设计原则、结构抗震设计中地震作用的确定及分配、墙体承载力验算等问题进行研究与探讨，提出基于性能的节能砌块隐形密框结构抗震设计的计算分析方法。

　　基于性能的结构抗震设计方法和结构抗震性能的分析方法与评价方法是基于结构性能的抗震理论的核心内容，现阶段对基于结构性能的抗震理论的研究还主要集中于这几个方面[62]。自从基于结构性能的抗震理论提出以来，许多学者先后提出了直接位移设计法[63-65]、位移影响系数设计法[66]和能力谱方法[67-69]三种基于结构性能的抗震设计方法，它们的研究者都把它们称为基于结构性能的抗震设计理论。从某种程度上讲，这些方法都偏向于基于结构抗震性能设计理论的某一方面，都有一定的局限性，没有形成统一的结构抗震设计方法。直接位移设计法偏重于结构的设计，而对所设计结构的实际抗震性能没有其评价方法；能力谱方法偏向于结构的抗震性能评估，而对结构的抗震设计方法体现的不是十分明确；位移影响系数方法采用过多的简化参数得到结构的目标位移，其有效性则需要更进一步的研究。因此，有必要建立一种新的结构抗震设计方法，在结构设计的各个阶段，从结构抗震性能等级的选择、结构的概念设计、初步设计、最终设计、结构的分析方法到结构的抗震性能验算与评价，都体现结构性能设计的理念。

　　节能砌块隐形密框结构作为一种全新的结构形式，由于构造特殊，影响墙体受力性能的因素较多，主要研究内容国内规范均未涉及。随着建设部《实施工程建设强制性标准监督规定》的颁布，国内从事新建、扩建、改建等工程建设活动时，必须执行工程建设强制性标准。因此，本结构体系的推广应用也应严格以工程建设强制性条文为准绳，在此基础上制定相关的设计、施工、验收标准或规程。在结构设计中，应符合现行《建筑结构荷载规范》（GB 50009—2006）、《建筑抗震设计规范》（GB 50011—2001）、《混凝土结构设计规范》（GB 50010—2002）、《混凝土结构工程施工及验收规范》（GB 50203—2002）等有关规范强制性标准的规定[70,71]。

7.4.2　设计原则

　　同常规建筑结构的设计原则一样，节能砌块隐形密框结构的极限状态分为承载能力极限状态和正常使用极限状态。鉴于我国的结构设计规范已借鉴国际组织"结构安全度联合委员会"提出的以概率理论为基础的极限状态设计法，节能砌块隐形密框结构的设计也以这种思想为基础。对于节能砌块隐形密框结构中的主要承力构件——节能砌块隐形密框墙体，由于其中填充的加气混凝土砌块强度较低，材料变异性大，因而，对于墙体构件乃至墙段的强度、刚度等均有较大的影响，以某种失效模式判别墙体构件的抗力状态时，墙体构件可靠指标的计算应能充分反映填充块材料特性的统计特征。结构、构件以及连接节点，应根据承载力极限状态及正常使用极限状态的要求，分别进行下列计算及验算。

1）结构、构件均应进行承载力计算。

2）根据使用条件需控制变形值的结构及构件，应验算变形。

3）根据使用条件不允许混凝土出现裂缝的构件，应进行抗裂验算；对使用上需限制裂缝宽度的构件，应进行裂缝宽度验算。

7.4.3 基于结构性能的综合抗震设计方法

基于结构性能的综合抗震设计方法是在现有研究成果的基础上，将本章讨论的静力弹塑性 Push-over 分析方法和用于结构抗震性能评估的能力谱方法综合应用于结构设计的不同阶段，在结构设计的每个阶段控制结构的抗震性能，体现基于结构性能的综合抗震设计理念。

7.4.3.1 节能砌块隐形密框结构概念设计

概念设计是相对于数值设计而言的，是根据地震震害和工程经验所获得的基本设计原则和设计思想，进行建筑结构总体布置并确定基本抗震措施的过程。现代的建筑抗震设计正是基于这一思想：结构是靠非弹性反应特性来消耗大部分地震输入能量。概念设计阶段就是在设计之初就明确结构的哪些部位在地震过程中要经历非弹性反应的。在基于结构性能的抗震设计理论中，概念设计显得更为重要。因为基于性能的结构抗震概念设计强调以结构的抗震性能目标为基础，对于不同的抗震性能目标需要选取相应的结构体系、结构平面、非结构构件、抗震措施等，选择的结果直接关系到结构的最终抗震性能。

作为一种新型的结构体系，节能砌块隐形密框结构房屋还没有实际的震害经验，用于不同高度建筑的经济指标也还有待进一步探讨。从多层房屋体系的示范工程经济对比分析来看，其经济性能优于配筋砌体及框架结构，可以预见，与相应高度的框架结构、剪力墙结构及框架—剪力墙结构相比，节能砌块隐形密框结构具有相当的经济性能可为使用者接受。通过试验及理论分析，图 7-21 所示平面为理想平面，L 及 l 的限值应满足表 7-3 规定。当遇到由于地形条件，使用要求等特殊情况而必须布置成非对称不规则平面，设计时可通过调节墙体的刚度并通过扭转抗震验算的方法而解决。

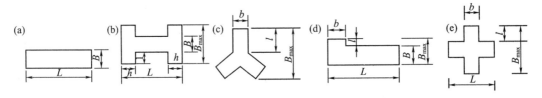

图 7-21 结构建筑平面

表 7-3 L 及 l 的限值

设防烈度	L/B	l/B_{max}	l/b
6、7 度	≤ 6.0	≤ 0.35	≤ 2.0
8、9 度	≤ 5.0	≤ 0.30	≤ 1.5

总而言之，概念设计需要对节能砌块隐形密框结构的总体方案、设计策略和结构构造进行定性地选择，以提高结构综合的抗震能力。

7.4.3.2 节能砌块隐形密框结构抗震等级与性能水准的确定

节能砌块隐形密框结构与传统的框架—剪力墙及剪力墙结构相比，有着特殊的结构构造及连接方式。由于墙体能独自承受一定的竖向和水平荷载，其破坏模式主要是剪压破坏。刚度较剪力墙小，但延性有所提高，有较强的耗能能力。因此，参照框架—剪力墙及剪力墙结构，丙级建筑的节能砌块隐形密框结构抗震设计应根据设防烈度和房屋高度，采用表 7-4 规定的抗震等级。

当建筑高度接近或等于表 7-4 中高度分界时，应结合建筑不规则程度及场地、地基条件适当确定抗震等级；当节能砌块隐形密框结构与框架结构、框架—剪力墙结构等组合应用时，相应的构件抗震等级按《建筑抗震设计规范》（GB 50011—2001）规定进行抗震设计。

表 7-4 节能砌块隐形密框结构抗震等级

构件类型		烈度					
		6		7		8	9
节能砌块隐形密框墙体	建筑高度（m）	≤ 40	> 40	≤ 30	> 30	≤ 30	≤ 20
	抗震等级	四	三	三	二	二	一

在我国，随着住房改革政策的出台，私有房屋的数量在逐年增加，房屋作为一种商品进入市场，购房者和房屋业主对于房屋在地震时可能遭受的破坏和功能的失效自然十分关心，往往要求有个比较明确的预计。另一方面，有些社会机构如保险公司在承担房屋保险时，也希望对房屋的抗震性能要有比较准确的估计。因此，房地产商应该以明码标价的方式告诉购房者，他所花的钱可以买到具有什么样抗震性能等级的房屋；反过来，购房者可以要求房地产商提供具有不同抗震性能等级的房屋，花不同的钱去购买。

结构的性能水准表示建筑物在某一特定设防地震作用下预期破坏的最大限度。它需要综合考虑场地和结构的功能与重要性、投资与效益、震后损失与恢复重建、潜在的历史或文化价值、社会效益与业主承受能力等诸多要素。性能水准应该表达为量化指标、工程术语，以便工程设计和评估。美国联邦紧急救援署提供的资料将基于性能的抗震设计分为四个性能水准：

水准 1 基本完好：无永久侧移；结构基本保持原有强度和刚度；结构构件以及非结构构件基本不损坏；所有重要设备可正常工作。

水准 2 轻微破坏：无永久侧移；结构基本保持原有强度和刚度；结构构件与非结构构件有轻微破坏；电梯能够重新启动，防火措施得力。

水准 3 生命安全：所有楼层都有残留强度和刚度；承受重力荷载的构件仍起作用；不发生墙体平面外失效或女儿墙倒塌；有永久侧移；隔墙破坏，建筑修复费用可能很高。

水准 4 防止倒塌：几乎没有残留刚度和强度；承受荷载的柱子和墙体仍起作用；有大的永久侧移；内隔墙和无支撑的女儿墙已经或开始失效，建筑即将倒塌。

对于土木工程结构来说，结构的变形比构件的承载力能更好地反映结构整体的性能，尤其是结构处于弹塑性阶段的性能。近年来很多学者用结构的层间位移角限值作为结构的整体性能指标，本书根据本章 7.3.3 节的研究内容并参照文献[72，73]，得到节能砌块隐形密框结构整体性能指标（层间位移角限值）与 5 个性能水准的对应关系如表 7-5 所示。

表 7-5　节能砌块隐形密框结构性能水准的划分

性能水准	功能与人员安全情况	功能状况	层间位移角（θ）限值
基本完好	结构功能完整，人员安全，可以立即使用	功能完好	<1/800
轻微破坏	稍加维修即可使用	功能连续	1/800—1/400
中等破坏	结构发生破坏，需要大量修复	控制破坏与经济损失	1/400—1/200
严重破坏	结构发生无法修复的破坏，但没倒塌	保证安全	1/200—1/80
倒塌	结构发生倒塌	功能尽失	>1/80

基于结构性能的抗震设计理论认为，建筑规范是提供建筑物所应具有的"最低"要求的标准。建筑规范应给出有关结构各方面性能的明确定义、规定和有关限值，并鼓励在设计和施工中采用和开发新材料与新技术。因此，规范给出的只是最低要求，从建筑功能和经济角度考虑，建筑业主有权选择高于规范要求的性能目标。结构工程师也有责任给建筑业主提供专业咨询，使建筑业主对结构的性能有足够的了解，根据建筑业主和规范的要求，与业主共同确定合理的结构性能目标。这就要求设计人员与建筑业主要不断的沟通与交流，相互合作，完成结构性能目标的选择。使所设计出的结构的性能既能满足业主的要求，同时也满足建筑规范的相关规定。

在基于结构性能的抗震设计理论中，设计人员也不再是被动的根据规范的规定来设计结构，结构工程师可以充分的发挥其主动性与灵活性，根据所选择的结构性能目标，结合业主的意见与经济条件，综合选择最佳的结构设计方法、抗震措施、建筑材料以及施工方法。这有利于在结构设计中使用可以改变结构抗震性能、增加结构安全性能的新材料、新技术（如推广纤维补强混凝土等新材料和减隔振设施等新技术），促进建筑结构领域各个专业的发展。抗震性能目标的选择如图 7-22 所示[74]。

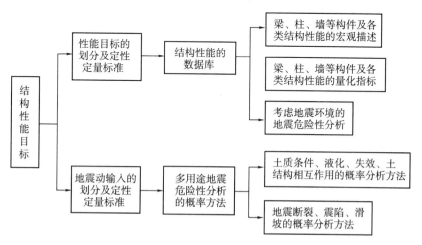

图 7-22　结构性能目标详图

总的来说，在基于结构性能的抗震设计中结构抗震性能目标的确定过程大致包括以下几个步骤。

1）建筑业主首先依据建筑功能、用途和经济条件，在给定的外界作用条件下，对建设项目提出初步的抗震性能目标等级要求。

2）结构工程师向业主提供相应的技术支持，包括初始造价、维护费用、遭遇不同等级地震作用后可能的修复费用以及震后建筑因修复而不能使用的时间。

3）结构工程师根据地震的危险性水平，从技术上定量确定在各等级地震作用下结构的抗震性能。

4）结构工程师与建筑业主共同商定，确定建筑的最终性能目标等级，并与业主签订合同。

5）根据所选择建筑结构的最终性能目标等级，结合业主的意见，结构工程师选择最佳的结构设计方法、抗震措施、建筑材料以及施工方法。

6）设计完成后，结构工程师要检验所设计的建筑物是否满足所规定的结构性能的定量目标，并仔细检查施工，使施工符合结构设计文件的要求。

7.4.3.3　节能砌块隐形密框结构的抗震设计方法

设计阶段决定主体结构构件、非结构构件的尺寸与构造、连接，是结构的抗震性能目标能否实现的一个重要阶段。设计的过程是把结构性能目标等级转化为工程语言的过程，这里的工程语言指与结构地震反应破坏程度相对应的反应参数。结构反应参数是一个很广泛的概念，包括结构的层间位移、变形、加速度、应力、屈服、延性、耗能等诸多可以表示结构反应大小以及结构破坏程度的变量，这些参数中，基于结构性能设计理论所选用量的值应不大于结构性能目标的限值。基于性能的结构抗震设计流程如图 7-23 所示。

图 7-23　基于性能的结构抗震设计过程

在初步设计中，初步确定节能砌块隐形密框结构构件的截面尺寸时，要满足两个标准：一个是功能与损失，一个是安全。要确定节能砌块隐形密框结构构件在某等级地震作用下的屈服顺序，保证构件按预先确定的屈服顺序屈服，并且构件应按照预先确定的塑性屈服方式以一定的比例设置。后期设计确定所有构件的尺寸与构造，直至满足各级性能目标。

基于结构性能的综合抗震设计方法采用结构静力弹塑性 Push-over 分析方法对结构进行非线性分析。这种分析方法沿结构高度施加按一定形式分布的模拟地震作用的等效侧向力，并从小到大逐步增加侧向力的强度，使结构由弹性工作状态逐步进入弹塑性工作状态，最终达到并超过规定的弹塑性位移，可以预测结构在水平侧向力作用下的反应，得到结构构件弹性 → 开裂 → 弹塑性 → 屈服 → 倒塌的全过程中的内力、变形大小，得到构件端部出现塑性铰的先后顺序、塑性铰的分布、转角大小、塑性区段的长度，找出结构的薄弱部位等结构抗震性能的重要信息。

进行结构的静力弹塑性分析首先要对结构体系选取合适的非线性分析模型。结构在受力过程中刚度逐渐变化，变形不断发展，非线性特性更加明显，因此，所选择的分析模型要符合结构的实际受力状态，并且能够充分反应结构构件的各种非线性变形特征，如构件的剪切变形、钢筋与混凝土的粘结滑移、塑性变形的大小以及发生塑性变形构件塑性段的长度等。对结构构件的受力特点进行合理的模拟，这是得到比较符合实际结构反应结果的基础。另外，在结构的非线性静力推覆分析中，要在对结构构件受力情况比较熟悉的基础上，选择合适的材料本构关系、构件的恢复力模型，最重要的是选取符合结构受力变形发展过程中结构地震反应特性的侧向力分布形式，这是对结构进行准确的静力弹塑性分析的关键。结构非线性分析的内容见图 7-24 所示[75]。

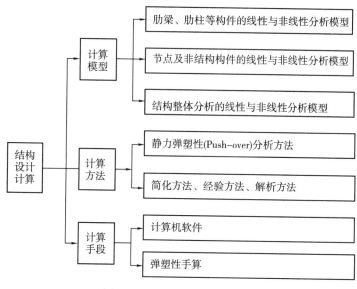

图 7-24　结构的设计计算框图

7.4.3.4　节能砌块隐形密框结构的抗震性能评估方法

在获得节能砌块隐形密框结构非线性反应特性的基础上，可以按照本章 7.1 节介绍的内容采用能力谱方法对该结构的抗震性能进行评估。结构抗震性能评估的框图见图 7-25 所示。

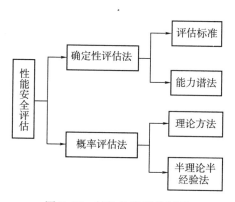

图 7-25　结构性能评估框图

能力谱方法的基本思路是运用图形对比结构的抗震能力和地震地面运动对结构的需求，直观地评价结构在地震作用下的整体表现。对于评估结果不符合设计预定的抗震目标性能水准时，要修改设计参数或采用其他的抗震设防措施，重新设计，直到分析的结果满足抗震设防目标性能水准为止。对所设计出的结构进行非线性分析，进而评估其抗震性能，是结构的抗震等级满足结构性能目标等级要求的重要保证，是基于结构性能的综合抗震设计方法的重要步骤，也是基于结构性能的抗震设计理论的重要内容之一。

7.4.3.5　节能砌块隐形密框结构的非结构构件验算

要实现基于结构性能的抗震设计，控制各个设防水准所要求的结构安全度和损失度，为社会和业主提供可选择的性能目标，必须首先清楚各个性能等级目标为控制安全度和损失度所需的设计标准和控制参数。但是，结构的抗震性能是多因素综合作用后的一种量度，不同的性能目标要求不同的设计标准，安全与损失对变形和强度等参数的要求可能是冲突的，或者它们交替起控制作用，要实现某一性能目标，要同时控制安全与损失，这就决定了进行结构的性能设计必须反复验算和修改，直到满足设计目标为止。因此，基于结构性能的抗震设计理论十分强调验算的作用，验算是所设计出结构的抗震性能满足设计要求的重要步骤。每一步设计之后都要求进行验算，验算的内容因设计方法和性能目标的不同而异。验算常包括结构系统和非结构系统两部分，对于简单、非重要的结构物，验算可以适当简化，而对于重要、复杂的结构物，需经过正式验算。

目前的规范只倾向于重视结构，因为结构损失与人身安全关系最密切。然而，接受结构损失也意味着接受变形导致的非结构部分、内部设施功能失效的损失。随着经济的发展以及社会化程度的提高，人们投资于非结构系统的费用逐渐提高并占有较大的比例，这些非结构部分的破坏直接影响着结构物的安全性和使用功能，会造成诸如人员伤亡、严重的财产损失等直接灾难性后果以及运营中断等间接经济损失。这些附加的损失加重甚至显著超过了结构损失，给社会以及业主造成沉重的负担。基于结构性能的抗震设计理论认为非结构体系也是结构的一部分，其抗震性能也应满足性能目标水准的要求，体现在设计中就是非结构构件抗震性能在结构验算时应满足设计要求。

非结构构件一般指在通常结构设计中不考虑承受重力荷载以及风、地震等侧向荷载的构件，如女儿墙、山墙、天线、机械附属物、设备、内隔墙、栏杆等。这些构件在地震作用下或多或少的参与工作，从而改变了整个结构或某些受力构件的刚度和承载力及其传力路径，可能会产生出乎意料的抗震效应或者发生未曾预计到的局部损坏，造成严重的震害。为防止非结构构件对人身造成的伤害或影响建筑物主体结构或重要设施的使用，应与其支撑构件一起进行抗震设计的验算。对于非结构构件，可以采用强度（力）作为其抗震性能评价指标。从理论上讲，非结构构件的抗震分析应基于相应结构的真实模型，采用从主体系的支承结构构件反应导出合适的反应谱或楼层反应

谱。在实际应用时，可以采用以下简化分析方法[3]

$$F_a = (S_a W_a \gamma_1) / q_a \tag{7-40}$$

式中：F_a——沿最不利方向作用于非结构构件质量中心的水平地震力；

　　　　W_a——非结构构件的重量；

　　　　S_a——与非结构构件相应的地震系数；

　　　　γ_1——构件重要性系数；

　　　　q_a——构件性能系数，按照表 4-3 选用。

地震系数 S_a 可以按照下式计算

$$S_a = 3\alpha \frac{1 + Z/H}{1 + (1 - T_a/T_1)^2} \tag{7-41}$$

式中：α——设计地面加速度 a_g 与重力加速度 g 之比；

　　　　T_a——非结构构件的基本振动周期；

　　　　T_1——建筑相应方向的基本振动周期；

　　　　Z——非结构构件相应于建筑基底的高度；

　　　　H——建筑总高。

在欧洲规范 8（试行标准 ENV）[76]中，重要性系数是与结构的重要性等级有关的，而且能够反应地震重现周期的长短。当重要性系数 γ_1 等于 1 时，采用的设计地震动加速度峰值所对应的地震动重现周期为 475 年。对于不同的地震区可有不同的重要性系数 γ_1 值。

表 7-6　非结构构件性能系数 q_a 取值表

非结构构件类型	q_a
悬臂女儿墙或装饰：标志或广告牌； （烟囱、旗杆和水箱，其支架物的斜撑悬臂构件占总高的一半以上）	1.0
内隔墙；悬挂吊顶和灯光设备的锚固件； 支承橱柜和书架的永久性楼板的锚固件； （烟囱、旗杆和水箱，其支架物的斜撑悬臂构件小于总高的一半或在质心处有支撑或拉索）	2.0

7.4.4　结构性能设计的社会保障体系

在结构设计中，结构工程师是设计的主体。但是，基于结构性能的抗震设计体系不可能仅仅依靠结构工程师来建立。社会必须同时建立相应的保障体系，以明确义务、责任和合理的经济关系，以及国际公认的结构工程师的地位。基于结构性能的抗震设计理论需要社会各部门的参与及协调。

如前所述，完整的基于结构性能的抗震设计理论包括设计、评估、施工、检验等结构工程的各个方面，因此需要各方面专业人士的密切合作。首先，地震工程是抗震工程研究的基础，自从基于结构性能的抗震设计理论被提出以后，基于性能的地震工程也引起地震工程界学者的极大兴趣，并逐渐展开系统的研究。结构的性能抗震设计理论需要以更符合实际的地震发生机理与地震特征的研究成果为基础。这就要求地震工程的研究要以能更加准确的模拟地震的实际情况为目标。其次，要建立完整的以基于结构性能的抗震设计理论为目标的结构设计规范，使结构的性能设计做到有规律可循。结构设计规范要求对结构的性能水准、与性能水准对应的经济效应、结构的设防目标、设计参数、设计方法、分析方法、抗震措施等方面进行详细的定义，并鼓励设计人员发挥其主动性。再次，要建立一支高素质的施工队伍，要求施工人员具有较高的责任感和较强的业务能力，保证结构的施工质量。另外，除有法律效应的规范、标准以外，还需要建立完整的法律保障体系：包括质量监督机制，责任的分工与落实以及奖惩制度，建筑物落成后的性能、技术、经济信息的反馈，结构使用中的定期检验与维护，结构工程师的资格认证，建筑条款的审批，相应的建筑保险体系，建筑发生意外时的社会救助、补偿，震后的修复重建、生产的恢复自救以及各部门之间的协调等[77,78]。

基于结构性能的抗震设计理论还涉及结构的施工与维修等内容。要保证施工质量，可以采用不同的施工方法以及新的施工技术，随着结构性能目标的不同，要求也随之不同。另外，基于性能的工程项目并不因工程建设的结束而结束，抗震性能是贯穿整个建筑物服务期的一种结构性能，会受到建筑物的使用、磨损、改造等的影响，因此，需要不时的整修以使结构的性能不致出现大的降低。基于结构性能的抗震设计方法应着眼于建筑物整个服役期。

7.4.5　小结

1）基于结构性能的综合抗震设计方法是在现有研究成果的基础上，将本章讨论的结构设计的各个方面综合应用于结构设计的不同阶段。这种方法在结构选择了合适的抗震性能等级后，采用结构变形控制抗震设计方法作为结构的设计方法，以结构非线性静力（Push-over）分析方法作为结构的计算分析方法，以结构抗震性能评估的能力谱方法作为检验结构实际抗震性能的评估与验算方法，形成统一的结构抗震设计方法，在结构设计的各个阶段控制结构的抗震性能，体现基于结构性能的抗震设计理念，是一种理想的基于结构性能的抗震设计方法。

2）基于结构性能的抗震设计理论十分注重结构的概念设计，因为基于性能的结构抗震概念设计强调以结构的抗震性能目标为基础，对于不同的抗震性能目标需要选取相应的结构体型、平面、结构体系、材料、基础、非结构、抗震措施等，选择的结果直接关系到结构的最终抗震性能。

3）基于结构性能的抗震设计理论要求充分发挥结构工程师的主动性，建筑业主也要对结构的抗震性能有一定的了解。结构抗震性能目标水准需要在结构设计人员的帮助下，由建筑业主和结构工程师共同确定，并保证结构抗震性能水准的合理性和建筑业主的经济承受能力。

4）非结构部分的破坏直接影响着结构物的安全性和使用功能，可能造成严重的经济损失和破坏效应。基于结构性能的抗震设计理论认为非结构体系也是结构的一部分，其抗震性能也应满足性能目标水准的要求，体现在设计中就是非结构构件抗震性能在结构验算时应满足设计要求。非结构构件与结构主体应有合理的连接，保证其抗震性能的实现。

5）基于性能的抗震设计代表了未来结构抗震设计的方向，采用"投资—效益"准则下的抗震性能水准的划分、抗震性能目标的确定以及常用的性能抗震设计方法，将克服基于承载力的抗震设计不能预估结构屈服后的工作性能的缺陷。为在不远的将来把现行规范全面过渡到基于性能的建筑抗震设计规范，还必须进行许多的研究工作，如：地震反应位移谱的确定、各性能目标限值的规定以及常用的弹塑性静力分析方法（Push-over analysis）的改进等。

6）基于结构性能的抗震设计理论是一个完整的理论体系，这一理论的实现需要社会各相关部门的参与协调。这一理论以坚实的地震工程学研究成果为基础，以完整的法律体系为保障，以高素质的专业技术人员为核心。这一理论需要各参与人员的共同努力。

参考文献

[1] 陈颙，彭文涛，徐文立. 21 世纪地震灾害的一些新特点[J]. 地球科学进展，2004，3：359-363.

[2] 中华人民共和国行业标准. 建筑抗震设计规范（GB 50011—2002）［S］. 北京：中国建筑工业出版社，2002.

[3] 沈聚敏，周锡元，高小旺，等. 抗震工程学[M]. 北京：中国建筑工业出版社，2000.

[4] 小谷俊介. 日本基于性能结构抗震设计方法的发展[J]. 建筑结构，2000，30（6）：3-9.

[5] 罗奇峰、王玉梅. 从近几年震害总结中提出的结构性能设计理论[J]. 工程抗震，2001（2）：7-8.

[6] Berter V V O. Performance-based engineering：conventional vs innovative approaches［C］. 12th World Conference on Earthquake Engineering，2000：2074-2078.

[7] Pappin J W，Lubkowski Z A，Aking R. The significance of site response effects on performance based design［C］. 12th World Conference on Earthquake Engineering，2000：1192-1196.

[8] 中华人民共和国 2006 年国民经济和社会发展统计公报［N］. 中华人民共和国国务院公报，2007.11.

[9] 雷琦. 中欧专家探讨中国建筑节能问题[N]. 中国青年报, 2007. 4. 12.

[10] 金羊. 节能未来建筑重中之重[N]. 中国建设报, 2006. 1. 18.

[11] 王晓伟. 砌体结构设计与施工[M]. 北京：中国建材工业出版社, 2005.

[12] 姜维山, 于庆荣. 混凝土结构的科学发展[J]. 建筑结构学报增刊, 2006：97-106.

[13] Li S C, Zeng Z X. Research On An Energy-Saving Block & Invisible Multi-Ribbed Frame Structure [C]. Proceedings of the 3rd Specialty Conference on The Conceptual Approach to Structural Design, 2005, 119-124.

[14] 李灿灿, 陆洲导, 李凌志. 建筑结构基于性能的抗震设计[J]. 四川建筑科学研究, 2005, 31 (5)：99-102.

[15] 周云等. 基于性态的抗震设计理论和方法的研究与发展[J]. 世界地震工程, 2001, 17 (2)：1-7.

[16] Moghadam A S. Tso W K. damage assessment of eccentric multistory buildings using 2-D pushover analysis[C]. The 11th World Conference on Earthquake Engineering, 1996：86-91.

[17] Faella G. Evaluation of the R/C structures seismic response by means of nonlinear static push-over analyses[C]. The 11th World Conference on Earthquake Engineering, 1996：256-261.

[18] Kilar V, Fajfar P. Simplified push-over analysis of building structures [C]. The 11th World Conference on Earthquake Engineering, 1996：566-603 .

[19] Trewr E K. Analysis Procedures for Performance Based Seismic Design[C]. 12th World Conference on Earthquake Engineering, 2000：2400-2405.

[20] Kaspar P. Application of the Capacity Spectrum Method to R. C Building with Bearing Walls [C]. 12th World Conference on Earthquake Engineering, 2000：609-613.

[21] Hiroshi Kuramoto. Predicting the Earthquake Response of Buildings Using Equivalent Single Degree of Freedom System[C]. 12th World Conference on Earthquake Engineering, 2000：1039-1044.

[22] Tjen N, Tjhin, Mark A, et al. Yield displacement-based seismic design of RC wall buildings[J]. Engineering Structures, 2007, 29 (11)：2946-2959 .

[23] 叶燎原, 潘文. 结构静力弹塑性分析（push-over）的原理和计算实例[J]. 建筑结构学报, 2000, (1)：37-43.

[24] 杨溥, 李英民, 王亚勇, 等. 结构静力弹塑性分析（push-over）方法的改进[J]. 建筑结构学报, 2000, (1)：43-50.

[25] 叶献国, 种迅, 李康宁, 等. Pushover 方法与循环反复加载分析的研究[J]. 合肥工业大学学报（自然科学版）, 2001, 12：1019-1024.

[26] 欧进萍, 侯钢领, 吴斌. 概率 Pushover 分析方法及其在结构体系抗震可靠度评估中的应用[J]. 建筑结构学报, 2001, 12：81-86.

[27] 周定松, 吕西林, 蒋欢军. 钢筋混凝土框架结构基于性能的抗震设计方法[J]. 四川建筑科学研究, 2005, 12, 31 (6)：121-127.

[28] Helinut Krawinkler, Senerviratna C D P K. Pros and cons of a push-over analysis of seismic performance evaluation[J]. Engineering Structures . 1998, (20)：451-464.

[29] 尹华伟, 汪梦甫, 周锡元. 结构静力弹塑性分析方法的研究和改进[J]. 工程力学, 2003, 20 (4): 44-49.

[30] 汪梦甫, 周锡元. 高层建筑结构抗震弹塑性分析方法及抗震性能评估的研究[J]. 土木工程学报, 2003, 36 (11): 43-49.

[31] 汪大绥, 贺军利, 张凤新. 静力弹塑性分析 (Pushover Analysis) 的基本原理和计算实例[J]. 世界地震工程, 2004, 20 (1): 44-53.

[32] ATC-40. Seismic Evaluation and Retrofit of Concrete Buildings [R]. Applied Technology Council, Redwood City, California, 1996.

[33] 侯爽, 欧进萍. 结构 Pushover 分析的侧向力分布及高阶振型影响[J]. 地震工程与工程震动 2004, 24 (3): 89-97.

[34] 徐金. 静力弹塑性方法及其在建筑结构地震反应分析中的应用[D]. 北京: 北京科技大学硕士论文, 2005.

[35] 种迅. 基于性能抗震设计中建筑结构弹塑性反应简化分析方法的研究[D]. 合肥工业大学硕士学位论文, 2002.

[36] 钱稼茹, 罗文斌. 静力弹塑性分析——基于性能/位移抗震设计的分析工具[J]. 建筑结构, 2000, 30(6): 22-26.

[37] 魏巍, 冯启民. 几种 Pushover 分析方法对比研究[J]. 地震工程与工程振动, 2002, 22(4): 66-73.

[38] 卢华. 性能设计中的能力谱方法研究与工程应用[D]. 大连: 大连理工大学硕士论文, 2005.

[39] SAP2000 Analysis Reference [R]. Computers and Structure, Inc, 1998.

[40] Didier Combescure, Pierre Pegon. Application of the local-to-global approach to the study of infilled frame structures under seismic loading [J]. Nuclear Engineering and Design, 2000, 196 (1): 17-40.

[41] Mainstone R. On the stiffness and strength of infilled frames[M]. Great Britain: Building Research Station, 1974.

[42] Comite euro-international du Beton. Reinforced Concrete Infilled Frame [M]. London: Thomas Telford Publishing, 1972.

[43] 王威, 孙景江. 基于改进的能力谱方法的位移反应估计[J]. 地震工程与工程振动, 2003, 23 (6): 38-43.

[44] 田英侠. 密肋复合墙板受力性能试验研究与理论分析[D]. 西安: 西安建筑科技大学硕士论文, 2002.

[45] 袁泉. 密肋壁板轻框结构非线性地震反应分析[D]. 西安: 西安建筑科技大学博士学位论文, 2003.

[46] 贾英杰. 中高层密肋壁板结构计算理论及设计方法研究[D]. 西安: 西安建筑科技大学博士学位论文, 2004.

[47] 朱镜清. 结构抗震分析原理[M]. 北京: 地震出版社, 2002.

[48] 黄炜, 姚谦峰, 丁永刚, 等. 新型复合墙体的有限元建模技术研究 [J]. 工业建筑, 2005, 25

（11）：43-46.

［49］ Gupta B, Sashi K, Kunnath. Adaptive spectra-based pushover procedure for seismic evaluation of structures［J］. Earthquake Spectra, 2000, 16（2）：367-391.

［50］ 李国强, 李杰. 建筑结构抗震设计［M］. 北京：中国建筑工业出版社, 2002.

［51］ R. Scott Lawson. Nonlinear Static Push-over Analysis-Why, When, and How？［C］. 5th U. S. National Conference on Earthquake Engineering, Chicago, Ulinois, 1994, 283-292.

［52］ 张旭峰, 姚谦峰, 黄炜. 密肋复合墙体弹塑性宏模型研究［J］. 工业建筑, 2008（1）：36-39.

［53］ 姚谦峰, 侯莉娜, 黄炜, 等. 密肋复合墙体等效斜压杆模型［J］. 工业建筑, 2008（1）：4-8.

［54］ 高小旺, 沈聚敏. "大震" 作用下钢筋混凝土框架房屋变形能力的抗震可靠度分析［J］. 土木工程学报, 1993, 26 （3）：59-63.

［55］ 岳祖润, 周宏业, 陈幼平. 某花园大厦的三维地震反应分析［J］. 工程抗震, 1999, （2）：3-7.

［56］ 鲍雷T, 普里斯特利M J N. 钢筋混凝土和砌体结构的抗震设计［M］. 戴瑞同译. 北京：中国建筑工业出版社, 1999.

［57］ 过镇海, 时旭东. 钢筋混凝土原理和分析［M］. 北京：清华大学出版社, 2006.

［58］ 冷谦, 于建华. Pushover方法在隔震结构中的应用［J］. 四川大学学报（工程科学版）, 2002, 34（3）：33-37.

［59］ 朱杰江, 吕西林, 容柏生. 复杂体系高层结构的推覆分析方法和应用［J］. 地震工程与工程振动, 2003, 23（2）：26-36.

［60］ 熊学玉, 李春祥. 大跨预应力混凝土框架结构的静力（pushover）分析［J］. 地震工程与工程振动, 2004, 24（1）：68-75.

［61］ Nagao T, Mukai H, Nishikawa D. Case Studies on Performance Based Seismic Design Using Capacity Spectrum Method［C］. 12th World Conference on Earthquake Engineering, 2000：2131-2138.

［62］ 王亚勇. 我国2000年抗震设计模式展望［J］. 建筑结构, 1999, 26 （6）：13-19.

［63］ Moehle J P. Displacement-based Design of RC Structures［C］. 10th World Conference on Earthquake Engineering, 1992：1576-1574.

［64］ Priestley M N J, Kowalsky M J. Direct Displacement-based Seismic Design of Concrete Buildings［J］. Bulletin of the New Zealand Society for Earthquake Engineering. 2000（2）：421-444.

［65］ Priestley M J. Displacement-based Design［J］. Structure Systems Research, 1994：16-21.

［66］ Fajfar P. Capacity Spectrum Method Based on Inelastic Demand Spectra［J］. Earthquake Engineering and Structural Dynamics, 1999, 28：979-993.

［67］ Yano K, Hirano Y, Gojo W. Social System for Performance Based Design (P. B. D.) of Building Structures—Its Perspective and Key Elements［C］. 12th World Conference on Earthquake Engineering, 2000：688-693.

［68］ Hisahiro H, Mistsumasa M, Masaomi T, et al. Performance-based Building Code of Japan—Framework of Seismic and Structural Provisions ［C］. 12th World Conference on Earthquake Engineering, 2000：2293-2297.

［69］ 叶献国. 多层建筑结构抗震性能的近似评估——改进的能力谱方法［J］. 工程抗震. 1998 （4）：

10-14.

[70] 中华人民共和国国家标准. 建筑结构荷载规范（GB 50009—2006）[S]. 北京：中国建筑工业出版社，2006.

[71] 中华人民共和国国家标准. 混凝土结构工程施工及验收规范（GB 50203—2002）[S]. 北京：中国建筑工业出版社，2002.

[72] Smith K G. Innovation in earthquake resistant concrete structure design philosophies：a century of progress since hennebique's patent [J]. Engineering Structure，2001，(23)：72-81.

[73] 李刚，程耿东. 基于性能的抗震设计——理论、方法与应用[M]. 北京：科学出版社，2004.

[74] 汪梦甫，周锡元. 基于性能的建筑结构抗震设计·建筑结构[J]. 2003，33 (3)：59-61.

[75] 车亚玲，冯章炳. 基于性能的抗震设计理论研究·工程结构[J]. 2006，26 (1)：107-109.

[76] 程绍革，王迪民，巩正光，译. 结构用欧洲规范（Structural Euro codes）. 欧洲规范 8（Euro codes）. 欧洲试行标准（ENV）建筑结构抗震规定[S]. 北京：中国建筑科学研究院工程抗震研究所印，1997.

[77] 日本建设省综合技术开发. 新建筑构造体系开发报告书[R]. 1995.

[78] 龚思礼. 建筑抗震设计手册（第二版）[M]. 北京：中国建筑工业出版社，2002.

第8章 节能砌块隐形密框结构发展及展望

8.1 节能砌块隐形密框墙体

通过已有的试验研究及理论分析表明，节能砌块隐形密框结构是一种较理想的结构新体系，该结构墙体是一种有效地将力学性能相差悬殊的几种材料通过特殊构造结合成一种承载力较高、抗震性能优良的结构受力构件，节能砌块隐形密框结构墙体设计理论的研究与发展有着广阔的应用前景。但是对于该结构墙体的研究依然十分有限，许多问题的研究才刚刚开始，在节能砌块隐形密框结构墙体受压性能研究方面，在以下几个方面还需要进行深入探讨。

1）节能砌块隐形密框结构墙体构造的独特性，可以对其框格与砌块的布置、比例、材性等进行优化设计以达到最佳的控制目标（如承载力优化、刚度优化、耗能优化、造价优化等）。

2）对节能砌块隐形密框结构墙体在平面外竖向荷载作用下的影响有待于探讨，不同偏心距对承载力的影响程度直接关系到该结构承载力的设计计算。

3）有待于对节能砌块隐形密框结构墙体内的隐形密框和砌块在不同受力阶段对各种外力的贡献细化，进一步弄清隐形密框与砌块间的协同工作性能及墙体在不同荷载段应力的分布状态。

节能砌块隐形密框墙体受剪及抗震性能方面仍有很多研究工作需要完善，许多问题的研究工作才刚刚开始，现对进一步的工作给出以下建议。

1）结构的各个组成部分对节能砌块隐形密框墙体的受力影响随它们各自的参数变化而变化，可以考虑优化参数以达到墙体合理的构造组合。

2）鉴于加气混凝土材料的特殊性，应对节能砌块的材料性能、本构关系进一步研究。而 ANSYS 软件中关于加气混凝土的破坏准则，也应进行二次开发做针对性处理。砌块的本构关系在斜截面模型简化计算、正截面抗弯能力计算时都需要用到，研究任务迫切。

3）本书研究内容主要以剪切变形为主的多层结构的抗侧刚度，但对中高层以弯曲变形为主的墙体抗侧刚度研究不多，希望后续的研究中能有所侧重。

4）本书研究墙体均为不带洞口，希望后续研究中，在采用墙体二相体模型基础上，对带洞口墙体作简化以得出实用简化计算公式。

5）对墙体抗剪受力机理及影响因素已经有一定的认识，但还需要进一步研究影响墙体抗剪承载力的影响因素，使承载力计算公式中的作用项和系数以及适用范围更符合实际。

6）墙体抗弯受力机理复杂，需要研究墙体抗弯承载力的影响因素，提出合理的抗弯承载力计算方法。

7）试验只模拟了墙体上受水平荷载的情况，而剪跨比、轴压比和隐形密框配筋量等试验参数仅限于数值模拟，与实际工程情况存在不同。建议进行补充试验，检验数值模拟的正确性。

8）本书的有限元分析模型中，未考虑钢筋与混凝土、砌块与隐形密框之间的粘结滑移，导致了计算模型的刚度和承载力偏大。在后续研究中，可以加入弹簧单元或接触单元进行材料间的接触分析。

9）墙体简化模型的刚度计算值为极限时刻墙体刚度值。为使刚度计算公式适用性更广，建议引入损伤因子，考虑砌块等效斜压杆有效宽度随结构损伤的变化，从而得出各时刻墙体的刚度计算公式。

8.2　节能砌块隐形密框结构

试验研究及理论分析表明，节能砌块隐形密框结构是一种理想的抗震结构新体系，其研究与发展有着广阔的应用前景。然而，作为一种新型结构体系，虽然在前期也做了不少的研究，但是还有很多的研究工作需要进一步完善。由于结构体系的设计理论和计算方法研究是个系统而庞杂的问题，涉及因素很多，研究又要以试验为基础，试验条件又有限，尤其在地震作用下的设计与计算，对其结构内部受力特征、反应机理、整体可靠性等研究还有大量的工作有待深入，许多问题的研究才刚刚开始。以下几方面的问题需要进一步的研究探讨。

1）本书的研究对象是有初始破坏的结构模型，使得结构有一定的初始损伤，希望下一步结合理论，研究没有任何损伤的结构模型。

2）加气混凝土砌块的材料性能需要进行研究，砌块的本构关系需要进一步研究和完善。

3）加气混凝土砌块的材料性能因不同的生产厂家而不同，希望下一步研究不同材料性能的加气混凝土砌块和不同的混凝土等级的组合，以期使得结构更充分的发挥各种材料的性能。

4）本书的研究对象为 3 层房屋模型，高宽比达 1.17，为以剪切变形为主的多层结构；但对中高层以弯曲变形为主的房屋结构的抗震性能及受力性能，有待进一步研究，希望后续的研究考虑以弯曲变形为主的中高层结构。

5）作为一种新型的结构体系，这种结构的设计程序和空间有限元分析程序需要研究和完善。为便于节能砌块隐形密框结构推广与应用，编制符合结构特性的实用结构计算分析及设计软件十分必要。

6）该结构体系协同工作的关键在与框格、隐形密框、隐形外框架三者刚度的合理分配，三者的合理优化有待于进一步的试验研究和理论分析。

7）对节能砌块隐形密框结构进行全寿命分析，结构在地震作用下整体的可靠性等问题，都需要进一步研究。

8）节能砌块隐形密框结构在地震作用下的损伤是一个十分复杂的问题，涉及的因素较多，不仅包括结构参数，而且包括地震动参数以及场地参数等。基于损伤性能设计方法有待进一步深入研究。

9）针对节能砌块隐形密框结构的随机地震反应分析，与结构体系的可靠度等问题有密切关系，这方面有待进一步研究。

10）对于楼层数不太多、比较规则、结构反映以第一振型为主的节能砌块隐形密框结构房屋，对其进行静力弹塑性分析能较好地评估结构的抗震性能，但 Push-over 分析方法作为一种抗震评估方法要在实际工程中应用，在很多方面还有待进一步研究，如加载模式、目标位移、高阶振型的影响、三维空间分析、累积损伤、不规则以及偏心扭转问题等。

节能砌块隐形密框结构是一种新型的结构体系，有着新颖、合理的结构设计及良好的耗能减震效果。随着研究进展的日益深入，定将有着广阔的应用前景。

索　引

中国科协三峡科技出版资助计划
2012 年第一期资助著作名单

（按书名汉语拼音顺序）

1. 包皮环切与艾滋病预防
2. 东北区域服务业内部结构优化研究
3. 肺孢子菌肺炎诊断与治疗
4. 分数阶微分方程边值问题理论及应用
5. 广东省气象干旱图集
6. 混沌蚁群算法及应用
7. 混凝土侵彻力学
8. 金佛山野生药用植物资源
9. 科普产业发展研究
10. 老年人心理健康研究报告
11. 农民工医疗保障水平及精算评价
12. 强震应急与次生灾害防范
13. "软件人"构件与系统演化计算
14. 西北区域气候变化评估报告
15. 显微神经血管吻合技术训练
16. 语言动力系统与二型模糊逻辑
17. 自然灾害与发展风险

中国科协三峡科技出版资助计划
2012 年第二期资助著作名单

1. BitTorrent 类型对等网络的位置知晓性
2. 城市生态用地核算与管理
3. 创新过程绩效测度——模型构建、实证研究与政策选择
4. 商业银行核心竞争力影响因素与提升机制研究
5. 品牌丑闻溢出效应研究——机理分析与策略选择
6. 护航科技创新——高等学校科研经费使用与管理务实
7. 资源开发视角下新疆民生科技需求与发展
8. 唤醒土地——宁夏生态、人口、经济纵论
9. 三峡水轮机转轮材料与焊接
10. 大型梯级水电站运行调度的优化算法
11. 节能砌块隐形密框结构
12. 水坝工程发展的若干问题思辨
13. 新型纤维素系止血材料
14. 商周数算四题
15. 城市气候研究在中德城市规划中的整合途径比较
16. 心脏标志物实验室检测应用指南
17. 现代灾害急救
18. 长江流域的枝角类

发行部

地址：北京市海淀区中关村南大街 16 号

邮编：100081

电话：010-62103354

办公室

电话：010-62103166

邮箱：kxsxcb@cast.org.cn

网址：http://www.cspbooks.com.cn